钢的成分、组织与性能

（第二版）

第四分册：工模具钢

崔 崑 编著

科 学 出 版 社
北 京

内容简介

《钢的成分、组织与性能》系列专著全面介绍常用钢类的成分、组织、性能，以及它们之间的关系，同时介绍各钢类相关标准及工程应用。本书为第四分册，介绍工模具钢的化学成分、显微组织、力学性能及三者之间的相互关系，同时介绍此类钢的分类方法、工程应用、相关国家标准与行业标准等。

本书适合从事钢材研究、应用的科研人员、工程技术人员阅读，也适合高等院校金属材料类专业的师生阅读。

图书在版编目(CIP)数据

钢的成分、组织与性能. 第四分册，工模具钢/崔崑编著. —2 版. —北京：科学出版社，2019. 1
ISBN 978-7-03-059781-6

Ⅰ. ①钢…　Ⅱ. ①崔…　Ⅲ. ①钢-研究②模具钢-研究　Ⅳ. ①TG142

中国版本图书馆 CIP 数据核字(2018)第 276911 号

责任编辑：牛宇锋 / 责任校对：郭瑞芝
责任印制：吴兆东 / 封面设计：刘可红

科学出版社出版
北京东黄城根北街 16 号
邮政编码：100717
http://www.sciencep.com
北京厚诚则铭印刷科技有限公司印刷
科学出版社发行　各地新华书店经销
*
2013 年 11 月第 一 版　开本：720×1000　1/16
2019 年 1 月第 二 版　印张：19
2022 年 2 月第四次印刷　字数：373 000

定价：118.00 元
(如有印装质量问题，我社负责调换)

第二版前言

钢铁工业是我国国民经济的重要支柱产业，在经济建设、社会发展、国防建设等方面发挥着重要作用，为保障国民经济稳定快速发展做出了重要贡献。1996 年我国粗钢产量达 1.0002 亿 t(未包含港澳台数据)，跃居世界第一产钢大国，2010 年达到 6.3 亿 t(当年世界钢产量为 14.1 亿 t)。近年我国的钢产量增长趋缓，主要任务是研发高技术水平品种，淘汰落后产能。目前，我国大型钢铁企业和一些技术先进的钢铁企业的吨钢综合能耗已接近国际先进水平。2017 年我国粗钢产量达到 8.317 亿 t(当年世界钢产量为 16.912 亿 t)。

近年来，我国钢铁工业在大型化和现代化方面有了很大的进展，许多企业优化了工艺流程，建立了高效率、低成本的洁净钢生产体系，提高了钢的冶金质量。此外，控制轧制和控制冷却技术已广泛应用，以强化冷却技术为特征的新一代控冷技术有了较快的发展和应用。我国近年兴建的中厚钢板厂已引进和自主开发了一些具有国际先进水平的轧后控冷系统，可以生产出高强度并具有良好韧性的中厚钢板，提高了众多品种的低合金钢和微合金钢的使用性能，提高了产品的规格。

建筑、机械、汽车等领域是推动钢材需求的主要部门。为节约资源，国家积极引导和促进高效钢材的应用，提倡在建筑领域使用 400MPa 及以上高强螺纹钢取代 335MPa 螺纹钢。在新修订的国家标准中，取消了 335MPa 级的螺纹钢牌号。2007 年我国成立了汽车轻量化技术创新战略联盟，努力发展高强汽车用钢以实现商用汽车减重 300kg 的目标。2006～2017 年，我国陆续制定了《汽车用高强度热连轧钢板及钢带》系列国家标准，包括 7 个部分；还制定了《汽车用高强度冷连轧钢板及钢带》系列国家标准，包括 11 个部分，其中包括双相钢、相变诱导塑性钢、复相钢、液压成形用钢、淬火配分钢、马氏体钢、孪晶诱导塑性钢等，并已成功开发出 1200MPa、1500MPa 高强钢，为汽车轻量化提供了支持。

机械、汽车、航空工业的发展促进了机械制造用钢(包括弹簧钢和轴承钢)的发展。新修订的国家标准中，对这类钢的硫、磷和其他杂质元素的含量有了更为严格的要求，对低倍组织和非金属夹杂物的要求也更为严格。为满足航空发动机、直升机等高技术领域的需求，国内外开发出高性能的轴承齿轮钢。用这些钢制成的零部件，有更好的耐磨性、韧性，以及更长的机械疲劳和接触疲劳寿命，因此，具有更高的使用寿命和安全性。

模具钢是工具钢中的一种。由于用模具生产零件具有材料利用率高、制品尺寸精度高等优点，能极大地提高生产率，在工具钢中，模具钢产量的比例日益增加。

因此,最近在修订国家标准《合金工具钢》(GB/T 1299—2000)时,将其名称更改为《工模具钢》(GB/T 1299—2014),新纳入的模具钢牌号有46个。

为节约战略资源镍,国内外加速了现代铁素体不锈钢的研究和发展,开发出一些新的铁素体不锈钢和超级铁素体不锈钢。我国高铬铁素体不锈钢产量份额(包括高铬马氏体不锈钢)在20世纪80年代仅占我国不锈钢产量的10%左右,近年已接近20%。

耐热钢主要应用于大型火电机组和内燃机。在新修订的这种钢的国家标准或行业标准中,都加严了对成分、组织和质量的控制,并引进了国内外一些使用性能良好的钢种。高温合金的发展不仅推动了航空/航天发动机等国防尖端武器装备的技术进步,而且促进了交通运输、能源动力等国民经济相关产业的技术发展。金属材料领域中许多基础概念、新技术、新工艺都曾率先在高温合金研究领域中出现。进入21世纪以来,世界各国在高性能高温合金材料研究方面的步伐明显加快,需要对高温合金发展的新进展作一简单评述,主要包括:成分设计方法,组织结构等的定量表征,以及变形、强化与损伤过程的研究。

《钢的成分、组织与性能》一书的上、下册于2013年出版,距今已5年有余。在此期间,我国钢铁的生产技术不断进步,产品质量和性能持续提升,开发出一些高技术产品,更新了大部分国家标准并制定出一些新的标准。因此有必要对原书进行修订,再版发行。

在《钢的成分、组织与性能》第二版中更新了58个与钢种有关的国家标准或行业标准,还列入了27个新制定的与钢种有关的国家标准或行业标准。

为便于读者查阅,本书由原来的上、下册,更改为第二版的六个分册。其中,第一分册:合金钢基础,包括原书的第1章至第4章,第二分册:非合金钢、低合金钢和微合金钢,以原书的第5章为主干,第三分册:合金结构钢,包括原书的第6章和第7章,第四分册:工模具钢,以原书的第8章为主干,第五分册:不锈钢,以原书的第9章为主干,第六分册:耐热钢与高温合金,以原书的第10章为主干。

由于编著者学识有限,书中难免存在不妥和疏漏之处,尚祈读者不吝指正。

崔 崑
2018年9月

第一版前言

人类现代文明与钢材的大量生产和使用密不可分。高技术在钢铁工业上的应用使钢铁工业成为世界上最高产、最高效和技术最先进的工业之一，因而钢材价格也比较低。钢材具有良好的综合性能，是世界上最为常见的多用途制造材料。钢材制成的产品服役报废后，绝大部分可以回收利用，具有良好的循环再生能力。环保技术与钢铁生产工艺的结合，使得钢铁生产中空气排尘与污泥外排正在减少，产生的固体废弃物已近全部回收利用，因此钢铁材料是与环境协调、友好的材料。与其他基础材料相比，钢铁材料，特别是作为基础结构材料，在 21 世纪仍将占据主导地位。

近年来国内陆续出版了不少有关各类专用钢的书籍，也出版了一些有关钢铁材料工程的大型工具书。作者撰写本书的目的是想在一部作品中对工程上常用的钢类(不包括电工用钢)作较全面的介绍，着重阐明合金元素在钢中的作用，钢的成分与其热处理特点、组织、性能之间的关系及其工程应用。

2005 年，国家标准化管理委员会召开了全国标准化工作会议，要求加大采用国际标准和国外先进标准的力度，进一步促进提高我国产品、企业和产业的国际竞争力。之后有关部门加快了钢标准的修订和制定工作，我国国家标准与国际标准一致性水平大幅提升，我国钢标准体系更加科学、技术更加先进、市场更加适应、贸易更加便利。本书尽量采用最新制定的国家标准和行业标准，对国内常引进的国外钢号和各类材料的发展方向亦作了适当的介绍。

本书重视钢种的热处理工艺、性能和应用，特别是国家标准中列入的钢号，使从事钢铁材料工程的科技人员能依据部件或构件的服役条件合理选用钢材。

全书共 10 章。第 1 章简要介绍钢的生产过程及其对钢的冶金质量的影响。自 20 世纪中叶以来，世界钢铁生产工业装备技术快速发展，普遍采用了炉外精炼、连铸等新技术。1978 年我国钢铁工业进入了稳定快速发展时期。近年通过大量引进国外先进的工业设备和技术创新，我国一些大中型钢铁企业的装备和生产工艺已进入世界钢铁生产企业的先进行列，大大促进了我国钢质量的提高和新钢种的开发。第 2 章介绍常用的铁基二元相图与钢的相组成，这是各类钢的成分设计基础。第 3 章介绍合金元素对钢中相变的影响，主要分析钢中加入合金元素后对各种热处理相变所产生的影响，以及各类组织的特征和性能，对各种相变的不同理论不作过多的分析，因为这方面已有许多专著。第 4 章介绍合金元素对钢的性能的影响，这些性能包括力学性能(强度、塑性、韧性、硬度、疲劳和磨损)、钢的淬透性、热变形成形性(控制轧制和控制冷却、锻造性能)、冷变形成形性(拉伸、胀形、弯曲)、焊接性、切削加工性。对于钢的热处理性能及表面处理,除淬透性外,未专门作介绍,同样因为这方面已有许多专著和大型手册。第5～10章为各大类钢的介绍,在各章中又将各大类钢分为若干小类。钢的分类方法有多种:按化学成分、按质量等级、按组织、按用途等。本书的分类不拘一格,第5章大体上是按化学成分分类,后面各章是按用途分类,而且也不是很严格。例如,第5章中在论述TRIP钢时,既有低合金钢又有合金钢,这是为了论述的系统性。

本书第1～9章由崔崑撰写,并经华中科技大学谢长生教授和张同俊教授审阅,第10章由谢长生教授撰写,经崔崑审阅。全书最后由崔崑统一定稿。

本书对钢材领域的科学研究人员、材料科学专业的师生、广大的钢材应用部门和材料选用者均有参考价值。读者如果具有物理冶金(金属学)和金属热处理的基本知识,阅读本书不会有困难。

在撰写本书过程中,引用了大量的专著、论文,以及标准中的图、表和数据,作者均注明出处,并尽可能引用原始文献,在此谨向文献作者、标准制定者和刊物的出版者表示诚挚的感谢!

本书的撰写得到华中科技大学材料科学与工程学院和华中科技大学材料成形与模具技术国家重点实验室的支持和资助,作者表示衷心的感谢!

由于作者学识有限,书中必有不妥之处,恳请读者不吝指正。

崔　崑

目　　录

第 8 章　工 模 具 钢

工具钢是指用于制作刃具、模具、量具等各种工具用的钢。在各类钢铁材料中，工具钢最早得到开发和应用。人们在古埃及金字塔中发现了约 5000 年前可能由陨石铁制成的铁制工具残片。之后印度的乌兹钢、叙利亚的大马士革钢都是历史上著名的工具用钢。用近代炼钢技术最早生产的合金工具钢是 1868 年发明的马希特(Mushet)钢，是一种高钨自淬工具钢。截至 1920 年，主要类别的工具钢大都已生产出来(见第一分册的第 0 章)[1]。

模具钢是工具钢的一种。由于用模具生产零件具有材料利用率高、制品尺寸精度高等优点，能极大地提高生产率，在工具钢中，模具钢产量的比例日益增加。因此，在修订国家标准 GB/T 1299—2000《合金工具钢》时，将其更改为 GB/T 1299—2014《工模具钢》。本章亦命名为工模具钢。

8.1　工具钢的分类和工具钢的基本性能

工具钢按化学成分分为非合金工具钢和合金工具钢两大类，非合金工具钢即碳素工具钢。合金工具钢中，高速工具钢(以下也称高速钢)因成分复杂、性能独特、用量较大，而另立一类。

工具钢常按用途分为以下几类：

(1) 刃具模具用非合金工具钢(碳素工具钢)。这类钢的碳含量范围为 0.65%～1.35%，其性能主要取决于碳含量。这类钢经热处理后具有较高的硬度和耐磨性及适当的韧性，但淬透性低，制成的工具受热温度不能超过 200℃。为了提高淬透性，有的钢中加入了 0.40%～0.60%的锰。这类钢用于制作低切削速率加工硬度和强度不高的材料用的工具，以及形状简单、精度要求较低的模具、量具。

(2) 量具刃具用合金工具钢。这类钢要求有高的硬度、耐磨性和强度及适当的韧性。在切削金属时，其硬度一般为 60～65HRC，只是在加工木材等软的材料时硬度要求低一些，为 40～55HRC。为了得到高的硬度，这类钢碳含量在 0.75%～1.45%范围内，合金元素含量在 3%～4%以下，常称之为低合金工具钢，多属于过共析钢。这类钢制作的工具受热温度不能超过 200～300℃。

(3) 高速钢。这类钢具有高的硬度、强度及耐磨性，但与碳素钢及一般合金钢不同的是，这些性能可以保持到 550～650℃，即具有高的热定稳性(红硬性)，因此适于高速切削的条件。高速钢都含有较多的碳化物生成元素(10%～25%)，属于莱氏体钢。

(4) 冷作模具钢。这类钢大多具有与碳素钢及合金刃具钢同样的性能要求,但由于工作条件的不同,有些冷模具尺寸大或者形状复杂,要求有高的淬透性和极微量的变形,有些冷模具工作时受到较大的冲击,要求有较高的韧性。

(5) 热作模具钢。这类钢要求在工作温度下具有高的强度、韧性和耐磨性,有一些热模具尺寸很大(大锻模),要求高的淬透性。热作模具常常不断地受到加热和冷却,因此要求具有抗热疲劳的能力,热作模具钢碳含量一般为0.3%~0.6%。

(6) 塑料模具钢。塑料制品绝大部分采用模压成形,塑料模具用钢已发展成为一类专用钢系列,其要求也是各式各样。

(7) 其他类型工具用钢,如冷轧辊用钢、耐冲击工具用钢、特殊用途模具用钢等。

实际使用时,有时同一种钢既可做刃具,又可做模具或量具。

除此之外,工具钢还应当具有良好的工艺性,如易于热加工和切削加工,热处理时不易脱碳、变形和开裂,易于研磨等。

根据以上所述,工具钢的性能应包括工作性能和工艺性能,主要的工作性能有强度、韧性、耐磨性、硬度、热稳定性,主要的工艺性能有切削加工性、变形倾向、淬透性、脱碳敏感性及磨削性等,其中有些性能互有联系。下面分别论述工具钢的基本性能及试验方法。

(1) 强度及塑性。在工具钢中,强度的重要性日益引起重视,因为许多工具,特别是细长形工具的损坏常常不是由于磨损而是由于断裂造成的。对于工具钢的强度试验,一般不采用拉伸试验(除了含碳不高时),因为大部分工具钢含碳较高,在淬火和低温回火后其正断抗力较低,拉伸时产生脆性断裂。为了较易显示各种因素对工具钢的强度和塑性的影响,常采用软性系数较高的试验方法,如静弯曲或扭转试验。这些试验产生的应力状态接近多数工具的实际工作情况,不过目前尚无统一的工具钢力学性能的试验方法。在弯曲试验时,常以破断时的强度极限σ_{bb}和挠度f表示钢的强度和塑性。扭转试验时常记录其破断前的应力(扭矩)和应变(扭转角)曲线,然后计算破断时的扭转强度,并以扭转角表明塑性。这些试验可以较明显地反映热处理、化学成分及组织变化引起的影响。目前国内多进行抗弯试验以测定钢的抗弯强度。由于试样尺寸和试验方式无统一的标准,不同研究工作所得的结果难以比较,现常采用的试样尺寸有两种,一种尺寸为ϕ5mm×70mm(计算长度为50mm),另一种尺寸为10mm×10mm×130mm(计算长度为100mm)。由于尺寸因素的影响,小尺寸试样测得的弯曲强度值高于大尺寸试样测得的弯曲强度值。

(2) 韧性。韧性对于工具钢,尤其是承受冲击负荷者是一个较重要的性能指标。工作硬度低于50~55HRC的钢,韧性较高,此时可使用适于结构钢的缺口冲击试样。当硬度较高时,由于钢的脆性比较大,不能使用缺口冲击试样,一般采用无缺口冲击试样，但此时不能反映钢对缺口的敏感度。对于许多工具用钢，断裂韧度也是衡量其韧性的重要指标。

(3) 硬度和耐磨性。工具受到磨损是由于其工作时部分金属因摩擦而损失掉了，也可能是由于接触表面在高的负荷应力下发生变形而失去尺寸精度。硬度在一定程度上可以表示对塑性变形的抗力。高的硬度是保持高的耐磨性的必要条件，试验证明，在钢的硬度相同时，成分对刀具耐磨性的影响是次要的。非合金工具钢和高速钢做的刀具，如果硬度相同，切削时受热很轻，则切削性能差异不大。但过高的硬度会带来脆性和增加缺口敏感性，因此应视工具的用途规定适宜的硬度值。一般非合金及合金工具钢制作的刀具、量具要求的硬度为 62～64HRC，高速钢要求的硬度为 63～65HRC 或更高些（70HRC），大部分冷作模具要求的硬度为58～63HRC，热作模具钢要求的硬度较低，一般为 35～55HRC。

增加钢中的碳化物量可以增加耐磨性，但与碳化物在钢中的分布有关，也和碳化物本身的硬度有关。大量细小均匀分布的坚硬碳化物可以提高钢的耐磨性，粗大不均匀分布的碳化物容易剥落，增加磨损。少量的残余奥氏体（10%～15%）对硬度和耐磨性影响不大，过多时对耐磨性不利，在过高负荷下容易变形。

钢的耐磨性还与其力学性能有关，增加强度与塑性可以使碳化物不易剥落，增加耐磨性。由图 8.1 可以看出，低温回火后虽然硬度稍有下降（62～63HRC），但其耐磨性较淬火态（64～65HRC）稍高。

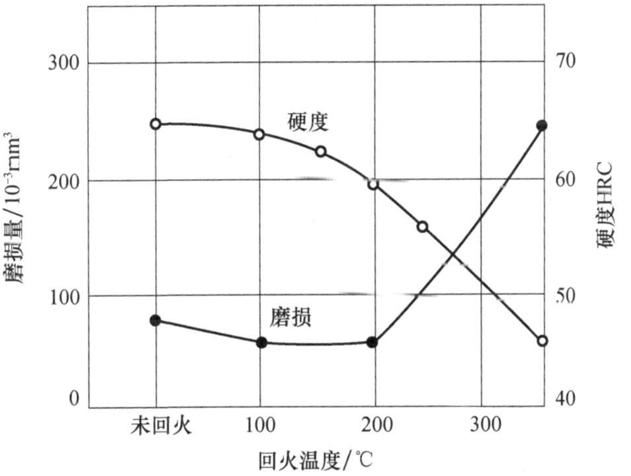

图 8.1　Cr2 钢的磨损与硬度的关系[2]

成分：0.95%～1.10%C、1.30%～1.65%Cr，845℃油淬

对于工具钢的耐磨性尚无统一的试验方式，常将处理好的试样与一标准试样（或相同材料试样）处于相同滚动或滑动状态，在一定压力下，经过一定转数后测其

失重(或单位面积失重)。此外,在实际工作条件下测其耐磨性则更行之有效。

热磨损是热作模具失效的主要形式之一,国内外均提出了一些模拟热磨损的试验方法[3]。

(4) 热稳定性。工具钢的热稳定性是指其工作部分在受热时保持其组织与性能不发生变化的能力,常常用加热时能保持一定硬度值的最高温度来表示。在切削速率比较高或重负荷条件下,工具有时受热到比较高的温度,此时决定其耐磨性的主要是热稳定性。对于高速钢,常使用"红硬性"一词说明其热稳定性,即将正常淬火和回火的高速钢加热到 600℃、625℃和 650℃(必要时至 700℃),重复加热四次,每次 1h,以能保持 60HRC 时的温度作为评定其红硬性的标准。

对于热模具钢,有时直接测量在热状态下的硬度值以说明其热稳定性,这种试验要采用高温硬度计,不像测室温硬度那样简单易行,故有时就采用淬火-回火到 45～46HRC 的钢,在 640～680℃温度范围内软化到 40HRC 的速率(时间)作为评定指标。

(5) 热疲劳。一些热作模具,特别是压铸模和热压模之类,工作表面不断受热和冷却,则会在表面成生网状裂纹(龟裂),这种现象称之为热疲劳。图 8.2 为热挤压轴承圈冲头的热疲劳磨损和龟裂。

图 8.2　热作模具钢制轴承套圈热挤压上冲头的热疲劳磨损、龟裂[4]

热作模具的表面经过一定次数的冷热循环引起的热应力可使之发生疲劳裂纹,因此钢的热膨胀系数对其有重要的影响;局部可能因受热而发生相变,也会增加应力,因此钢的相变温度高较有利。钢材本身的强度,特别是高温强度越高,抗热疲劳裂纹生成的能力越强。但目前尚无测定热疲劳抗力的统一的方法,常采用多次重复加热至一定温度和用一定介质冷却的试验方法,并以出现裂纹时的次数表示其热疲劳抗力。

瑞典 Uddeholm 公司于 1977 年提出了一种热疲劳试验方法和评级图：将试验材料制成直径 10mm、高 20mm 的圆柱试样，在圆柱的对称位置磨出相距 8mm 的两个平面，试样均预先热处理至热作模具工作时常使用的硬度，用高频感应通过感应圈加热试样表面，未加热的心部对表面的热应变起约束作用。试样表面循环加热和冷却，根据模具的实际工况确定上（700℃或 750℃）、下限温度和冷却介质（水、压缩空气等）。冷却循环次数一般取 1000 次。试样经热疲劳试验后，在体视显微镜下观察表面龟裂形貌，并根据 Uddeholm 的评级图评级。该评级图根据裂纹形状分为两类：A 类为网状裂纹，从网状的完整程度、密度及裂纹大小综合考虑评级，共分为 10 级，级别越高，热疲劳越严重；B 类为主裂纹，按其尺寸、数量综合考虑评级，也分为 10 级，级别越高，热疲劳越严重。材料热疲劳的级别为 A＋B。图 8.3 为Uddeholm 热疲劳裂纹评级图，试验表明，试样的实际热疲劳裂纹形貌与标准图存在差异[1,5,6]。

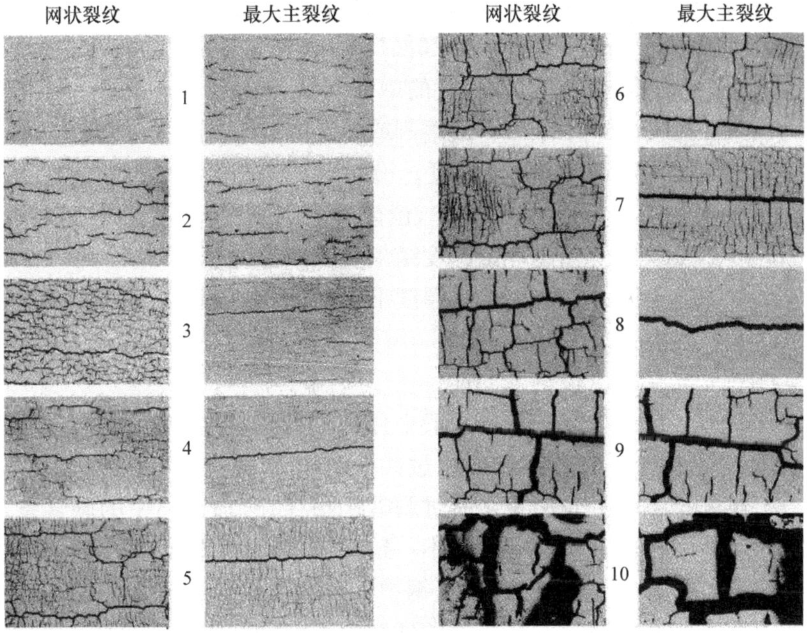

图 8.3　Uddeholm 热疲劳裂纹评级图[1,5,6]　20×

分为 10 级，表示级别数字的左边图显示网状裂纹（A），右边图显示最大主裂纹（B）

我国科技工作者提出了多种研究热作模具钢热磨损和热疲劳的试验方法，并于 1987 年召开过“全国模具材料特种性能评定研讨会”，并出版了专辑。

（6）淬透性。在选择和使用工具钢时，淬透性是一个重要因素。有些工具要求有较低的淬透性，如果工具整个淬透或者淬硬层太深，会使工具容易产生脆性破坏，另外一些工具，特别是大尺寸者却要求有高的淬透性（如果淬透层太薄，在高的应力下,容易磨掉,甚至压陷下去)。高的淬透性允许采用较缓和的冷却方式,有利于减少变形和内应力。高碳工具钢淬透性的测量和计算与一般结构钢不同,合金元素的作用程度也与在中碳结构钢中不同。影响高碳工具钢淬透性的因素有钢的化学成分、原始组织、奥氏体化时的晶粒尺寸和未溶质点的作用等,但起主要作用的是钢的化学成分。

非合金工具钢(包括一部分低合金工具钢)的淬透性很低,使用普通端淬方法不容易测定,在检查钢材的淬透性时,采用断口法。我国曾制定了 GB/T 227—91《工具钢淬透性　试验方法》,后纳入 GB/T 1298—2008《碳素工具钢》中作为其附录 B,现并入 GB/T 1299—2014《工模具钢》中,仍作为其附录 B。在做淬透性试验时,先将直径为 25mm 的样坯按产品推荐工艺进行正火或退火,或进行调质处理,调质处理的淬火温度为 870℃,保温后淬入油中,然后在 625～650℃保温 1h 空冷。样坯加工成试样的尺寸:直径 20mm、长度 75mm。将试样进行加热淬火,加热时应防止试样表面脱碳及氧化。淬火加热时的保温时间根据炉型确定,应保证加热均匀,一般为 10～30min,淬火介质为 10%NaCl 水溶液,温度为(20±10)℃,保证淬火均匀,直至完全冷却。在试样长度的中间开槽,槽深 1.5～2mm。在槽口的背面通过弯曲或冲撞将试样折断,断口经磨制或抛光再经热腐蚀后,根据抛光面腐蚀后的黑色区域的深度确定钢的淬透性深度。沿两个对称于槽口成直角的直径进行测量(见图 8.4),读数精确到 0.25mm,取四个读数的平均值。淬透深度结果表示单位为毫米,精确到 0.5mm。对于不同淬火温度下的试验,其结果表示要将温度填在括号中,例如,3.5(780℃)表示淬火温度为 780℃,淬透深度为 3.5mm。

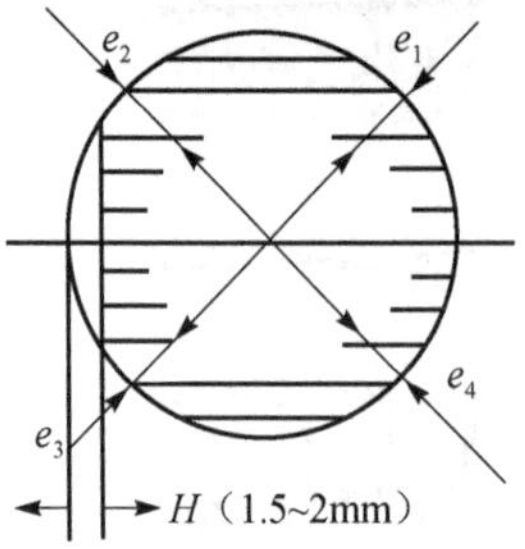

图 8.4　测量淬透深度 e

$e=(e_1+e_2+e_3+e_4)/4$

对于一般中合金工具钢,可以使用端淬方法测定淬透性,但对于过共析钢,计算方法应有所不同,因为:①淬火时钢中有过剩碳化物存在,马氏体中的碳含量与钢中的总碳含量不一致,并随淬火条件而异;②半马氏体的硬度不能根据钢中的碳含量来确定,而且钢中的残余奥氏体量也影响半马氏体的硬度。过共析钢端淬曲线的明显转折处的硬度为 60HRC,此值接近对一些过共析工具钢的硬度要求,因此可以按照端淬曲线上硬度为 60HRC 处距冷却端的距离表示钢的淬透性。然后根据图 8.5 找出这种钢在某种介质中冷却时的淬透层深度。图 8.5 适用于在正常淬火温度条件下(最多不超过 50℃),尺寸不超过 80mm 的试样,图中 0.9R、0.75R 等分别指在半径(R)不同距离处能得到所要求的硬度(此硬度可以为 60HRC,也可以是其他硬度值)。例如,某钢的端淬曲线上硬度为 60HRC 处距淬火端为 10mm,心部淬硬(60HRC)时的最大直径为 30mm,距表面为 0.9R 处淬硬(60HRC)时的最大直径应为 60mm。

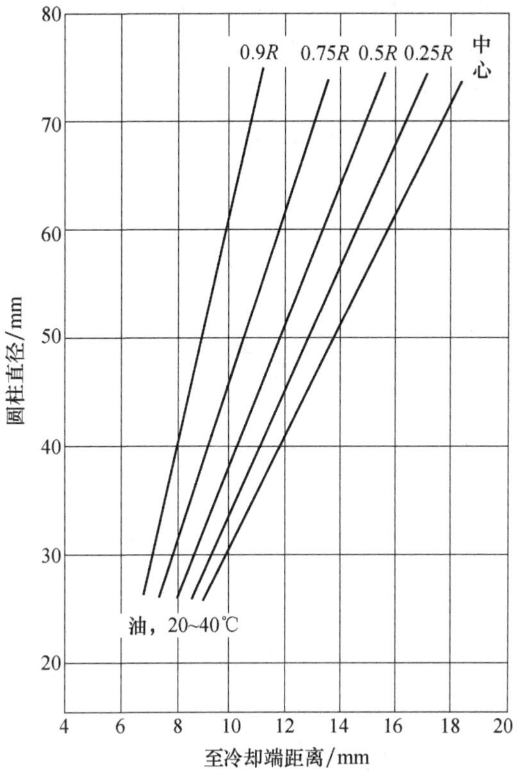

图 8.5　中合金过共析钢根据端淬曲线计算圆柱形试样的淬透性图标[2]

此外，对于合金工具钢，亦可以采用与合金结构钢相似的通过淬透性因子的计算方法来确定其淬透性，但这方面的研究结果不多，故此种方法较少使用。表 8.1 列出了一些合金元素对含 1%C 的钢的珠光体淬透性的影响。由表 8.1 可以看出，钨、钒在一般淬火的条件下均降低淬透性，这是由于钢中加入少量的钨或钒时，在淬火温度(790℃)下，部分溶于奥氏体中，部分与碳结合成未溶的碳化物，在冷却时有促进形核的作用。

表 8.1　合金元素对含 1%C 的钢的珠光体淬透性的影响[7]

钢的成分	淬透性深度/mm	淬透性因子	晶粒度	钢的成分	淬透性深度/mm	淬透性因子	晶粒度
基体(1%C)	2.2	—	9	1%Ni	4.0	1.17	9.25
1%Si	7.2	1.48	9	1%Mo	8.8	2.05	9.25
1%Mn	6.4	1.46	8.25	1%W	1.8	0.86	9.25
1%Cr	6.4	1.22	10	1%V	2.2	0.92	9.25

注：钢的基础的成分为：1.00%C、0.25%Mn、0.25%Si、0.05%Cr、0.03%Ni、0.02%Mo。热处理：870℃×40min，油冷；790℃×12min，在剧烈循环的盐水中冷却。试样直径 32mm。

在合金元素对高碳工具钢的贝氏体淬透性的影响方面研究得更少。图 8.6 为一些合金元素对含 1%C 的钢的贝氏体淬透性的影响,可以看出,硅的影响最大,钼和锰的作用次之。图中还表明,碳含量增加时由于增加了淬火时未溶碳化合物质点的核心作用,故降低贝氏体及珠光体淬透性。

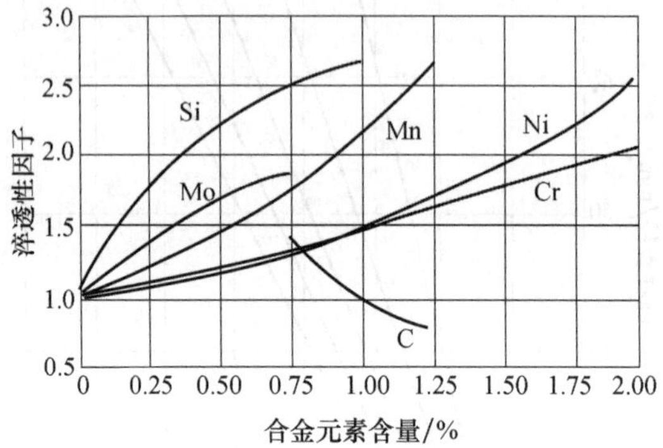

图 8.6 合金元素对含 1%C 钢贝氏体淬透性的影响[8]

根据化学成分计算淬透性也是一种近似的估计,由于合金元素的相互作用,冶炼条件的变化也有影响,故同一种钢因炉号不同其淬透性有时波动很大。因此,只有通过实际的测定才能准确地评定其淬透性。

(7) 变形与开裂倾向。变形是指在热处理过程中零件发生的体积和形状变化。对于工具而言,特别是一些精度要求较高者,变形经常是需要特别注意的问题。

淬火后体积的变化是由于马氏体的比容比淬火前的原始组织要大,工具钢的碳含量高,淬火后的体积变化尤为突出。为了减少这种比容差异可以采用以下的方法:①将毛坯在粗加工以后和精加工以前进行调质处理得索氏体组织,它的比容比珠光体组织更接近马氏体。②减少马氏体量。提高过共析钢的淬火温度可以增加残余奥氏体量,奥氏体的比容最小,因此在回火以后可以使回火马氏体和残余奥氏体的体积之和与原始组织相近,但提高淬火温度会使晶粒粗大,增加马氏体的碳含量后会使淬火应力增加,故有时不希望采用这种方法。③使用等温淬火的方法得到部分贝氏体(贝氏体淬火)也可以增加残余奥氏体量,减少淬火后体积变化。

影响淬火时工具形状变化的主要因素是热应力和组织应力,这些应力引起了塑性变形,这种过程是不可逆的,因而使零件不能恢复到原来的形状。为了使这些应力减到最小,可以采取以下措施:①采用分级加热、分级或等温淬火、淬火前预冷,以及使用冷却速率缓慢的介质。②减少碳化物的偏析。在一些莱氏体钢中,带状碳化物引起变形的各向异性比较明显,碳化物与基体的膨胀系数不一,淬火冷却时,沿纵向分布的膨胀系数较小的碳化物阻碍基体收缩,因此淬火后钢沿带状方向伸长,沿垂直方向收缩。只有碳化物分布得比较均匀时,变形的各向异性才可能减小。③淬火前,因机械加工引起的应力也会增加工具热处理后的变形。在精加工之前预先进行一次(600～700℃)×(1～3h)高温回火,消除加工应力,亦可减少淬火后的变形。

工具钢淬火后在室温停留时随时间的增长,尺寸仍会发生变化。这是因为即使在室温下,马氏体仍会进行缓慢的分解,而残余奥氏体亦会以缓慢的速率转变。为了使其尺寸稳定,应及时回火。低温回火以后,残余奥氏体虽然稳定化了,但在长时间后,仍然会因转变引起尺寸的变化,影响一些精密工具的尺寸,故应尽量使残余奥氏体量减到最小(如采用冷处理)。

研究各种因素对变形倾向的影响可采用试样进行。常使用的试样:一种是圆柱形,直径一般为 10～15mm,长度为 50～90mm(图 8.7),测量热处理后直径和长度方向上的相对和绝对变化;另一种是有缺口的偏心圆环试样(图 8.8),测量热处理后 A、B、C、D、E 处尺寸的变化。有时采用模拟实物形状的试样[1]。

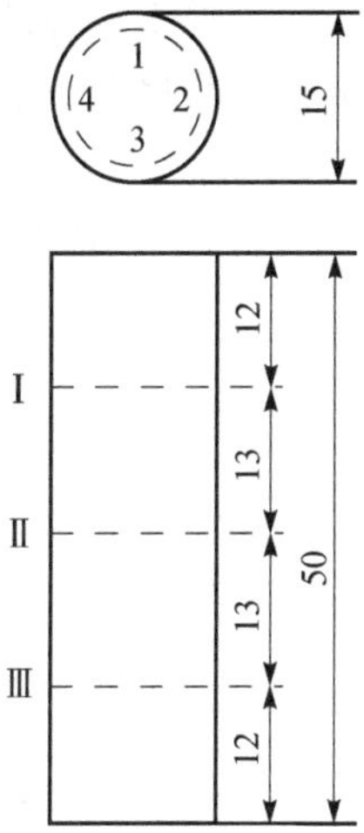

图 8.7　测变形的圆柱试样

1、2、3、4—距边缘 5mm 处测高度;Ⅰ、Ⅱ、Ⅲ—测量直径(在两个垂直方向)

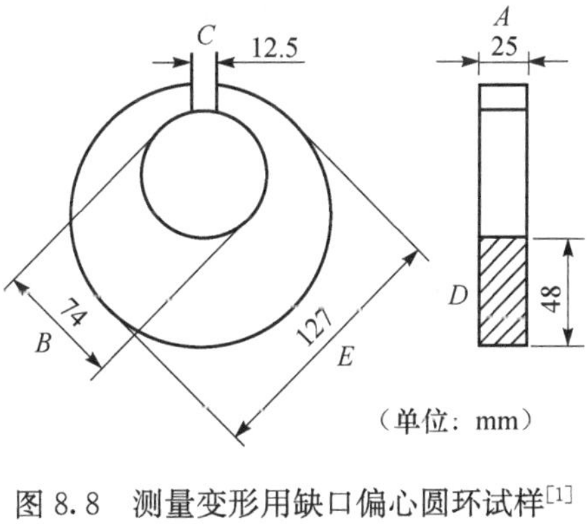

图 8.8　测量变形用缺口偏心圆环试样[1]

淬火时引起的应力超过断裂抗力时将导致开裂。过热会引起晶粒粗大和强度降低,淬火时工具容易开裂。低淬透性的工具钢淬火时采用急剧的冷却介质,会在薄的淬透层下存在很高的拉应力,容易导致开裂。如果钢的淬透性较高,使整个截面淬透也会引起很高的内应力。有时工具钢淬火后并无裂纹,但在室温下停留一定时间(几分钟或几小时)后会发生开裂现象。引起淬火工具钢室温停留时产生开裂的一个重要原因是室温残余奥氏体向马氏体的等温转变引起了附加应力。因此,工具钢(尤其是高碳工具钢)淬火后必须立即回火。

(8) 脱碳敏感性。工具钢表面稍微脱碳都会对其性能有不良影响。首先是使其表面硬度降低,耐磨性降低(图 8.9),即使硬度降低很少,如过共析钢表面碳含量降至 0.6%~0.8%,也会由于过剩碳化物的减少,使淬火加热时晶粒易于长大,使强度降低。表面脱碳也会引起工具钢淬火时的开裂。

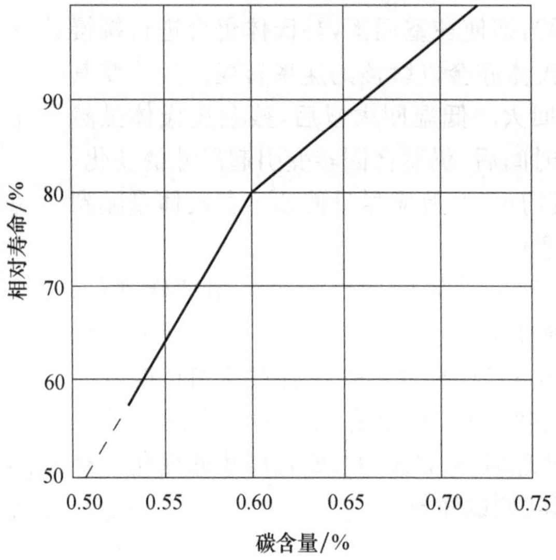

图 8.9 W18Cr4V 钢车刀的相对寿命与碳含量的关系[2]

工具钢的脱碳敏感性和钢的化学成分、加热温度和加热介质有关。在合金元素中,硅和钼含量超过 1%时会加重脱碳敏感性。

为了避免脱碳(包括氧化),退火时应使用保护气氛炉。小批量生产时常采用装箱退火的方式,在 830℃以上加热,箱内可以放铸铁屑(无锈蚀过的新鲜铁屑与用过者各半)保护,在 820℃以下加热,可使用已用过 2~3 次的固体渗碳剂。淬火加热,多使用盐浴炉,使用盐浴炉时应注意脱氧。高速钢工具在真空炉中进行热处理,畸变小,表面光洁,无氧化脱碳,工作环境好,采用微机处理控制可减少手工操作,工艺重复性好。高压气淬真空炉在国外正在取代盐浴炉,逐步成为高速钢热处理的主要设备,但其一次投资大,需要高纯氮源。

对脱碳层的检验,显微分析方法只适用于亚共析工具钢。对于高合金钢,可以利用不同碳含量过冷奥氏体的马氏体点不同的特点来测定脱碳层。测定脱碳层时,试样先在已脱氧之浴炉中加热到淬火温度上限保持约 2~3min,然后送入第二个浴炉中,其温度较 M_s 点稍高,此时心部为奥氏体,而表面脱碳层的马氏体点升高,发生部分马氏体转变;停留 5~10min 后取出,不使之冷却而立即送入第三个浴炉中,其温度为 580~600℃,相当于在过冷奥氏体的稳定区保持 10min,此时脱碳层中的马氏体得到回火;以后自580～600℃浴炉中取出在空气中冷却,冷却过程中,心部进行马氏体转变。用2%～4%硝酸酒精溶液浸蚀时,脱碳层的回火马氏体浸蚀较深,呈暗色,其余部分为未经回火之马氏体,呈光亮色。表8.2为一些高合金工具钢用此法测定脱碳层的处理规范。

表8.2 一些高合金工具钢测定脱碳层的处理规范[2]

钢号	温度/℃		
	高温加热	冷却浴炉	第三个浴炉
W18Cr4V	1280～1290	180～195	580～600
W9Cr4V2	1230～1240	165～180	580～600
W18Cr4V2Co5	1050～1290	140～150	580～600
Cr12MoV	1050～1080	160～170	530～540
Cr6WV	1090～1100	100～170	530～540

注:已淬火和回火的钢,高温加热的温度降低30～40℃。

对于一些过共析合金钢,可以利用不同碳含量的奥氏体中温转变时间不同的特点来测定脱碳层。过冷奥氏体进行贝氏体转变时首先在低碳区(脱碳层)进行,保温一段时间后,在心部尚未发生转变时迅速冷却。表面脱碳层由于分解为两相组织易浸蚀呈黑色,而心部马氏体不易浸蚀呈白色。在测定脱碳层时,试样加热至正常淬火温度以上20～30℃,以增加珠光体的稳定性,试样尺寸不超过10mm×10mm,这样在放入等温浴炉时,能迅速达到等温温度。表8.3列出一些过共析合金钢测定脱碳层的处理规范。

表8.3 一些过共析合金钢测定脱碳层的处理规范[2]

钢号	在脱氧的浴炉中的加热温度/℃	等温浴炉的温度/℃	等温时间/s
Cr2	860～870	370～390	80～90
9SiCr	890～900	370～390	90～110
CrWMn	850～860	370～390	80～90

除上述方法以外,还可以采用剥层化学分析、X射线方法(测马氏体正方度)及光谱分析等方法。

(9) 磨削性。许多工具经过淬火和回火以后,还需要磨削加工。磨削性是指磨削时磨料的损耗、磨削后的表面质量和磨削时表面生成裂纹的倾向。

钢中含有大量硬度很高的碳化物(如VC)时,特别容易使磨料的损耗增加。磨削时欲得到良好的表面质量,碳化物颗粒应细小而均匀地分布,碳化物分布不均匀时,一些颗粒大的碳化物容易剥落。

磨削时最容易出现的缺陷是生成磨削裂纹。磨削裂纹是一种很细浅的表面裂纹,多与磨削方向垂直,亦有时呈网状(图 8.10),其深度一般为 0.03~0.4mm,使用 5%硝酸酒精溶液或用磁粉可以将其检查出来。在淬火和回火后,工具钢中存在残余应力,磨削过程又会引起附加应力,当总的拉应力超过钢的断裂抗力时,便会引起裂纹。在磨削过程中发生的热量还可能对磨削的工具表面产生影响,引起组织的变化。一种情况是使表面层的硬度下降,如高速钢的硬度可降至 55~58HRC,非合金及合金工具钢可降至 40~50HRC,原因是表面受热而进一步分解(回火马氏体的进一步分解和残余奥氏体的转变)。用 10%的硝酸水溶液浸蚀进行显微及粗视分析时,此层易腐蚀而呈黑色。在磨削不当而产生剧热的情况下,还可能在表面层产生二次淬火,表面薄层在磨削时可在瞬时间达到 700~900℃甚至 1000~1200℃,加热速率达每秒几千摄氏度。此温度保持十分之几秒后,热量即为下层冷的金属层传走,冷却速率可达 1000℃/s。表面层由于二次淬火的结果而得到残余奥氏体及马氏体组织,显微分析时表面为光亮色,不易浸蚀,下面的过渡层则易被浸蚀而呈黑色。在碳素及合金工具钢中易出现这些缺陷,在磨削剧烈时,表面光亮层可达 0.1mm,黑色层可达 1~2mm。在高速钢和含 4%~12%Cr 的钢中,这些层的厚度较小,分别为 0.03~0.05mm 和 0.2mm 左右。这种组织的变化也会在表面层引起相当大的应力和裂纹。

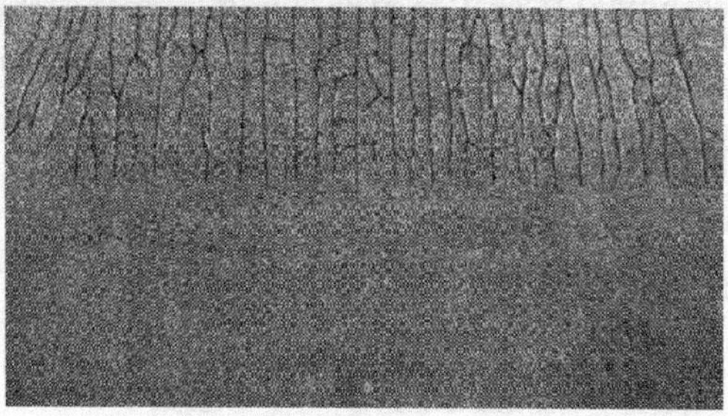

图 8.10　Cr2 钢表面生成的磨削裂纹[9]

未磨削部分的硬度为 57~58HRC,磨削部分硬度为 45~50HRC

引起磨削裂纹的因素很多,主要有以下几方面[1,2,10]:①磨削前的淬火和回火规范。淬火温度过高或热处理时引起残余奥氏体量增加,在磨削时残余奥氏体因受热而发生转变,引起附加应力,会促使产生磨削裂纹。回火不足,残余应力较大,也极易产生裂纹,故淬火后应充分回火。②钢的表面应力状态。表面处于拉应力状态时容易产生磨削裂纹,压应力时较不易产生。合金工具钢淬透性高,表面一般呈拉应力,故磨裂倾向较碳素工具钢为大。③磨削规范。吃刀量过大,在磨削过程中产生的热量可能使被磨削工具表面发生组织变化,回火马氏体的进一步分解会使表面层的硬度下降。在磨削不当而产生剧热的情况下,还可能在表面层产生二次淬火，这种组织的变化也会在表面层引起相当大的应力和裂纹。④磨削时的冷却条件。使用冷却液时，工件表面受热处于不均匀状态，易出现裂纹，而且冷却液使磨落的金属粉易于黏附在砂轮上，相对增加了砂轮的钝度。不加冷却液(干磨)，表面温度较均匀，磨裂倾向小。⑤砂轮的性能。锐利砂轮磨削容易、轻快，减小附加应力，用钝砂轮时，砂轮对工件压力增大，使表面拉应力增加，易磨裂。选用粒度大而软的砂轮，磨削裂纹生成的危险也小。这在磨削合金工具钢时尤为重要。

(10) 工具钢的切削加工性。在工具钢中，过共析钢及莱氏体钢由于过剩碳化物存在，其切削加工性较亚共析钢低。为了得到好的加工性，工具钢一般均经过球化退火以得到粒状珠光体组织，其硬度较低。如果碳化物聚集过甚，硬度很低(160～180HB)时，加工性能虽好，但表面光洁度差。有时为了提高加工后的表面光洁度，在粗加工后进行调质处理。

8.2 刃具用非合金及合金工具钢

8.2.1 非合金工具钢

非合金工具钢碳含量范围在 0.65%～1.35%。非合金工具钢生产成本较低，原材料容易得到，易于冷热加工，在热处理后仍有相当高的硬度，在工作时受热不高的情况下耐磨性也较好，所以得到较广泛的使用。其中高级优质钢的韧性较高，在磨削时获得的光洁度较好，适宜于制造形状较复杂、精度较高的工具。但是，这类钢的红硬性差，工作温度超过 250℃以后，硬度和耐磨性迅速下降。这类钢的淬透性低，工具断面边长(或直径)大于 15mm，水淬后只有表面层得到高的硬度，不能做大尺寸的工具，淬火时易于开裂和产生软点。非合金工具钢的淬火温度范围窄，淬火时变形及开裂倾向大。

8.2.1.1 非合金工具钢的成分、特点及用途

我国最早的碳素工具钢标准为重 6—52，后来被 YB 5—59 代替，1977 年改为国家标准 GB 1298—77《碳素工具钢技术条件》，1986 年进行了修订，2008 年修改为 GB/T 1298—2008《碳素工具钢》，列入 8 个钢号，按冶金质量分为优质钢和高级优质钢。2014 年该标准并入 GB/T 1299—2014《工模具钢》中，并根据 GB/T 13304—2008《钢分类》，将碳素工具钢更名为非合金工具钢。表 8.4 为非合金工具钢的化学成分及退火、淬火后钢的硬度要求。该标准对钢中的残余元素有新的规定，具体要求见表 8.5。

表 8.4　非合金工具钢的化学成分及退火、淬火后钢的硬度(GB/T 1299—2014)

牌号	化学成分/%			交货状态,硬度 HBW		试样淬火	
	C	Mn	Si	退火	退火后冷拉	淬火温度,冷却剂	HRC
T7	0.65~0.74	≤0.40	≤0.35	≤187	≤241	800~820℃,水	≥62
T8	0.75~0.84					780~800℃,水	
T8Mn	0.80~0.90	0.40~0.60					
T9	0.85~0.94	≤0.40		≤192		760~780℃,水	
T10	0.95~1.04			≤197			
T11	1.05~1.14			≤207			
T12	1.15~1.24						
T13	1.25~1.35			≤217			

注:高级优质钢在牌号后加“A”。

表 8.5　非合金工具钢中硫、磷含量及残余元素含量的规定(GB/T 1299—2014)

冶炼方法	钢 类	P 含量/%	S 含量/%	Cu 含量/%	Cr 含量/%	Ni 含量/%
电弧炉	优质钢	≤0.030	≤0.030	≤0.25	≤0.25	≤0.25
	高级优质钢	≤0.030	≤0.020			
电弧炉+真空脱气	高级优质钢	≤0.030	≤0.020			

注:供制造铅浴淬火钢丝时,钢中残余 Cr 含量不大于 0.10%、Ni 含量不大于 0.12%、Cu 含量不大于 0.20%,三者之和不大于 0.40%。

钢材应进行低倍组织和显微组织(珠光体组织、网状碳化物、脱碳层)检验。

对截面尺寸不大于 60mm 的退火钢材珠光体组织,应按 GB/T 1299—2014 附录中的图 A.4 评级图评定。该级别图将珠光体组织分为 6 级,T7、T8、T8Mn、T9 钢的合格级别为 1~5 级,T10、T11、T12、T13 钢的合格级别为 2~4 级。

网状碳化物按该标准附录中的 A.6 评级图评定,网状碳化物级别分为 4 级。钢材尺寸不超过 60mm 时,合格级别应不大于 2 级;>60~100mm 时,合格级别应不大于 3 级;大于 100mm 时,双方协议合格级别。T7、T8 非合金工具钢和热压力加工用钢不检验网状碳化物。

钢材的总脱碳层深度应符合表 8.6 的规定。

表 8.6　非合金工具钢总脱碳层规定(GB/T 1299—2014)

品种	钢材直径和边长/mm	总脱碳层深度/mm(不大于)	
		Ⅰ组	Ⅱ组
热轧、热锻钢材	5~150	0.25+1%D	0.25+2%D
	>150	双方协议	
冷拉	≤16	1.5%D	
	>16	1.3%D	
	高频淬火	1.0%D	

注:D 为钢材截面尺寸。扁钢的脱碳层由供需双方协商确定。

碳含量在0.6%以上的非合金工具钢,淬火后的硬度变化不大,但碳含量的改变对于经过淬火及低温回火的钢的强度、塑性和韧性有影响,如图8.11所示。碳含量越低,韧性和塑性越好。亚共析钢的强度随碳含量的增加而增加,碳含量为0.60%~0.75%时强度达到最大值,随后则降低,至接近共析成分时最低。以后随碳含量的增加,强度又增加,耐磨性也提高,但碳含量大于1.15%后,由于碳化物分布不均匀,强度又下降。

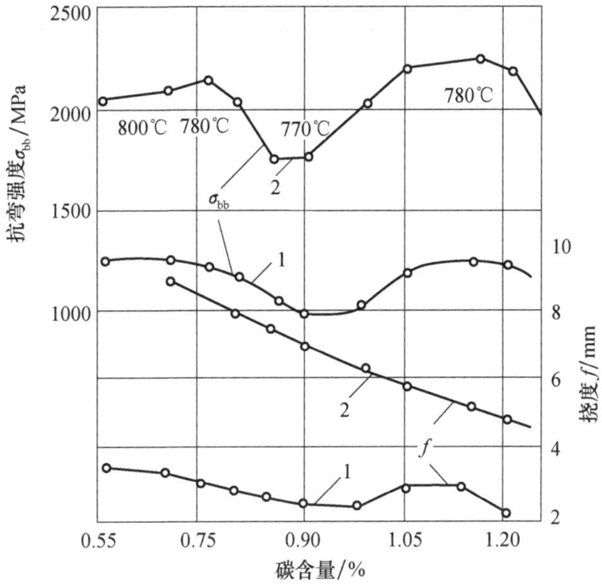

图8.11 碳含量对非合金工具钢的强度和塑性的影响[2]

图中所示温度为淬火温度

1—淬火后;2—淬火及150℃回火1h

亚共析成分的T7、T7A钢具有较好的韧性、塑性和强度,适于制作受冲击负荷的工具,如凿子、木工用锯条、石钻(钻软岩石用)等。共析成分的钢,如T8、T8A、T9、T9A,淬火加热时容易过热,由于残余奥氏体量少,淬火后变形也大。这些钢强度及塑性较低,不宜做承受冲击的工具,可用于制造形状简单的切削软金属的刀具和木工工具。T8Mn、T8MnA钢的性能和用途与T8、T8A钢相似,但淬透性较高,可用于制造断面较大的木土工具。过共析成分的钢,如碳含量在1.0%~1.15%的T10、T10A、T11、T11A钢应用较广,耐磨性好,有一定的韧性,强度比较高,适于制造耐磨性要求较高的工具,如丝锥、铰刀、车刀、刨刀、板牙、手锯条、凿石工具等。T12、T12A、T13、T13A等钢,淬火后有较多的过剩碳化物,耐磨性和硬度高,但韧性低,不宜于制造承受冲击的工具,适于制造车刀、铣刀、钻头、丝锥及锉刀等工具。T13、T13A钢适于做切削高硬度材料的刀具,如锉刀、刻刀、剃刀和加工坚硬岩石的工具。

非合金工具钢除用做刃具外,还用于制作冲头、拉丝模等形状简单的冷作模具,精密度不高的各种量规、卡规、样板等量具,以及一些要求硬度较高的耐磨零部件。

8.2.1.2　非合金工具钢的热加工和退火

在对非合金工具钢进行热加工(锻、轧)时,要保证在加工以后钢中的网状碳化物大部分被破碎。因此,锻、轧非合金工具钢时,需要适当的压缩比,使钢中的碳化物细化并使之分布均匀。终锻、终轧温度希望在 A_{cm} 以下,一般 800℃比较适宜。终锻温度过高,在锻后易生成碳化物网,终锻温度过低,钢的塑性变坏,易生成小裂纹,加工后应迅速冷至 600~700℃,然后缓冷,以免析出粗大或网状碳化物。

非合金工具钢在热加工后具有片状珠光体组织,硬度较高,难于进行机械加工,也不符合淬火对组织的要求,因此需进行球化退火。对于共析钢和过共析钢球化后所获得的组织,不但易于加工,而且在淬火时不易过热,变形较小,碳化物分布均匀,使刃具切削能力较好。球化退火的方式可以采取普通退火、等温退火或循环退火等方式。退火加热温度稍高于 Ac_1,使钢中能保存较多的未溶碳化物质点,冷却时成为结晶核心,以获得粒状珠光体。在制定退火工艺时,加热及等温保温时间根据钢材尺寸、装炉量、设备类型及加热情况而有所不同,并根据金相检查确定之。表 8.7为非合金工具钢的退火规范。

表 8.7　非合金工具钢退火规范[11]

钢号	加热规范		冷却规范		
	温度/℃	保温时间/h	缓冷	等温/℃	保温
T7,T8,T9	740~750	2~4	以小于 30℃/h 的速率炉冷到 500~600℃出炉	650~680	4~6h 等温后炉冷到 500~600℃出炉
T10,T11	750~760			680~700	
T12,T13	760~770			680~700	

退火钢材的硬度应符合表 8.4 的规定,脱碳层应符合表 8.6 的规定,并按 GB/T 1298—2008 附录 A 中的第一和第二级别图检查珠光体组织和网状碳化物。

退火钢材中不允许有连续的网状碳化物存在。为了消除钢中出现的网状碳化物,可采用正火处理,钢材加热至 A_{cm} 稍高。T10 钢的正火温度为 830~850℃,T12 钢为 850~870℃,加热时间比一般正火处理稍长。非合金工具钢退火后硬度过低时,为了提高切削加工时的表面光洁度,可以进行调质处理,T10、T11、T12 钢的淬火温度为 800~820℃,并在 660~700℃回火 2~3h。

非合金工具钢退火后有时会发现有自由石墨出现,石墨可以是大块或者均匀细小地分布着,这种现象叫石墨化现象。由于石墨的析出,特别是当石墨沿原奥氏体晶粒间界沉淀时,钢材脆化,断面呈暗灰色,称之为黑脆。退火后钢中有石墨时,硬度很低(120~150HB)且分布不均匀。较大的石墨在一般淬火加热时还不能溶解。含1.1%C以上的钢中较易出现石墨化现象。引起石墨化的原因如下[2]：①硅含量趋于上限时易出现石墨化；②脱氧时用铝量超过250g/t时，石墨化速率急剧地增加；③热加工结束温度太高或太低而以后冷却缓慢时促使石墨化，热加工终止温度在830～870℃时石墨化倾向最小；④在700～720℃时退火时间过长或自720～740℃冷至600℃时冷却很慢(10℃/h)时易石墨化；⑤预先经过淬火或进行较大的冷变形，在以后退火时也促使石墨化。非合金工具钢中出现石墨化常常是几种因素同时作用的结果。钢中含铬超过0.3%时，可以完全阻止石墨化现象发生。

8.2.1.3 非合金工具钢的淬火和回火

非合金工具钢正常淬火加热温度为Ac_1+(30～50℃)，属于不完全淬火。非合金工具钢淬火后力学性能与淬火温度的关系如图8.12所示。在淬火温度升高时，最初，强度和塑性有些增加，但当淬火温度超过一定限度后，强度及塑性都迅速下降。淬火时，过热引起强度及塑性剧烈下降的主要原因是晶粒的长大使正断抗力降低。过共析钢过热时，奥氏体中溶入过多的碳化物，在冷却过程中极易沿晶界析出，也会使强度及塑性降低。淬火温度自780℃增至850℃时，晶粒度自7～8级增大至4～5级，T7A钢的强度下降约25%，而过共析钢T12A降低约50%。因此，对于工具钢，过热是非常有害的。

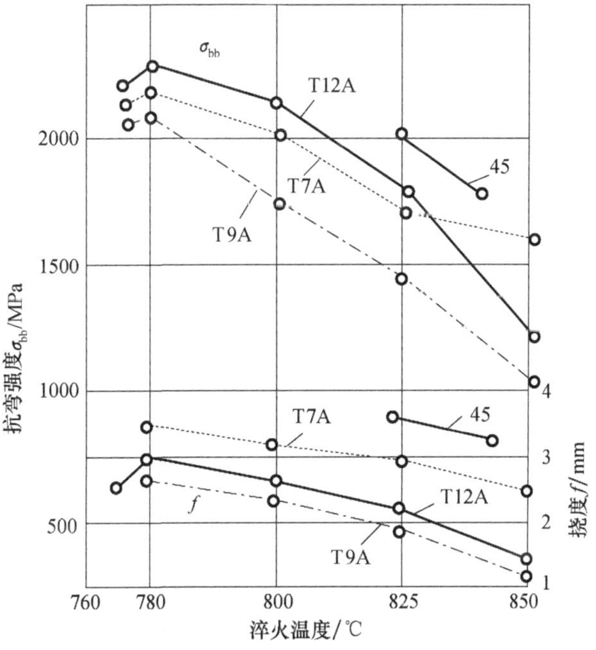

图8.12 非合金工具钢的力学性能与淬火温度的关系[2]

180℃回火后

非合金工具钢淬火温度的选择除考虑钢材本身的成分、组织外,需应考虑工件尺寸、变形要求及冷却介质与方式等条件。选择加热温度的原则是:工件尺寸大的、冷却介质缓和的或者工件不易变形的,用上限温度;工件尺寸小的、冷却介质激烈的或者工件容易变形的,用下限温度。表 8.8 为非合金工具钢的淬火加热温度,在油或盐浴中冷却时要采用较高的淬火温度以得到较高饱和程度的固溶体,因为在比较缓慢冷却的条件下,会有部分碳自奥氏体中析出。

表 8.8　非合金工具钢的淬火加热温度[2,11]

钢号	淬火温度/℃		硬度 HRC	
	在水溶液中冷却(或碱浴)	在油或盐浴中冷却①	在水溶液中冷却	在油或盐浴中冷却
T7A	780～800	800～820	62～64	59～61
T8A,T9A	760～770	780～790	63～65	60～62
T10A,T12A	770～790	790～810	63～65	61～62
T10A,T12A(工具直径或厚度大于 25mm 时)	800～820	—	62～64	—
T13A	770～790	790～810	63～65	62～64

① 用于小尺寸工具,油温 20～60℃,用于 ϕ5mm 以下;盐浴温度 150～180℃,用于 ϕ15mm 以下。

非合金工具钢的加热时间可参考表 8.9,较大尺寸工具的加热时间取下限(或更短些),直径在 3mm 以下的工具在盐浴炉的加热时间为 45～75s/mm。工具钢淬火加热时,如果每批放入炉中的工件不多,则炉温下降很少。计算时为了简便,加热时间包括了升温与保温时间。如果投入的件数较多,炉温下降很大,保温时间就以炉温达到加热温度时算起。

表 8.9　试件直径或厚度在 3～30mm 时的加热时间(淬火温度范围 750～900℃)[2]

加热介质	加热时间/(s/mm)	
	非合金工具钢	合金工具钢
盐浴	20～25	25～30
电炉	50～80	70～90
铅浴	6～9	8～10

淬火加热温度的高低和保温时间的长短不同,淬火后钢材马氏体的长短也不同。加热温度越高,保温时间越长,马氏体的针也越粗大。粗大的马氏体表明钢材过热,力学性能变坏。

非合金工具钢的正常淬火组织为均匀分布的碳化物+隐针或细针马氏体+残余奥氏体。T7、T8 钢淬火组织中残余碳化物少,或者完全没有,因此其耐磨性也较差。

我国在 1987 年制定了专业标准 ZB J36 003—87《工具热处理金相检查标准》,后修改为行业标准 JB/T 9986—1999,《工具热处理金相检验》修改为 JB/T 9986—

2013。在该标准的第十六级别图“碳素工具钢(非合金工具钢)淬火马氏体级别图”中,把淬火马氏体依其针长分为 6 个级别(在放大 500 倍下评定):1 级≤1.5mm、2 级>1.5～2.5mm、3 级>2.5～4mm、4 级>4～6mm、5 级>6～8mm、6 级>8～12mm。1 级、2 级属于细针马氏体,5 级、6 级属于粗针马氏体。小型工模具,马氏体小于 2 级为好,一般工模具可以放宽到 3～4 级为合格级别。

非合金工具钢的过冷奥氏体稳定性较差(图 3.50)。可以看出,奥氏体不稳定区域孕育期只有 1s 左右,因此在淬火冷却时必须保证在奥氏体不稳定区快速冷却,避免发生珠光体转变,在 C 曲线的鼻部以下的冷却可稍缓慢些。一般非合金钢工具的淬火经常采用水-油双液淬火或盐水-油双液淬火。对于小截面工具则可以适当提高淬火温度而进行分级或等温冷却。例如,T12A 钢所制小于等于 M12 的手用丝锥,为了提高力学性能及控制丝锥的变形,一般采用等温淬火。经 600～650℃预热后,再加热至 780℃,在 210～220℃等温冷却 30～45min。对于大于 M12 的丝锥则不得不采用先在碱浴中分级,后在硝盐中等温的工艺。

非合金工具钢淬火以后内应力很大,马氏体中碳含量较高,而使正断抗力降低,因此强度较低,容易开裂。为此,非合金工具钢在淬火后应立即进行回火,回火时的力学性能变化见图 8.13。低温回火后,强度提高很多,超过一定温度后,由于碳化物的聚集,强度又下降。T10 钢淬火后回火时的硬度变化见图 8.14。

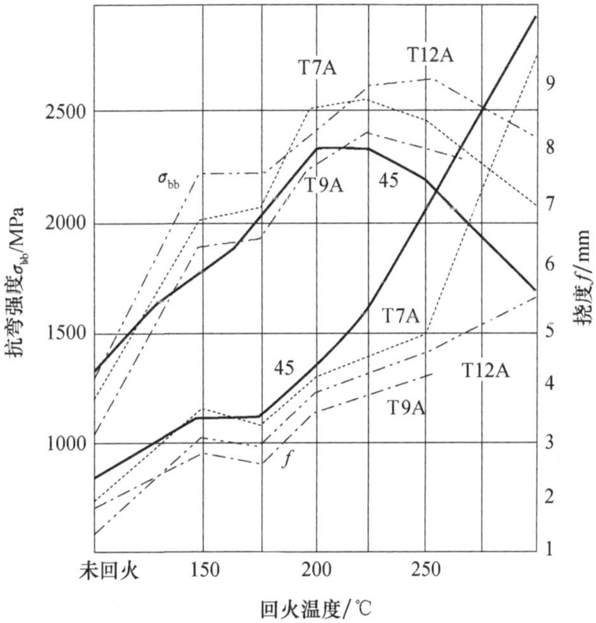

图 8.13　非合金工具钢的力学性能与回火温度的关系[2]

自最佳温度淬火,水冷,回火 1h

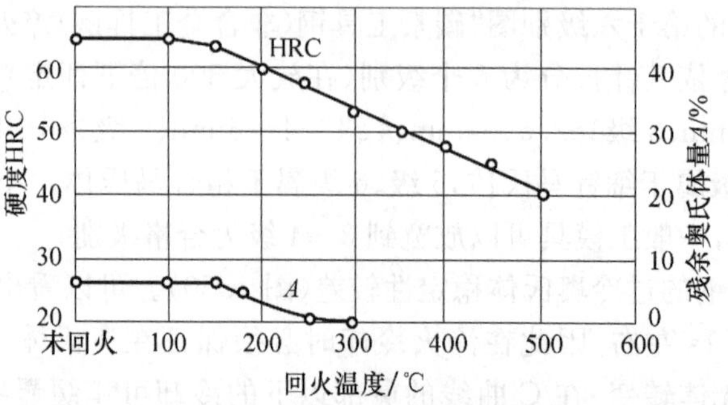

图 8.14 T10 钢的硬度、残余奥氏体量与回火温度的关系[12]
780℃淬火,水冷,回火 1h

采用扭转冲击试验时可以发现,非合金工具钢在 200～300℃回火,韧性会降低(图 3.79),这种现象与不可逆回火脆性有关。采用这种试验方法对钢中细微组织变化比较敏感,才能察觉,如使用一般无缺口冲击试验则观察不出来。因此非合金工具钢一般应避免在脆性区域内回火。非合金工具钢的回火温度视硬度要求而定,一般在 150～200℃。T10、T11、T12 钢要求硬度为 62～63HRC 时,采用 150～160℃回火,要求硬度为 61～62HRC 时,采用 175～185℃回火。回火时间一般为 1～2h,若回火时间过短则淬火应力不足以消除,往往在随后磨削时易产生龟裂裂纹。

8.2.2 合金工具钢

非合金工具钢存在着淬透性低、回火稳定性差、耐磨性不高等弱点,在制造工具时其选用受到一定的局限性。对于重负荷、大截面、形状复杂、变形要求严格的工具,选用非合金工具钢是不合适的,必须选用合金工具钢制造。

8.2.2.1 合金工具钢的成分

我国最早的合金工具钢标准为重 8—55,后来被 YB 7—59 代替。1977 年在原来钢种的基础上,吸收我国研究开发的成果,制定了第一个合金工具钢国家标准 GB 1299—77《合金工具钢技术条件》,1985 年进行了修订。2000 年修改为 GB/T 1299—2000《合金工具钢》。2014 年将 GB/T 1299—2000《合金工具钢》与 GB/T 1298—2008《碳素工具钢》合并为 GB/T 1299—2014《工模具钢》。在新的标准中,将合金工具钢分为量具刃具用钢、耐冲击工具用钢、冷作模具用钢、轧辊用钢、热作模具用钢、塑料模具用钢和特殊用途模具用钢。表 8.10 为量具刃具用合金工具钢的化学成分与退火、淬火后的硬度。这些钢含合金元素不多,常称之为低合金工具钢。

表 8.10 量具刃具用合金工具钢的化学成分与退火、淬火后的硬度(GB/T 1299—2014)

牌号	化学成分/%					交货状态 HBW10/3000	试样淬火		
	C	Si	Mn	Cr	W		淬火温度/℃	冷却剂	HRC
9SiCr	0.85~0.95	1.20~1.60	0.30~0.60	0.95~1.25	—	241~197	820~860	油	≥62
8MnSi	0.75~0.85	0.30~0.60	0.80~1.10	—	—	≤229	800~820	油	≥60
Cr06	1.30~1.45	≤0.40	≤0.40	0.50~0.70	—	241~187	780~810	水	≥64
Cr2	0.95~1.10	≤0.40	≤0.40	1.30~1.65	—	229~179	830~860	油	≥62
9Cr2	0.80~0.95	≤0.40	≤0.40	1.30~1.70	—	217~179	820~850	油	≥62
W	1.05~1.25	≤0.40	≤0.40	0.10~0.30	0.80~1.20	229~187	800~830	水	≥62

注:各钢中硫、磷含量的规定与冶炼方法有关:电弧炉钢的硫、磷含量不大于 0.030%;电弧炉+真空脱气钢的硫、磷含量不大于 0.025%;残余元素铜、铬、镍的含量均不大于 0.25%。

合金工具钢中加入硅、铬、钼、钨、钒等元素均缩小 Fe-C 相图上的 γ 相区,降低共晶组织中奥氏体的碳含量,使钢在较低的碳含量时就有可能出现共晶组织;此外,钢锭在凝固过程中,固相 γ 固溶体的平均碳浓度往往低于相图上所指示的 γ 相中的碳浓度,因而使液相中的碳浓度增高。因此,合金工具钢虽属于过共析钢,但钢锭组织中易于出现莱氏体共晶组织,这种碳化物液析将引起工具钢中碳化物分布的不均匀、尺寸大小的不均匀,降低钢在热处理后的强度,增大钢的脆性。在冶金生产工艺上,应尽可能减弱合金工具钢铸锭时的碳化物液析,避免产生莱氏体共晶组织。

常加入的合金元素一般都使钢的共析成分的碳含量降低(图 2.32),碳含量一定时,将增加过剩碳化物的含量。上节中已谈到,在非合金工具钢中最适宜的碳含量为 1.1%~1.2%,在合金工具钢中,如果加入的合金元素量为 1%~2%,最适宜的碳含量一般为 1.0%~1.1%,而合金元素含量为 3%~4%时,此值为 0.9%~1.0%。此时,碳化物分布比较均匀,强度较好。碳含量增加时,耐磨性增加,但碳化物分布将变得不均匀,易于出现带状组织和碳化物液析。

下面分别叙述各合金元素的作用。

铬 大部分工具钢中都含有铬。在平衡状态下,铬在各相中的分布见图 2.27,在含 1%C 条件下,铬含量不超过 3%时,只形成合金渗碳体$(Fe,Cr)_3C$,部分溶于铁素体中。因而铬既阻止了渗碳体型碳化物的聚集,又提高了马氏体的分解温度,从而提高了钢的抗回火稳定性。铬提高了渗碳体的稳定性,使其在加热时溶解较慢,铬又提高了临界点,使淬火温度增高。例如,在含 1%C 的钢中,加入 0.65%Cr,油中淬火能获得最高硬度的淬火温度为 800~810℃,加入 1.5%Cr 时为 840~850℃,加入 3%Cr 时为 870~890℃。铬能提高钢的淬透性,但影响不如硅和锰。铬还使 M_s 点降低,因而增加残余奥氏体量。此外,铬和锰一样,还能防止含碳大于 0.7%的硅钢对石墨化的敏感性,通常加入 0.6%~1.0%Cr(或 Mn)

就可达到目的。由于铬元素在钢中具有良好的作用,曾经被认为是低合金工具钢中必不可少的元素。但是应当指出,当用硅和锰或锰和钒合金化时,可以不用铬,因而在我国发展了不含铬的硅锰和锰钒钢,从而节约了铬。一般在低合金工具钢中,铬含量在1.6%以下,含铬更高时,将增加碳化物分布的不均匀性。

硅　硅是促使高碳钢中出现石墨化倾向的元素,故不单独加入,而应和其他元素一起使用。硅在钢中不生成碳化物,只溶于固溶体中,能显著提高过冷奥氏体在珠光体和中温转变区的稳定性,因而能有效提高钢的淬透性。硅因能阻碍马氏体第二阶段的分解和渗碳体的聚集,故可以增加回火稳定性。硅在含量为0.6%~0.8%时已显示出其作用,含量进一步提高到1.2%~1.6%时,回火稳定性增加已不多。因此,含硅钢制造的切削工具的允许切削速率可以提高。硅不降低 M_s 点,故不增加残余奥氏体量。加入硅使工具钢的某些工艺性能变坏,原因是硅强化铁素体较显著,使退火钢的硬度增加,增加切削加工的困难。硅提高钢的临界点,使淬火加热温度提高,例如,含1%Cr的钢中加入1.2%~1.6%Si时使淬火温度提高30~40℃。硅含量增加使脱碳层厚度增加,敏感性加强(表8.11)。在过共析钢中适宜的硅含量不超过0.6%~1.0%,而在亚共析钢中,硅含量可以高些。

表8.11　加热条件相同时,硅含量对含1%C和1%Cr钢脱碳层厚度的影响

(在未脱氧的盐浴炉中)[2]

硅含量/%	脱碳层厚度/mm	
	850℃加热	900℃加热
0.25	0.27	0.53
0.77	0.38	0.69
1.50	0.46	0.80

锰　在工具钢中,锰大部分溶于基体,部分溶于渗碳体。锰溶于渗碳体后能促使其在加热时溶解。含锰的工具钢加热时晶粒容易长大,因此很少使用单独加入锰的工具钢,一般加入0.5%~0.8%Cr或0.1%~0.2%V以消除锰钢的不良倾向。锰可以增加钢的淬透性。锰还使钢的临界点降低,因此淬火温度较低,如成分为0.9%C、2%Mn的钢,油淬温度为780~800℃,而含1%C、2%Cr的钢的淬火温度为860~870℃。锰使残余奥氏体量增加,相应地减少应力和变形,但残余奥氏体量过多时将减小塑性变形抗力,使淬火后硬度降低。刃具用合金工具钢中锰加入量一般为0.8%~1.2%。

钨　钨是较强的生成碳化物的合金元素,很少溶于铁素体,在渗碳体中的溶解度也很小(<2%)。在含1%C钢中,当钨含量超过1%时,开始形成特殊碳化物 $M_{23}C_6$,而钨含量超过5%后将出现碳化物 M_6C。这些碳化物具有高的硬度,在淬火加热时不易溶解,能使钢的奥氏体晶粒保持细小,不增加残余奥氏体量,增加淬

火后的硬度,提高钢的耐磨性。钢中含1%C时,加入1%～2%W,硬度可提高到66HRC,含1.4%～1.5%C时,加入3%～3.5%W,硬度可提高到68HRC,故此类钢可以用于加工极硬的材料。钨单独加入钢中并不增加钢的淬透性,因此,为了使工具表面获得均匀的高硬度,应在水中淬火。还应指出,含钨超过1.2%～1.5%的工具钢,经长期退火后,会使以后淬火时的最高硬度降低,这种现象称之为"损坏",含钨越多,这种现象越显著(图8.15),钢中同时含有铬和钒可以减弱和阻止这种现象。产生这种现象的原因还不很清楚,很多人认为这是由于在长期退火中,钨的碳化物会转变成为稳定的碳化物WC的缘故。稳定的碳化物WC在以后淬火加热时完全不溶解,因而影响钢的淬硬性。

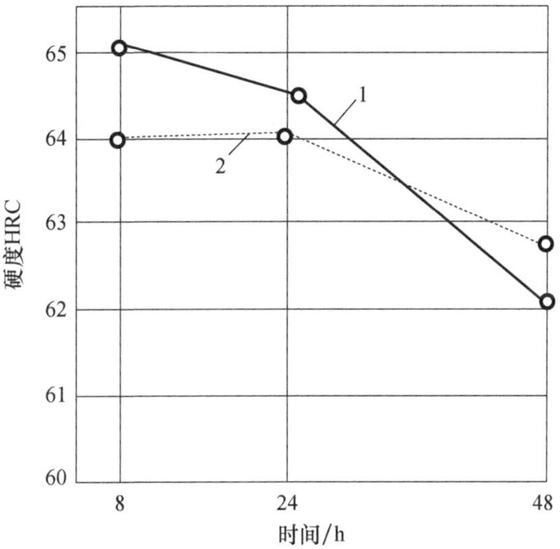

图8.15 钨对含1.1%～1.3%C的钢经长期退火后(800℃)淬火能力的影响[2]

850℃,油淬,1—5%W、0.25%Cr;2—1.5%W、1%Cr、1%Mo

钼 钼在钢中的情况很多与钨相似,含钼超过0.5%～1.0%开始生成钼的复杂碳化物。钼、钨的复杂碳化物的性能很相近,但钼的复杂碳化物密度较小,在钢中的分布较均匀,在奥氏体中的溶解较易,溶解量较多。钼加入量不多(0.2%～0.4%)时便可以细化碳化物,阻止晶粒长大。钼比较有效地增加钢的淬透性。钼使钢的脱碳敏感性增加,尤其在钢中含有硅时。

钒 钢中含有0.1%～0.2%V时,可以生成VC,在加热至1000～1100℃时VC溶解很少,故钒比其他元素更能有效地阻止奥氏体晶粒长大,降低过热敏感性。钒还能降低残余奥氏体的量。此外,钒在过共析钢中钢不易生成渗碳体网。但钒降低钢的淬透性和淬硬性,且钢中含碳越低,降低越强烈。一般钢中钒含量为0.15%～0.40%。

综上所述,合金元素在合金工具钢中的主要作用可以归结如下:

(1) 提高过冷奥氏体稳定性,增加钢的淬透性。大多数合金元素增加高碳钢的淬透性(表 8.1),只有钨和钒略使之降低。不过,单个合金元素对提高淬透性的作用不很强烈,而如果加入过多(>1.0%~1.5%),又可能使碳化物分布不均匀(如铬),或者使淬火温度提高,增加脱碳敏感性(如硅),或者使残余奥氏体量增加(如锰)。采用"少量多元"的方法可以有效地提高淬透性,而且在含有铬、锰、硅的条件下,钢中加入钨、钒还可以提高淬透性(图 8.16)。

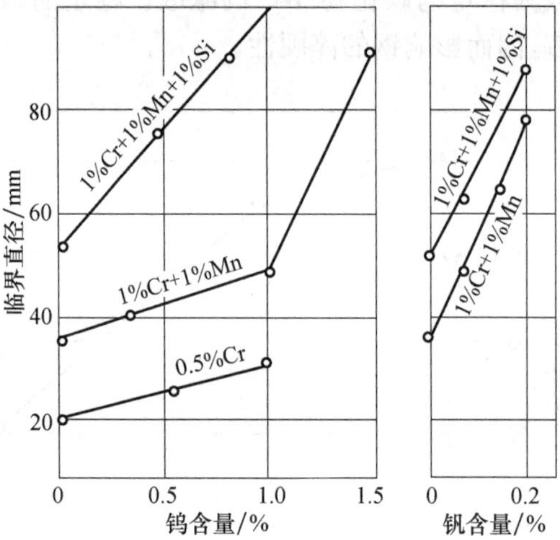

图 8.16　钨和钒对含 1%C 的合金工具钢淬透性的影响[2]

(2) 形成合金渗碳体或特殊碳化物,细化和改善钢中碳化物的分布,从而提高钢的耐磨性和力学性能。在含有 1%左右的铬、锰、钨、硅等元素的过共析钢中,退火后能获得细小、均匀分布的碳化物,这是由于合金元素阻碍渗碳体型碳化物的聚集。其中铬的作用最显著,因为铬既能溶于 α 和 γ 相中,又能较多地溶于渗碳体中。

(3) 细化奥氏体晶粒,降低淬火加热时的过热敏感性(锰除外)。在淬火加热保证能获得最高硬度时,其晶粒一般比非合金工具钢低 0.5~1.0 级。由于碳化物分布较均匀,晶粒较细小,一般合金工具钢的强度比非合金工具钢高 5%~15%。

(4) 提高马氏体第二阶段分解温度,并阻止渗碳体型碳化物的聚集,从而提高钢的抗低温回火的稳定性。铬、硅的作用较大,而钨、钒的作用较小。

(5) 降低马氏体转变点,增加残余奥氏体量。一般来说,这对使用性能是不利的,因为会使钢的硬度降低。但另一方面,可利用此点来减小淬火时的应力和减少淬火后的体积变形。以锰的作用最为显著,因它的碳化物不稳定,加热时大量溶入奥氏体,故强烈降低钢的 M_s 点,增加残余奥氏体量。铬的作用次之。

8.2.2.2 合金工具钢的退火

合金工具钢的热加工要求与非合金工具钢相同。含碳较高和碳化物较多的工具钢(Cr06、CrWMn等),碳化物分布不均匀,尤其是大规格的钢材,有时须采用镦粗拔长的方法进行锻造。终锻温度要在A_{cm}以下,一般不低于800℃。大部分合金工具钢锻后应缓冷,以免形成裂纹,但对于一些易生成网状碳化物的含碳较高的钢,锻后应快冷至500~600℃,然后缓冷。

钢材在热加工后均须进行球化退火,可以采用普通退火或者等温退火。表8.12为一些合金工具钢的球化退火温度。退火温度一般稍高于Ac_1。为了消除网状碳化物,退火温度可以提高10~20℃,此时氧化和脱碳增加。退火温度低,则碳化物过细,退火后硬度太高,网状碳化物不易消除。等温退火一般可以缩短退火时间,并且退火组织比较均匀一致。退火加热和等温的时间和炉子类型、毛坯尺寸及装炉量有关。退火加热时间为2~4h,自退火温度冷至等温温度的冷却速率为40~50℃/h或更慢一些,等温保温时间为4~6h,以后炉冷至550~660℃出炉。退火后的球化组织、网状碳化物应按GB/T 1299—2014规定的级别图评定,并根据工具的用途决定合格的级别。试样磨面取横截面,经浸蚀后在放大500倍下选择最差的视场进行评定。

表8.12 一些合金工具钢的球化退火温度[2]

钢号	加热温度/℃	等温温度/℃
9SiCr	770~800	670~720
Cr06	760~790	620~660
Cr2	770~790	680~700
W	780~800	650~680

注:8MnSi的退火温度为730~750℃[13]。

根据GB/T 1299—2014,球化退火后珠光体组织评级图(附录中的A.3评级图)分为6级:1级和2级以细片状珠光体数量为分级的依据;3级和4级球化完全,并以球粒大小为分级依据;5级和6级则以粗片状珠光体数量作为分级的依据[14]。9SiCr、Cr06、Cr2、9Cr2、W和CrWMn钢的合格级别为1~5级,但制造螺纹刃具用的9SiCr退火钢材,其珠光体组织合格级别为2~4级。热压力加工钢不检查珠光体体组织。图8.17为合金工具钢珠光体组织评级图示例。

退火状态交货的9SiCr、Cr2、Cr06和CrWMn钢应检查网状碳化物,碳化物网状级别图分为4级(GB/T 1299—2014附录中的A.5评级图)。截面尺寸不大于60mm的钢材合格级别为不大于3级,其中制造螺纹刃具用的9SiCr钢材合格级别不大于2级。

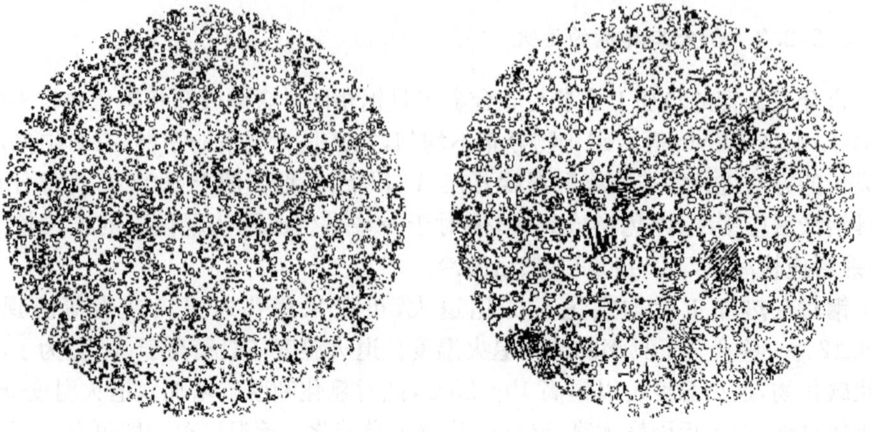

3级　　5级

图 8.17　合金工具钢珠光体组织级别图(GB/T 1299—2014)　500×

如果由于热加工质量不高,钢材中存在严重网状碳化物时,等温退火处理不能完全球化。为了消除碳化物网,可以先进行正火,然后进行退火。正火温度要高于 A_{cm}。9SiCr 和 Cr2 钢的正火温度分别为 900～920℃和 930～950℃,CrWMn 钢的正火温度为 970～990℃。也可以在正火以后进行高温回火,温度一般在 700℃左右,保温时间为 4～6h 或更长。如果退火后球化太细,硬度较高,可在临界温度 Ac_1点稍下进行回火(保温 8～10h)来改善它。例如,9SiCr、CrWMn 钢,原来球化级别为 1～2 级,用此法改善后为 3～4 级,硬度为 207～240HB。

8.2.2.3　合金工具钢的淬火和回火

刃具用合金工具钢最终热处理的基本原则与非合金工具钢相同,但由于合金元素的加入,改变了钢的临界点,增加了淬透性,降低了过热敏感性,以及提高了抗回火稳定性等,具体热处理规范与非合金工具钢应有所不同。例如,淬火温度往往要比非合金钢工具钢高,加热范围稍宽,获得同样硬度的回火温度也相应升高,而淬火时的冷却往往可用油或熔盐等介质。应当指出,这类钢中有一部分的淬透性比较低,如 Cr06 和 W 钢,常采用水淬。常用刃具用合金工具钢的热处理及其用途列于表 8.13。

表 8.13　常用低合金工具钢的热处理及其应用

钢号	淬火				回火		用途
	加热温度/℃		硬度 HRC		温度/℃	硬度 HRC	
	油冷	熔盐中冷却①	油冷	熔盐中冷却			
9SiCr	865～875	870～880	63～64	62～64	160～180	61～63	板牙、丝锥、钻头、铰刀、齿轮铣刀、冷冲模、冷轧辊

续表

钢号	淬火				回火		用途
	加热温度/℃		硬度 HRC		温度/℃	硬度 HRC	
	油冷	熔盐中冷却①	油冷	熔盐中冷却			
Cr06	830～850	820～840（水冷）	63～65	65～67（水冷）	180～200	64～65	木工工具、结构简单的冲孔模、冷压膜等
Cr2	830～850	840～860	62～65	61～63	150～170	60～62	切削工具：车刀、插刀等；测量工具：样板；冷轧辊等

① 对于 9SiCr、CrWMn 钢的介质温度为 160～200℃，对于 Cr2 钢为 150～170℃。

为了保证合金碳化物能充分地溶入奥氏体，低合金工具钢淬火加热保温的时间应比非合金工具钢的时间适当延长，合金元素含量越多，加热时间也越长（表 8.9）。预热时间为加热时间的两倍。

在 JB/T 9986—2013《工具热处理金相检验》中的第十四级别图“合金工具钢淬火马氏体级别图”中，把合金工具钢淬火马氏体依其针长分为 6 个级别（在放大 500 倍下评定）：1 级≤1.5mm、2 级>1.5～2.5mm、3 级>2.5～4mm、4 级>4～6mm、5 级>6～8mm、6 级>8～12mm。1 级、2 级属于细针马氏体，5 级、6 级属于粗针马氏体。小型工模具用钢马氏体小于 2 级为好，一般工模具可以放宽到 3～4 级为合格级别。以 9SiCr 钢为例，制作成的板牙、丝锥、搓丝板和铰刀的淬火（回火）马氏体级别应≤3.5 级。

下面分别论述一些刃具用合金工具钢的特点及其用途。

W 钢淬火后的硬度和耐磨性均较非合金工具钢为好，过热敏感性比碳钢低，韧性也较好，热处理时变形较小，水中淬火不易生产裂纹。W 钢的硬度与回火温度的关系见图 8.18。这种钢的淬透性较低，通常只用于厚度为 10～15mm 的工具，常用于制造小型麻花钻头，也可以用来制造丝锥、板牙等工作时温度不高、切削速率不大的一些工具，W 钢也可以用于制造锯金属用的锯条。用 W 钢制造的锯条寿命比用 T10、T12 钢制造的要高很多[15]。这些钢的回火温度在 150～200℃，用来制作板牙时，回火温度为 220～240℃。

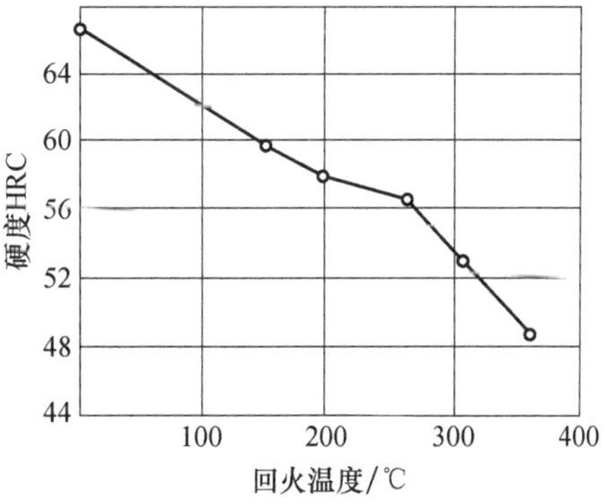

图 8.18 W 钢硬度随回火温度的变化[15]

800～820℃淬火

8MnSi 钢是一种经济的钢种，可以用于制造木工用凿子、锯条和其他工具，淬火温度为 790～820℃，可以在油中淬火，100～200℃ 回火后的硬度为 60～

64HRC,400～450℃回火后硬度为 40～46HRC。

Cr06 属于铬钢,碳含量比较高(1.30%～1.45%),淬火后硬度及耐磨性比较高,虽然钢中的碳化物比较多,但冷轧成薄钢带后,碳化物分布均匀,适于制作剃刀和刀片。Cr06 钢中含有少量的 Cr,不仅可以使碳化物较细小均匀,而且使钢在尺寸不大时,能在油中淬火而不致在表面生成软点。Cr 还使高碳钢不致出现石墨化现象。Cr06 钢通常用于制造低负荷操作的要求锋利刃口的刀具,如外科手术刀具、刮脸刀片、雕刻刀、刮刀和羊毛剪刀片等手动和机动刀具。

Cr2 钢的成分与滚动轴承钢 GCr15 相近,但前者的冶金质量要求比后者差。这些钢均用于做各种切削工具和量具。

9SiCr 钢是在铬钢的基础上发展起来的,由于硅的加入使钢的淬透性进一步提高,回火稳定性有所增加,并增加碳化物的分散度,热处理时变形小。硅还能强化铁素体,提高钢的硬度和强度。铬、硅的共同作用,使它们的良好作用得到充分的发挥,但由于硅的加入,在热加工和热处理时脱碳倾向较大,退火后,钢的硬度较高(≤241HB),不利于切削加工。

9SiCr 钢适宜的淬火加热温度为 860～870℃,从图 8.19 可以看出,经上述温

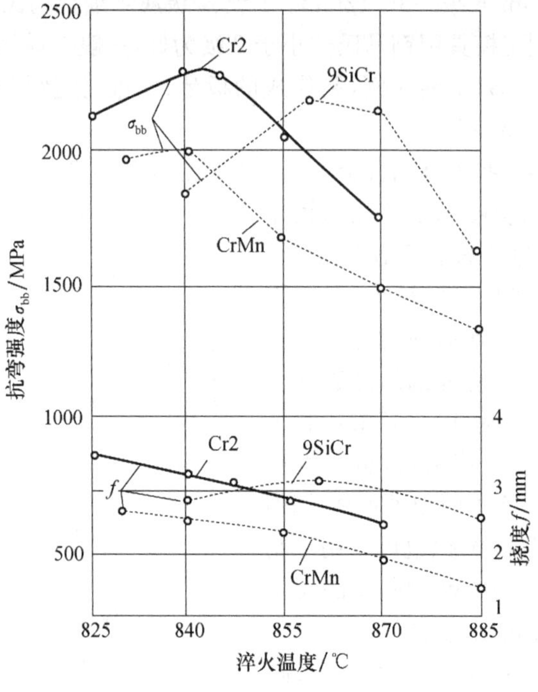

图 8.19　几种合金工具钢的抗弯强度和挠度与淬火温度的关系[16]

经 150℃1h 回火

度淬火后,不仅有高的硬度(64HRC 左右),而且弯曲强度和挠度可以获得最佳的配合。淬火加热温度过高(大于 880℃)会使奥氏体晶粒显著长大,淬火后获得粗大的马氏体,并使残余奥氏体量增加。这会使工具的硬度、强度及耐磨性下降,同时还会使工具在使用过程中由于残余奥氏体的逐渐变化而引起不允许的尺寸改变。加热温度过低(小于 850℃)则合金渗碳体不能充分溶入奥氏体,不能充分发挥合金元素的作用,导致淬透性及各项力学性能的降低。此外还可以看到,9SiCr钢的淬火温度比相应碳含量的 T9 钢大大提高,这是由于加入铬、硅以后使珠光体转变温度(Ac_1)和碳化物在奥氏体中溶解温度升高,同时使晶粒长大温度上移,从而提高了淬火加热温度。

9SiCr 钢具有较高的淬透性,直径不超过 40mm 时在热介质中冷却仍可以得到高的硬度,图 8.20 为这种钢的过冷奥氏体等温转变曲线。

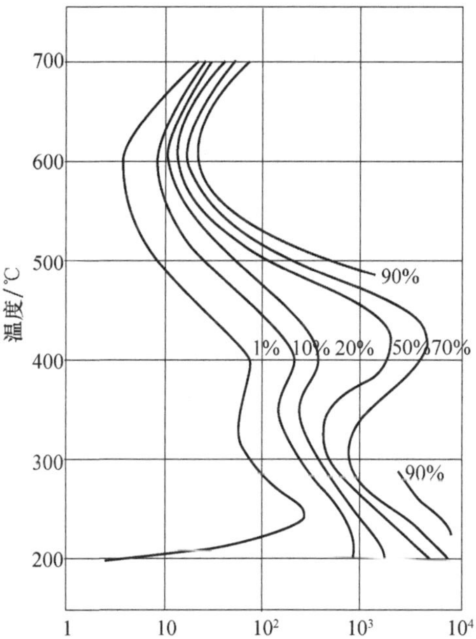

图 8.20 9SiCr 钢过冷奥氏体等温转变曲线[17]

870℃加热

9SiCr 钢适于分级淬火或等温淬火,热处理变形较小,宜于制作形状复杂、变形要小、耐磨性高、低速切削的工具,如板牙、丝锥、钻头、铰刀、齿轮铣刀等。

9SiCr 钢在热浴中的分级温度为 180℃左右,停留时间视工件大小而定(一般为 2～5min)。分级淬火减小了钢的淬火应力,故可减小变形和提高力学性能。

工具钢的等温淬火有贝氏体等温淬火和马氏体等温淬火两种,9SiCr 钢通常采用 180～220℃或 160℃(M_s 点以下)左右等温,时间为 30～40min。从图 8.21 可知,9SiCr 钢在 M_s 点附近等温 30～60min,强度、塑性均有较大的提高,硬度仍能保持在 60HRC 以上,而变形减至最小。这与内应力的降低及马氏体的分解有关。

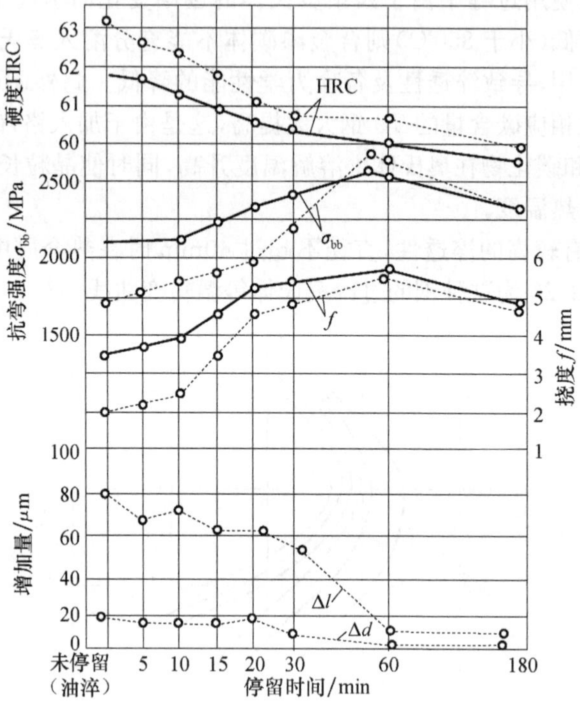

图 8.21 9SiCr 钢力学性能和变形量与等温时间的关系[2]

试样长度 l=50mm,直径 d=15mm,870℃淬火,160℃等温;┈┈表示淬火后,━━表示经 180℃回火后

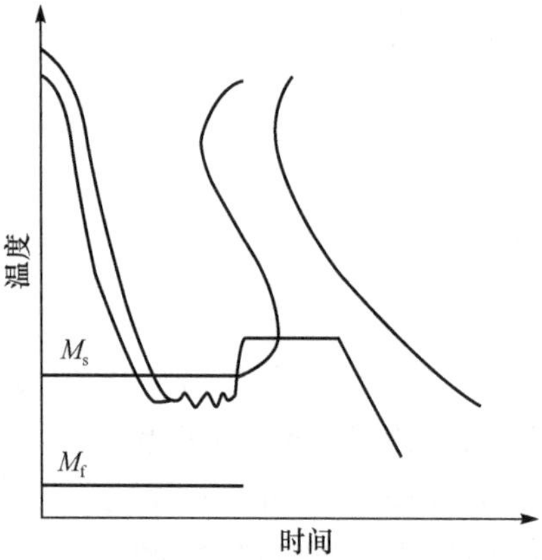

图 8.22 复合淬火工艺

亦有采用先进行马氏体等温淬火,然后立即进行贝氏体等温淬火的“复合淬火”工艺(图 8.22)。例如,将丝锥先放入温度为 150～160℃的盐浴中停留 1～3min 后立即投入第二盐浴(220℃),停留 30min,冷却后再在 150～160℃回火 90min,处理后的变形更小,但硬度在低限范围(61～61.5HRC)。另外一种“复合淬火”工艺是先淬火至 M_s 点以下,再升至较高温度进行较短时间的停留,先生成的一部分马氏体能促进以后等温时的奥氏体稳定化,使钢中能有较多的残余奥氏体,使变形减至极小。

9SiCr钢的回火温度应在保证硬度要求的前提下，获得更好的力学性能。实验表明，在175～200℃回火，硬度下降很少，由于淬火马氏体转变为回火马氏体，消除了大部分淬火应力，从而提高了力学性能。通常情况下低合金工具钢的回火温度总比非合金工具钢偏高一点，回火时间一般取90min。9SiCr钢也可以用来做冲模、打印模和搓丝板等。

8.3 高速钢

在高速连续切削或加工强度高、韧性好的材料时，刀具刃部的温度有时可达500℃以上，此时一般非合金工具钢和合金工具钢已不能胜任，因为它们的红硬性较低。高速钢主要用于制造生产率及耐磨性均高的、在比较高的温度下(600℃左右)能保持其切削性能和耐磨性的工具。因此，高速钢在机械制造工业中被广泛地采用。

高速钢问世于1900年，成分与W18Cr4V钢相似的高速钢于1910年确立，并沿用至今，其基本成分变化不大。1912年开始了高速钢中加钴的研究工作，认为钴能增加高速钢的红硬性。在20世纪30年代，高碳高钒高速钢已获得应用。在高碳高钒高速钢中提高了钒含量，并相应地提高了碳含量，因碳化钒的硬度很高，故能切削难加工材料。

W-Mo系和Mo系高速钢从1930年以来得到迅速的发展，其代表钢号为M2(W6Mo5Cr4V2)和M1(W2Mo9Cr4V2)。由于W、Mo的原子半径相似，在高速钢中生成的碳化物相似，而Mo的原子量约为W的一半，故以1.0%Mo代替1.6%～2.0%W时，钢的组织与性能很相似。随着热处理工艺与设备的进步，W-Mo系高速钢淬火温度范围狭窄、脱碳敏感性大等问题都得到较好的克服。20世纪50～60年代，这类高速钢已逐渐取代W系高速钢。与此同时，发明了以M42(W2Mo9Cr4Co8)为代表的超硬高速钢系列，其硬度可达70HRC，并有高的红硬性，克服了高速钢加工超高强度钢、高温合金等方面的难题。

我国使用最广的是W系的W18Cr4V钢。直至20世纪80年代，W-Mo系高速钢才得到迅速应用，并逐渐占据高速钢生产的主导地位。80年代，为节约用钼量及改进W18Cr4V和W6Mo5Cr4V2钢各自存在的缺点，我国自行开发了W9Mo3Cr4V钢，并迅速得到推广和应用[18]。各国还根据各自资源条件开展了节约贵重合金元素的钢种研究，如低合金高速钢、无钴高速钢。

20世纪70年代前后，发明了粉末高速钢，解决了常规熔铸方法生产的高速钢中碳化物严重偏析的固有缺陷，并使高速钢在合金化方面有了新的突破。80年代，物理气相沉积(PVD) TiN表面涂层成功地用于高速钢刀具的表面改性，提高了刀具的切削速率和生产效率。高速钢表面涂层技术还在不断发展。

在高速钢不断发展的同时,硬质合金、金属陶瓷、立方氮化硼和聚晶金刚石等性能更高的刀具材料相继问世,其中硬质合金发展较快,用量最多。这些新型刀具材料在一些加工领域代替了高速钢,但这些材料在韧性、可成形性能、可磨削性能等方面均不如高速钢,在制造精密、复杂和表面质量要求很高的刀具方面,高速钢仍然是无法取代的。现在全世界用高速钢制造的金属切削刀具产值约占全部金属切削刀具产值的一半[18]。

8.3.1 高速钢的化学成分

我国最早的高速工具钢标准为重 22—52,后来被 YB 12—59 代替,系借鉴苏联相关标准,共列入 6 个含 9%~18%W 的 W 系高速钢,其中一个为高钒高速钢。之后陆续制定了 YB 12—77《高速工具钢技术条件》、YB(T) 2—80《高速工具钢》和 YJG 84《高速工具钢临时供货协议》。在 YB 12—77 中列入了 10 个钢号,其中 3 个 W 系高速钢(包括一个高钒高速钢),2 个国际通用的 W-Mo 系高速钢和 5 个超硬高速钢。其中 5 个超硬高速钢中除 M42 外均为我国自行开发的不含 Co 的超硬高速钢。1988 年制定了国家标准 GB 9943—88《高速工具钢棒技术条件》,标准中列入了 14 个钢号。2008 年根据多年来国内外高速钢发展的情况和国内的使用经验,制定了 GB/T 9943—2008《高速工具钢》,取代了原有的标准,表 8.14 为 GB/T 9943—2008 中列入的高速钢的化学成分。该标准删除了 2 个高 W 含 Co 钢号 W18Cr4VCo5 和 W18Cr4V2Co8,增加了 7 个钢号,共有 19 钢号,还对部分原有钢号的成分进行了修改。其中 W18Cr4V 和 W12Cr4V5Co5 为 W 系高速钢,其他牌号为 W-Mo 系高速钢。在 W 系高速钢中 Mo 含量允许到 1.0%。W、Mo 二者之间的关系是:Mo 含量超过 0.30%时,W 含量要减少,在 Mo 含量超过 0.30%部分,每 1%Mo 代替 1.8%W,在这种情况下,在牌号后面加上“Mo”。高速钢应采用电炉或电渣重熔方法冶炼。高速钢退火状态交货硬度及试样淬火-回火硬度应符合表 8.15 的规定。

表 8.14 GB/T 9943—2008 中列入的高速钢的化学成分 (单位:%)

牌号	C	Mn	Si	Cr	V	W	Mo	Co
W3Mo3Cr4V2	0.95~1.03	≤0.40	≤0.45	3.80~4.50	2.20~2.50	2.70~3.00	2.50~2.90	—
W4Mo3Cr4VSi	0.83~0.93	0.20~0.40	0.70~1.00	3.80~4.40	1.20~1.80	3.50~4.50	2.50~3.50	—
W18Cr4V	0.73~0.83	0.10~0.40	0.20~0.40	3.80~4.50	1.00~1.20	17.20~18.70	—	—
W2Mo8Cr4V	0.77~0.87	≤0.40	≤0.70	3.80~4.50	1.00~1.40	1.40~2.00	8.00~9.00	—

续表

牌号	C	Mn	Si	Cr	V	W	Mo	Co
W2Mo9Cr4V2	0.95～1.05	0.15～0.40	≤0.70	3.80～4.50	1.75～2.20	1.50～2.10	8.20～9.20	—
W6Mo5Cr4V2	0.80～0.90	0.15～0.40	0.20～0.45	3.80～4.40	1.75～2.20	5.50～6.75	4.50～5.50	—
CW6Mo5Cr4V2	0.86～0.94	0.15～0.40	0.20～0.45	3.80～4.40	1.75～2.20	5.90～6.70	4.70～5.20	—
W6Mo6Cr4V2	1.00～1.10	≤0.40	≤0.45	3.80～4.50	2.30～2.60	5.90～6.70	5.50～6.50	—
W9Mo3Cr4V	0.77～0.87	0.20～0.40	0.20～0.40	3.80～4.40	1.30～1.70	8.50～9.50	2.70～3.30	—
W6Mo5Cr4V3	1.15～1.25	0.15～0.40	0.20～0.45	3.80～4.50	2.70～3.20	5.90～6.70	4.70～5.20	—
CW6Mo5Cr4V3	1.25～1.32	0.15～0.40	≤0.70	3.75～4.50	2.70～3.20	5.90～6.70	4.70～5.20	—
W6Mo5Cr4V4	1.25～1.40	≤0.40	≤0.45	3.80～4.50	3.70～4.20	5.20～6.00	4.20～5.00	—
W6Mo6Cr4V2Al	1.05～1.15	0.15～0.40	0.20～0.60	3.80～4.40	1.75～2.20	5.50～6.75	4.50～5.50	加入 Al
W12Cr4V5Co5	1.50～1.60	0.15～0.40	0.15～0.40	3.75～5.00	4.50～5.25	11.75～13.00	—	4.75～5.25
W6Mo5Cr4V2Co5	0.87～0.95	0.15～0.40	0.20～0.45	3.80～4.50	1.70～2.10	5.90～6.70	4.70～5.20	4.50～5.00
W6Mo5Cr4V3Co8	1.23～1.33	≤0.40	≤0.70	3.80～4.50	2.70～3.20	5.90～6.70	4.70～5.30	8.00～8.80
W7Mo4Cr4V2Co5	1.05～1.15	0.20～0.60	0.15～0.50	3.75～4.50	1.75～2.25	6.25～7.00	3.25～4.25	4.75～5.75
W2Mo9Cr4VCo8	1.05～1.15	0.15～0.40	0.15～0.65	3.50～4.25	0.95～1.35	1.15～1.85	9.00～10.00	7.75～8.75
W10Mo4Cr4V3Co10	1.20～1.35	≤0.40	≤0.45	3.80～4.50	3.00～3.50	9.00～10.00	3.20～3.90	9.50～10.50

注：各钢中的S含量不大于0.030%、P含量不大于0.030%，电渣钢的Si含量下限不限。为改善钢的切削性能，S含量可规定为0.06%～0.15%。W6Mo6Cr4V2Al钢中含0.80%～1.20%Al。钢中残余Cu含量不大于0.25%、残余Ni含量不大于0.30%。

表8.15 高速钢退火状态交货硬度及试样淬火-回火硬度的规定(GB/T 9943—2008)

牌号	退火态交货硬度 HBW	试样热处理制度及淬回火制度			
		淬火温度/℃		回火温度/℃	硬度 HRC
		盐浴炉	箱式炉		
W3Mo3Cr4V2	≤255	1180～1200	1180～1200	540～560	≥63
W4Mo3Cr4VSi	≤255	1170～1190	1170～1190	540～560	≥63

续表

牌号	退火态交货硬度 HBW	试样热处理制度及淬回火制度			
		淬火温度/℃		回火温度/℃	硬度 HRC
		盐浴炉	箱式炉		
W18Cr4V	≤255	1250~1270	1260~1280	550~570	≥63
W2Mo8Cr4V	≤255	1180~1200	1180~1200	550~570	≥63
W2Mo9Cr4V2	≤255	1190~1210	1200~1220	540~560	≥64
W6Mo5Cr4V2	≤255	1200~1220	1210~1230	540~560	≥64
CW6Mo5Cr4V2	≤255	1190~1210	1200~1220	540~560	≥64
W6Mo6Cr4V2	≤262	1190~1210	1190~1210	550~570	≥64
W9Mo3Cr4V	≤255	1200~1220	1220~1240	540~560	≥64
W6Mo5Cr4V3	≤262	1190~1210	1200~1220	540~560	≥64
CW6Mo5Cr4V3	≤262	1180~1200	1190~1210	540~560	≥64
W6Mo5Cr4V4	≤269	1200~1220	1200~1220	550~570	≥64
W6Mo6Cr4V2Al	≤269	1200~1220	1230~1240	550~570	≥65
W12Cr4V5Co5	≤277	1220~1240	1230~1250	540~560	≥65
W6Mo5Cr4V2Co5	≤269	1190~1210	1200~1220	540~560	≥64
W6Mo5Cr4V3Co8	≤285	1170~1190	1170~1190	550~570	≥65
W7Mo4Cr4V2Co5	≤269	1180~1200	1190~1210	540~560	≥66
W2Mo9Cr4VCo8	≤269	1170~1190	1180~1200	540~560	≥66
W10Mo4Cr4V3Co10	≤285	1220~1240	1220~1240	550~570	≥66

注:退火+冷拉态的硬度允许比退火态增加 50HBW。淬火前的预热温度为 800~900℃。淬火介质为油或盐浴。回火温度为 550~570℃时,回火 2 次×1h;回火温度为 540~560℃时,回火 2 次×2h。

虽然高速钢在成分上有很多差异,但主要的合金元素是 W、Mo、Cr、V 和 Co。在文献中,高速钢常以主要合金元素的百分数表示,如 W18Cr4V 以 18-4-1 或 18-0-4-1 表示,W6Mo5Cr4V2 以 6-5-4-2 表示,W6Mo5Cr4V2Co5 以 6-5-4-2-5 表示。表 8.16~表 8.19 分别为苏联、美国、日本和瑞典的高速钢钢号的主要化学成分。

表 8.16 苏联 ГОСТ 标准高速工具钢钢号的化学成分(ГОСТ19265(1973))[2,19]

(单位:%)

钢号	C	Cr	Mo	W	V	Co	Si	Mn	P	S
P18	0.70~0.80	3.8~4.4	≤1.00	17.0~18.5	1.0~1.4	≤0.50	0.20~0.50	0.20~0.50	≤0.03	≤0.030
P12	0.80~0.90	3.1~3.6	≤1.00	12.0~13.0	1.5~1.9	≤0.50	0.20~0.50	0.20~0.50	≤0.03	≤0.030
P9	0.85~0.95	3.8~4.4	≤1.00	8.5~10.0	2.0~2.6	≤0.50	0.20~0.50	0.20~0.50	≤0.03	≤0.030

续表

钢号	C	Cr	Mo	W	V	Co	Si	Mn	P	S
P12Φ3	0.94～1.04	3.5～4.0	≤1.00	12.0～13.5	2.5～2.9	≤0.50	0.20～0.50	0.20～0.50	≤0.03	≤0.030
P18Φ2K5	0.85～0.95	3.8～4.4	≤1.00	17.0～18.5	1.8～2.4	5.0～6.0	0.20～0.50	0.20～0.50	≤0.03	≤0.030
P6M5	0.80～0.88	3.8～4.4	5.0～5.5	5.5～6.5	1.7～2.1	≤0.50	0.20～0.50	0.20～0.50	≤0.03	≤0.030
P6M5K5	0.80～0.88	3.8～4.3	4.8～5.8	6.0～7.0	1.7～2.2	4.8～5.3	0.20～0.50	0.20～0.50	≤0.03	≤0.030
P9M4K8Φ	1.0～1.1	3.0～3.6	3.8～4.3	8.5～9.6	2.1～2.5	7.5～8.5	0.20～0.50	0.20～0.50	≤0.03	≤0.030

注：P12Φ3 钢非 ГОСТ 标准高速工具钢，其化学成分来自技术条件(ТУ)。

表 8.17 美国 ASTM 标准高速工具钢部分钢号的化学成分(ASMT A600,2004)[19]

(单位：%)

钢号	C	Cr	Mo	W	V	Co	Si	Mn	P	S
T1	0.65～0.80	3.75～4.50	—	17.25～18.75	0.90～1.30	—	0.20～0.40	0.10～0.40	≤0.030	≤0.030
T2	0.80～0.90	3.75～4.50	≤1.00	17.5～19.0	1.80～2.40	—	0.20～0.40	0.20～0.40	≤0.030	≤0.030
T4	0.70～0.80	3.75～4.50	0.40～1.00	17.50～19.00	0.80～1.20	4.25～5.75	0.20～0.40	0.20～0.40	≤0.030	≤0.030
T5	0.75～0.85	3.75～5.00	0.50～1.25	17.5～19.0	1.80～2.40	—	0.20～0.40	0.20～0.40	≤0.030	≤0.030
T6	0.75～0.85	4.00～4.75	0.40～1.00	18.5～21.0	1.50～2.10	11.0～13.0	0.20～0.40	0.20～0.40	≤0.030	≤0.030
T15	1.50～1.60	3.75～5.00	≤1.00	11.75～13.0	4.50～5.25	4.75～5.25	0.15～0.40	0.15～0.40	≤0.030	≤0.030
M1	0.78～0.88	3.50～4.00	8.20～9.20	1.40～2.10	1.00～1.35	—	0.20～0.50	0.15～0.40	≤0.030	≤0.030
M2	0.78～0.88	3.75～4.50	4.50～5.50	5.50～6.75	1.75～2.20	—	0.20～0.45	0.15～0.40	≤0.030	≤0.030
M2(高C)	0.95～1.05	3.75～4.50	4.50～5.50	5.50～6.75	1.75～2.20	—	0.20～0.45	0.15～0.40	≤0.030	≤0.030
M3-1级	1.00～1.10	3.75～4.50	4.50～6.50	5.00～6.75	2.25～2.75	—	0.20～0.45	0.15～0.40	≤0.030	≤0.030
M3-2级	1.15～1.25	3.75～4.50	4.50～6.50	5.00～6.75	2.75～3.25	—	0.20～0.45	0.15～0.40	≤0.030	≤0.030

续表

钢 号	C	Cr	Mo	W	V	Co	Si	Mn	P	S
M4	1.25~1.40	3.75~4.75	4.25~5.50	5.25~6.50	3.75~4.50	—	0.20~0.45	0.15~0.40	≤0.030	≤0.030
M10	0.84~0.94	3.75~4.50	7.75~8.50	—	1.80~2.20	—	0.20~0.45	0.10~0.40	≤0.030	≤0.030
M35	0.80~0.85	3.90~4.40	4.75~5.25	6.15~6.65	1.75~2.15	4.75~5.25	0.20~0.40	0.20~0.40	≤0.030	≤0.030
M36	0.80~0.90	3.75~4.50	4.50~5.50	5.50~6.50	1.75~2.25	7.75~8.75	0.20~0.45	0.15~0.40	≤0.030	≤0.030
M41	1.05~1.15	3.75~4.50	3.25~4.25	6.25~7.00	1.75~2.25	4.75~5.75	0.15~0.50	0.20~0.60	≤0.030	≤0.030
M42	1.05~1.15	3.50~4.25	9.00~10.0	1.15~1.85	0.95~1.35	7.75~8.75	0.15~0.65	0.15~0.40	≤0.030	≤0.030
M46	1.22~1.30	3.70~4.20	8.00~8.50	1.90~2.20	3.00~3.30	7.80~8.80	0.40~0.65	0.20~0.40	≤0.030	≤0.030
M48	1.42~1.52	3.50~4.00	4.75~5.50	9.50~10.50	2.75~3.25	8.00~10.0	0.15~0.40	0.15~0.40	≤0.030	≤0.030
M50	0.78~0.88	3.75~4.50	3.90~4.75	—	0.80~1.25	8.00~10.0	0.15~0.40	0.15~0.40	≤0.030	≤0.030

注:M35 钢的化学成分来自美国 AISI、SAE 高速钢标准。

表 8.18 日本 JIS 标准高速工具钢部分钢号的化学成分(JIS G44032006)[19]

(单位:%)

钢号	C	Cr	Mo	W	V	Co	Si	Mn	P	S
SKH2	0.73~0.83	3.80~4.50	—	17.20~18.70	1.00~1.20	—	≤0.45	≤0.45	≤0.03	≤0.030
SKH3	0.73~0.83	3.80~4.50	—	17.00~19.00	0.80~1.20	4.50~5.50	≤0.45	≤0.45	≤0.03	≤0.030
SKH4	0.73~0.83	3.80~4.50	—	17.00~19.00	1.00~1.50	9.00~11.00	≤0.45	≤0.45	≤0.03	≤0.030
SKH10	1.45~1.60	3.80~4.50	—	11.50~13.50	4.20~5.20	4.20~5.20	≤0.45	≤0.45	≤0.03	≤0.030
SKH50	0.77~0.87	3.50~4.50	8.00~9.00	1.40~2.00	1.00~1.40	—	≤0.70	≤0.45	≤0.03	≤0.030
SKH51	0.80~0.88	3.80~4.50	4.70~5.20	5.90~6.70	1.70~2.10	—	≤0.45	≤0.40	≤0.03	≤0.030
SKH52	1.00~1.10	3.80~4.50	5.50~6.50	5.90~6.70	2.30~2.60	—	≤0.45	≤0.40	≤0.03	≤0.030

续表

钢号	C	Cr	Mo	W	V	Co	Si	Mn	P	S
SKH53	1.15～1.25	3.80～4.50	4.70～5.20	5.90～6.70	2.70～3.20	—	≤0.45	≤0.40	≤0.03	≤0.030
SKH54	1.25～1.40	3.80～4.50	4.20～5.00	5.20～6.00	3.70～4.20	—	≤0.45	≤0.40	≤0.03	≤0.030
SKH56	0.85～0.95	3.80～4.50	4.70～5.20	5.90～6.70	1.70～2.10	7.00～9.00	≤0.45	≤0.40	≤0.03	≤0.030
SKH59	1.05～1.15	3.50～4.50	9.00～10.00	1.20～1.90	0.90～1.30	7.50～8.50	≤0.70	≤0.40	≤0.03	≤0.030

表 8.19 瑞典联合钢公司(ASSAB)高速工具钢化学成分[19] (单位:%)

钢号	C	Cr	Mo	W	V	Co	P	S	瑞典SS标准近似钢号
HSP-6	0.80	4.50	1.20	18.50	1.60	5.50	≤0.030	≤0.030	2754
HSP-11	0.70	4.50	0.30	18.50	1.20	0.50	—	—	2750
HSP-15	1.25	4.10	3.20	9.00	3.10	9.50	≤0.030	≤0.030	2736
HSP-16	1.20	4.80	3.20	7.30	3.30	5.30	—	—	—
HSP-17	1.40	4.20	3.50	9.00	3.90	12.50	—	—	—
HSP-41	0.85	4.00	5.00	6.50	2.00	—	≤0.030	≤0.030	2722
HSP-42	0.90	4.00	3.00	6.10	1.90	—	≤0.030	≤0.030	2724

注:表中主要元素含量为平均值。ASSAB—Associated Swedish Steel AB。

8.3.2 高速钢的组织

高速钢属于高合金莱氏体钢,其各类钢的组织很相似,现通过图 8.23 分析高速钢的组织。图 8.23 为含 18%W 及 4%Cr 时 Fe-W-Cr-C 系统的伪二元状态图。在此图中未考虑到 V 的影响,V 在 18-4-1 钢中对其组织没有重大影响,但 V 是扩大铁素体区域的元素,能生成比较稳定的碳化物 VC 而结合了一部分碳,因而使高温 δ 相的范围扩大,h、i、j 点向右移。

在碳含量接近高速钢的情况下开始凝固,首先析出树枝状的 $\delta(\alpha)$ 相,温度继续降低时将发生三相包晶反应 $L+\delta \longrightarrow \gamma$。温度降至 hj 线以下,将进行四相包晶反应 $L+\delta \longrightarrow \gamma+C$(C 指碳化物)。根据相律,这一反应将在一定温度范围内进行,但此温度范围很窄。由于 L 和 δ 相被包晶反应生成的 γ 相隔开,四相包晶反应是通过原子在 γ 相中的扩散进行的,故速率很慢。只有冷却过程以极缓慢的速率进行时,才接近平衡条件。四相包晶反应的结果将有两种情况出现:

(1) 含碳较少时(i 点的左边),四相包晶反应结束时,液相消失,过剩相为固相

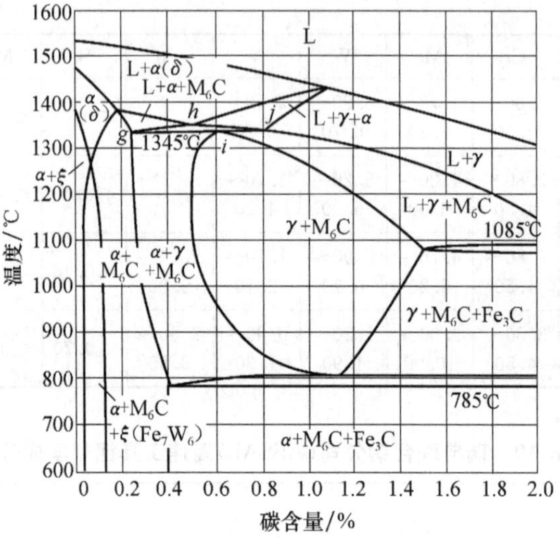

图 8.23　含 18%W 及 4%Cr 时 Fe-W-Cr-C 的伪二元状态图

上部 i 点附近的虚线为最初的曲线[20],实线为校正后的曲线[21]

δ。继续缓慢冷却时,固相 δ 将发生反应 $\delta \longrightarrow \gamma + C$,生成物称为 δ 共析体,在显微镜下,此组织似细片状珠光体。不同之处是,细小片状的碳化物分布在 γ 基体中。δ 共析体是 $\gamma + C$ 的两相组织,弥散度很大,经硝酸酒精腐蚀后呈黑色,因此又常称为黑色组织。δ 共析体的生成机理设想如下:δ 相中比较贫碳,但溶有能扩大铁素体区域的元素 W 比较多。温度降低时,在 δ 相中碳的溶解度降低。由于碳的扩散速率很快,首先在 γ 和 δ 的边界析出富有 W 的碳化物 M_6C。由于 W 的扩散速率很慢,碳化物的长大迅速停止,其邻近区域的 δ 相由于促进铁素体化的钨含量的减少而转变为 γ。这样又会促使相邻的 δ 相区富有 W 并析出新的碳化物,反应继续进行。生成 δ 共析体的过程受到 W 原子在 δ 相中扩散速率的影响。如果冷却速率比较慢,δ 相可以全部转变为 δ 共析体,如果冷却速率比较快,这种转变将不完全。图 8.24(a)系含 0.67%C 的 W18Cr4V 钢自 1350℃在油中冷却时的组织,δ 相只有一部分沿晶界转变成 δ 共析体;图 8.24(b)为空冷时的情况,此时,δ 相全部转变 δ 共析体。

在实际生产条件下,冷却速率不是这样缓慢的,尤其是钢锭的外层或钢锭尺寸不大时,包晶反应一般总是进行得不完全。因此,凝固以后的组织一般由共晶体、δ 相和 γ 相组成。共晶体和 δ 相被 γ 相隔开。

(2) 含碳较高时(i 点的右边),包晶反应的结果是:δ 相消失,过剩的 L 相在冷却过程中发生共晶反应 $L \longrightarrow \gamma + C$,生成莱氏体。

钢液凝固后继续冷却,由奥氏体(γ 相)内析出 M_6C 型碳化物(二次),它常常析出在附近的共晶碳化物上,在 $\gamma + M_6C$ 区内,随着温度的降低,二次碳化物的

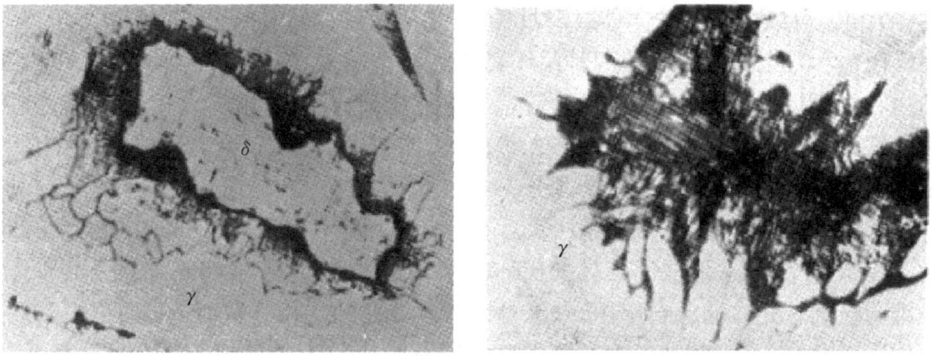

(a)　　　　(b)

图 8.24　含 0.67%C 的 W18Cr4V 钢自 1350℃冷却生成的 δ 共析体[21]　2000×

钢的成分：18.3%W、3.90%Cr、1.35%V

(a) 油冷；(b) 空冷

量不断增加。这一过程一直进行到包共析反应区（$\gamma+M_6C\longrightarrow\alpha+Fe_3C$），γ 相消失。

必须指出，图 8.23 只是近似的，多数研究者并未发现钢中有 Fe_3C 存在，但图 8.23 的高温区域部分对于分析高速钢的组织还是有益的。

上述转变过程与冷却速率关系极大。含 0.73%C 的 W18Cr4V 钢的试样自 1350℃在水中冷却时，在试样的内部生成一定数量的 γ 相，但没有二次碳化物的析出（图 8.25(a)）。同样的试样在油中冷却以后，先生成的 γ 相中将析出二次碳化物，部分 δ 相转变为 γ 相（图 8.25(b)）。

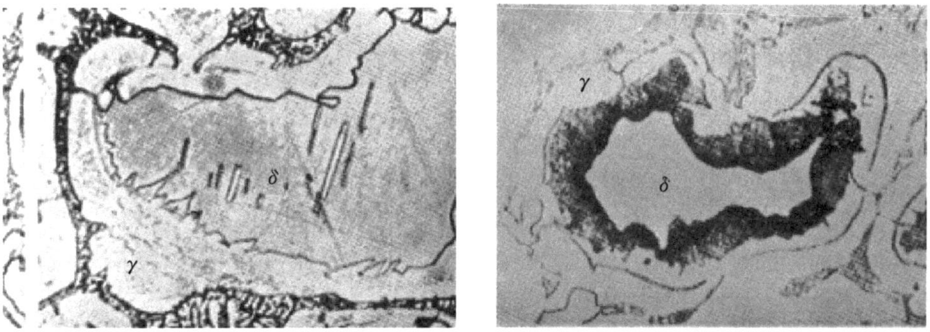

(a)　　　　(b)

图 8.25　含 0.73%C 的 W18Cr4V 钢自 1350℃冷却后试样心部组织[21]　1200×

钢的成分：18.1%W、4.22%Cr、1.51%V

(a) 水冷；(b) 油冷

至于 δ 相，则随冷却条件的不同，或保留下来，或转变为 γ 相，或转变为 δ 共析体。γ 相还可以分解为珠光体或者贝氏体,如果冷却速率比较快,奥氏体也可以转为马氏体和残余奥氏体。这两种组织经硝酸酒精溶液浸蚀后观察时呈白亮色,一般为“白色组织”。因此,高速钢的铸态组织很复杂,其中可能有 δ 相、δ 共析体(黑色组织)、莱氏体(鱼骨状组织)、珠光状、贝氏体、马氏体和残余奥氏体(白色组织)及碳化物,在显微镜下不易完全区分。

图 8.26(a)为 W18Cr4V 钢浇铸后在冷却速率较快的条件下形成的铸态组织。由于冷却速率较快,形成的共晶莱氏体较小。图中,黑色区域的心部系 δ 共析体,为细与极细珠光体的混合组织,外缘是由含碳较高的 γ 相分解而得,弥散度较 δ 共析体大,所以更易受腐蚀。这部分黑色区域有时统称为黑色组织。在共晶莱氏体附近的白色区域是残余奥氏体及隐针马氏体。图 8.26(b)为 W18Cr4V 钢浇铸后在冷却速率较慢的条件下形成的铸态组织。由于冷却速率较慢,形成的共晶莱氏体较为粗大,黑色区域组织也较大,而马氏体及残余奥氏体区域显著缩小。

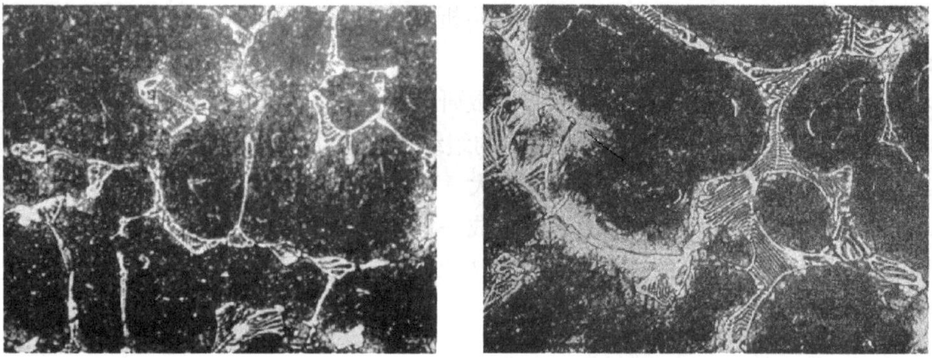

(a) (b)

图 8.26 W18Cr4V 钢的铸造组织[14] 500×

ϕ75mm 的铸造钻头

由于 W6Mo5Cr4V2 钢得到了广泛的应用,许多学者对其凝固过程进行了研究。图 8.27 为含 6%W、5%Mo、4%Cr、2%V 时 Fe-W-Mo-Cr-V-C 的伪二元状态图。该钢的凝固过程首先是[18] $L \longrightarrow \delta(\alpha)$,$\delta$ 铁素体从液相中析出,反应开始温度为 1435℃;然后,δ 铁素体与钢液发生包晶反应 $L+\delta \longrightarrow \gamma$,自 1330℃开始生产奥氏体;残留在枝晶之间碳与合金元素含量较高的剩余钢液发生共晶反应 $L \longrightarrow \gamma + M_6C$,生成莱氏体,反应开始温度约为 1240℃。但在此之前已有 MC 先共晶碳化物的析出,其开始析出温度为 1260℃。

通常包晶反应进行不完全,枝晶内部仍保留有 δ 铁素体,外层是奥氏体,最后这些初生的晶粒被共晶反应生成的莱氏体网包围。在以较快的速率冷却时,晶粒心部的 δ 铁素体发生共析反应 $\delta \longrightarrow \gamma + M_6C$,在比较高的温度下,这一反应进行得较快。

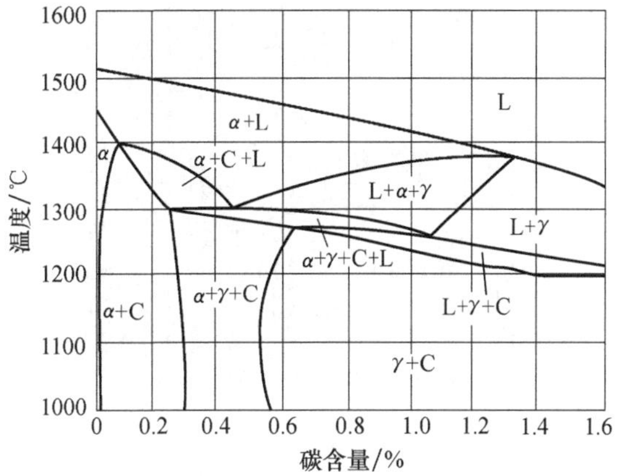

图 8.27　含 6%W、5%Mo、4%Cr、2%V 时 Fe-W-Mo-Cr-V-C 的伪二元状态图[1]

C 为碳化物

上述 δ 相和 δ 共析体不仅在高速钢铸造组织中可以出现，高速钢的锻材或轧材在热处理过烧时也可能出现，在钢中碳含量较低或者表面有脱碳现象时更容易出现。

冷却速率的快慢还会影响 W-Mo 系高速钢的共晶碳化物的类型。在冷却速率较快时，共晶碳化物将由近平衡态的 M_6C 变为亚稳态的 M_2C。对于 M2 钢，随冷却速率的加快，共晶碳化物将由 M_6C 同时变为 M_6C 和 M_2C，最后全部变为 M_2C。亚稳定的碳化物 M_2C 在以后的高温加热时会发生分解 $M_2C+\gamma \longrightarrow M_6C+MC$[22]。

大量莱氏体的存在是铸态高速钢组织的重要特征，对钢的质量和性能有很大的影响。它们的类型、含量和形貌等主要受钢的成分和钢水凝固时冷却速率的控制。莱氏体通常用共晶碳化物的类型来命名，如 M_6C 莱氏体、M_2C 莱氏体和 MC 莱氏体，其特点如下[18]：

(1) M_6C 莱氏体。M_6C 莱氏体由 M_6C 共晶碳化物和奥氏体组成，在金相显微镜和扫描电子显微镜下观察，其形貌像鱼骨，中间有一条主脊骨，常称为“鱼骨状共晶碳化物”(图 8.28)。这种莱氏体主要存在于 W 系和钨含量较高的 W-Mo 系钢中，钨含量越高，越倾向于 M_6C 莱氏体的形成，M_6C 中的钨含量也越高，它是 W18Cr4V 钢中的主要莱氏体，W9Mo3Cr4V 钢中也有相当含量存在。钢水凝固冷却速率越慢，越有利于 M_6C 莱氏体的形成，长得也越粗大。

(2) M_2C 莱氏体。M_2C 莱氏体由 M_2C 共晶碳化物和奥氏体组成，存在于 Mo 系和 W-Mo 系高速钢中。M_2C 莱氏体的形貌与 M_6C 莱氏体的显著差异是没有中间的脊骨，厚度较薄，多呈片层状，与奥氏体相间排列组成了各种形态的 M_2C 共晶体。

W-Mo 系钢中 M_2C 共晶碳化物比较平直，其 M_2C 莱氏体的形态呈片层状、羽毛状、扇状。钢中的钼含量高，钨含量低，有利于 M_2C 的生成。碳和钒也能促进

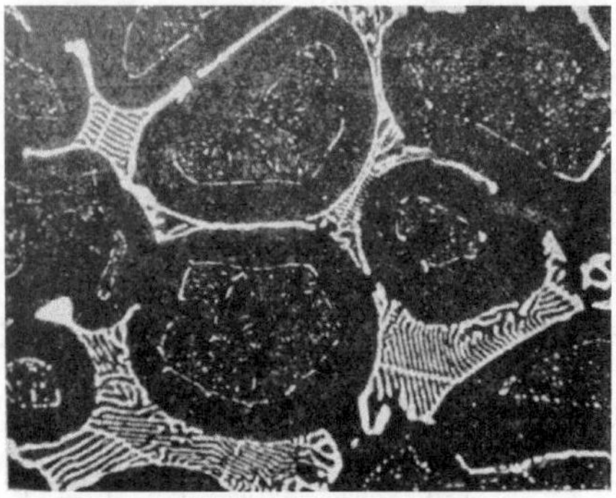

图 8.28　W18Cr4V 钢的铸造组织[14]　500×

经淬火-回火后鱼骨状莱氏体未能消除

M_2C 生成。在 M2 钢中主要共晶碳化物是 M_2C,仅在钢锭心部才能找到 M_6C。钢液凝固速率快时有利于 M_2C 生成,慢时则有利于 M_6C 的生成。图 8.29 为 W7Mo4Cr4V 钢中 M_2C 莱氏体。

Mo 系高速钢中,M_2C 共晶碳化物的形态与 W-Mo 系钢有所不同。M42 钢中的 M_2C 型碳化物不太平直,稍有弯曲,有的片很短小,还有呈点状和块状的,它们与奥氏体组成的共晶莱氏体形态有羽毛状、菊花状等,还有片层状和迷宫状等。图 8.30为 M42(W2Mo9Cr4VCo8)钢的 M_2C 莱氏体。

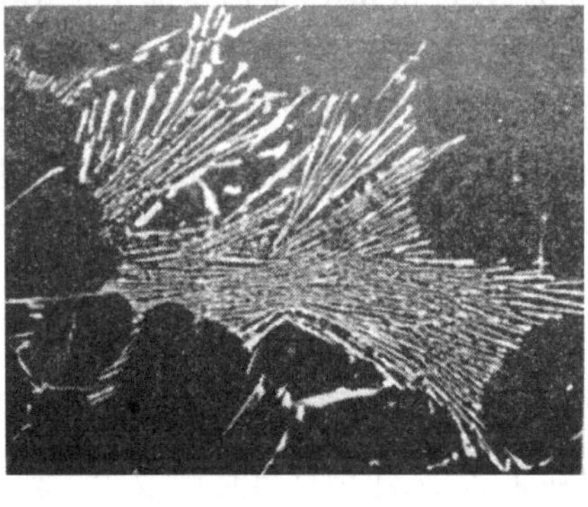

图 8.29　W7Mo4Cr4V 钢中的 M_2C 莱氏体(SEM)[18]　200×

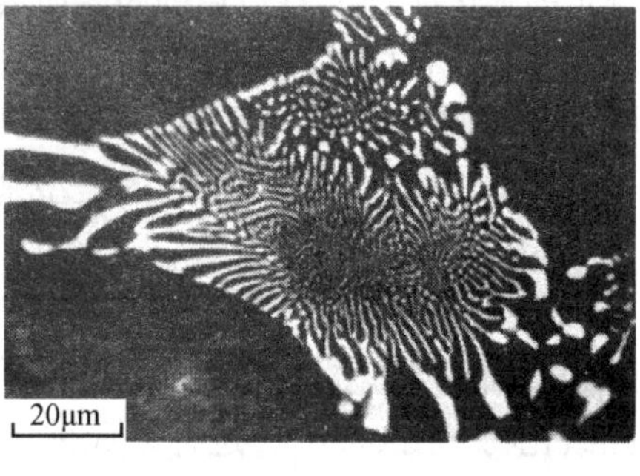

图 8.30　W2Mo9Cr4VCo8 钢中的 M_2C 莱氏体(SEM)[18]

(3) MC 莱氏体。在高钒钢中还可能存在 MC 莱氏体,不过凝固时产生的 MC 更多的是先共晶碳化物,于共晶反应前从液相中单独析出。有时在过烧的淬火组织中偶尔能见到 MC 莱氏体。

由于高速钢铸态组织中有粗大的、很脆的莱氏体组织存在,因而力学性能比经过压力加工的要低。例如,铸造高速钢在淬火-回火后其强度为 1200～1800MPa,而当经过压力加工,莱氏体被打碎且碳化物分布均匀时,其强度可提高到 2700～

3200MPa。因此，生产上直接用铸造高速钢制造工具是比较少见的。但铸造高速钢制造工具也有其优点：可以利用高速钢切屑和废料进行生产；它的制造过程较简单，只需要小量的表面光整工作；与采用锻坯或轧材经切削工成形的方法相比，可降低材料消耗达 30%～50%；在钢的组织中存在共晶体网，可以提高钢的耐磨性，在主要需要耐磨性和切削量不大的情况下，铸造工具的寿命可以超过锻造制成的工具，但在重切削条件下，铸造的工具强度低，不如锻造的工具。在铸造时，通过提高冷却速率、加入变质剂以细化莱氏体网或通过适当的热处理，如高温扩散处理（又称消除莱氏体淬火）以破碎莱氏体网等可以达到提高铸造工具力学性能的效果。

铸态共晶碳化物在高温加热时其形态和性能会发生变化。

M_6C 共晶碳化物是稳定的碳化物，在高温受热时不发生分解，但原始碳化物表面积大，将聚集长大，以减少表面能。加热温度越高，保温时间越长，碳化物就会长得越大，接近熔点加热时会导致粗大碳化物的角状化（图 8.31）。W18Cr4V 钢铸态碳化物经 1260℃×1h 或 1300℃×15min 加热，部分 M_6C 便粗化成大块角状碳化物。合金元素会影响 M_6C 铸态共晶碳化物的变化，如钢中加入钼，则 M_6C 中也含有钼，会使其长大倾向增大。由图 8.32 可以看出，随温度的升高和时间的延长，角状碳化物的含量增加。

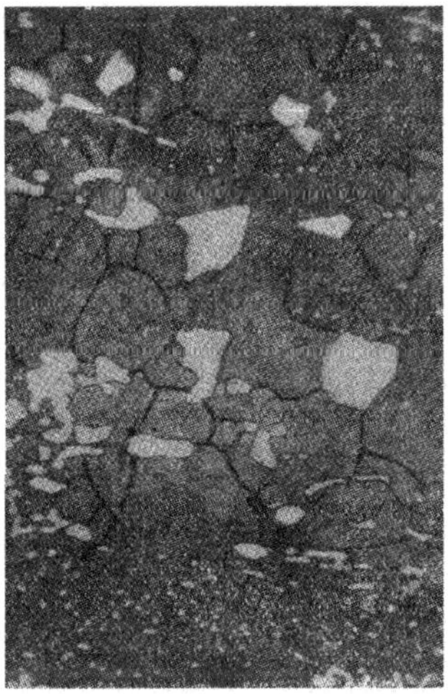

图 8.31　P18 钢中的角状碳化物[7]　450×

锻坯尺寸 ϕ170mm，自正常温度淬火

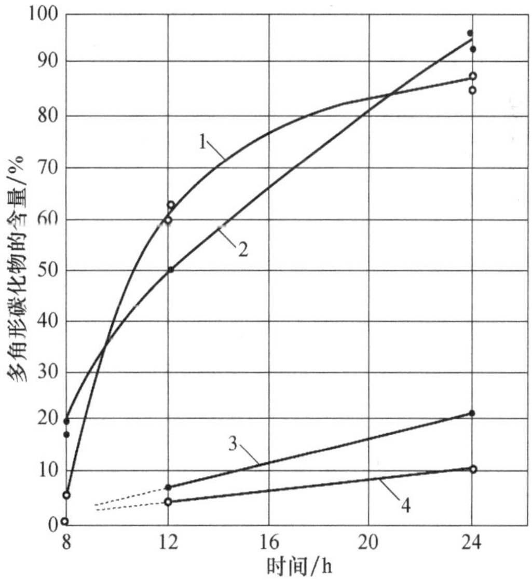

图 8.32　高速钢中角状碳化物形成的含量与加热温度和时间的关系[23]

1—18-4-1(1320℃)；2—6-5-4-2(1230℃)；3—6-5-4-2(1150℃)；4—18-4-1(1230℃)

亚稳态的 M_2C 合金碳化物在高温加热时不稳定,会发生分解:$M_2C+\gamma \longrightarrow M_6C+MC$,生成的产物是稳定的。这种分解使碳化物细化成颗粒状,分布均匀,有利于性能的改善。

M_2C 分解时,M_6C 在 M_2C 和 γ 相的界面上成核,M_6C 中含有较多的钨、钼和铁,其中的钨、钼主要来自 M_2C,铁来自 γ 相。随着 M_6C 的生长,M_2C 中的钒和碳含量上升,促使 MC 析出。MC 较细小,往往被 M_6C 包围,形成 M_6C+MC 的复合碳化物。如果 M_2C 分解不完全,就会出现 $M_6C+MC+M_2C$ 三种碳化物的复合颗粒。复合颗粒尺寸较大,形状不规则,很脆,易裂。如果加热温度过高,铸态 M_2C 共晶碳化物不仅迅速分解,而且随即粗化,如 M2 钢于 1200℃加热 2h 后,M_2C 就会变成粗块状的 M_6C 型碳化物,使钢的质量严重变差。

铸态高速钢中这种大块的和角状的碳化物在以后热加工时没有什么变化,在以后淬火加热时也不溶解。它的存在使淬火加热时碳化物溶解不足,钢的红硬性降低,加热时容易过热,淬火时容易引起工具开裂,力学性能降低。在高速钢中,角状碳化物不仅在铸态及以后的退火状态下可能出现,而且也可能在淬火加热时形成。

大块和角状碳化物容易在大钢锭中出现,因为钢水从液相线到固相线之间,冷却速率过慢,碳化物聚集成大块时形成了角状碳化物。为了避免在钢材中出现多角形碳化物,冶炼时可采用较小的钢锭(250～300kg)或扁锭。此外,应使在浇铸后能较快地冷却至 1000～900℃。

在 GB/T 9943—2008《高速工具钢》中将 GB 4462—84《高速工具钢大块碳化物评级图》作为该标准的附录 A,并规定:根据需方要求可对供货状态的产品进行大块角状碳化物的检查。该评级图将大块角状碳化物和大颗粒碳化物统称为大块碳化物,并分为 W 系和 W-Mo 系两类评级图。

W 系高速工具钢大块角状碳化物评级图分为 A 列(分散系列)和 B 列(集中系列),各分为 4 个级别,各级别的大块角状碳化物最大尺寸应符合表 8.20 的规定。钨-钼系高速工具钢是在均匀细小的碳化物基体上分散分布着大颗粒碳化物,分为 6 个级别,各级别大颗粒碳化物的最大尺寸应符合表 8.20 的规定。

表 8.20　高速工具钢大块碳化物最大尺寸(GB/T 9943—2008)　(单位:μm)

级别	1	2	3	4	5	6
W 系高速工具钢 A 列(分散系列)	18	21	23	25	—	—
W 系高速工具钢 B 列(集中系列)	16	18	21	23	—	—
W-Mo 系高速工具钢	—	6.1	8.3	12.5	15.6	22.1

图 8.33 为 W 系高速钢大块角状碳化物的 B 列 3 级,图 8.34 为 W-Mo 系高速钢大颗粒碳化物的 4 级。

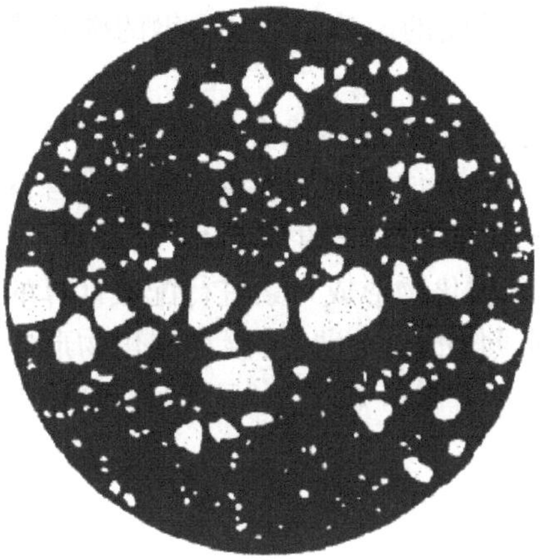

图 8.33　W系高速钢大块角状碳化物评级图　500×

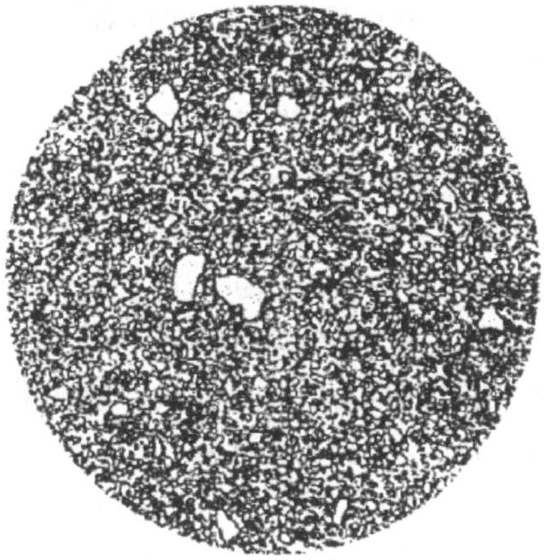

图 8.34　W-Mo系高速钢大颗粒碳化物评级图　500×

8.3.3　碳及合金元素对高速钢组织和性能的影响

高速钢能得到良好的性能取决于碳与合金元素的恰当配合。

碳　高速钢的碳含量变动范围为0.7%～1.60%,加入碳的目的是为了能保证与加入的合金元素生成碳化物,这些碳化物在淬火加热时能部分溶解,从而使淬火后的马氏体得到必需的硬度。如果钢中的碳含量偏低,会使淬火后马氏体的碳含量不足,并使在淬火加热时出现δ相,因为所有碳化物生成元素都是扩大铁素体区域的元素,这样在淬火后达不到要求的硬度。图8.35所示18-4-1钢的碳含量

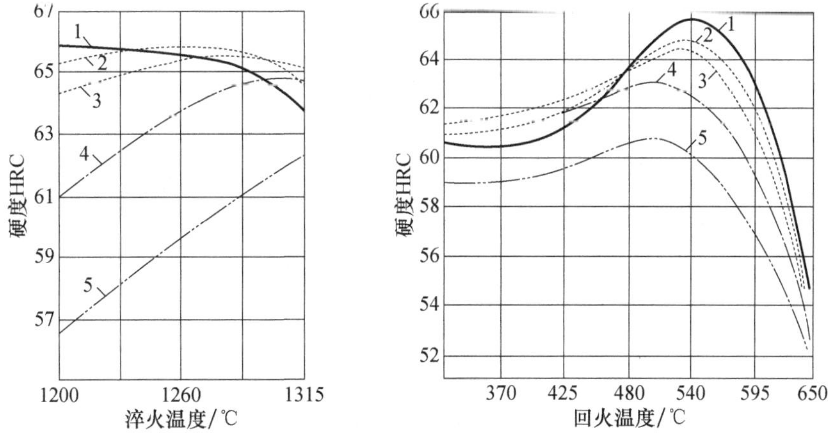

图 8.35　淬火温度及回火温度(1290℃淬火)对不同碳含量的18-4-1钢硬度的影响[1]

1—0.78%C;2—0.72%C;3—0.67%C;4—0.52%C;5—0.52%C

在 0.52%～0.78%内变动时,对淬火和回火后硬度的影响。18-4-1 钢的碳含量以 0.7%～0.8%为宜。

20 世纪 30 年代开发高钒高速钢时,已注意到,在提高钒含量时,必须相应地增加碳含量。之后不少学者探讨高速钢中碳化物形成元素加入量与钢中碳含量之间的匹配关系。M41 钢的研制者之一 Steven 在前人工作的基础上,通过 62 个试验成分的验证后,于 1964 年发表了对钢中全部碳化物形成元素进行配碳计算的方法,并称之为"平衡碳计算法"[25],即为了得到最佳的二次硬度,碳与碳化物形成元素存在的比例关系均按回火时形成的碳化物进行计算,如表 8.21 所示。平衡碳量以 C_p 表示,可按下式计算:

$$C_p(\%) = 0.033w_W + 0.063w_{Mo} + 0.06w_{Cr} + 0.20w_V \tag{8.1}$$

式中,w 代表合金元素的质量分数(%)。

表 8.21 合金碳化物中合金元素与碳的定比关系[25]

合金元素	碳化物形式	1%合金元素所需的碳量/%
V	VC(按 V_4C_3 计算)	0.200
W	Fe_4W_2C	0.033
Mo	Fe_4Mo_2C	0.063
Cr	$Cr_{23}C_6$	0.060
Cr	Cr_7C_3	0.099

式(8.1)的理论解释是:如果钢中马氏体回火二次硬化时析出相为 V_4C_3、W_2C、Mo_2C,而退火态碳化物为 V_4C_3、Fe_4W_2C、Fe_4Mo_2C,则对于 V、W、Mo 而言,开始态和终了态合金碳化物的原子比相同。在通用高速钢中,Cr 在退火态以 $Cr_{23}C_6$ 存在,故平衡碳应以 $Cr_{23}C_6$ 化学式计算。

按平衡碳量计算,发现当时常用高速钢的标准碳含量均低于其平衡碳量。在 20 世纪 70 年代国外正式使用高碳 M2(CM2)钢时,将 M2 钢的碳含量从 0.85%提高到 1.10%,二次硬度可达到 67～68HRC。M41、M42 等超硬高速钢的成分都基本符合 C_p 公式。可以说,平衡碳计算公式是超硬高速钢诞生的基础。

平衡碳计算公式在我国高速钢的研制和生产中得到广泛的应用,我国的科技工作者在该公式的基础上又提出了平衡碳差值 ΔC[26]和碳饱和度 A[27]两个概念。

ΔC 是平衡碳值 C_p 和实际碳含量 C_s 之间的差值,即

$$\Delta C = C_p - C_s \tag{8.2}$$

A 是实际碳含量 C_s 与平衡碳 C_p 之间的比值,即

$$A = C_s/C_p \tag{8.3}$$

对于超硬高速钢,$\Delta C \approx 0$,$A \approx 1$,可获得最高的二次硬度。对于通用高速钢,不仅要考虑钢的硬度,还要考虑钢的韧性和塑性。对于 W6Mo5Cr4V2 钢,ΔC 控制约为 0.25%,A 约为 0.75,钢的综合性能较好。

按平衡碳量提高高速钢的碳含量，可以增加碳化物数量，提高淬火马氏体的碳含量，从而提高原高速钢的室温硬度、红硬性与切削性能。但是，由于铸造成分的偏析，热处理时富碳区易过烧，因此必须控制热处理温度。由于熔点降低，锻造时也增加了过热的危险性；另外，提高碳含量还导致晶粒粗化，碳化物量增加，因而增加钢中碳化物不均匀性，使钢的强度、韧性及塑性有些下降。

提高碳含量还增加淬火态残余奥氏体量及其稳定性。为使促使残余奥氏体转变以得到二次硬度，对高碳的钢必须采用更高的回火温度，这与马氏体的二次硬化最佳温度不一定相同，因而会降低回火可以达到的最高温度。

高速钢(包括高合金二次硬化钢)的固相线温度 T_s(℃)可根据化学成分通过 Steven 等[25]提出的经验公式计算：

$$T_s = 1265 - 111w_C + 22w_V + 4.5w_W + 3w_{Mo} \tag{8.4}$$

式中，T_s 是固相线温度；w 为各元素的质量分数(%)。当化学成分在以下范围内时：0.7%～1.3%C，3.5%～4.5%Cr，1.0%～5.0%V，0%～18%W，0%～9%Mo，0%～15%Co，可以得出可靠的数据，误差在±7℃范围内。

Fischmeister 等结合大量实验数据，对式(8.4)进行修正并引入铌的系数，给出了如下高速钢固相线计算的经验公式[26]：

$$T_s = 1266 - 110w_C - 3w_{Si} + 4w_W + 2w_{Mo} + 10w_V + 15w_{Nb} \tag{8.5}$$

由式(8.4)和式(8.5)可以看出，碳含量对熔点的影响最大。不同炉号的钢的开始熔化温度的区别是不容忽视的，但上面公式与一般认为的钴能提高高速钢熔点的看法不一致。

钨 在钨系高速钢中，钨是主要的合金元素。钨在钢中的作用是能生成大量的 M_6C 型碳化物，有效地阻止加热时晶粒的长大，含钨越多，生成的碳化物越多，这种作用也越大(图 8.36)，从而使允许的淬火加热温度提高，增加奥氏体的合金

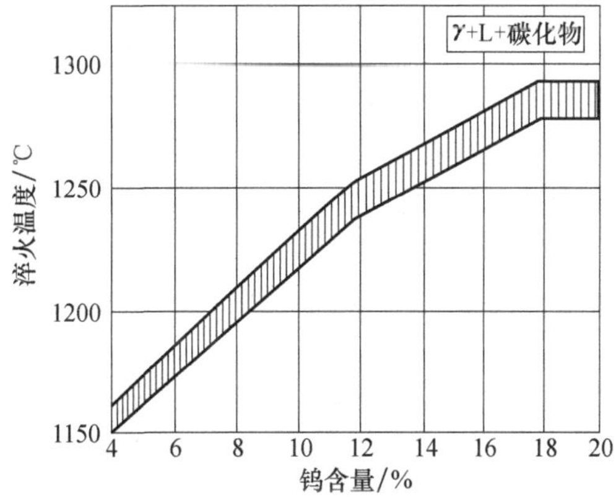

图 8.36 钨含量对含 4%Cr 和 1%～1.5%V 的钢晶粒开始长大温度(到 10 级)的影响[2]

化程度,在18-4-1钢中奥氏体钨含量可以达到7%～8%。同时剩余的未溶入的碳化物能增加钢的耐磨性。此外,在回火时大量的钨溶于马氏体中能阻止马氏体的分解,使加热至600～650℃时马氏体中尚保留有一部分碳,更重要的是能在500～600℃时大量地析出M_2C相引起二次硬化,而且M_2C相不易聚集,使高速钢能有高的红硬性。但如果钢中不含钒,虽然钨含量很高,也不能得到显著的二次硬化的效果(图8.37),所以在高速钢中,虽然钨(或钼)含量可以很高,但加入的钒含量不应低于1%。

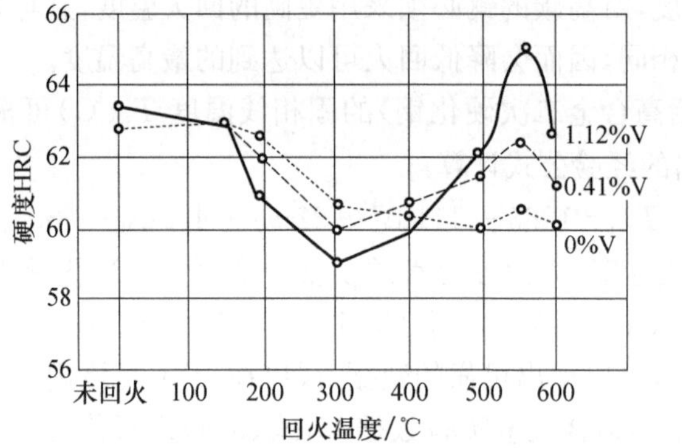

图8.37　含0.7%C、18%W和4%Cr的高速钢的硬度与钒含量和回火温度的关系[2]
1280℃油淬

在钒含量为1.0%～1.8%的高速钢中,有以下几种不同的钨含量:

(1) 为了适应高速金属切削的需要,钨含量应在7%～8%,此时,加热至1200～1210℃,尚可保持细小的晶粒,二次硬度可以达到61～62HRC。这类钢的红硬性比较低(580～600℃),但碳化物不均匀性小,可以做轻切削条件的工具。如果加入0.1%～0.2%Ti或N,可以减少过热倾向,淬火温度可以提高至1220℃。我国YB 12—59标准中的W9Cr4V钢属此类。但多数厂认为,W9Cr4V钢的性能较差,热处理易过热,未再列入标准。

(2) 当钨含量增至12%～13%时,因碳化物M_6C的增加,晶粒长大倾向开始显著减慢,加热至1260℃晶粒度还可以保持10级。含12%～13%W的高速钢的碳化物M_6C中能溶解较多的钒(含钨更多时,M_6C中钨原子比例增加,钒溶解量又减少),因此有助于提高钢的红硬性,改善磨削性能。这类钢的碳化物不均匀性较小,如果铬含量降至3%左右,则碳化物不均匀性更小。表8.16中的P12钢的碳化物不均匀性较W18Cr4V钢低2级左右,钢的强度、韧性都提高,高温塑性也好,而切削性能及红硬性和W18Cr4V钢相近。P12钢适于制造热加工成形的刀具(热轧钻头、热模锻铣刀)和大型工具,可以一般地代替W18Cr4V钢,而且比较经济。

(3) 最高的钨含量以17%～19%为宜,W18Cr4V钢即属此类。钨含量的增加,进一步增加碳化物量,提高淬火温度(1280～1300℃)和钢的红硬性及切削加工性。钨含量更高时,由于使强度剧烈下降,碳化物不均匀性更为严重,故不使用。

W18Cr4V钢由于红硬性和切削性能良好，热处理温度范围很宽（1250～1300℃），可以适用于各种用途，故长期以来得到广泛的应用。生产和使用这种钢的主要问题是当钢材尺寸比较大时，碳化物不均匀性较高。

适当提高钢中的钒含量（2.0%～2.6%）时，可以减少钢中的钨含量而保持其切削性能，这种钢在淬火后能在基体中溶入较多的钒，有助于提高二次硬化的能力。在钢中含钨少于11%时，增加钒含量使钢中生成较多的VC，可以阻止晶粒长大。W9Cr4V2钢（苏联的P9钢）中含有8.5%～10%W和2.0%～2.6%V，其红硬性和切削性能与W18Cr4V钢相近。在加工铸铁及硬度在200～220HB以下、强度在600～750MPa以下的结构钢时，W9Cr4V2钢具有与W18Cr4V钢几乎相同的切削性能，但在加工强度较高（σ_b＝750～1000MPa）或韧性较高的钢，以及过共析钢时，W18Cr4V钢具有较好的性能。我国YB 12—59标准中曾列入W9Cr4V2钢，该钢在热处理后过剩碳化物VC较多，使磨削性变坏，故以后修订的标准中不再列入。

钼　在高速钢中以1.0%Mo代替1.6%～2.0%W时，钢的组织与性能很相似。文献中常称W＋2Mo为钨当量或[W]。因此，一些缺钨的国家很自然地考虑到在高速钢中以钼部分地或全部代替钨，从而发展了含钼（钨-钼和钼系）高速钢。在钨-钼系中使用最广泛的是6-5-4-2钢（M2），在钼系中使用最广泛的是1.5-8-4-1（M1）和0-8-4-2（M10）钢。

在高速钢中以钼部分地或全部代替钨后，虽然其组织和性能相似，但与钨系高速钢比较有如下的优点：

（1）在同样条件下，含钼高速钢的碳化物比较细小，分布较均匀（较钨-钼系约低1级，钼系约低2级）。

（2）钼在高速钢中的溶解量比较大，在不致引起晶粒长大的温度（1230℃）淬火时，在固溶体中可溶解5.2%～5.4%，从而增加马氏体的合金化程度。试验表明，含钼高速钢的切削性能不低于甚至优于钨系高速钢，如M2钢制的齿轮铣刀，在同等切削条件下，刀具磨损量比W18Cr4V钢低30%，制成小钻头后切削寿命提高40%。

（3）含钼高速钢的高温塑性非常良好，因此特别适于以高温塑性变形方法制造钻头及其他刀具，变形时不易开裂。冶金工厂也因这类钢易于热加工，使成材率提高。含钼高速钢的韧性也比较高（图8.38）。

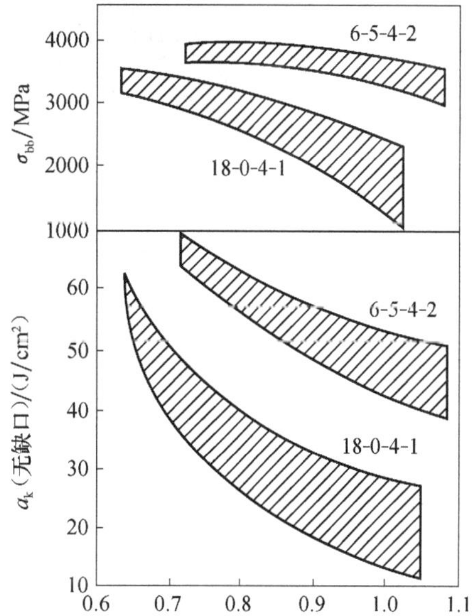

图8.38　不同碳含量的18-0-4-1高速钢和6-5-4-2高速钢抗弯强度和冲击韧度的比较[2]

(4) 含钼高速钢的淬火适宜温度比钨系高速钢低60～70℃,有利于改善工人劳动条件,延长热处理设备寿命。此外,含钼高速钢对长期退火引起的"损坏"现象不敏感。含钼高速钢的密度低,T1钢为8.67g/cm^3,M2钢为8.17g/cm^3,M1钢为7.89g/cm^3。M2钢的密度比W18Cr4V钢低6%左右,使用相同质量的钢材可多出6%的产品。含钼高速钢的价格也便宜。

(5) 通用型6-5-4-2钢的韧性显著高于18-0-4-1钢。图8.38为碳含量对这两种钢抗弯强度和冲击韧度的影响,表明W6Mo5类的W-Mo系钢中碳含量超过常规时,其强韧性的下降明显小于W18类的W系钢。由于增碳对W-Mo系和Mo系钢在韧性方面的负面影响较小,W-Mo系和Mo系钢较适宜采用较高的碳含量,可以在获得高的二次硬化能力的同时,不降低或少降低其强韧性。

W-Mo系和Mo系高速钢莱氏体碳化物在非平衡冷却情况下转变的深入研究,揭示了Mo与W在高速钢中的不同作用。片状的、扇形分布的M_2C共晶体在凝固后冷却及锻造加热、保温时分解为细小颗粒状的M_6C+MC,并使其易于分布均匀,如图8.39所示。这对钢的塑性有利,成材率也得到提高,细小的M_6C颗粒和富钒的MC颗粒淬火时易于溶入基体,对二次硬化有利。但是如果M_2C共晶碳化物分解不完全时,钢中会残留有M_2C及M_6C+MC+M_2C等复合碳化物,对钢的性能不利。

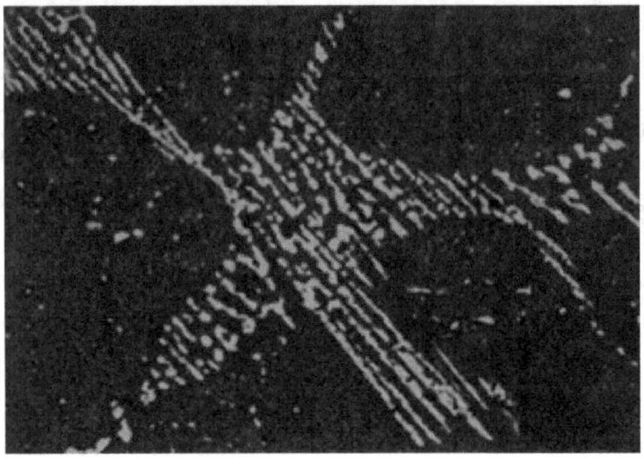

图8.39　W7Mo4Cr4V钢中铸态共晶碳化物1160℃×2h加热后的形态(SEM)[18]　800×

M_2C在共晶碳化物中占有的比例(体积分数)及其稳定性与Mo、W含量配比有关。在含16%～18%W、4%Cr、0%～4%V的钢中,研究了2Mo/(W+2Mo)对铸态共晶碳化物中M_6C及M_2C体积分数的影响,结果见图8.40和图8.41[28]。W6Mo5类相当于2Mo/(W+2Mo)为0.625,在含2%V时,钢中的M_6C含量(体积分数)降至4%以下,M_2C显著增多,含量超过4%。经过热加工和退火后,钢中的共晶碳化物M_6C主要由M_2C转变而来,对钢的性能有良好作用。

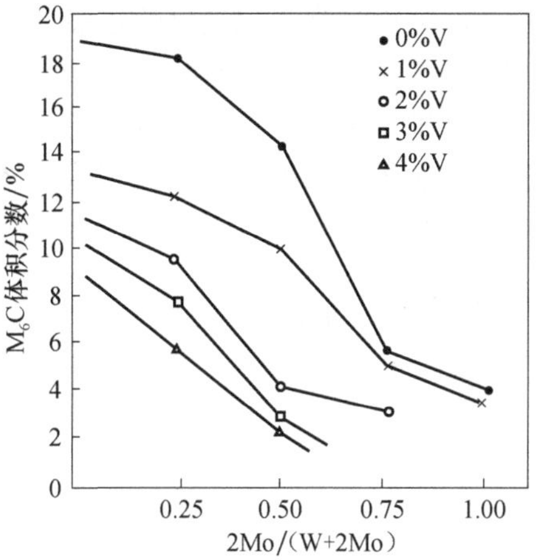

图 8.40 2Mo/(W+2Mo)对成分:16%～18%W、4%Cr、0%～4%V 钢中共晶碳化物 M_6C 体积分数的影响[28]

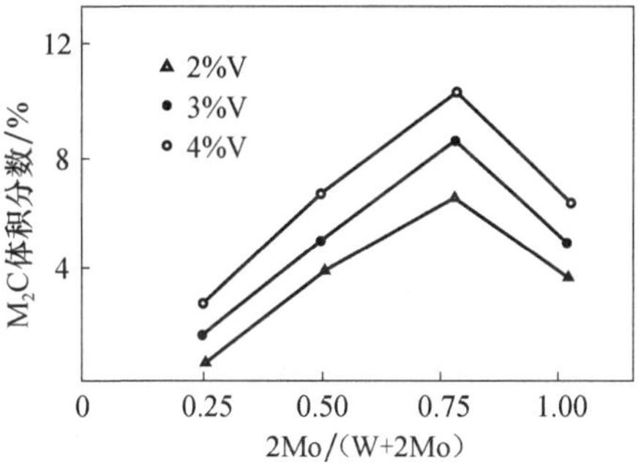

图 8.41 2Mo/(W+2Mo)对成分:16%～18%W、4%Cr、0%～4%V 钢中共晶碳化物 M_2C 体积分数的影响[28]

含钼高速钢的主要缺点是表面脱碳倾向较大。钼含量超过 4%时,高速钢的脱碳敏感性显著增加。Mo 系和 W-Mo 系高速钢曾因这一缺点而难以使用。高温盐浴脱氧技术的进步缓解了工具淬火的困难,现代真空和保护气氛技术已从根本上解决了含钼高速钢退火及淬火的氧化、脱碳问题。

钒 高速钢中的钒含量一般为 1%～3%。钢中钒含量不高时,钒在钢中主要是溶于 MC 型碳化物中,例如,在 18-4-1 钢中,生成的 MC 型碳化物不多,淬火加热时,钒随这些碳化物的溶解而溶入奥氏体中,淬火后在回火时能加强二次硬化的效果。高速钢中钒含量不应低于 1%,加入钒不仅可以在回火时析出高度弥散的 MC 相,而且使 M_2C 型碳化物不易析出和聚集(Cr 也有些作用),从而使高速钢具有高的红硬性。

钢中钒含量增加时,可以生成越来越多的 MC 型碳化物(图 8.42),淬火加热时能溶入奥氏体中的钒增加,从而加强二次硬化的效果,但溶入奥氏体中的钒的比例则降低(表 8.22),大部分 MC 相以过剩相存在于钢中,因其具有极高的硬度而提高钢的耐磨性,但使钢的磨削性变坏。在钨含量低于 11%时,钢中的 MC 有阻止晶粒长大的作用。图 8.42 所示为八种高速钢在退火和淬火状态下 MC 型碳化物在全部碳化物中的体积分数。

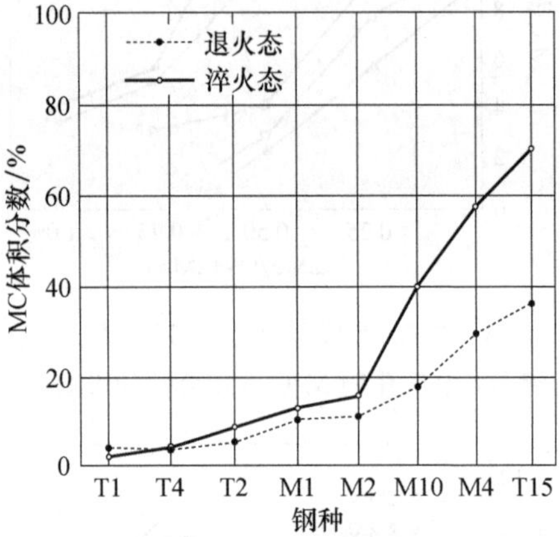

图 8.42 八种高速钢在退火和淬火状态下 MC 型碳化物在全部碳化物中所占的体积分数[1]

表 8.22 不同钒含量钢的碳化物量和固溶体成分[2]

钢号	化学成分/%				热处理	碳化物量/%	固溶体成分/%		
	C	W	Cr	V			W	Cr	V
W18Cr4V	0.72	18.3	4.12	1.27	退火	27.7	1.4	1.9	0.16
					淬火(1290℃)	15.3	7.5	3.6	0.83
					回火(560℃,3 次)	18.3	6.4	2.7	0.47
W18Cr4V2	0.84	18.0	4.16	1.92	退火	29.8	1.5	1.8	0.37
					淬火(1290℃)	17.6	7.2	3.3	1.17
					回火(560℃,3 次)	21.2	5.3	2.3	0.5
W9Cr4V2	0.91	9.0	4.6	2.49	退火	19.7	1.5	1.7	0.20
					淬火(1240℃)	7.8	5.6	3.5	1.21
					回火(560℃,3 次)	11.9	3.3	2.7	0.48
W9Cr4V4	1.32	9.88	4.32	3.72	退火	22.2	1.4	1.6	0.31
					淬火(1270℃)	9.7	5.9	3.6	1.38
					回火(560℃,3 次)	14.0	3.5	2.2	0.59

在高速钢中,钒和碳应有一恰当比例。有的资料专门研究了在含 6% W、5%Mo、4%Cr 的钢中,不同碳含量与钒含量对钢的组织的影响。当含 1%V 时,钢中适当的碳含量是 0.55%,含 2%V 时碳含量为 0.8%,每增加 1%V,应大约增加

碳含量0.25%。在钨系高速钢中，每增加1%V，增加碳含量0.15%～0.20%。如果碳含量很不足，由于钒是强烈扩大铁素体区域的元素，会使钢中出现铁素体而不能淬硬。

在高速钢中增加钒含量可以有两种结果：

(1) 节约钨(或钼)。含22%～24%W和0.5%V钢的切削性能与含18%W和1%～1.2%V钢相近，增加钒含量至1.4%～2.6%，降低钨含量至9%～10%，而切削性能相近或稍逊，W9Cr4V2钢便是这样，但钢的工艺性变差，加热时晶粒长大倾向较大，磨削性能欠佳。

(2) 增加耐磨性，同时提高红硬性。在含18%W的钢中，提高钒含量(相应地增加碳含量)会增加碳化物的不均匀性，使锻造困难，强度降低，此时钒含量以不超过2.5%为宜。钒含量和碳含量更高时，钢中的钨含量宜降低。高速钢中钒含量最高不宜超过5%，过高时钢的锻造性能将很差。

在高速钢凝固组织中，一次碳化物主要是富钒的MC型碳化物，粒度较大，是高速钢大块碳化物来源之一。一次碳化物MC一般呈离散分布，具有块状形态。共晶型MC碳化物的量不大。在M2中，MC的析出温度为1262℃，共晶反应产物是M_2C型碳化物，其共晶反应温度为1242℃[29]。一次碳化物的析出温度与共晶反应温度间隔ΔT对MC的粒度有很大影响。在一定的冷速下，ΔT越大MC的颗粒越大。

变化高速钢中的C、Mo、W、V等含量都会影响ΔT的大小，从而影响MC的颗粒尺寸。在M2钢中，碳含量增加时，一次碳化物MC的析出温度平缓下降，ΔT稍有增加，虽增加碳化物的数量和偏析，但很少影响MC的粒度。在M2钢中，钒含量增加至4%时，MC从钢液中的析出温度显著上升，ΔT达120℃，MC的粒度增大。在M2钢中，减少钨含量，ΔT显著增大，此时虽然共晶反应温度降低了50℃，M_2C、M_6C型碳化物颗粒显著细化，但却存在为数不多的粒度较大的MC型碳化物。M2钢中增加钼或以钼代钨时，一次碳化物析出温度和共晶反应温度同时下降，ΔT保持不变，因此对MC的粒度没有明显的影响，但以钼代钨时钢的铸态组织中MC的数量却明显增多，在退火和淬火钢中MC的量也随着以钼代钨而增加(图8.41)。这是由于钼不能像钨那样强烈地与钒争夺碳。这也说明为何高钒高速钢多出现在W系和W-Mo系中，而不宜出现在Mo系高速钢中[30]。

高钒高速钢适宜于快速切削和精加工，尤其是在加工调质钢(硬度为280～330HB)、奥氏体钢、耐热合金等时。高钒高速钢的主要缺点是磨削性能差。在粉末高速钢诞生之后，由于细化了MC的尺寸，使高钒高速钢的可磨削性能大为改善。

铬 在高速钢中一般含有3.0%～5.0%的铬，以4.0%为宜。

铬在高速钢中提高淬硬性和淬透性。加入铬后，钢中生成$M_{23}C_6$型碳化物，在加热时能在较低温度下溶解,使基体中有必要的碳含量,从而保证马氏体有高的硬度。在淬火加热时,铬几乎全部溶入奥氏体,使高速钢具有很高的淬透性。钢中的铬有一部分溶于复杂碳化物 M_6C 中,使其稳定性降低,因而在淬火加热时,促使 M_6C 易于溶解,提高奥氏体的合金化程度。铬还能阻止 M_6C 转变成稳定碳化物 MC。铬可以降低马氏体点,增加淬火后钢中的残余奥氏体量,从而减小应力与变形。如果残余奥氏体量为 20%～25%,这种影响是有益的,加入 3.5%～5.0%Cr 时可以做到这一点。铬在高速钢中的一个重要作用,就是在高速钢回火时,能延缓 M_2C 型碳化物的析出,从而加强二次硬化的效果(图 8.43)。铬还可以提高在切削温度下工具的抗氧化性。

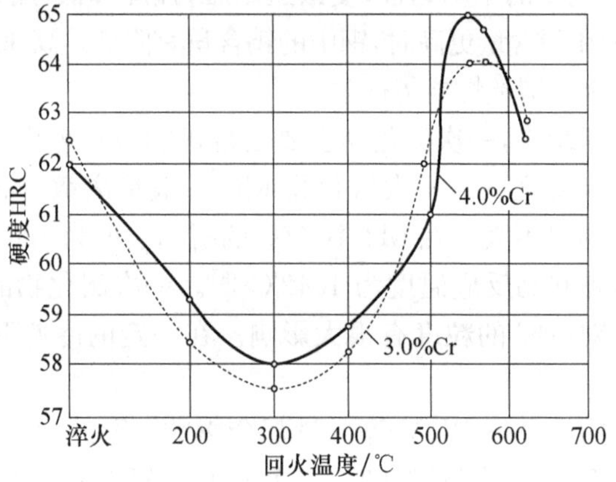

图 8.43　铬对高速钢回火时硬度的影响[2]

成分:0.85%C、12%W、1.6%V,自保证晶粒度 10 级的温度淬火

铬在高速钢中的含量超过 2.0%时,会显著增加碳化物的不均匀性。由于铬的原子量比较小,在这方面,1.0%Cr 的作用相当于 4.0%W。铬含量过高,由于增加了残余奥氏体量和其回火稳定性,须增加回火次数。高速钢中的铬含量的上限不超过 5.0%。在个别情况下,为了减少碳化物不均匀性,降低钨含量的同时应稍降低铬含量(2.8%～3.3%),如 P12 钢。

钴　钴在高速钢中的主要作用是加强二次硬化的效果,提高红硬性。含钴越多,这种效果越显著。在 18-4-1 钢中,560℃回火后,含 5%Co 时硬度达到 65～66HRC,含 10%Co 时为 67～68HRC,600℃回火后达 65～66HRC。钴对 18-4-1 钢自 1290～1295℃淬火后红硬性的影响如表 8.23 所示。因此,含钴高速钢具有高的切削性能。

表 8.23　钴对 18-4-1 钢红硬性的影响[2]

钴含量/%	0	3	5	10	15
温度/℃	600～615	620	630	650	670

钴是不生成碳化物的元素。在高速钢中，钴绝大部分溶于基体中。例如，在18-4-1-5(T4)钢中，退火状态下88%的钴存在于铁素体中，奥氏体化以后则增至95%。少部分钴溶于M_6C型碳化物中，代替部分铁原子。钴不影响其他合金元素在各相间的分配，不影响碳化物的结构和数量以及晶粒开始长大的温度。钴稍降低高速钢过冷奥氏体的稳定性。因此，含钴高速钢与不含钴高速钢在淬火状态下的组织没有什么区别。

钴提高高速钢的红硬性和加强二次硬化效果的原因，可能是钴加强了基体的原子键力，能延缓回火时析出M_2C型碳化物的过程，特别是能阻止这些碳化物的聚集。在含钴达到5%～6%之后，钴可以明显地提高$\alpha \rightarrow \gamma$转变温度。钴可以减少钨和钼在马氏体中的溶解度，促使其碳化物能在回火时更多地析出[2]。含钴高速钢在淬火时还允许加热至更高的温度而不致过热，这样可以使更多的碳化物溶入基体中。采用淬火温度上限时更可以显示出钴提高切削性能的良好作用。

钴提高高速钢的热导率，尤其在600～700℃，这有利于降低切削刀刃的温度。在相同条件下，含钴钢刀具切削刃温度比不含钴的低30～75℃[31]。

钴在18-4-1钢中能增加淬火后钢中残余奥氏体的量，降低硬度1～2HRC，但降低其在回火时的稳定性，大部分残余奥氏体在560℃回火一次后已发生转变，实际上不影响回火规范[2]。但也有报道，在BT42钢(9-3-4-3-10)中改变钴含量，超过5%时，即可减少淬火态残余奥氏体量，相应地提高硬度0.5HRC[31]。

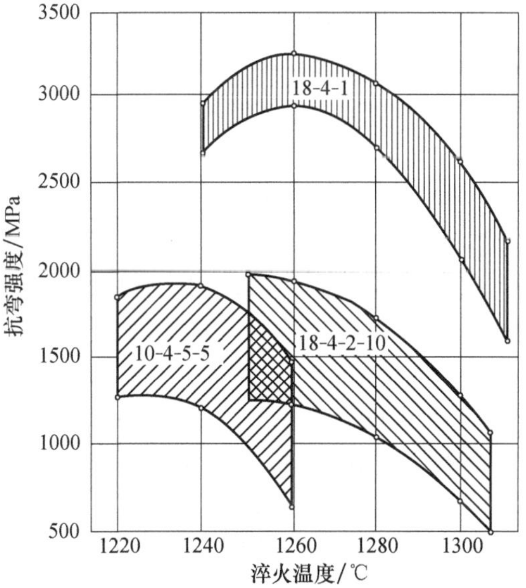

图8.44 钴对高速钢强度的影响[2]

碳化物不均匀性为2级

钴使高速钢强度和韧性降低。这种影响在加入量为 5%～6%时还不显著,但增至 10%以上时就表现得很强烈。由图 8.44 可以看出钴对高速钢强度的影响。由图 8.45 可以看出,含钴高速钢的冲击功均较不含钴高速钢低,其中 20-4-2-12 钢为最低。图中,18-4-2-8 钢由于晶粒比正常者要细,故所示冲击功偏高。含钴高速钢的韧性与硬度高低关系不大。

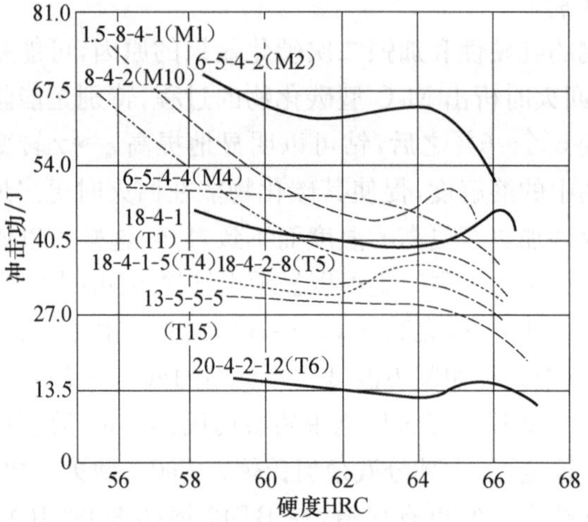

图 8.45 几种高速钢的无缺口试样(艾氏冲击试验)的冲击功与硬度的关系[1]

淬火温度:18-4-1 为 1315℃;13-5-5-5 为 1250℃;18-4-1-5 为 1290℃;18-4-2-8 为 1290℃;20-4-2-12 为 1290℃;其余为 1220℃

钴高速钢另一个缺点是容易脱碳,含钴越高,脱碳倾向越大(无论退火或淬火加热),同时含钴和钼的高速钢则更甚,这些钢需要有大的留磨量。高速钢中钴含量一般不超过 12%。

为了得到高的切削性能,钴高速钢中的钨(或钼)含量一般都比较高,美国常使用在 18-4-1(或 18-4-2)钢中加入 5%、8%或 12%Co(T4、T5、T6),也可以在 6-5-4-2 钢中加入 8%或 12%Co(M36、M6)。钴高速钢又常常含有较一般高速钢多的钒,因为钒可以提高耐磨性。钴是比较贵重的元素,增加钒含量可以使钴高速钢的效果尽可能好一些,节约钴的使用量。

钴高速钢适宜于制造在重负荷条件下工作的工具,如加工导热性差的奥氏体钢、耐热合金及强度较高的调质钢(σ_b>1000MPa)和粗加工,总之,使用在需要高红硬性的条件下。如果加工强度不很高的调质钢(σ_b<1000MPa)或者做精加工用,则不能充分显示钴高速钢的优越性。有时为了适用特别繁重的工作条件,特别是加工高强度的奥氏体钢和耐热合金时,使用高钒含钴高速钢,使之具有很高的红硬性(650～660℃)和耐磨性。这类钢有 W12Cr4V5Co5(T15)、W10Mo4Cr4V3Co10 等。

M41 和 M42 钢是国外创造的接近平衡碳量的两种高碳钴高速钢,具有优异的切削性能，经过适宜的热处理规范处理后，硬度可达 69～70HRC。表 8.24 为 M41 和高钒含钴高速钢(T15)和高钒高速钢(M3)刀具寿命比较。可以看出，切削条件因增加切削速率、切削深度或采用较硬的本身难以切削的合金而变得更恶劣时，M41 钢的刀具寿命比其他高速钢优越，而在较轻的切削条件下，其切削性能的优越性受到限制。M42 钢的情况亦相似。

表 8.24 M41、T15、M3 在切削 SAE4340(40CrNiMo)钢时刀具寿命的比较[25]

钢号	表面切削速率/(ft/min)				
	100	60	75	20	25
	试棒硬度 21HRC	试棒硬度 41～45HRC		试棒硬度 52～55HRC	
M41	26.5min	35.0min	10.0min	116min	17.0min
T15	26.5min	33.0min	7.5min	34.5min	4.0min
M3	13.6min	11.3min	2.2min	2.0min	—

注：连续车削直径为 101.6～152.4mm 的试棒，热处理到所示硬度范围(退火态为 22HRC，其余经过调质)。切削条件：切削深度 1.59mm，每转一周进刀 0.254mm，无冷却剂。

其他元素 上面几种元素是高速钢的主要使用元素。对其他一些元素在高速钢中的使用问题，国内外学者亦曾做过许多试验研究工作。

硅在高速钢中一般作为炼钢脱氧剂而残留存在，人们曾试探过在高速钢中用硅替代部分贵重元素的可能性，但迄今为止各国标准中一般高速钢的硅含量均保持在 0.20%～0.40%未变。然而，在低合金高速钢中加入硅的研究已取得效果。一些含硅的低合金高速钢已获得生产应用，如瑞典改型的 D950 钢，我国的 W3Mo2Cr4VSi、W4Mo3Cr4VSi 钢等，其中 W4Mo3Cr4VSi 已列入 GB/T 9943—2008。

国内通过系统研究硅在各类高速钢中的作用[32,33]，认为在低合金高速钢中加入一定数量的硅能增加回火析出特殊碳化物的数量，并且使其细化。图 8.46 显示

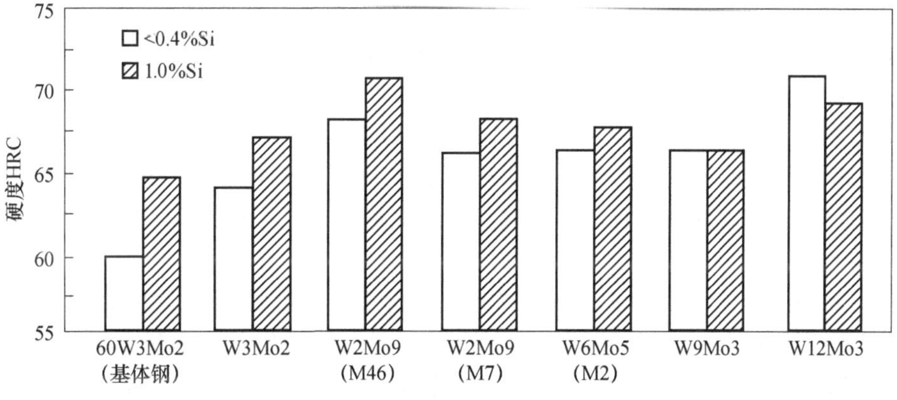

图 8.46 1.0%Si 对不同类型高速钢二次硬度的影响[32]

在高速钢中加入约 1.0%Si 对其二次硬度的影响,随钨含量升高,1.0%Si 从增加其二次硬度逐渐过渡到减少其二次硬度。在含钨低的低合金高速钢中,1.0%Si 能明显增加二次硬化,增幅可达 3~4HRC,并增加钢的抗弯强度和耐磨性。在钨含量超过 9%以上时,硅不但对二次硬化无益,由于能促进粗大的一次碳化物 MC 的形成,对钢的韧性也不利。硅的其他负面影响还有:增加钢的脱碳敏感性,略降低二次硬化峰值的温度,促进非共格 M_6C 在高温回火时的析出,对 600℃以上红硬性不利。硅是强化铁素体元素,含量超过 1.2%之后对退火和回火态钢的韧性明显不利。

锰在高速钢中会促进晶粒长大,增加残余奥氏体量及其回火稳定性,但不能增加红硬性,并降低高温硬度,对韧性亦有不利影响。一般锰在高速钢中的使用量不超过 0.40%,但能强烈提高钢的热塑性,加入量为 0.35%~0.55%已有良好效果。W14Cr4VMnRE 钢中就是在含 14%W、1.6%V 的高速钢中添加了 0.5%左右的锰和 0.07%~0.1%的混合稀土,热塑性能得到改善。

镍和铜在高速钢中不作为合金元素,而视为残存元素加以限制。

Ti、Zr 和 Ta 都是强碳化物生成元素,它们形成的碳化物在高速钢淬火加热时几乎不溶解,因此不能提高其红硬性。只有在低钨(或钼)高速钢中加入 0.1%~0.2%Ti,生成的碳化物才可以阻止晶粒长大,从而提高淬火温度,使红硬性得到改善,如苏联的低合金高速钢 P7T,其成分为 0.75%~0.85%C、7.2%~8.2%W、2.7%~3.2%Cr、1.2%~1.5%V、0.3%~0.7%Ni、0.1%~0.2%Ti。

Nb 也是一种强碳化物形成元素。20 世纪 70 年代以后,人们加强了 Nb 在高速钢中作用的研究。在常用的高速钢中,Nb 的加入可以提高 MC 相的析出温度。但其析出依然是以共晶形式进行,在 Nb 含量更高(3%)时,富 Nb 的 MC 相直接从液相析出,但尺寸也趋于粗大[35]。在 M7(2-9-4-2)钢中,Nb 含量的提高增加凝固组织中 MC 含量,降低 M_2C 的含量,并有利于 M_6C 的形成。Nb 含量达到 1%时,凝固组织中出现了 M_6C,表明 Nb 有利于共晶碳化物 M_6C 的形成[35]。一些研究还证明,适量 Nb 的加入能有效细化凝固组织并改善共晶碳化物团的尺寸,有利于破碎网状共晶碳化物。在 M2 钢中用 Nb 全部取代钒,不会产生足够的二次硬化,必须加入不少于 1.1%的钒,此时 Nb 可以溶入 MC 中,在奥氏体化时,通过 MC 的溶解,部分 Nb 溶入奥氏体,在回火时 Nb 可以推迟 MC 碳化物的析出和聚集,提高钢的抗回火稳定性,而未溶入奥氏体的含 Nb 的 MC 碳化物可以提高钢的耐磨性[36]。目前,在粉末冶金高速钢和喷射成形高速钢中已出现一些含 Nb 的钢种,Nb 含量不超过 1%。

在高速钢中加入硫可以得到易切削高速钢,一般采用加硫量为 0.08%~0.15%(不能超过 0.20%,否则热锻有问题)。这种高速钢的主要优点是改善了退火状态的切削加工性和表面光洁度,在制作铣刀、滚刀等大量切削工具方面很受欢迎。热扭转试验表明,这种钢的塑性较低,但随着锰含量的增加可得到改善,硫不影响高速钢的切削性能。

磷是高速钢中主要的有害杂质，能显著降低钢的强度和韧性，各国标准中磷含量不超过0.030%。图8.47显示微量磷对W18Cr4V钢强度的影响，可见钢中的磷含量越低越好。如果能采取措施将磷含量降至0.01%以下，对高速钢韧性改善会有很大好处。

铝通常作为高速钢冶炼的终脱氧剂，钢中的残余量在0.1%以下。20世纪70年代，我国的科技工作者以高碳(1.1%C)M2钢为基础加入1%Al，研制出M2Al无钴超硬高速钢，即W6Mo5Cr4V2Al钢，回火硬度可达68HRC，较之高碳M2钢具有较高的综合力学性能和切削性能，价格便宜，在某些场合可代替M42钢使用[37]。该钢已列入国家标准并得到较广泛的应用。

高碳含铝高速钢具有高的二次硬度和高温硬度。碳含量的提高增加奥氏体化时固溶体的碳含量，强化了回火时的二次硬化效应，使二次硬化峰值硬度明显升高，铝的加入并不增加奥氏体的碳含量，所以峰值没有进一步升高，而是抑制高温回火时碳化物的聚集、长大和钢的软化(图8.48)。这是由于铝降低碳及合金元素在α-Fe中的扩散系数，并阻碍位错在基体中的移动[38]。

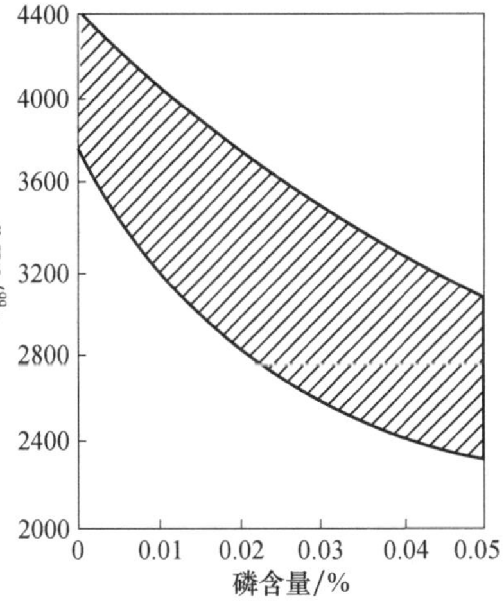

图8.47 磷含量对W18Cr4V钢抗弯强度影响[2]

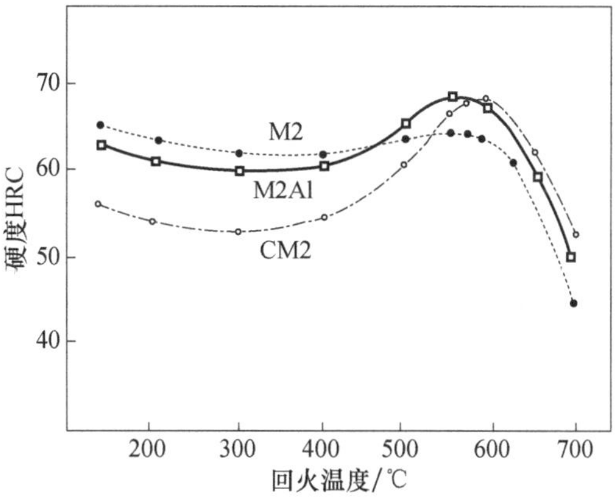

图8.48 铝高速钢(M2Al)、高碳M2(CM2)和M2钢的硬度与回火温度的关系[37]

M2Al含1.10%C、0.93%Al，CM2含1.10%C

铝加入高速钢也带来一些不利的影响，主要是：含铝钢的氧化脱碳现象较严重；含铝钢的可磨性较差；铝使相变点Ac_1提高很多，若含铝高速钢在850℃退火则为不完全退火，易产生混晶，因此必须在淬火之前进行900℃以上的完全退火方可消除淬火混晶现象。

高速钢中的氮含量一般在0.02%以下。虽然20世纪50年代已有氮在高速钢中作用的研究,但氮作为合金元素在高速钢中应用不多。氮在高速钢中的作用既有有利的一面,也有不利的一面。通常冶炼时可通过加入含氮铬铁的方法,使钢中的氮含量达到0.05%~0.08%。

氮在钢中是间隙固溶元素,很多性能与碳相似。氮在钢中能与Al、Ti、V等形成稳定的氮化物,同时也能溶解于$M_{23}C_6$、M_6C或MC中,在淬火加热时会有少量的氮通过以上碳化物的溶解而进入钢的基体中。

少量氮可细化高速钢的铸态组织中的共晶碳化物网,细化一次M_6C型碳化物,因而可细化淬火奥氏体晶粒度,允许稍提高淬火温度(10~20℃),因而略微增加二次硬度和热稳定性,以及硬度与韧性的综合性能水平,有利于改善钢的切削性能。国内研究的无钴超硬高速钢W12Mo3V3N(V3N)中加入0.04%~0.10%N,试验认为氮可代替高碳钢中的部分碳,因而既可以保持高的二次硬度效果,又可避免碳含量近于平衡值而引起的脆性[39]。但含氮的高钒高速钢中的一次碳化物MC较粗大,这是由于氮使高速钢凝固时析出的先共晶MC的温度升高,与共晶反应之间的温度差增大,从而增大先共晶MC碳化物的尺寸,这不利于磨削性能。

氧化物夹杂的尺寸比一次碳化物小得多,数量也少,因此高速钢的质量检验中不检查氧化物或氧含量。但高速钢终炼脱氧都是用铝,少量脆性氧化物夹杂会残留钢中,若其尺寸较大或形成一连串,对钢的韧性是不利的,后者还易形成发纹或淬火裂纹。所以电弧炉冶炼及精炼时,采取措施获得低含氧、高纯净度的钢是必要的。对高性能特殊用途高速钢,如带锯条用的齿材,明确要求钢中氧含量低于20ppm。

稀土元素加入到高速钢中能清除偏聚在晶界上的硫、磷等杂质元素,净化晶界,还有强化晶界的作用,因此能大幅度提高钢的热塑性。试验表明,当高速钢中稀土元素残留量为0.012%~0.084%,用热扭转法测得的热塑性可提高10%~60%,即使钢中只有微量的硫(0.002%),加入稀土仍能显著提高钢的热塑性。

稀土元素化学性质非常活泼,加入不当或量太大时会增加钢中的非金属夹杂物,引起针孔等低倍组织缺陷

8.3.4 高速钢的生产和热加工

绝大多数生产厂采用碱性电弧炉冶炼高速钢,一些先进的企业都已配以炉外精炼,应用AOD装备的较多,或采用LF/VD(1.1.5节)。目前,高速钢仍以模铸为主,但连续浇铸已开始应用。

模铸用锭型的大小主要取决于加工能力和成材尺寸规格。锭型大小应与成材规格匹配。国内外高速钢模铸钢锭单锭质量最大为1.0~1.2t,成材最大规格

ϕ150mm，甚至 ϕ100mm，再大规格需用电渣重熔生产。生产小规格的钢材可选用 300kg 的小锭。对于高碳、高合金含钴超硬型高速钢，国内外生产厂均以小锭型生产为主。我国高速钢主要生产厂以 500～800kg 的锭型为主，常采用扁锭生产高速钢，并已有丰富的经验，可以改善高速钢的凝固质量，减轻钢材碳化物偏析和低倍质量，提高成材的合格率。目前，许多高速钢生产厂采用快锻机、精锻机开坯，锭型已趋于多样化，如八角锭、方锭等。

高速钢材最大断面达 ϕ350mm。对于 ϕ100mm 以上尺寸高速钢材的生产，电渣重熔是首选的技术[18]，这是由于电渣重熔有明显的技术优势。电渣重熔首先是能有效地去除钢中的有害元素，去除效果达 20%～50%。电渣重熔还可以去除钢中的非金属夹杂物，并使残余的非金属夹杂物细化并弥散分布。电渣重熔改善钢的低倍组织，使宏观组织致密均匀、无缩孔、无皮下气泡及大颗粒夹杂。电渣重熔对高速钢碳化物质量的改善效果明显。若成材尺寸相同，电渣重熔钢比电弧炉钢所用的锻压比减小一半，其碳化物不均匀度要小 3～4 级。由于以上的效果，电渣重熔钢的热塑性得到改善，从而使成材率大为提高。有资料报道，对于 T1 钢的 10mm×10mm 无缺口艾氏试样，在相同硬度水平下，电渣重熔钢较电弧炉钢冲击韧度提高 20%～30%，疲劳强度提高 35%，强度的各向异性得到改善。电渣重熔钢制成的形状复杂的大拉刀、大铣刀，尺寸稳定、精度提高。电渣重熔的缺点是耗能高、生产效率低，产品质量常因工艺控制不当而出现点状偏析低倍缺陷。

高速钢的铸态组织很不均匀，必须经过热加工(锻、轧)以便破碎粗大的共晶碳化物和二次碳化物，使之在钢中能较均匀地分布。高速钢是高合金钢，含有大量的碳化物，塑性差，热加工应小心地进行。钨系高速钢的始锻温度为 1140～1180℃，终锻温度为 900℃左右。钼系和钨-钼系高速钢的始锻温度要低一些，为了减少氧化和脱碳可以降低至 1000℃，终锻温度为 850～875℃。终锻温度太低会引起锻造开裂，而终锻温度太高(大于 1000℃)会造成晶粒不正常长大，出现萘状断口。

钢锭开锻时应先“轻锤快锻”，然后再用重锤的方法。高速钢导热性差，热加工前的加热过程中，在 850～900℃以下应缓慢进行。在热加工后，钢坯应缓慢冷却，以防止产生高的应力和裂纹。

模铸高速钢锭的开坯在过去主要使用锻锤，现已逐渐被快锻机所代替。快锻机压力大、加载速率可以控制，变形的效果更能渗透到材料的心部。ϕ100mm 以下的中小型材则用轧机生产。

精锻机更适于高牌号超硬型难变形的钢号，可使成坯率大幅度提高。众多高速钢的使用厂，在对高速钢进行改锻时，大都使用锻锤。

在热加工过程中，随变形程度的提高，高速钢中的共晶碳化物逐渐被破碎并沿压延方向排列成带状，只有在变形程度很高时，带状才不明显，碳化物分布也比较均匀。图 8.49 表示锻压比对 W18Cr4V 钢碳化物不均匀性的影响。可见,锻压比在 20 以下对减小碳化物比较有效,故一般锻造比为 10 左右。

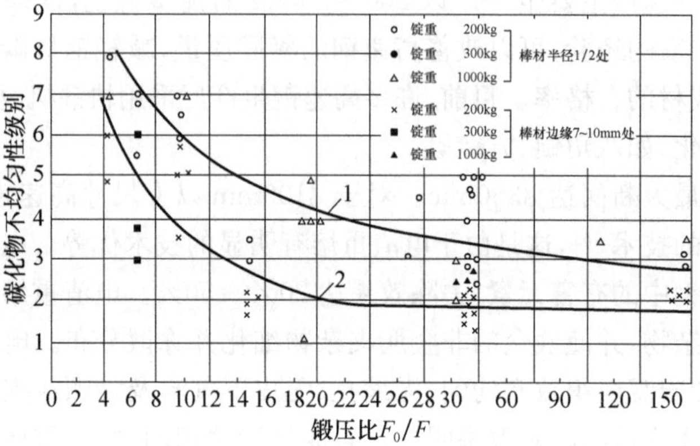

图 8.49 W18Cr4V 钢碳化物不均匀性级别与锻压比的关系[9]

1—棒材半径 1/2 处;2—棒材边缘 7~10mm 处

高速钢钢棒应进行低倍组织检验并评级。在钢棒横向酸浸低倍试片上不允许有目视可见的缩孔、气泡、翻皮、内裂和夹杂;中心疏松、一般疏松和锭型偏析的合格级别应符合表 8.25 的规定。

表 8.25 高速钢低倍组织的合格级别(GB/T 9943—2008)

截面尺寸(直径、边长、厚度或对边距离)/mm	中心疏松		一般疏松		锭型偏析	
	电弧炉	电渣重熔	电弧炉	电渣重熔	电弧炉	电渣重熔
	合格级别/级(不大于)					
≤120	1	1	1	1	1	1
>120~150	1.5	1	1.5	1	1.5	1
>150~200	双方协商	1.5	双方协商	1.5	1.5	1.5
>200~250	双方协商	2	双方协商	2	2	2

高速钢的共晶碳化物不均匀度是高速钢质量的重要检验项目。由于评定高速钢中共晶碳化物已有专门的国家标准 GB/T 14979—94《钢的共晶碳化物不均匀度评定法》,GB/T 9943—2008 中删去旧标准原有的两个评级图,并规定:

(1) 直径、边长或厚度不大于 120mm 的热轧、锻制及冷拉钨系高速钢钢棒、钢板按 GB/T 14979—94 第一级别图(A1)评级,钨-钼系牌号的按 GB/T 14979—94 第二级别图(A2)评级,其合格级别应符合表 8.26 的规定,且不应有不变形或少变形的共晶碳化物存在。

表 8.26 高速钢共晶碳化物不均匀度合格级别(GB/T 9943—2008)

截面尺寸(直径、边长、厚度或对边距离)/mm	共晶碳化物不均匀度合格级别/级(不大于)	截面尺寸(直径、边长、厚度或对边距离)/mm	共晶碳化物不均匀度合格级别/级(不大于)
≤40	3	>100～120	7
>40～60	4	>120～160	6A、5B
>60～80	5	>160～200	7A、6B
>80～100	6	>200～250	8A、7B

(2) 尺寸大于 120mm 的钢棒，W6Mo5Cr4V2 和 W9Mo3Cr4V 钢按 GB/T 14979—94 第三级别图(A3)评级，合格级别应符合表 8.26 的规定，其他牌号钢棒的共晶碳化物不均匀度由供需双方协商确定。

根据 GB/T 14979—94，在第一级别图和第二级别图中，碳化物不均匀度都采用八级两组评级方法。一组主要反映碳化物分布为不同变形程度的网状，以网的变形、完整程度及网上碳化物的堆积程度为评级原则。另一组主要反映碳化物分布为不同严重程度的带状，以视场中最宽的碳化物带的宽度及带内碳化物的密集程度为评级原则。第三级别图适于直径大于等于 120mm 的高速钢锻材。该级别图的 6 级适用于截面尺寸为>100～160mm，7 级适用于截面尺寸为>160～200mm，8 级适用于截面尺寸为>200～250mm。每一级内按碳化物偏析程度由轻到重设 A、B、C 三个级别。

钢锭心部组织比较粗大，而热加工时外层部分受变形作用较内层要大，因此，热加工后碳化物不均匀度在表面部分和心部有较大差异。评级时，按钢材横向取厚度为 10～12mm 的试样，在圆试样的直径和方、扁试样的对角线的四分之一处，做纵向的碳化物不均匀度检验。这样规定的原因是由于绝大多数工具的工作部分处于钢材外缘到直径的四分之一的部位内。试样经正常淬火温度下加热淬火，再加热至 680～700℃保温 1h 进行回火，沿压延方向磨制、腐蚀，在显微镜下放大 100 倍进行观察和评级。图 8.50～图 8.52 分别为高速钢共晶碳化物不均匀性第一、第二和第三评级图示例。

高速钢碳化物的不均匀性在一个较小级别范围内的变化，对一系列工艺性能和刀具质量都有影响。其主要影响如下：

(1) 碳化物不均匀性对钢材力学性能的影响。碳化物的不均匀分布，如带状、网状、大颗粒、大块堆积，使钢材的力学性能呈各向异性，降低了钢材的强度和塑性。表 8.27 为 W18Cr4V 钢碳化物不均匀性与抗弯强度的关系。

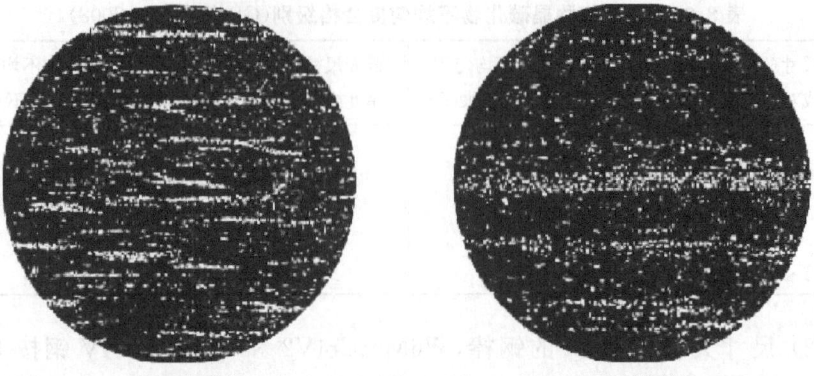

A1 4级(网状)　　　　A1 4级(带状)

图 8.50　高速钢共晶碳化物不均匀性第一评级图示例(GB/T 14979—94)　100×

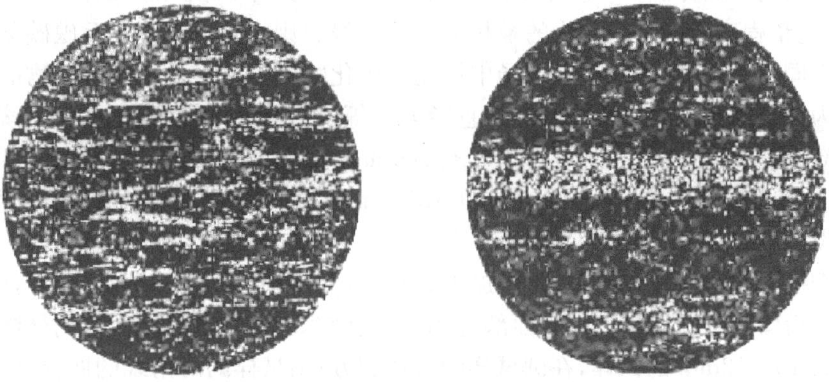

A2 6级(网状)　　　　A2 6级(带状)

图 8.51　高速钢共晶碳化物不均匀性第二评级图示例(GB/T 14979—94)　100×

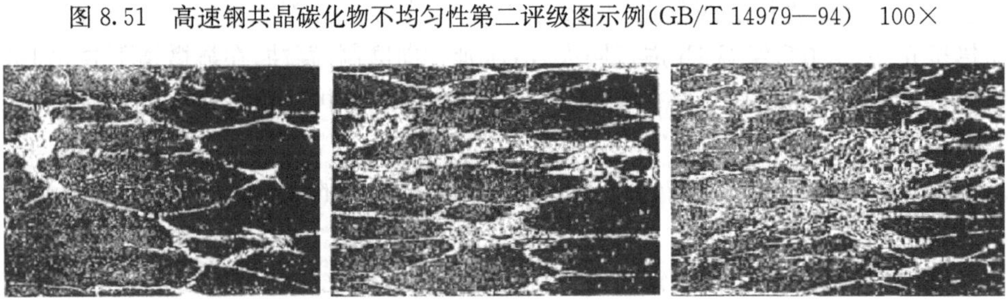

(a)　　　　(b)　　　　(c)

图 8.52　高速钢共晶碳化物不均匀性第三评级图 8 级,截面尺寸>200～250mm (GB/T 14979—94)　100×

表 8.27　W18Cr4V 钢碳化物不均匀性与抗弯强度的关系[2]

碳化物不均匀度级别	碳化物分布特征	试棒直径/mm	抗弯强度/MPa	
			纵向	横向
1	细带状组织	10～15	3300～3400	—
2	由大量带组成带状	15～25	3000～3200	—
3	带状更明显	25～40	2800～3000	—
4	轻微的破碎网格	40～60	2400～2700	—
5	明显的破碎网格	60～75	2300～2500	1800～2000
6	破碎的网格和大量碳化物聚集	70～90	1800～1900	1500～1600
7	同上，某些部位碳化物聚集	80～100	1600～1700	—
8	少量变形的网格和碳化物聚集	90～110	1200～1400	—

(2) 碳化物不均匀性对热压力加工(热塑性变形)的影响。在锻造过程中，如果碳化物不均匀性比较严重，则在碳化物集中处，碳和合金元素大量集中，材料的塑性很差，再加上应力集中，便容易引起开裂。若碳化物级别过高，要通过锻造来大幅度地下降是不可能的，一般是最多只能改善 1.5～2 级。

(3) 碳化物不均匀性对热处理性能的影响。在同样的加热条件下，碳化物集中处容易过热，严重者甚至开裂，这是碳和合金元素大量集中，降低材料熔点所致。在碳化物集中处，有大量未溶入固溶体的碳化物起了机械阻碍作用而使晶粒细小。而在大颗粒碳化物和邻近碳化物集中处，由于机械阻力减小，晶粒就较大。这种现象的存在使工具的力学性能下降。碳化物的带状分布还引起热处理变形的各向异性。

碳化物不均匀性严重时，由于碳和合金元素在奥氏体中的溶解程度降低(与碳化物分布均匀的钢相比)，降低了刀具的硬度和热硬性；而在碳化物堆积处，经三次回火后，由于碳和合金元素的大量富集，使 M_s 点下降而保留有较多的比较稳定的残余奥氏体，回火组织中存在不易受浸蚀的灰白色区域(图 8.53)，这就是回火不足现象。这种现象的存在使刀具组织不稳定，内应力集中，容易引起刀具变形，甚至产生脆性开裂。

(4) 碳化物不均匀性对切削寿命的影响。碳化物的不均匀性影响碳和合金元素在奥氏体中的溶解程度，影响钢的强度、硬度和热硬性，因此最终降低了刀具的切削性能，使刀具容易崩刃和磨损。某厂对插齿刀使用寿命的试验结果说明了这一点，碳化物不均匀度 5～6 级的比 3～4 级的在同样磨损 0.2mm 时，平均耐用度下降 10%，而 7～8 级的则降低 29%。

为了解决高速钢原材料中碳化物不均匀性的问题，多年以来，冶金工厂做了大量的试验研究工作。主要采取的措施有：

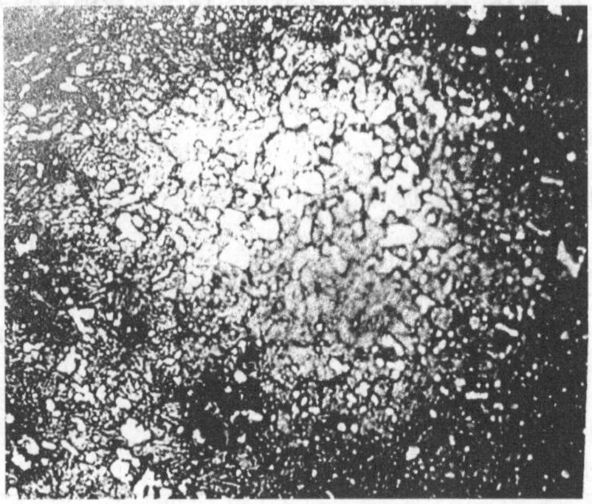

图 8.53　W18Cr4V 钢 1280℃加热淬火,560℃回火三次后的组织[41]　500×
碳化物聚集处呈浅色,仍显回火不足 4%硝酸酒精浸蚀 2min

(1) 使用电渣重熔,可以细化钢的铸态组织,减轻共晶碳化物堆积程度,使较大尺寸钢材的碳化物分布较为均匀。

(2) 浇铸时,在钢水、钢包和锭模中加入孕育剂可以细化晶粒,均匀铸造组织,减少枝晶偏析。实际生产中大量使用的通用型高速钢常规生产工艺已可满足质量要求。对于大断面材,为改善其碳化物不均匀度使用孕育剂是有益的,甚至电渣重熔过程中也使用孕育剂[18]。

(3) 正确地设计锭型,如采用扁锭或者短粗钢锭。我国工厂实践证明,使用扁锭效果较短粗钢锭要好,使用大扁锭冷却快,加工变形量大,使碳化物不均匀性级别降低一级左右。一般说来,在保证充分的锻造比条件下,钢锭小些为好。

(4) 在热变形时一般都采用大的变形度。例如十字轧制法,即先沿钢锭纵向锻成或轧制成扁坯,然后横向切割成分块,再沿原横向轧制,可得到碳化物分布良好的钢材。对于大直径钢材(ϕ150～250mm)可采用液压机顶锻开坯,再加热重复镦拔,可显著破坏铸态组织中的网状碳化物。一般对开坯轧制的,加热和退火均采用低温度且时间不过长的工艺,低温形变有利于碳化物破碎,分布均匀。

(5) 用粉末冶金方法制造无偏析高速钢。此外,高速钢的成分对碳化物分布也有显著的影响,钼系及钨-钼系高速钢碳化物颗粒较细小,其碳化物分布比钨系高速钢要均匀一些。

对高速钢碳化物的不均匀性,使用工厂还可以通过锻造来改善,一般采用镦粗-拔长反复多次,而不是一次成形。例如,某工厂对某些精密刀具采用镦粗 6 次,拔长 5 次,两火锻成。为了操作方便,选材应符合 $2.5d<l<3d$ 的要求(d 为直径,l 为长度)。不同刀具对碳化物不均匀度的级别有不同的要求,各工具厂都制定有标准。

各种高速钢热加工时的加热温度、始锻温度、终锻温度可查阅有关手册及资料[11,40]。高速钢的塑性和导热性较低，空冷时可以得到淬火组织，因此，锻后工件应放在砂中缓冷。

锻造中的缺陷主要是锻造裂纹。除原材料因素外，锻打时停锻温度过低、冷速过快、加热不足及加热不均匀都能引起开裂。这种裂纹可能在中心，也可能在表面。如果锻造中不及时发现裂纹，在热处理时就可能把裂纹进一步扩大，导致刀具报废。锻造中另一缺陷是由于停锻温度过高（>1000℃）而造成晶粒的不正常长大，出现萘状断口。

高速钢在热加工后均应退火以降低硬度、改善组织。对于各种类型的高速钢，退火加热温度范围都在830～880℃，对于W18Cr4V钢采用850～880℃，对于钼系高速钢则采用较低温度（830～870℃），而对于含钴高速钢可采用较高温度（870～900℃）。退火加热时间不宜过长，以免形成稳定的碳化物。在加热至退火温度后，保温一定时间（不超过12h）后可以缓慢冷却（20℃/h）至550℃，或者采用等温退火，即较快地冷却至720～760℃停留足够的时间（4～6h），再以40～50℃/h速率冷至600～650℃，然后空冷。图8.54是18-4-1钢900℃奥氏体化后的等温转变图的高温部分，可以作为确定等温退火规程时的参考。高速钢退火后的硬度范围一般在255～207HB，但高钒高速钢及含钴高速钢退火后的硬度要高些。高速钢退火后的组织为较大的初生和二次碳化物，较为均匀地分布在索氏体的基体上（图8.55）。

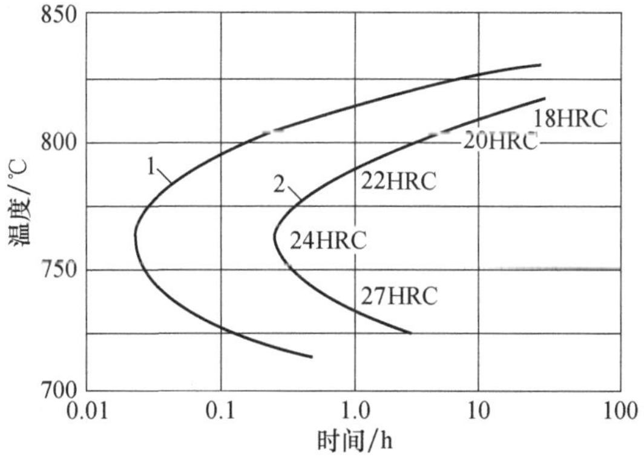

图8.54 18-4-1高速钢在900℃奥氏体化后的过冷奥氏体等温转变曲线的高温部分[2]

1—转变开始；2—转变终了

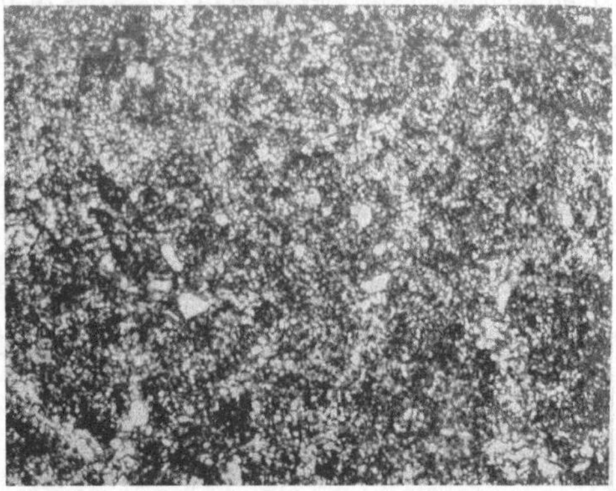

图 8.55 W18Cr4V 钢的热轧退火组织[14] 500×

在退火状态下,高速钢铁素体基体中一般溶入的元素 W 低于 1.5%,Mo 低于 1.0%,V 低于 0.4%,Cr 将近一半可以溶入铁素体中,如果钢中含有 Co,则大部分溶于铁素体中。碳及合金元素主要富集在碳化物相中。碳化物相有三种,即 M_6C、$M_{23}C_3$ 和 MC。M_6C 为富 W 或 Mo 的碳化物 Fe_3W_3C 或 Fe_3Mo_3C,其中 W、Mo 可以互换,碳化物中还可以溶入一部分 Cr、V 和 Co。$M_{23}C_6$ 为富 Cr 的碳化物 $Cr_{23}C_6$,可以溶入一部分 Fe、W、Mo 和 V。MC 为富 V 的碳化物 VC,其中可以溶入少量 Mo、W、Cr 和 Fe。试验证明,在同一高速钢中同类型的碳化物的成分也是有差异的,因而稳定性也不同。在含 W、Mo 比较低的高速钢中还存在少量 Cr_7C_3,这种碳化物在淬火加热过程中最先溶解。在 18-4-1 钢中间亦出现 Cr_7C_3。高速钢表面脱碳时,在钨系高速钢中还会在表面出现 Fe_7W_6 相,在钼系高速钢中出现 Fe_3Mo_2 或者 Fe_7Mo_6 相。一些高速钢在退火状态和在常用淬火温度淬火后,各种类型碳化物量见图 8.56。

近年来,全世界高速钢年产量约 20 万 t,我国高速钢锭年产量约 10 万 t,高速钢材约 8 万 t。在高速钢的品种中,锻轧材占 70%~80%,其余为冷拉材和钢丝,少部分制成热轧薄板(钢带)。高速钢小型材多为冷拉钢,由于小型材轧机的高速化,小规格材大都以轧制盘卷(ϕ8~ϕ16mm)后再开卷切断成直条交货,同时在开卷过程中轻拉变形(减面率 10%以下),进一步提高了尺寸精度和质量,对生产和使用都有利。高速钢钢丝(ϕ1~ϕ9mm)是用热轧盘卷经拉丝机隧道拉拔而成的。钢丝主要用于制造钻头,20 世纪 70 年代后,国内工具行业推广高频加热四辊扭轧钻头代替铣制工艺,开始大量使用高速钢钢丝生产 ϕ3~ϕ13mm 钻头,要求钢丝具有良好热塑性。高速钢热轧薄板用于制作片铣刀、锯片、锯条等。这些品种高速钢的生产工艺见有关文献[18,43]。

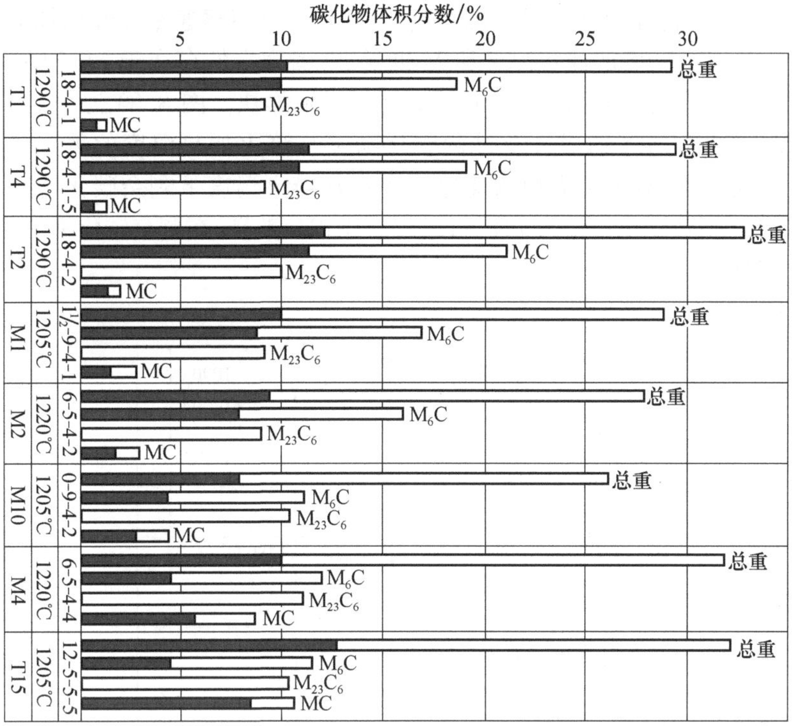

图 8.56 几种高速钢中碳化物量[42]

空白柱表示退火态，实柱表示淬火态，淬火温度已在图中注明

8.3.5 高速钢的淬火加热

高速钢加热至800℃左右时，珠光体转变为奥氏体，对于含14%～18%W的高速钢，此温度范围为780～820℃。此时，奥氏体中含碳不超过0.1%～0.2%，合金元素含量也不多。自800～850℃淬火后，硬度很低，为45～50HRC。

温度升高时，碳化物溶解的数量增加，溶解速率逐渐加快。由图8.57可以看出，W18Cr4V钢在1000℃时，经过10～15min，奥氏体趋于饱和，1100℃时经过1～2min，温度更高时只要几十秒钟就可以了。在奥氏体中较细小的碳化物首先趋向溶解，因此，在一定淬火条件下，当存在粗大碳化物时，碳化物的总溶解量比具有均匀分布的细小碳化物要少。不同类型的碳化物在奥氏体中的溶解情况不同。图8.58表示淬火温度对W6Mo5Cr4V2钢中各类碳化物溶入奥氏体的影响。$M_{23}C_6$最容易溶解，在高于900℃时，这种碳化物的量很快地减少，达到1100℃时几乎完全溶解，与此同时，奥氏体中铬含量迅速提高(图8.59)。碳化物M_6C在较低温度下溶解量很小，而MC则完全不溶解，此时，V、Mo和W在奥氏体中的含量有些增加，是由于$M_{23}C_6$中溶有这些元素的结果。M_6C的溶解是在较宽的温度范围内进行(950℃至熔化开始)的,但只是在高于 1160℃时溶解速率才开始加大。此时奥氏体中的 W、Mo 增加,同时 Cr 和 V 也增加,因为它们存在于 M_6C 中。VC 在 1050℃以上才开始溶解,而在 1150℃以上才开始加快。图 8.60 为 W18Cr4V 和 W9Cr4V2 钢中固溶体的成分及过剩碳化物量与淬火加热温度的关系曲线。由图 8.56 还可以看出,各种类型的高速钢在正常淬火温度下剩余碳化物类型只有 M_6C 和 MC,剩余碳化物量为 7%~12.5%(体积分数)。在剩余碳化物中,M_6C 和 MC 的比例见表 8.28。

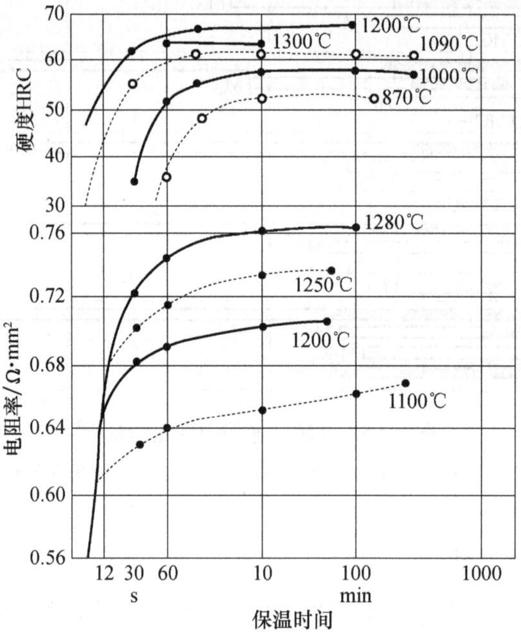

图 8.57　W18Cr4V 钢在盐浴中加热淬火后的硬度与电阻(试样厚度 5mm)的关系[2]

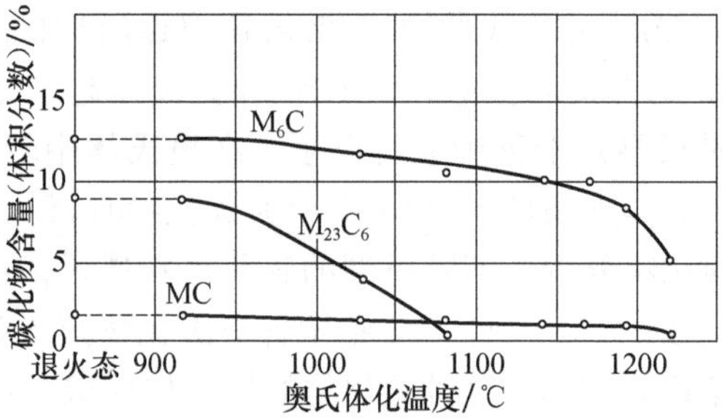

图 8.58　淬火温度对 W6Mo5Cr4V2 钢中各种碳化物含量的影响[44]

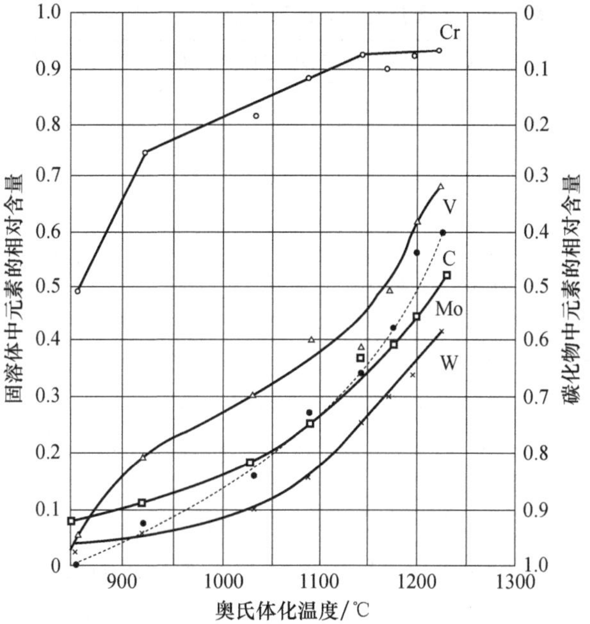

图 8.59 奥氏体化温度对 W6Mo5Cr4V2 钢中元素在碳化物和固溶体之间分布的影响[44]

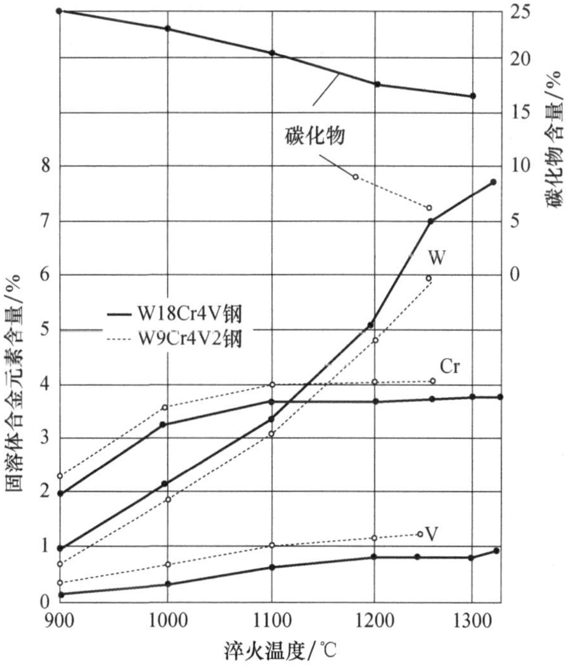

图 8.60 W18Cr4V 和 W9Cr4V2 钢中固溶体化学成分和过剩碳化物含量与淬火温度的关系[2]

表 8.28 不同热处理状态下的过剩碳化物含量[1,42]

高速钢类型	奥氏体化温度/℃	退火态过剩碳化物/%		淬火态过剩碳化物/%		淬火后碳化物含量(体积分数)/%	
		质量分数	体积分数	质量分数	体积分数	M_6C	MC
18-4-1(T1)	1290	28.1	29.2	14.8	10.2	97	3
18-4-1-5(T4)	1290	28.6	29.5	15.6	11.2	96	4
18-4-2(T2)	1290	28.5	33.0	15.9	12.0	92	8
1.5-9-4-1(M1)	1205	21.1	28.0	9.8	9.8	87	13
6-5-4-2(M2)	1220	20.8	28.0	11.8	9.2	85	15
9-4-2(M10)	1205	16.5	26.0	5.1	6.8	61	39
6-5-4-4(M4)	1220	20.9	31.9	8.0	9.8	44	56
12-5-5-5(T15)	1250	23.5	32.2	12.4	12.4	34	66

VC 的硬度比 M_6C 要高出 8～10HRC(表 8.29),因此高碳高钒高速钢的耐磨性要高些。这些高速钢在正常淬火温度条件下,不同类型的碳化物溶入量大体相似(7%～10%M_6C、9%～11%$M_{23}C_6$ 和 1%～3%MC),因此基体成分也很相近(除含钴高速钢外),相分析方法可以确定图 8.56 所列出的这些高速钢基体的成分范围大体为 0.4%～0.6%C、3.9%～5.1%Cr、0.9%～1.9%V,钨系高速钢中含 7.3%～8.6%W,钼系高速钢中含 4%～4.5%Mo 当量(即 Mo+1/2W),这里指的是基体成分的百分数,不是指整个钢的成分百分数(表 8.30)。因这些高速钢淬火加热后的基体成分很相近(含钼高速钢除外),故在以后冷却和回火时的行为也很相似。

表 8.29 高速钢淬火基体与碳化物的硬度[45]

材料	硬度 HRC(根据 HV 换算)	显微硬度(HV,25g)
淬火金属基体	65～67	1043～1141
M_6C	73.5～77	1495～1812
VC	83.5～85	2700～2990
WC(硬质合金中)	82.5	2470

表 8.30 几种高速钢在退火状态和淬火状态下碳化物及基体的成分[42]

钢类	钢的化学成分/%						碳化物成分/%							基体成分/%						
	C	W	Mo	Cr	V	Co	C	Fe	W	Mo	Cr	V	Co	C	Fe	W	Mo	Cr	V	Co
T1	0.72	18.16	0.40	4.13	1.04	—	2.5	25.4	60.7	1.3	7.1	3.2	—	0	95.3	1.5	0.1	3.0	0.2	—
							2.1	19.4	73.2	1.4	2.5	1.4	—	0.5	85.3	8.6	0.2	4.4	1.0	—
T2	0.82	17.92	0.40	4.23	2.02	—	2.9	22.8	58.5	1.3	8.3	3.3	—	0	95.4	1.8	0.1	2.6	0.3	—
							2.8	18.9	70.2	1.3	3.3	3.6	—	0.5	85.3	8.0	0.2	4.4	1.7	—
T4	0.73	17.92	0.78	4.25	1.12	4.95	2.6	23.4	59.9	2.6	6.3	3.3	2.0	0	89.0	1.1	0.1	3.4	0.3	6.2
							2.6	20.2	70.0	2.5	1.6	1.4	1.6	0.4	79.5	8.3	0.5	4.7	1.1	5.6

续表

钢类	钢的化学成分/%						碳化物成分/%							基体成分/%						
	C	W	Mo	Cr	V	Co	C	Fe	W	Mo	Cr	V	Co	C	Fe	W	Mo	Cr	V	Co
T15	1.49	12.13	0.32	4.79	4.90	4.95	6.3	15.7	47.2	1.2	7.2	21.2	1.2	0	91.4	1.5	0.1	4.2	0.1	2.9
							9.1	8.7	47.2	1.4	2.9	29.8	1.0	0.4	81.2	7.3	0.2	5.1	1.4	4.3
M10	0.88	—	8.21	4.26	2.00	—	5.5	28.2	—	44.5	11.3	10.5	—	0	95.5	—	1.0	2.9	0.4	—
							8.0	7.3	—	60.5	5.9	18.3	—	0.5	88.8	—	5.4	4.2	1.1	—
M1	0.80	1.75	8.61	3.80	1.23	—	3.9	34.9	7.6	39.9	8.7	5.0	—	0	96.9	0.2	0.3	2.5	0.2	—
							3.5	34.5	9.8	45.0	3.0	4.3	—	0.6	89.1	0.9	4.7	3.9	0.9	—
M2	0.83	6.38	5.25	4.22	1.92	—	4.0	27.9	29.4	22.5	7.7	8.5	—	0	95.5	0.3	0.7	3.3	0.2	—
							3.7	23.6	39.7	22.3	2.0	8.8	—	0.5	89.0	2.0	3.0	4.6	1.0	—
M4	1.27	5.48	4.54	4.52	4.13	—	6.4	21.5	22.3	20.3	9.3	20.2	—	0	95.3	1.0	0.4	3.3	0	—
							8.7	11.2	27.5	20.4	3.0	29.1	—	0.5	86.1	3.5	3.2	4.7	1.9	—

高速钢的一个重要特点是在加热到相当高的温度时，晶粒还可以保持细小，这是因为在高速钢中有大量难以溶解的碳化物能阻碍晶粒的长大，只有在碳化物大量溶解之后，晶粒才较快地长大。晶粒开始长大的温度主要和钢的成分有关。同一钢号的高速钢，如果碳化物不均匀性不超过 5 级，加热到同一温度时，晶粒大小大致相同，而晶粒开始长大的温度一般相差不大。含碳化物较多的钢，特别是富钨的碳化物比较多时，晶粒开始长大的温度比较高。

淬火加热和保温过程中，在二次碳化物溶解的同时，还发生未溶碳化物的聚集长大。尺寸最小的未溶相发生溶解，溶质被输送到邻近尺寸较大的颗粒附近，供其生长。聚集的结果是未溶碳化物的平均尺寸随保温时间的延长而增加。

18-4-1 高速钢加热至 1240～1260℃时晶粒度为 11～12 级，加热至 1270～1290℃后长大到 9～10 级，加热到 1300～1310℃时晶粒迅速长大到 7～8 级。由于奥氏体中溶入的碳化物比较多，在以后冷却至较低温度（1200～900℃）范围（此时扩散仍可以较快地进行），奥氏体过饱和程度很大，即使冷却速率很大，也会在晶界上重新析出碳化物，形成细的碳化物网。加热到 1320～1330℃，有时到 1310℃，在钢中首先在晶界开始出现液相，生成莱氏体，在有些钢中（含碳较低时）则出现 δ 共析体，或者同时出现莱氏体和 δ 共析体。6-5-4-2 高速钢加热至 1220～1240℃时晶粒度为 9～10 级，加热到 1260℃时迅速长大到 7～8 级。生产实践中还发现，W6Mo5Cr4V2 和 W12Cr4V4Mo 钢晶粒度在 9 级以上就有过热倾向，M42 钢加热温度超过 1210℃晶粒度就显著长大，1230℃淬火出现过热现象。因此，钼系和钨-钼系高速钢的淬火加热温度较钨系高速钢低。

淬火晶粒度大小是衡量淬火加热温度高低及刀具热处理质量的重要标志。国内许多工具厂都采用观察晶粒度大小来控制合适的淬火温度。晶粒度的测定应在淬火后回火前进行。为使晶界明显，可用 30%硝酸酒精溶液浸蚀，放大 500 倍，与高速钢奥氏体晶粒度参考图对比评定,可参阅JB/T 9986—2013《工具热处理金相检验》。图8.61为钨-钼系高速钢奥氏体晶粒度为10级的金相图片。一般钨系产品应为9～10级,钨-钼系产品为9.5～10.5级,要求红硬性耐磨性的刀具,如车刀,可控制在8.0～8.5级,要求韧性高的刀具,如拉刀,可控制在10～11级[46]。

碳化物溶解度也是高速钢淬火质量的衡量标志,国内一些用户有时将其列为受检项目。在一颗晶粒中,碳化物少于8颗为良好,8～12颗为一般,大于12颗为较差[46]。

高速钢刀具在淬火加热时应防止过热,过热时,晶粒边界的碳化物部分熔化,冷却时沿晶界析出,增加钢的脆性,容易产生崩刃。高速钢过热程度根据碳化物沿晶界的伸长、拖尾及呈网状程度的不同可分为5级。对于形状较为简单的刀具,过热程度可至小于等于2级,其他刀具过热程度控制在小于等于1级。图8.62为高速钢过热示例。淬火过热于刀具淬火-回火后观察,用4%硝酸酒精浸蚀,放大500倍观察。

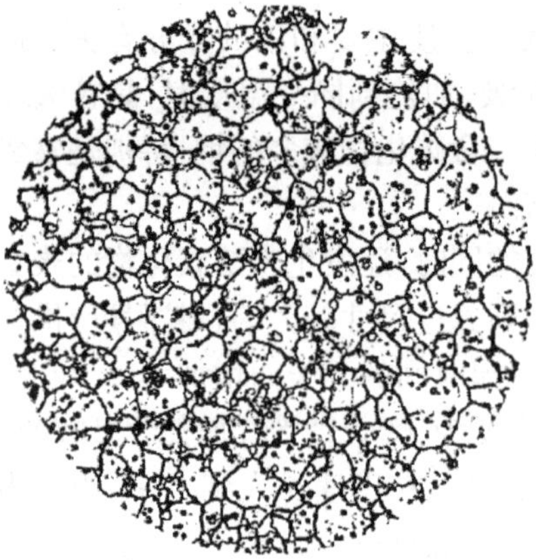

图8.61　高速钢奥氏体晶粒度　500×
钨-钼系10级
JB/T 9986—2013附录B中B.12

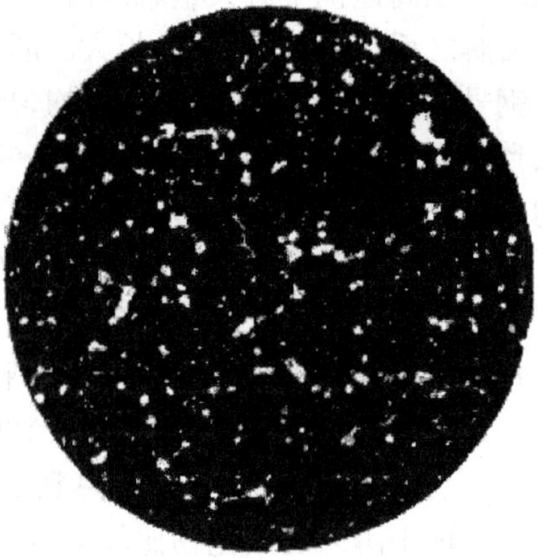

图8.62　高速钢过热级别图　500×
钨-钼系2级
JB/T 9986—2013附录B中B.18

如果钢中碳化物不均匀性比较大(6级和6级以上),则晶粒大小不均匀,在碳化物稀少的区域晶粒开始长大的温度要低10～15℃。在正常淬火温度下延长保温时间会引起晶粒度的增大,但影响不显著,在更高温度时则影响较大。在开始出现液相的温度附近,长期加热会出现角状碳化物。

已淬火的钢,在不经过中间退火而重复淬火时会出现晶粒剧烈长大,在断口上有个别粗大的结晶,闪烁着像萘晶体一样的光泽,称为萘状断口(图8.63),此时钢变得很脆。出现萘状断口的必要条件是在第一次淬火后钢中存在马氏体或贝氏体针状组织。再次加热时，在加热过程中有碳化物沿针状组织边界析出，成为它们长大的阻碍。但这些碳化物是亚稳定的，比较容易溶解，所以达到一定温度时，一部分碳化物开始溶解，因而使某些晶粒能迅速长大，造成晶粒大小显著差异，这种情况更有利于少数粗大晶粒迅速吞并较小晶粒而剧烈长大。图 8.64 表示在某些高速钢中，第二次加热时晶粒开始剧烈长大的温度与第一次淬火温度的关系。第一次淬火温度较低时，钢中尚有大量未溶的细小碳化物，在第二次加热时能有效地阻止晶粒长大，故须加热到更高的温度才出现晶粒突然的增大。第一次淬火温度升高时，钢中剩余的碳化物不多，因此，第二次加热时，在较低的温度晶粒即开始长大。但在更高的温度下进行第一次淬火时，溶入的碳化物多，在第二次加热时会有较多的碳化物析出，因此又使晶粒突然长大的温度提高。为了避免出现萘状断口，在两次淬火之间，必须进行一次退火。在发生萘状断口之后，经过多次反复退火可部分地予以消除，只有重新热加工才可以完全消除。

图 8.63　W18Cr4V 钢的萘状断口[47]　1×
二次淬火中间未退火

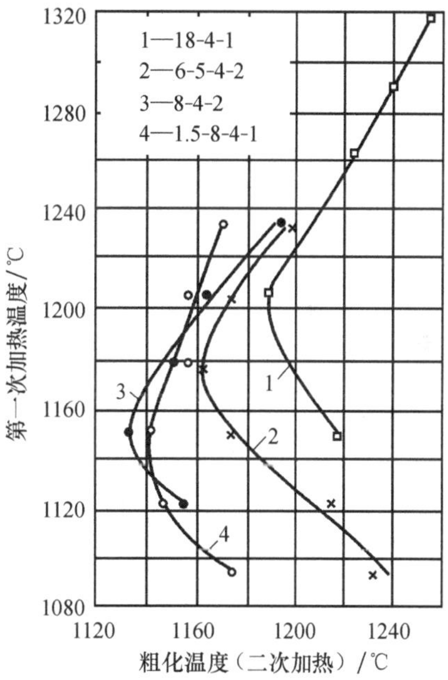

图 8.64　开始生成粗大晶粒与预先加热温度的关系[1]

在淬火温度升高时，由于钢中残余奥氏体的增加高速钢的硬度达到最高值以后又开始下降。图 8.65 表示 18-4-1 和 6-5-4-2 钢的硬度及残余奥氏体量随淬火温度的变化。但高速钢的热稳定性(红硬性)只与固溶体的合金化程度有关，淬火温度越高，红硬性也越高。图 8.66 表明淬火温度对 W18Cr4V 钢热稳定性的影响。

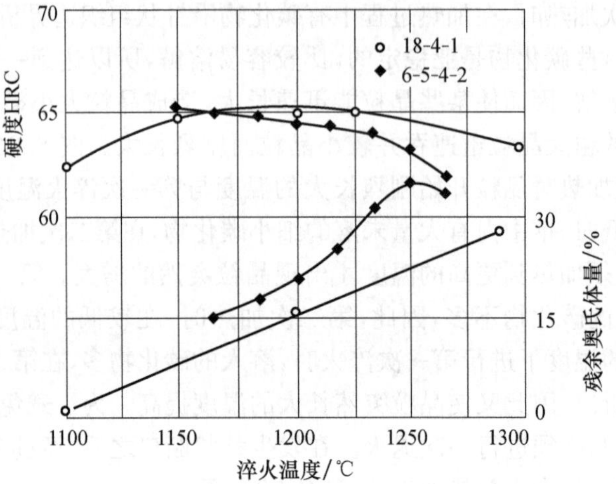

图 8.65　淬火温度对 18-4-1 和 6-5-4-2 钢淬火后硬度和残余奥氏体量的影响[2,18]

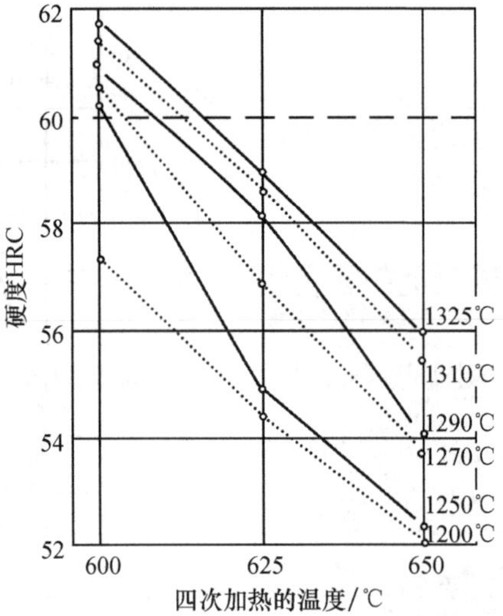

图 8.66　淬火温度对 W18Cr4V 钢热稳定性的影响[2]

高速钢的强度主要与晶粒度和碳化物的分布状况有关。淬火温度升高时，在晶粒度尚未增大，只是将一些细小的、包括存在于晶界上的一些碳化物溶入的时候，强度增加。但当温度增高使钢的晶粒增加到 10 级时，强度有些下降，当加热到晶粒增大至 8～9 级时，会在冷却过程中沿晶粒析出碳化物网，因而使强度急剧下降。

高速钢的淬火均在较缓和的冷却介质中进行，马氏体中的碳含量较低，淬火后变形比较小。随淬火温度的升高，高速钢的比容最初增加，以后因残余奥氏体量的增加又开始减小。至于纵向和横向尺寸变化的不同方向则主要是由于碳化物的带状分布引起的。当碳化物不均匀级别增加时，同一温度淬火时，变形的绝对量也随之增加，高速钢和其他莱氏体钢都有这样的特点。

根据以上分析可以看出，为保证获得最高红硬性的淬火温度与获得最高强度的淬火温度并不一致。因此，在确定高速钢淬火加热温度时，不同尺寸、不同形状、不同使用性能的工具，必须加以分析，然后对淬火加热温度作出最正确的选择。在选择淬火加热温度时应考虑下面几个主要方面。

(1) 不同的刀具，由于工作条件不同，所需要的性能也有所不同，因此淬火加热温度也应有所区别。例如车刀，在切削过程中决定其寿命的主要性能是高硬度和高红硬性，而对韧性要求不高，故应采用高的淬火加热温度，对于 W18Cr4V 钢可采用 1290～1300℃；麻花钻头工作时受扭力，则要求较高的强度和韧性，因此淬火加热温度相对于车刀来说要选择得较低一些，一般为 1275～1285℃。如果要求刀具的硬度和韧性得到较好的配合，则采用适中的加热温度。

(2) 尺寸很小的工具，其破坏常由于强度不足而引起，因此，淬火时要求得到最高的强度，淬火温度宜低些。尺寸很大的工具，因碳化物分布不均匀，容易局部过热，淬火温度不能太高。

(3) 形状简单的工具可采用高的淬火温度，易变形的薄片形和细长刀具(如锯片、铣刀、细长拉刀、绞刀等)及工件厚薄相差大、有尖角易开裂的刀具(如指形铣刀、三面刃铣刀等)宜采用较低的淬火温度。

在生产上还经常遇到一些不正常材料，如有角状碳化物、大块碳化物堆积，某些炉号的钢过热敏感性特大等，这些需要通过试验，再行选择适当的淬火温度。生产实际中通常采用淬火钢奥氏体晶粒度作为确定和控制淬火加热温度高低的主要依据。

高速钢刀具热处理主要有盐浴热处理和真空热处理两种。大型复杂刀具、细长刀具、接柄刀具等特殊刀具真空淬火尚有一定难度，盐浴处理仍是目前适用的热处理方法。高温盐浴以 BaCl 为主，添加一些其他成分。

高速钢淬火加热的保温时间，应保证有足够的碳化物溶入奥氏体中而不致引起晶粒过分长大。在一定的加热温度下，有一最合适的加热时间。过长的加热时间，不但不再增加奥氏体的合金度，而提高钢的硬度和红硬性，反而由于晶粒长大，使钢的力学性能降低。此外，还易引起刀具表面的氧化、脱碳和变形。如果保温时间太短，则奥氏体合金化程度不足，又会降低刀具的红硬性。对于普通高速钢，在盐浴中加热的加热系数为 8～15s/mm，而对高钒高速钢，加热时间应延长，可按 15～18s/mm 计算。在生产实际中影响加热时间的因素很多，如淬火加热温度的高低、装炉量的多少、刀具的形状和尺寸等，尺寸很小的工具(1～3mm)应适当延长加热时间，不然碳化物溶解不足。尺寸过大，按此标准计算的时间又太长，虽然可以使心部加热充分,但会引起表面晶粒长大。故最合理地确定加热时间的方法是通过试验,根据淬火后金相组织中碳化物的溶解情况来判断加热时间是否适当。

高速钢系高合金钢,导热较慢,并且在高温加热时容易脱碳,因此经常采用预热使温度分级上升,以减小热应力和减少高温加热时间,使工件在很短时间里内外达到高温加热温度,而且冷工件直接放入高温介质中会使其温度下降甚多,温度不易准确控制。

形状简单而且尺寸不大的工具可采用一次预热,温度一般为 800～850℃(略高于 Ac_1 的温度),使其在较低温度下发生索氏体向奥氏体的组织转变,从而减小组织应力。预热时间为高温加热时间的两倍,一般按每 25～30s/mm 计算。凡直径大于 30mm 和形状复杂的工具均采用二次预热,第一次预热温度为 500～600℃,然后二次预热,温度为 800～850℃。低温预热的时间没有严格的要求,可以采用中温预热的两倍。

8.3.6 高速钢的淬火冷却

高速钢从淬火加热温度冷却时,由于奥氏体中的碳及合金元素溶解度的减少,有自奥氏体中析出碳化物的趋势。如果冷却速率比较快的话,不会有明显的碳化物析出。但很早以前已有学者指出,即使 M2 钢在正常淬火冷却条件下,仍存在只有在电子显微镜下才能观察到的极细微的 VC 沿晶界析出,淬火高速钢的金相试样易于显现原始奥氏体晶粒边界即是由于在此种冷却条件下碳化物沿晶粒边界析出所致。在正常淬火加热时,晶界碳浓度趋于饱和,在刚开始冷却时,不易溶解的碳化物 VC 首先析出[48,49]。一般高速钢如果淬火温度低于 1180℃,晶界将腐蚀不出来。

高速钢加热到淬火温度时,奥氏体的合金化程度很高,因此在冷却时有很高的稳定性。各种不同类型的高速钢的过冷奥氏体等温转变曲线比较相似,图 8.67 为 18-4-1 钢在 1290℃奥氏体化之后的过冷奥氏体等温转变曲线。淬火加热后冷却时,在 760℃以上的范围内停留,或者比较缓慢地冷却到 760℃,会自奥氏体中析出金相显微镜下可以观察到的二次碳化物,在 760℃左右的温度时,析出作用特别强烈,在 760℃以下时,析出碳化物的速率急剧下降。对尺寸稍大些的工具,在空气中冷却或者在盐浴中分级冷却时,冷却速率较慢,会因碳化物的析出而使奥氏体的合金化程度降低,从而影响高速钢的红硬性。从工艺上来看,对某些在第一次分级前作空气预冷或在 800～820℃作短时停留的刀具,应特别注意控制预冷的时间,不宜停留过久。

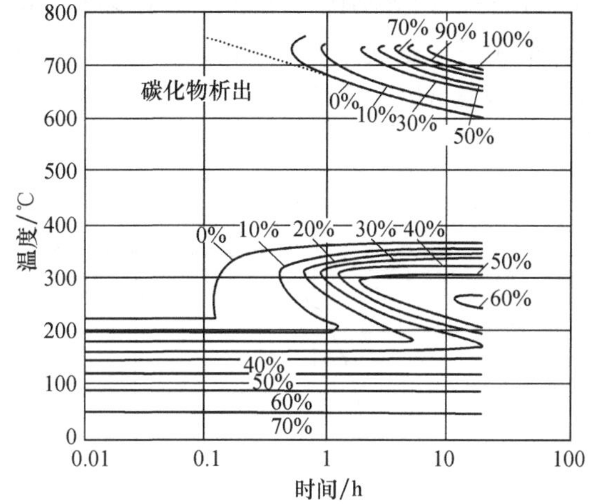

图 8.67　18-4-1 高速钢在 1290℃奥氏体化后的过冷奥氏体等温转变曲线[50]

温度范围 800～625℃为珠光体转变区域，在此区域内生成很细的珠光体组织。温度高于 710℃时，在珠光体开始转变之前先析出二次碳化物。这些碳化物首先沿晶界析出，在温度稍低时，这两个过程同时进行。

在温度范围 625～400℃停留很长的时间，过冷奥氏体还没有转变，但在这个区域的上限 600～625℃的温度下，仍有碳化物的析出。试验表明，在 625℃进行 10min 的停留就会降低红硬性，在这样的温度下有含钨和钒的复合碳化物析出，因而使奥氏体合金化程度随之下降。高速钢淬火时为了防止开裂和减少变形，可在这一温度范围内进行等温停留。试验表明，分级淬火在此温度区域的较低范围(550～450℃)内停留比在高温范围更为合适。在较低温度范围内等温，不致引起碳化物的析出和过冷奥氏体的合金度降低，淬火后可以获得与油淬相同的组织和性能。我国工具厂分级冷却通常用三元氯化盐(50% $BaCl_2$ + 30% KCl + 20% NaCl)，该盐于 550℃左右熔化，工作温度控制在 580～620℃，其停留时间应严加控制，在操作中一般不超过 15min。若选用 550～450℃作为分级温度，则要采用硝盐炉，这为生产上带来一定的困难。由于工件温度太高，入硝盐炉易使硝盐燃烧，导致工件氧化。近年来国内分级温度有降低的趋势，有些工具厂引进国外盐浴，分级温度改为 500～550℃，盐浴配方未公开[51]。

温度范围 400～200℃是贝氏体转变区域。经过孕育期之后，钢便开始了贝氏体转变，开始转变较慢，以后转变较快，但经过一定时间之后又重新变慢，最后趋于停止而不能进行完全。图 8.68 所示为 18-4-1 钢在 315℃温度下的贝氏体转变等温动力学曲线，在 260℃下等温 12h 左右可以形成最多的贝氏体(60%)。不论是 18-4-1 钢还是 6-5-4-2 钢，贝氏体的最大转变量为 55%～60%。贝氏体为细针状组织,与经淬火-回火后所得的回火马氏体相近。在硬度和红硬性方面,贝氏体淬火后的钢与淬火-回火钢无多大差别。贝氏体淬火后的主要影响是由于奥氏体稳定化,降低了马氏体转变温度 M_s 点,增加了淬火后的残余奥氏体量(表 8.31),并使淬火硬度有下降。

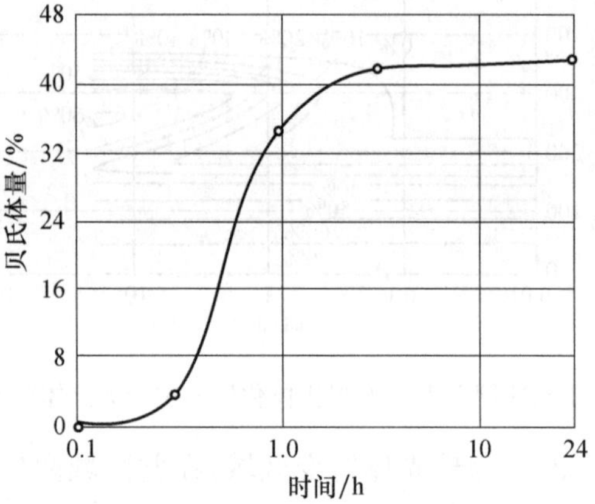

图 8.68 18-4-1 钢贝氏体的等温转变动力学曲线[50]

1290℃加热空冷至 315℃

表 8.31 在 260℃ 下等温时间对 W18Cr4V 钢组织和硬度的影响[52]

等温时间/h	随后冷却时的 M_s 点/℃	自 260℃冷至室温时的组织成分/%				硬度 HRC		
		碳化物	贝氏体	马氏体	奥氏体	自 260℃空冷后	560℃回火 2h	560℃回火 2h+2h
油淬	210	5	0	75	20	65.5	65.1	64.8
1	160	5	25	45	25	65.5	64.5	64.1
2	70	5	40	20	35	61.2	64.5	64.2
4	<0	5	50	0	45	57.8	64.8	64.5
8	<0	5	55	0	40	57.4	64.5	64.2
12	<0	5	60	—	35	57.2	64.4	64.1

等温停留还能提高残余奥氏体在随后回火时的稳定性。在 450～600℃分级淬火或经油淬的钢,在 560℃回火 2、3 次,残余奥氏体几乎完全转化,而对于在贝氏体转变区经 20～30min 等温淬火的钢,需经过 3、4 次回火以后才能使残余奥氏体较好地转变。如果等温停留时间很长(3～6h),则要经过 5 次回火才能使残余奥氏体完全转变。

等温淬火后的力学性能比分级或油冷淬火高,在 280～300℃下等温停留 3h,或在 250～260℃等温 5～6h,强度提高了 30%,塑性提高 60%。随后回火时,由于残余奥氏体向马氏体转变，使等温淬火后钢的强度和塑性与分级、油淬回火后相当。

等温淬火能使刀具的淬火变形大大减小。如图 8.69 所示，在 200～240℃等温停留时间增长到 60min，可以使尺寸变形量比分级淬火时减小一半，而在 280～300℃下进行 60min 的等温，几乎没有变形。如果等温停留时间延长到 180min，则变形量又重新增大，这是残余奥氏体量过多的缘故。

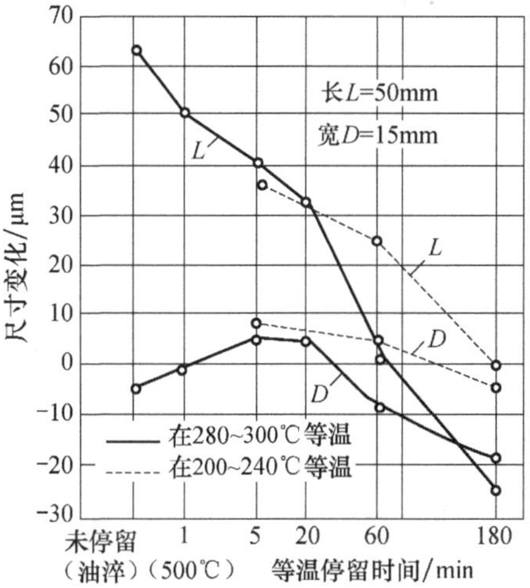

图 8.69 W18Cr4V 钢试样自 1280℃加热后，贝氏体转变区等温停留时间与尺寸变化的关系[2]

高速钢的马氏体转变点（M_s 和 M_f）和钢的成分、奥氏体化温度和时间及冷却条件有关。图 8.70 表示奥氏体化温度对含 0.74%C、18.2%W、4.00%Cr 和 0.58%V 的高速钢连续冷却时的马氏体点的影响，图中马氏体点的数据比一般资料中介绍的偏低，而残余奥氏体量偏高，但仍可显示出变化的规律。多数高速钢在正常温度下淬火时的 M_s 点约在 200℃。W18Cr4V 钢油淬后的残余奥氏体量为 20%～25%。在 625℃以上缓慢冷却或保温由于会析出碳化物而使马氏体点提高。在 625～450℃停留不影响马氏体点。在 450～400℃下缓冷或保温则降低 M_s 点。如果在马氏体转变区（M_s 点～室温）中止冷却，奥氏体向马氏体的转变也随即停止，当再恢复冷却时，转变不立即继续进行，只有再降低一定温度之后，转变才可以进行，或者由于冷却缓慢而使残余奥氏体量增加。这两种现象的本质相同，称为奥氏体的稳定化。高速钢对奥氏体稳定化很敏感，在室温（20℃）停留 15～20min，已有显著的稳定化（图 8.71）。

高速钢连续冷却至 0℃以下，过冷奥氏体继续转变为马氏体，在冷至－70～－80℃时，转变较多。进一步冷至－100℃时，转变量已不多，只有 1%左右。再进

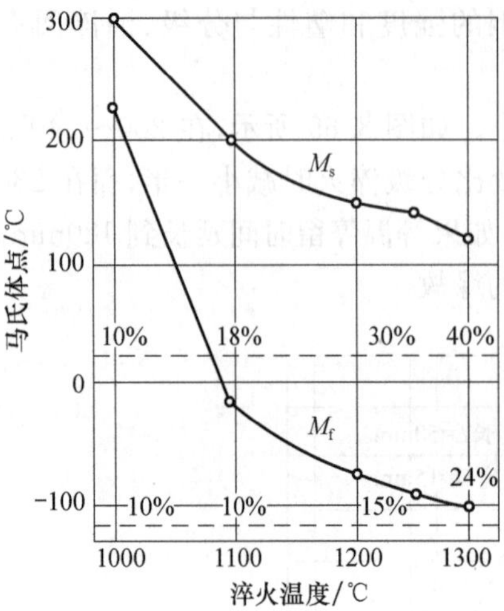

图 8.70　奥氏体化温度对高速钢马氏体点的影响[1]
图中数字为室温和－120℃时残余奥氏体量,用磁性法测量

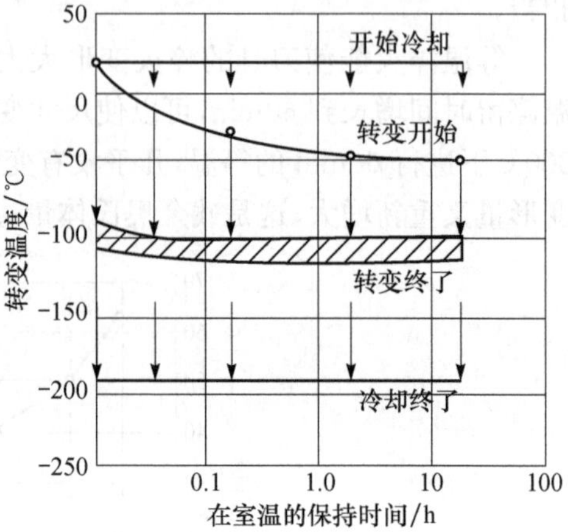

图 8.71　在 20℃停留时间对随后冷却到－190℃的 18-4-1 钢中残余奥氏体的转变温度范围的影响[53]

一步冷却将不会有影响。W18Cr4V 经过冷处理后残余奥氏体有 7%～8%,重复冷却不再有影响。由于冷处理使马氏体量增多,可以提高淬火状态的硬度,同时也使钢在淬火状态下的应力高于油淬的钢,力学性能较低,变形程度亦大。在回火状态下,经冷处理的钢与分级、等温或油冷淬火的钢具有大致相同的力学性能。

在生产实践中,对于各种高速钢工具,可以采取不同的冷却方式,淬火冷却工艺大致可分为下列几种:

(1) 油中冷却。高速钢的淬透性较大,因此一般刀具加热后即使在空气中冷却亦可获得很高的硬度,但高速钢刀具一般不采用空冷,这是因为空冷时工件表面容易由于氧化腐蚀而产生麻点。此外,空冷时由于冷却速率较慢,在高温区域停留时间较长,容易析出二次碳化物,降低淬火钢的硬度和红硬性,所以极少应用。对形状简单(车刀、钻头)、尺寸在 30～40mm 的刀具可以采用油中冷却(30～100℃)。为了避免开裂,在油中的时间不宜太长,最好保持到当工件在油中取出时,附在上面的油闪耀发火,可以保证工件的温度在 500℃以上,这样以后在空气中冷却时可以减少开裂。高速钢油中冷却的工艺采用亦不很多,这是因为油冷比分级的淬火容易变形开裂,并且油烟逸散污染环境,但是这种工艺对细长易变形的工具(细拉刀)仍有采用,工具从油中取出后的空冷过程中,在表面油迹将烧尽前,趁热校直(平常称为淬火校直)比较方便。

(2) 分级淬火。高速钢工具最常采用的冷却方式是分级淬火,可按照刀具形状特点、变形和开裂倾向分别选用一次或多次分级淬火方法。

对于车刀、立铣刀、直柄钻头、锥柄钻头等，淬火后变形和开裂倾向不严重的一般刀具均采用在580～620℃保温（大致与加热时间相似）的一次分级冷却，因为在580～620℃温度范围内可采用中性盐浴冷却，减少刀具的氧化腐蚀；这样的分级淬火使刀具内外温度均匀，随后在空气中缓慢冷却，显著地减少截面温差和应力，可以减少刀具变形和开裂；这样的温度分级有足够的冷却速率，只要保温时间不过长，可以抑制在高温区域中析出二次碳化物，所以不影响淬火硬度和热硬性；中性盐分级，清洗方便，操纵简便，易于实现机械化。因此，一次分级淬火法，应用较广，几乎80%的刀具是采用一次分级淬火的。

刀具尺寸较大（有效厚度大致在40mm以上），形状比较复杂，钢材质量较差（如碳化物偏析比较严重，组织不够均匀），一次分级冷却不足以防止变形和开裂倾向时，可采用两次分级冷却的工艺。即先在580～620℃盐浴中保持一段时间后，再转入350～400℃硝盐中冷却（分级保温时间与加热时间相似），以进一步降低热应力和组织应力，减少变形和开裂。一般二次分级冷却后，在静止空气中缓冷至150℃左右及时回火，回火前可不清洗。如用箱式炉回火，则回火前应先清洗。

多次分级冷却则适用于形状特殊，极易变形的工具。例如，直径较大的圆形薄片刀具（如直径大于等于120mm，厚6～10mm的锯片铣刀），在采用一般方法淬火时，容易淬成“盆形”，采用多次分级冷却后，再在回火时用夹具压紧，这样变形能符合技术要求；细长易变形的刀具（如直径4～8mm的长柄麻花钻头），采用多次分级，在回火前进行校直，亦能使变形符合要求。多次分级冷却工艺是将高温加热后的工具，先在800～820℃盐浴中停留十几秒钟（因为在800～820℃较长时间停留容易析出二次碳化物，使红硬性受影响，所以必须控制停留时间不超过15s）。然后在580～620℃、350～400℃、240～280℃中顺次停留一段时间，再空冷。这种工艺由于需要较多设备，工艺复杂，应用不广，不得已时才用。

(3) 等温淬火。高速钢的等温淬火采用得比较多的是形成贝氏体组织的贝氏体淬火。高速钢淬火时在235～315℃温度范围内长期停留可以得到大量的一次贝氏体，冷却后的组织为贝氏体及残余奥氏体（及碳化物）（表8.31）。对于多数高速钢，生成一次贝氏体最合适的温度为260℃，等温时间以4～6h为宜。保温4h可以得到大约50%贝氏体，室温硬度为57～58HRC。这种淬火方式可称为一次贝氏体淬火。然后进行的二次（每次2h）或四次回火（每次1h）将残余奥氏体转变为回火马氏体。这种处理有两方面的应用：中心钻、切线平板牙、滚丝模及各类冲压模具、小型刀具和仪表刀具等在使用中经常发生断头、崩刃、折断等现象，采用一次贝氏体淬火可提高工具的强度、韧性和切削性能，有效地克服上述损坏现象；对于组合丝锥、梯形丝锥、搓丝板滚模、剃齿刀和尺寸在60mm以上的成形刀具，采用一次贝氏体淬火基本上防止了剃齿刀和大铣刀的内孔开裂和胀缩，减小了丝锥等刀具的螺距伸长等。

正常淬火的高速钢,如果在560℃回火2～4h,残余奥氏体受到催化作用,然后冷却至235～315℃保温,贝氏体将继续形成,得到二次贝氏体,这种处理方式称为二次贝氏体淬火,然后再补充二次正常的回火。在260℃等温保温1h可使50%残余奥氏体进行等温转变,保温4h可以完成75%的转变。一般采用在260℃等温4～6h。如果在一次贝氏体淬火后继续进行二次贝氏体淬火(可称为完全贝氏体淬火),可以得到在整个组织中占有80%的一次贝氏体与二次贝氏体的混合物。图8.72为某厂生产剃齿刀用W18Cr4V钢完全贝氏体淬火工艺方案。试验表明,钢中同时存在一次和二次贝氏体时,在连续和间断切削时都可提高工具的寿命。完全贝氏体淬火工艺适用于形状极其复杂的特大型刀具,如$M>15$的铣刀、滚刀和有效厚度大于100mm的有孔刀具等,对防止变形、开裂有较好的效果。但这种工艺比较复杂,需要占用较多的设备和增加劳动量,所以非特殊情况下是很少采用的。

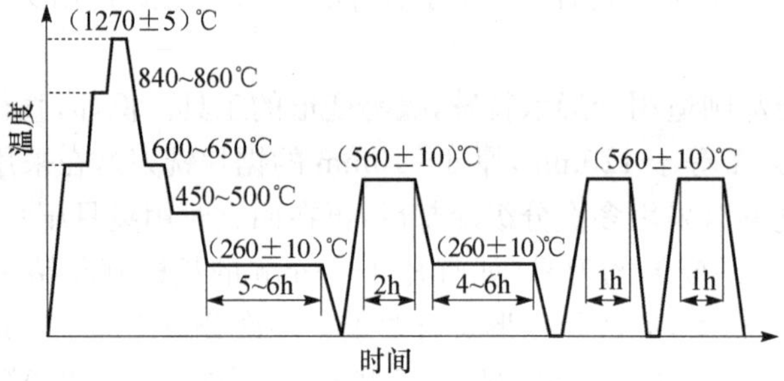

图8.72　W18Cr4V钢的完全贝氏体淬火工艺方案

为缩短等温淬火的保温时间,可采用马氏体促变工艺,即是将W18Cr4V钢1280℃奥氏体化后,先淬入160℃热油,使之先形成少量马氏体,再将工件转到260℃等温槽内等温1h空冷后的组织中,下贝氏体转变量比常规等温转变2h的转变量还多。下贝氏体的转变量已接近40%左右[54]。

我国工具行业成功地解决了小钻头的校直问题,已使等温淬火成为小钻头的常规热处理工艺。当钢中残余奥氏体量接近50%时,即使在冷态也有良好的校直性能。过去采用回火热压校直、回火后用手工敲击校直,现在改为在淬火冷却状态施行机械化的多辊校直,大大提高了生产率和产品的平直度[18]。等温淬火在高速钢冷作模具中已得到广泛应用。

为了防止大型刀具的开裂,回火过程中应特别小心,要求低于500℃入炉,缓慢升温,随后缓冷。

此外,对于形状复杂的大型工具还可以采用马氏体等温冷却,等温淬火温度在M_s点(200℃左右)附近或稍低一些,一般使用的停留时间为5～60min。等温淬火的产物以马氏体为主，可以增加奥氏体的稳定性，硬度下降不多，经过2、3次回火就可以了。

(4) 冷处理。高速钢淬火之后可以采用冷处理（－70～－80℃），采用冷处理的好处是可以减少以后的回火次数，冷处理后进行一次回火就可以了。为了避免残余奥氏体的稳定化，淬火后和冷处理前在室温停留的时间应当尽可能地缩短，一般不超过30～60min。冷处理会引起附加应力，不宜用于复杂的成形工具和淬火温度偏高的情况下，以免引起开裂。

高速工具钢无论采用什么方法冷却，通常都要冷到室温。冷却终止温度过高会使残余奥氏体量过多，增加以后回火的困难。回火前的室温停留时间应当尽量缩短，以免残余奥氏体的过分稳定化和引起开裂的危险。

高速钢在正常淬火温度下加热经过油淬或分级淬火后的组织一般包含有马氏体、碳化物和残余奥氏体。在一般浸蚀条件下，马氏体不容易显示出来，因此难以将马氏体及残余奥氏体区别开来，而碳化物及晶粒边界则可以清晰地显示出来(图8.61)。淬火钢中的残余奥氏体量一般用磁性方法或者X射线的方法测量，而后者比较准确。在正常淬火条件下淬火后，高速钢中的残余奥氏体量为15%～30%，视钢的成分及淬火加热情况而异。

8.3.7 高速钢的回火

正常淬火后的高速钢回火时，在低温阶段(400℃以下)，马氏体的变化与碳钢及一般合金钢相同。室温至270℃首先自马氏体中析出ε相，在温度增至400℃，ε相转变为Fe_3C并进行聚集，相应地淬火高速钢的硬度有些下降；由于析出的渗碳体的聚集和大部分淬火应力的消除，强度和塑性增加(图8.73)。

回火温度在400℃以上开始生成特殊碳化物。400～500℃，主要析出铬的碳化物。500～600℃，马氏体中的钨(或钼)和钒开始迅速减少(图8.74)，部分渗碳体重新溶解而自回火马氏体中开始析出弥散度很高的碳化物M_2C和VC。由于开始析出的这些碳化物的弥散度很高，用X射线方法无法确定，只有到更高的温度(高于650℃)使碳化物颗粒聚集到一定程度后才可以测出。表8.32列出一些高速钢在不同温度下回火1h以及700℃退火500h后的一些碳化物相。表中还列入了淬火后钢中的过剩相。特殊碳化物M_2C和VC的析出是高速钢中出现二次硬度的主要原因，钢的强度增加而塑性则降低。在560℃回火后在基体(回火马氏体)中的碳含量为0.20%～0.25%。大部分钨和少部分铬和钒尚存在于基体中，使基体有很高的硬度。这些碳化物聚集速率很慢，因而使高速钢有高的红硬性。在回火温度超过675℃以后，钢的硬度迅速下降，在M_2C型碳化物重新溶解和渗碳体最后溶解的同时，自钢中析出M_6C和Cr_7C_3，而Cr_7C_3最后转变为$Cr_{23}C_6$，这些碳化物随温度的增高和时间的延长而迅速聚集长大。

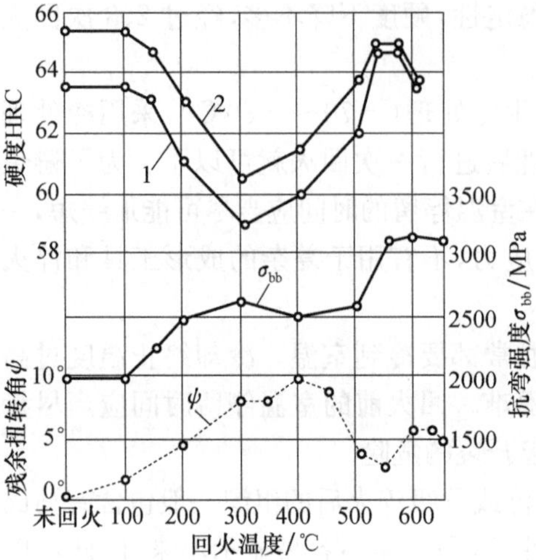

图 8.73　回火温度对 18-4-1 钢(1280℃淬火)硬度、强度和塑性的影响[2]

1—油淬、一次回火;2—淬火后冷至－196℃

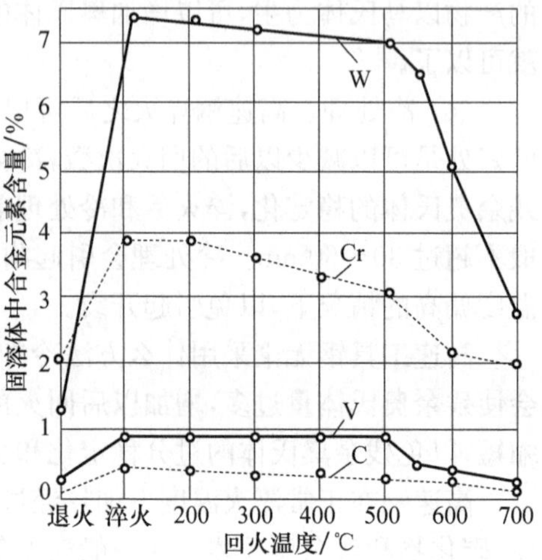

图 8.74　18-4-1 钢的合金元素含量与回火温度的关系[2]

钢的成分:0.72%C、18.3%W、4.12%Cr、1.27%V,1280℃淬油

表 8.32　一些高速钢在回火时析出的碳化物相(用 X 射线方法测定)[55]

类型	化学成分/%						回火温度(1h)/℃					700℃退火500h
	C	W	Cr	V	Co	Mo	500	675	700	750	800	
18-4-1	0.78	18.4	4.32	1.22	—	—	M_6C①	W_2C	W_2C	W_2C	无 W_2C	$M_6C+Cr_7C_3$
18-4-1-5	0.80	18.2	4.42	1.50	5.12	—	M_6C①	W_2C	W_2C	W_2C	VC	$M_6C+VC+M_{23}C_6$
18-4-2-10	0.86	18.8	4.10	1.83	9.87	—	M_6C+VC①	W_2C	W_2C	W_2C	$M_{23}C$	$M_6C+VC+M_{23}C_6$
1-9-4-2	0.84	1.0	2.70	1.90	—	9.3	M_6C+VC①	W_2C②	W_2C②	W_2C②$+M_{23}C_6$	$M_{23}C$	$M_6C+VC+M_{23}C_6$
6-5-4-2	0.80	7.0	4.20	2.16	—	4.9	M_6C+VC①	W_2C②	W_2C②	W_2C②$+M_{23}C_6$	$M_{23}C$	$M_6C+VC+M_{23}C_6+Cr_7C_3$
8-2-4-2	0.93	7.9	4.12	2.03	—	2.0	M_6C+VC①	W_2C②	W_2C②	W_2C②$+Cr_7C_3$	Cr_7C_3	$M_6C+VC+Cr_7C_3$
12-0-4-2	0.81	12.6	4.25	2.61	—	—	M_6C+VC①	W_2C	W_2C	$W_2C+Cr_7C_3$	Cr_7C	$M_6C+VC+Cr_7C_3$

①这些碳化物是淬火时的过剩相,在回火后的组织中总是存在的,故不再列入;②以 W_2C 或 Mo_2C 为基的固溶体。

淬火高速钢中的残余奥氏体在回火温度不超过 500℃时,无论在加热还是冷却到室温的过程中,都不发生转变。当回火温度升至 500～600℃时,高速钢中的残余奥氏体发生催化作用的结果是大部分残余奥氏体在冷却到室温的过程中转变为马氏体,这种现象称为二次淬火。残余奥氏体的马氏体开始转变点可用 M_s' 表示,在 500～600℃回火,温度越高,时间越久,M_s' 越高(图 8.75)。关于高速钢回火时残余奥氏体的催化,可以认为是由于自奥氏体中析出了碳化物使之贫化,从而提高了残余奥氏体的马氏体点。也有人认为,在生成马氏体时使残余奥氏体中产生了相的加工硬化，引起了奥氏体的稳定化，回火时残余奥氏体的催化过程是由于加工硬化的去除而引起的。回火时残余奥氏体的转变可以稍增加高速钢的硬度，但不是产生二次硬化的主要原因。由图 8.73 可以看出，经过冷处理后，残余奥氏体量已不多，但回火至 550～570℃时，同样产生二次硬度。

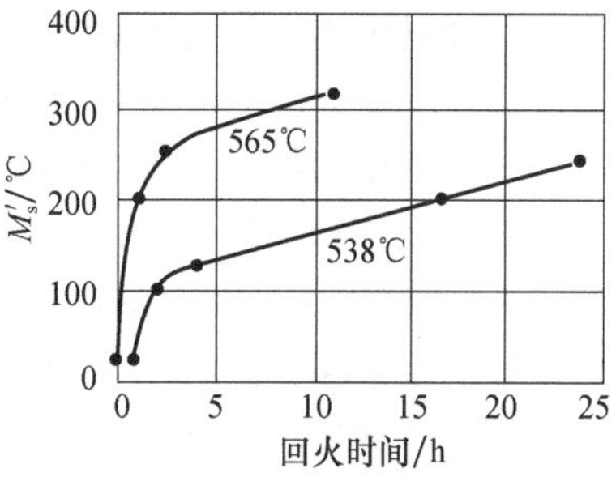

图 8.75 18-4-1 钢自 1290℃油淬后在 565℃和 538℃的回火时间对冷却时 M_s' 的影响[1]

在 520～575℃进行一次回火不能使所有的残余奥氏体转变成马氏体，回火等温时间的最初 60～80min 能使大部分残余奥氏体转变（图 8.76）。一次回火只对淬火马氏体起回火作用，但在冷却过程中低温形成的二次马氏体及与其形成有关的内应力则尚未消除。在第二次回火时，二次马氏体被回火，工具的脆性也可以消除。如果第一次回火还不足以使全部残余奥氏体转变，则二次回火将起很大作用，这样在室温下钢将重新含有一定量的未回火马氏体，因此还要进行第三次，甚至第四次回火。由于多次回火可以完全地消除残余奥氏体（图 8.77）及残余奥氏体转变为马氏体时产生的应力，因而使高速钢的强度提高（图 8.73），并改善导热性。

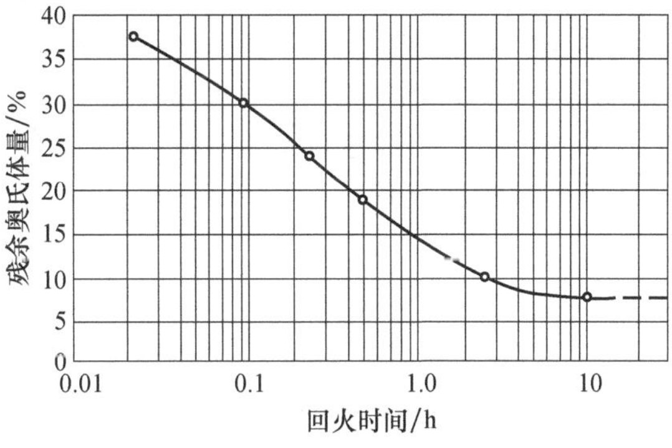

图 8.76 6-5-4-2 钢自 1215℃淬火冷至 105℃，立即在 565℃回火时，回火时间对残余奥氏体量的影响[56]

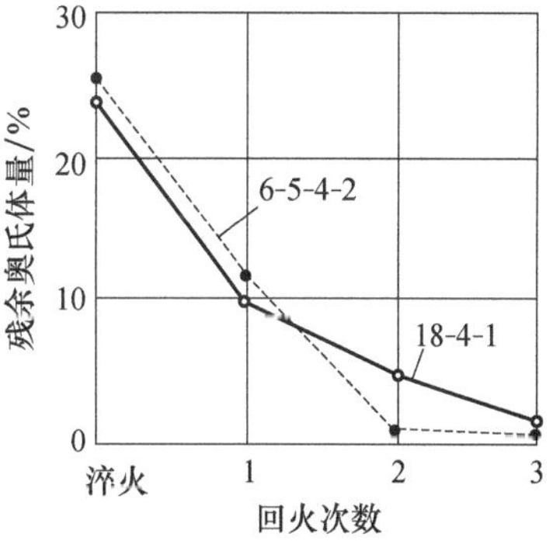

图 8.77 18-4-1 钢 1290℃油淬，6-5-4-2 钢 1240℃空淬后，560℃回火（每次 1h）对残余奥氏体量的影响[2]

在回火冷却过程中，如果在 250～200℃停留或缓慢冷却，会因稳定化的作用使冷却后的残余奥氏体量增加。例如，6-5-4-2 钢的淬火试样，回火后在水或油中冷却的残余奥氏体量为 7%，在空气或炉中冷却相应为 12%或 22%。一般回火后采用在空气中冷却，因此，工具尺寸大小会影响残余奥氏体的转变程度。

需要指出的是，高速钢每次回火后，必须冷至室温才能进行下一次回火。否则钢中残余奥氏体趋于稳定,不易转变,产生回火不足现象,使精密工具在以后使用中发生尺寸变化。对于大型复杂刀具,为避免回火过程中发生变形和开裂,有时还需要采取预热和低温入炉、缓慢升温等措施。

普通高速钢(18-4-1、6-5-4-2、9-4-2 等)的回火温度一般都在 560℃左右,经多次回火后,使钢中的残余奥氏体量低于 5%。在生产实践中一般采用三次回火,在硝盐炉中每次回火的时间为 60～75min,在空气炉中回火须在热透后保温 60min。回火后钢的硬度一般为 63～65HRC。提高回火温度至 580～600℃时,硬度和耐磨性降低,强度没有什么提高,而冲击韧性略有提高。回火温度低于 550℃则回火不充分。一些钼高速钢的回火温度可以低一些(550℃)。

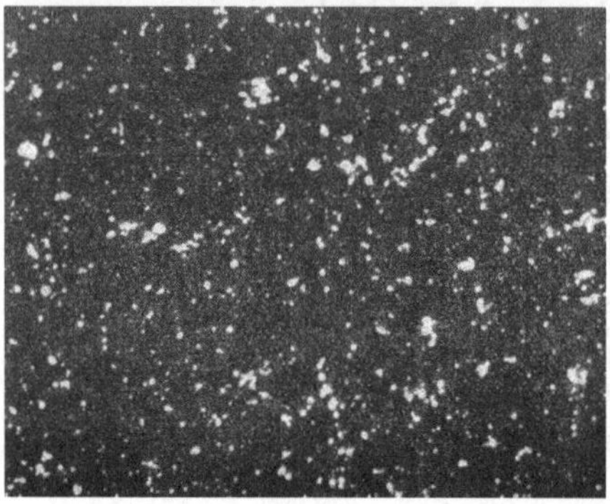

图 8.78　W6Mo5Cr4V2 的淬火-回火组织[14]　500×

1240℃加热,560℃回火,回火充分

一些特殊用途高速钢的回火,可以在更高的温度(570～580℃)下进行,使回火充分,硬度达到 65～66HRC。M42 钢自 1210℃淬火后 520℃回火(每次 1h),硬度可达 69HRC。

生产工厂中常用高速钢淬火-回火后的显微组织来检查其热处理质量。通常在室温为 18～25℃,用 4%硝酸酒精溶液浸蚀 2.5min 后,如果基体全部为灰黑色,其上分布有少量发亮的碳化物,则认为回火充分(图 8.78),回火不充分者基体为白灰色(图 8.53),过回火者基体为深黑色。JB/T 9986—2013 将高速钢工具钢刃具淬火后的回火程度分为 3 级,其合格级别为≤2 级。

8.3.8　各类高速钢的应用

根据 GB/T 9943—2008,我国高速工具钢按其基本要求,可分为普通高速钢(HSS)、低合金高速钢(HSS-L)和高性能高速钢(HSS-E)。表 8.33 为不同系列高速钢的基本要求。

表 8.33　不同系列高速钢的基本要求(GB/T 9943—2008)

系列	主要合金元素含量/%					按表 8.15 淬火-回火后硬度 HRC
	C	W+1.8Mo	Cr	V	Co	
低合金高速钢 HSS-L	≥0.70	≥6.50	≥3.25	≥0.80	<4.50	≥61
普通高速钢 HSS	≥0.65	≥11.75	≥3.50	0.80～2.50	<4.50	≥63
高性能高速钢 HSS-E	≥0.85	≥11.75	≥3.50	>2.50V 或≥4.50Co 或 0.80～1.20Al		≥64

8.3.8.1　普通高速钢

普通高速钢亦称通用高速钢。这类高速钢的通用性很强，产量约占高速钢总产量的80%。在淬火-回火后，其硬度能达到63～66HRC，适用于一般钢铁材料25～40m/min的切削速率，当刀尖温度达550～600℃时，仍能保持55～60HRC的硬度。这类钢适于制作各类刀具、模具、轧辊和耐磨机械零件等。

表8.34为主要普通高速钢热加工工艺制度。表8.35为我国使用最多的三种普通高速钢的基本参数和退火(供货)态、淬火-回火态的相组成。表8.36为几种普通高速钢的力学性能对比。

表8.34　主要普通高速钢热加工工艺制度[18]

牌号	开锻温度/℃	停锻温度/℃	退火温度/℃	退火硬度HB	淬火温度/℃	回火温度/℃	二次硬度HRC
W18Cr4V(T1)	1065～1175	≥955	870～900	217～255	1260～1300	540～595	60～65
W6Mo5Cr4V2(M2)	1050～1150	≥925	870～900	212～241	1190～1230	540～595	60～65
W9Mo3Cr4V	1050～1150	≥925	845～870	219～241	1210～1240	540～595	61～66
W2Mo8Cr4V(M1)	1045～1150	≥925	815～870	207～235	1177～1219	540～595	60～65
W2Mo9Cr4V2(M7)	1040～1150	≥925	815～870	217～255	1177～1219	540～595	60～65
Mo8Cr4V2(M10)	1040～1150	≥925	815～870	207～235	1177～1219	540～595	60～65

注：M10未列入GB/T 9943—2008。

表8.35　三种普通高速钢的基本参数和退火(供货)态、淬火-回火态的相组成[18]

牌号	临界点/℃			退火态相组成/%		淬火-回火态相组成/%			
	Ac_{1s}	Ac_{1f}	M_s	碳化物	铁素体	淬火温度/℃	剩余碳化物	A′	回火马氏体
W18Cr4V	810～830	850～870	150～200	25.2	余量	1270	11	<3	余量
W6Mo5Cr4V2	780～840	840～890	131	19.7	余量	1230	9	<3	余量
W9Mo3Cr4V	830	875	195	20.6	余量	1240	9	<3	余量

注：A′表示残余奥氏体。

表8.36　几种普通高速钢的力学性能对比[40]

牌号	硬度HRC	热处理	抗弯强度σ_{bb}/MPa	冲击韧度a_k/(J/cm²)	抗压强度σ_c(纵向)/MPa
W18Cr4V	63～66	1270～1300℃淬火、560℃回火	2500～3500	30～35	3000～3400
W6Mo5Cr4V2	63～66	1210～1230℃淬火、560℃回火	3500～4500	40～50	—
W9Mo3Cr4V	63～66	1220～1240℃淬火、560℃回火	3500～4500	35～40	—
W2Mo8Cr4V	60～65	1180～1210℃淬火、540～560℃回火	3000～4000	40～50	—
W2Mo9Cr4V2	64.5～66.5	1160～1200℃淬火、540～560℃回火	3500～4500	35～45	—

(1) W18Cr4V钢。该钢是钨系普通高速钢，我国常称之为18-4-1、P18或T1，其平衡碳差值较大，约为0.35%，钢的氧化和脱碳敏感性相对较低。其钒含量较

低,可磨削性较好。

W18Cr4V 钢中碳化物分布的均匀性较差,并易产生粗大角状碳化物颗粒,钢的韧性和塑性也较差。该钢不适用于生产大断面钢材,也不宜进行冷轧或冷拔加工。

W18Cr4V 钢制刀具的淬火温度通常选择在 1270~1300℃,回火温度在 560℃左右。

(2) W6Mo5Cr4V2 钢。该钢是 W-Mo 系普通高速钢,常称之为 6-5-4-2 或 M2,其碳平衡差值在 0.25%~0.30%,是国际上用量最大的高速钢种。该钢中的碳化物分布均匀性显著好于 W18Cr4V 钢,碳化物颗粒多为球形和椭球形,钢的综合性能比较好,特别是韧性和塑性明显优于 W18Cr4V 钢(图 8.45、表 8.36)。图 8.79 为W6Mo5Cr4V2 钢淬火和回火温度与硬度的关系曲线,二次硬化峰出现在 520~560℃。

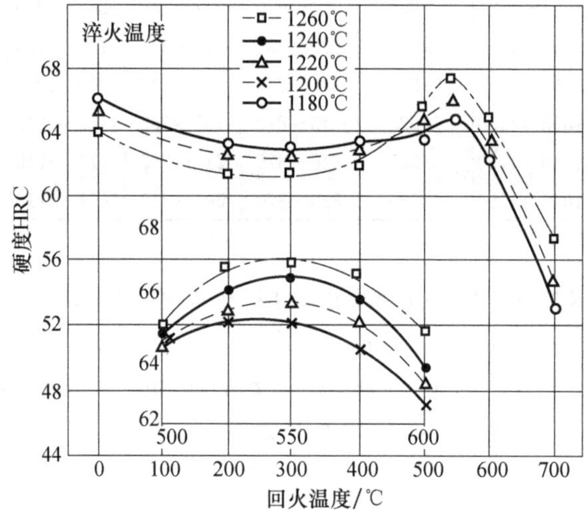

图 8.79 W6Mo5Cr4V2 钢淬火和回火温度与硬度的关系[40]

W6Mo5Cr4V2 钢的淬火温度范围较窄,过热敏感性和氧化脱碳倾向比 W18Cr4V 钢高,但比钼系钢低。因钢中钒含量为 2%左右,其可磨性能差于 W18Cr4V 钢。该钢适宜生产大规格钢材和冷加工钢材。

W6Mo5Cr4V2 钢通用性强,用于制作各类刀具,包括大型和热塑性成形刀具,以及模具和机械零件等。

(3) W9Mo3Cr4V 钢。该钢是我国在 20 世纪 70 年代末研制成的一种 W-Mo 系普通高速钢,简称 W9 钢,其钨当量约为 15%,平衡碳差值为 0.22%左右,成本低于 M2 钢。该钢的成分介于 W18Cr4V 和 W6Mo5Cr4V2 钢之间,碳化物分布的均匀性和颗粒度优于 W18Cr4V,性能与 W6Mo5Cr4V2 相当,但脱碳和过热敏感性优于 W6Mo5Cr4V2,可磨削性较好。该钢中存在一些与 W18Cr4V 钢相似的大块角状碳化物,但数量较少。该钢在我国的用量仅次于 M2 钢,可用于制作各种刀具,亦可用于制作模具和机械零件。

(4) W2Mo8Cr4V(M1)钢。该钢是第二次世界大战期间因缺钨最先在美国研制成功的钢种。该钢的热加工和淬火范围窄,易过热,脱碳、氧化倾向大,其韧性不如 M2 钢(图 8.45),高温硬度基本上与 M2 钢相当,但耐磨性稍差,而可磨削性较好。该钢适宜制作有细薄刃部、短屑切削的精密刀具,如丝锥、板牙及其他小尺寸刀具。

(5) W2Mo9Cr4V2(M7)钢。该钢是在 M1 钢成分基础上适当地增加碳和钒的含量,因此提高了二次硬度和耐磨性,使钢具有较好的综合性能和使用性能,但也具有钼系钢所具有的工艺缺点。该钢的碳化物分布不均匀性和碳化物颗粒度均优于 T1 钢,钢中有时有较多的棒条状等尺寸较大的 M_2C 碳化物颗粒。

(6) CW6Mo5Cr4V2 钢。这个钢号是 GB/T 9943—2008 中新增加的,引自 ISO 标准高速工具钢钢号(ISO 4957-1999)中的 HS6-5-2C,属于高碳的 M2 钢系列。

许多国家都对高速钢中适宜的碳含量进行过研究,发现在普通高速钢中碳含量接近平衡碳含量时,高速钢的性能可以得到更充分的发挥。

我国于 1966～1967 年研究过在 W18Cr4V 钢中将碳含量自当时标准中规定的 0.7%～0.8%提高至 0.9%～1.0%(95W18Cr4V),其室温硬度可自 65HRC 增至 67～68HRC,625℃红硬性也提高 3HRC,切削性能有显著提高,但抗弯强度却自 3200MPa 降至 2500～2800MPa;淬火温度稍有降低,一般约为 1270℃,回火温度稍有提高,约为 580℃。

M2 钢的碳平衡差值较大,在 0.25%～0.30%。许多国家都开发出高碳 M2 钢,如美国高速钢标准中(表 8.17)的高碳 M2,德国高速钢标准中的 HS6-5-2C,其碳含量均为 0.95%～1.05%。在 M2 钢中随着碳含量的增加,硬度和耐磨性提高,但韧性下降(图 8.38);随着碳含量的增加,提高了二次硬化,必须增加回火次数。CW6Mo5Cr4V2 钢中的碳含量为 0.86%～0.94%,比 W6Mo5Cr4V2 钢稍有提高,其 W、Mo、V 含量的控制范围稍窄,适宜的淬火温度比 W6Mo5Cr4V2 钢约降低 10℃。这种钢较 M2 钢可适当提高其切削性能,其热加工工艺性能没有多大的变化。

(7) W6Mo6Cr4V2 钢。这个钢号是 GB/T 9943—2008 中新增加的,引自 ISO 标准高速工具钢钢号(ISO 4957-1999)中的 HS6-6-2 和美国高速钢标准中的 M3(1级),在普通高速钢中其钒含量最高,因而具有比较高的耐磨性,但其磨削性能稍差。

8.3.8.2 高性能高速钢

当切削速率超过 40m/min 或加工难切削材料时,通用高速钢切削能力明显不足,必须使用硬度、耐热性和耐磨性更高的高性能高速钢刀具。

高性能高速钢或特种高速钢,其硬度、红硬性及耐磨性比通用高速钢高,但韧性通常要低于通用高速钢,主要用于制作切削速率更高的刀具或切削难加工材料用刀具。难切削加工材料主要有高强度和超高强度钢、奥氏体不锈钢和耐热钢、高温合金、钛合金。

高性能高速钢主要有高钒高速钢、含钴高速钢、超硬高速钢等。

(1) 高钒高速钢。在GB/T 9943—2008中列入了四个高钒高速钢钢号,分别为W6Mo5Cr4V3、CW6Mo5Cr4V3、W6Mo5Cr4V4和一个含钴高钒高速钢W12Cr4V5Co5。W6Mo5Cr4V3即美国的M3(2级)和ISO 4957-1999中的HS6-5-3钢,CW6Mo5Cr4V3为ISO 4957-1999中的HS6-5-3C钢,W6Mo5Cr4V4为美国的M4钢和ISO 4957-1999中的HS6-5-4钢,W12Cr4V5Co5即美国的T15钢。

这类钢多是在普通高速钢成分的基础上,提高钢的钒含量和碳含量,钒含量的最低值高于2.5%,最高值达到5%。钢中会有较多的MC型碳化物,二次硬化可以达到66~67HRC甚至以上,显著提高了刀具的耐磨性和耐用度。高钒钢的主要缺点是可磨削性差,制作精密复杂刀具很困难,多用做形状简单的刀具和模具。

W6Mo5Cr4V3(M3-2级)钢比W6Mo6Cr4V2钢(M3-1级)的碳含量和钒含量分别高出约0.15%和0.5%~1.0%,在淬火-回火后的峰值硬度高出约1HRC,其耐磨性也更高。CW6Mo5Cr4V3钢是在W6Mo5Cr4V3钢的基础上将碳含量自1.15%~1.25%提高至1.25%~1.32%,使之符合平衡碳量,因而具有更高的耐磨性。

W6Mo5Cr4V4(M4)钢钒含量为4%,其淬火-回火后的峰值硬度并不比W6Mo5Cr4V3(M3-2级)钢高,耐磨性要更好些,但可磨削性更差。该钢多用做模具。

W12Cr4V5Co5(T15)钢的钒含量为铸锻钢维持可加工性的极限5%,同时含有5%Co和1.5%C,热处理硬度能达到68HRC,其高温硬度和红硬性都较高。在20世纪50年代以前,其硬度和耐磨性为高速钢之最。该钢的韧性较差(图8.45),可磨削性及锻轧加工性也差。该钢用于制作加工难切削材料的镶刀片,加工淬硬高强度钢(55HRC)和耐热合金(45HRC)等。在粉末冶金高速钢问世后,该钢多转由粉末冶金工艺生产。

(2) 含钴高速钢。这类钢是在普通高速钢的基础上加入5%~13%Co,钒含量为1%~2%,称为“一般含钴”或“含钴”高速钢。

我国高速钢标准中只列入了W6Mo5Cr4V2Co5一个钢号,相当于ISO 4957-1999中的HS6-5-2-5钢,近似于美国高速钢标准中的M35钢,是在M2钢的基础上加入5%Co。钴的加入对M_s点影响不大,但马氏体量随温度的下降增长较多,冷至室温后的马氏体量增多,残余奥氏体量减少。M2钢淬火态(25~30℃)的残余奥氏体量为25%～30%，而M35钢淬火后的残余奥氏体量可降至10%以下。这一特性对钢在回火时的二次硬化有利。含钴钢高出1%～2%HRC。由于钴能延缓淬火过热组织的形成，可以采用稍高的淬火温度，其适宜的淬火温度为1220～1248℃，但钴的加入会影响钢的韧性。

这种钢可用于制作加工硬度35～45HRC调质钢的铣刀、滚刀。

(3) 超硬高速钢。这种钢经过热处理后硬度可达68～70HRC。最早问世的超硬高速钢是美国的M41钢(1958年，当时的企业牌号为Rex49)，1960年首次公开[46]，随后出现M42钢，很快地于20世纪60年代形成了完整的M40钢系列。

我国高速钢标准中列入的W7Mo4Cr4V3Co5和W2Mo9Cr4VCo8钢相当于M41和M42钢。这两种钢的碳饱和度A达到1.00左右，这是这两种钢拥有超硬性的基础。

试验表明，在切削较难切削的中碳调质钢和一般奥氏体不锈钢时，M41、M42钢刀具切削寿命为普通高速钢M1、M2、T1的两倍左右；切削淬硬钢(50HRC左右)及高强不锈钢时，普通高速钢已很困难，M41、M42钢的切削寿命达到它们的20倍。在上述两项切削试验中，M42钢刀具寿命皆超过了T15钢。在切削难度更大的镍基耐热合金时，普通高速钢已完全不适用，M42钢可用于铣、钻，但寿命不及T15钢。T15等高钒钢的可磨削性差，无法加工成精密、多刃、复杂刀具，因此镍基耐热合金之类的难加工材料的相应刀具几乎都选用M42钢[18]。

M42钢的铸态组织中，共晶碳化物是片状和条状的M_2C，基本没有M_6C。M_2C共晶碳化物在加热时分解速率较慢。在1150℃×2h加热后，细片状的M_2C可分解完，但较粗的M_2C颗粒心部仍有未分解的M_2C碳化物，残留的脆性M_2C越多，对钢的韧性和磨削性能越不利。在M42钢中加入少量硅(0.4%～0.6%)会促使M_2C尽早分解成细小的M_6C和MC，硅的加入会影响钢的韧性，加入量不超过0.65%。

M42钢过冷奥氏体在珠光体转变最快温度(约700℃)的开始时间为2min左右，远低于T1钢(733℃，48min)和M2钢(750℃，20min)。因此M42钢淬火后在600℃以上温度区域的冷却速率不能过慢，以免有过多的碳化物析出，从而降低二次硬化能力和强韧性。淬火时，一般采用盐浴分级冷却。M42钢经1170～1190℃淬火，硬度可达67HRC以上，回火峰值硬度可达70HRC，而且峰值硬度范围较宽。钢的红硬性和高温硬度都较高，在硬度为67～69HRC时仍有较高的韧性[18]。

对于要求高硬度而形状简单的刀具，可采用1190～1200℃淬火，(510～530℃)×(3～4次)×2h回火，硬度可达68～69HRC。若用于铣刀、丝锥等刀具，宜用1160～1175℃淬火，(520～560℃)×(3～4次)×2h回火，硬度仍有67.5HRC，具有较细的晶粒与高的韧性。

M42 钢的重要优点是在具有高硬度的同时,仍具有良好的可磨削性,其磨削性能十分接近 M2 钢。这是 M42 钢获得广泛应用的一个重要原因。

使用 M42 钢时,应注意高温加热时其组织对温度的敏感性,加热温度绝不可超过 1205℃,其可锻温度也较窄。

我国高速钢标准中列入的 W6Mo5Cr4V3Co8 和 W10Mo4Cr4V3Co10 钢引自 ISO 标准高速工具钢钢号(ISO 4957-1999)中的 HS6-5-3-8 和 HS10-4-3-10 钢。

W10Mo4Cr4V3Co10 是欧洲最先发展的超硬高速钢,目前许多国家都生产此钢,如德国的 S10-4-3-10、日本的 SKH57、瑞典的 HSP-15。

SHK57 钢保持 10 级细晶粒的最高淬火温度为 1240℃,经 520～540℃回火,硬度为 68HRC 左右,抗弯强度 2000MPa 左右。采用 1180～1220℃淬火、520～540℃回火时,抗弯强度范围在 2000～3000MPa,略高于 M42 钢。该钢有较宽的热处理工艺参数范围,并有较好的强韧性,在耐磨性方面也有优势,具有较广泛的适应性,但在磨削时,必须使用高性能、高质量的砂轮,并在精磨时使用立方氮化硼砂轮方可磨出高质量刀具。

(4) 我国开发的高性能高速钢。20 世纪 60 年代以来,随着机械工业及军工生产对高性能高速钢的需求日益突出,我国在开发新型高性能高速钢方面做了大量的研究开发工作。根据我国的资源条件,所采取的技术措施是:增加碳含量,增加钒含量,加入铝、硅、氮,无钴或少用钴。表 8.37 为我国开发的部分高性能高速钢的化学成分[18,40,57]。

表 8.37　我国开发的部分高性能高速钢的化学成分[18,40,57]

类型	钢号(代号)	主要成分/%					
		C	W	Mo	Cr	V	其他
无钴超硬	W6Mo5Cr4V2Al(M2Al,501)	1.05～1.15	5.50～6.75	4.50～5.50	3.80～4.40	1.75～2.20	0.80～1.20Al
	W10Mo4Cr4V3Al(5F-6)	1.30～1.45	9.00～10.50	3.50～4.50	3.80～4.50	3.70～3.20	0.70～1.20Al
	W6Mo5Cr4V5SiNbAl (B201)	1.55～1.65	5.50～6.75	5.00～6.00	3.80～4.40	4.40～5.20	1.00～1.40Si 0.2～0.5Nb 0.3～0.7Al
	W12Mo3Cr4V3N(V3N)	1.15～1.25	11.00～12.50	2.70～3.20	3.50～4.10	2.50～3.10	0.04～0.10N
低钴超硬	W12Mo3Cr4VCo3N (W12Co3N)	0.97～1.10	11.00～12.50	2.50～3.50	3.60～4.20	1.10～1.60	2.80～3.50Co 0.40～0.80N
	W12Mo3Cr4V3Co5Si(Co5Si)	1.30～1.40	11.50～13.50	2.80～3.40	3.80～4.40	2.80～3.40	1.00～1.40Si 4.70～5.10Co
	W12Mo3Cr4V3Co5(Co5)	1.30～1.40	11.50～13.50	2.80～3.40	3.80～4.40	2.80～3.40	4.70～5.10Co

续表

类型	钢号(代号)	主要成分/%					
		C	W	Mo	Cr	V	其他
W9系列高性能	CW9Mo3Cr4VN(CW9)	0.90～1.00	8.50～9.50	2.70～3.30	3.80～4.40	1.30～1.70	≤0.06N
	W9Mo3Cr4V3(W9V3)	0.90～1.00	8.50～9.50	2.70～3.30	3.80～4.40	2.60～3.20	—
	W9Mo3Cr4VAl(W9Al)	1.20～1.30	8.50～9.50	2.70～3.30	3.80～4.40	1.30～1.70	0.70～1.10Al ≤0.06N
	W9Mo3Cr4VCo(W9Co5)	0.90～1.00	8.50～9.50	2.70～3.30	3.80～4.40	1.30～1.70	4.50～5.50Co ≤0.06N

W6Mo5Cr4V2Al(简称M2Al)钢是一种含铝无钴超硬高速钢，已列入GB/T 9943—2008。M2Al钢是在M2钢的基础上增加碳含量并加入1%Al，其二次硬度可达68HRC左右。

M2Al钢的相变点较高，Ac_{1s}为845～855℃，Ac_{1f}为920～930℃，成品的钢材退火温度必须在Ac_{1f}以上进行完全退火，以避免在高温淬火之后产生混晶或萘状断口。M2Al钢的淬火温度为1200～1240℃，回火温度为520～560℃，硬度为66～68HRC，淬火后的回火曲线见图8.48。钢的抗弯强度σ_{bb}为2000～2500MPa，冲击韧度a_k为15～30J/cm^2。

用M2Al钢制作的车刀、钻头、丝锥、立铣刀等工具在加工难加工材料方面取得了良好的效果，已得到国内外用户的广泛应用。

W10Mo4Cr4V3Al(5F-6)和W6Mo5Cr4V5SiNbAl(B201)两种含铝高速钢在淬火-回火后的最高硬度都在68HRC以上，用于加工难加工材料时都具有较好的效果，但其可磨削性差，不宜制作精密复杂刀具。

W12Mo3Cr4V3N(V3N)是一种含氮高钒型无钴超硬高速钢，该钢用少量氮代替相应的碳，以避免太高的碳含量对韧性的不良影响；采用3%V与相应的高碳含量，使钢具有良好的耐磨性和一定的可磨削性[39]。

V3N钢的适宜淬火温度为1230～1250℃。1250℃奥氏体化后，马氏体点M_s为125℃，残余奥氏体量约为40%，经560℃×1h×4次回火。V3N钢的抗回火软化性良好。经正常淬火-回火后，该钢有较好的硬度与强韧性配合，在硬度为67～69HRC时，其抗弯强度σ_{bb}为2000～2800MPa，冲击韧度a_k为20～30J/cm^2。

V3N钢主要用于车、刨等单刃刀具，在采用适当的磨料和磨削工艺的条件下，亦可用于铣削、钻削刀具，可加工淬硬结构钢(50HRC)。

高速钢中适当地加入铝和氮可以实现钢的超硬性，但它们还不具有或不完全具有类似钴促进马氏体二次硬化的过程的那种作用，因此，开发低钴超硬高速钢是我国研制开发的重点。

W12Mo3Cr4VCo3N(W12Co3N)是一种含氮的低钴超硬高速钢，该钢的钒含量低于2%,加入约3%Co,其碳含量接近平衡碳含量,使钢具有超硬性能。该钢的适宜淬火温度为1200～1230℃,适宜的回火温度为530～560℃,硬度为66～69.5HRC。该钢的钒含量为1.5%左右,可保持与M42钢相当的磨削性能。该钢可用于制作各类刀具,加工高强度钢或其他难加工材料。

W12Mo3Cr4V3Co5Si(Co5Si)是一种高碳高钒含钴并加入1.00%～1.40%Si的超硬高速钢,碳含量接近其平衡碳含量(约1.4%)。该钢的钒含量为一般砂轮可磨削用钢的上限,加入1%Si以取代2%Co。该钢适宜的淬火温度为1220～1240℃,适宜的回火温度为530～580℃,回火后的硬度达到68～70HRC,抗弯强度σ_{bb}为2000～3000MPa,冲击韧度a_k为10～20J/cm^2。该钢的切削性能相当于M42和HSP-15钢[58]。

将Co5Si钢中的硅去掉,即为W12Mo3Cr4V3Co5(Co5钢)。试验表明,Co5钢的性能大部分优于Co5Si钢,因此Si在Co5Si钢中作用尚需进一步研究[57]。

20世纪80年代,在普通高速钢W9Mo3Cr4V(W9)钢研制成功后,在其基础上相继开发出W9系列高性能高速钢[18,40],其化学成分如表8.37所示。其中的CW9Mo3Cr4VN(CW9)钢为介于普通与超硬之间的高硬度高速钢,其余三种属于超硬高速钢。90年代后逐步得到推广。表8.38为W9系列钢淬火-回火后的主要力学性能。

表8.38　W9系列钢淬火-回火后的主要力学性能[40]

牌号	淬火温度/℃	回火温度/℃	硬度HRC	600℃高温硬度HV	600℃红硬性HRC	抗弯强度σ_{bb}/MPa	冲击韧度a_k/(J/cm^2)
CW9	1220～1240	540～560	67～68	580～610	64～65	2940～3920	25～35
W9V3	1220～1240	540～560	67～68	520～550	64～65	2940～3920	25～29
W9Al	1220～1240	540～560	66.5～68	530～550	64～65	2940～3920	20～25
W9Co5	1180～1230	540～560	68～69	650～680	66～66.5	2460～4400	13～22

W9系列钢中的W、Mo、Cr含量和V含量(W9V3除外)的规格范围与W9Mo3Cr4V钢相同,其目的是能保持W9钢的良好工艺性能及其他综合性能。

CW9钢成本较低,价格便宜,很容易处理到66～67HRC的硬度,最适于制作车刀,用于加工软材料(45钢)、较硬材料(调质的GCr15,34HRC)和较黏的不锈钢等材料,其耐磨性优于常用的普通高速钢。

W9V3钢的硬度、强度与韧性配合较好,适于制作粗加工刀具,进行连续切削或冲击载荷不大的切削加工,刀具的寿命较高。

W9Al钢的硬度高,其强度和韧性也比较高,适宜于制作铣刀、拉刀等刀具,性能相当于M2Al钢。

W9Co5钢具有高硬度和一定的韧性,耐热性能较好,可用于制作铣刀、拉刀等多种刀具，用于加工高强度钢、高温合金、钛合金等难切削材料，效果较好。

8.3.8.3 低合金高速钢

开发低合金钢的目的是为了节约贵重的钨、钼等合金元素，降低钢的成本，满足某些类别切削工具的要求。最先投入使用的低合金高速钢是二战期间，德国因钨资源短缺而研制的 ABCⅢ钢(3%W、3%Mo、3%V)。因其可磨削性差，之后降低了钒含量，称为 S3-3-2 钢，并列入 DIN 标准，保留至今。以后许多国家开展了这方面的研究工作，表 8.39 列出了国内外一些主要的低合金高速钢钢种的化学成分。

表 8.39 国内外一些主要的低合金高速钢钢种的化学成分[18] (单位：%)

钢号	C	W	Mo	V	Cr	Si	N	ΔC	A
S3-3-2(德国)	0.95～1.03	2.70～3.00	2.50～2.80	2.20～2.50	3.80～4.50	≤0.45	—	−0.01	1.01
D950(瑞典)	0.95	1.70	5.00	1.20	4.00	0.30	—	−0.01	1.12
M50(美国)	0.81	—	4.25	1.00	4.00	0.20	—	−0.11	1.14
M52(美国)	0.88	1.10	4.50	1.85	4.10	0.30	—	0.06	0.94
Vasco Dyne(美国)	1.00	1.60	4.00	1.95	3.75	0.85	—	−0.08	1.09
W3Mo2Cr4VSi(中国)	0.90～1.05	2.70～3.70	1.70～2.70	1.20～1.80	3.80～4.40	0.70～1.30	<0.10	−0.18	1.24
W4Mo3Cr4VSi(中国)	0.85～1.05	3.00～5.00	2.50～3.50	1.20～1.80	3.50～5.00	0.70～1.20	0.02～0.08	−0.09	1.12
W3Mo3Cr4V2(中国)	0.95～1.03	2.70～3.00	2.50～2.90	2.20～2.50	3.80～4.50	≤0.45	—	−0.01	1.01

注：W3Mo3Cr4V2 与 W4Mo3Cr4VSi 钢均已列入 GB/T 9943—2008，见表 8.14 和表 8.15。W3Mo3Cr4V2 钢成分与 S3-3-2 钢基本上同，W4Mo3Cr4VSi 钢纳入标准时，缩小了 C、W、Cr、Si 的成分控制范围。$\Delta C=C_p-C_s$、$A=C_s/C_p$(见式(8.2)、式(8.3))。

D950 钢是 20 世纪 70 年代瑞典开发的低合金高速钢，因其综合性能接近 M2 钢而引起世人注意。我国于 80 年代中期引入此钢。D950 钢的钨当量约为 11%，其 V/C 为 0.79，高的 V/C 有利于形成淬火易溶的碳化物，提高二次硬化能力，若 V/C 降至 0.71，会对二次硬化和丝锥的切削性能带来明显不利影响。钢的碳含量接近平衡碳值。精确控制硅和氮加入量的 D950 钢的共晶碳化物是条状的 M_2C，并易于在热加工中分解成细小的 M_6C+MC[18]。

根据我国的试验研究，D950 钢用做刀具时适宜的淬火温度为 1160～1190℃，低于 1160℃淬火，回火硬度偏低。D950 钢淬火加热时晶粒易于长大，在 1170℃淬火时的晶粒度为 9 级左右，但其韧性仍可保持与 M2 钢相当的水平。这可能与其未溶碳化物颗粒细小有关。表 8.40 为 D950 钢与 M2 钢碳化物特性对比，可以看出，D950 钢碳化物的平均尺寸和最大颗粒尺寸均小于 M2 钢。由于 D950 钢中的钨、钼含量减少，在钒含量较低的条件下，其退火态和淬火态的 MC 型碳化物皆多于 M2 钢,这对钢的耐磨性是有利的。

表 8.40 D950 钢与 M2 钢碳化物特性对比[18]

碳化物特性	D950		M2	
	退火	1170℃淬火	退火	1220℃淬火
碳化物总量(体积分数)/%	24.0	9.0	28.0	10.0
MC 碳化物量(体积分数)/%	4.0	3.0	3.0	2.0
碳化物平均尺寸/μm	0.6	0.4	1.0	0.6
最大碳化物尺寸/μm	7.0	7.0	10.0	10.0

D950 钢经 1160～1190℃淬火、(540～560℃)×3 次回火后的硬度为 65～66.5HRC,抗弯强度 σ_{bb} 为 2100～2400MPa,冲击韧度 a_k 为 25～42J/cm^2,在 600℃时的红硬性为 61～63.6HRC。该钢的氧化倾向较大,与 M2 钢相近。该钢可用做钻头、丝锥、立铣刀、车刀等,其钻头钻削能力优于 M2 钢。

Vasco Dyne 是美国于 20 世纪 80 年代研制出的一种性能好、成本较低,可替代 M1、M10 钢使用的低合金高速钢。与 D950 钢对比,该钢降低了钼含量,提高了钒含量,并加入了 0.85%Si,其耐磨性、韧性和高温硬度优于 M1、M7 等多种高速钢。该钢的适宜淬火温度为 1150～1205℃,回火温度为 525～620℃,3 次。试验表明,该钢的耐磨性高于 D950 钢,更优于 M2 钢[59]。

Vasco Dyne 钢曾用于制作多种刀具,如钻头、立铣刀、拉刀、滚刀等,使用效果良好。

W3Mo2Cr4VSi 是我国于 20 世纪 80 年代最先研制成的低合金高速钢。该钢的合金度较低,比 M2 钢低 30%,其碳饱和度 A 达到 1.24,并加入 0.70%～1.30%Si 及<0.10%N。

W3Mo2Cr4VSi 钢热处理范围较宽,在 1100～1220℃可根据不同的目的选择淬火温度。该钢在 1120～1240℃淬火,540℃回火 3 次,其力学性能见图 8.80。由图可见,随淬火温度的升高,钢的抗弯强度和挠度都明显下降,但回火后的硬度上升。对于刀具,可采用 1180～1220℃范围内油淬,晶粒度 10.5～8.5 级,可得到高的硬度(约 66HRC)和适中的强度(≥3GPa)。在图 8.80 中也显示了 M2 钢的淬火温度及硬度与淬火温度的关系,可见在各自的适宜淬火范围内,W3Mo2Cr4VSi 钢的性能与 M2 钢相近,其在 600℃以下的红硬性、高温硬度都和 M2 钢相当。经 1180～1200℃淬火后,随着回火温度的进一步提高,抗弯强度继续提高,硬度略有下降,回火至 580℃后,抗弯强度的变化趋于平稳,此时硬度可保持在 64～65HRC,抗弯强度高于 4.4GPa[60]。

钢的退火组织是在索氏体基体上分布着少量较粗大的块状 MC。经淬火和 560℃回火后,析出的特殊碳化物为盘状的 MC,并有少量的合金渗碳体沿孪晶界

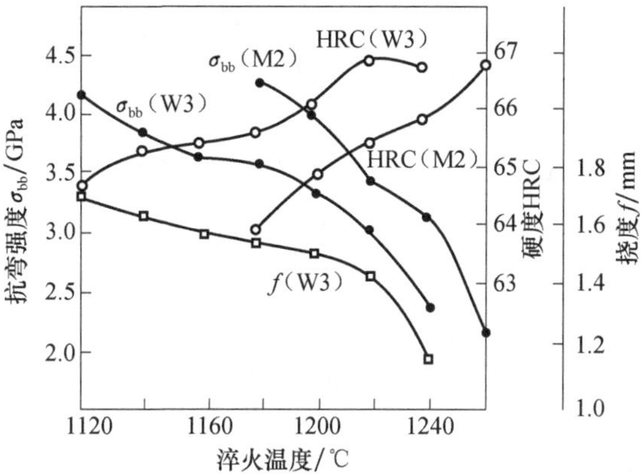

图 8.80　淬火温度对 W3Mo2Cr4VSi 钢(W3，540℃回火)力学性能的影响，并与 M2 钢(560℃回火)对比[60]

沉淀，呈颗粒状成串排列，长时间回火后，一部分 M_3C 向 MC、M_7C_3 转变，另一部分聚集粗化。钢中加入 1.1% Si 与不加硅相比，MC 沉淀量增加，并显著细化，M_3C 析出量减少。这是硅加剧特殊碳化物的析出，抑制合金渗碳体的形成并加速其溶解所致[60]。

W3Mo2Cr4VSi 钢主要用于手工和机用锯条、钻头、丝锥等。用 W3Mo2Cr4VSi 钢及 M2 钢制作的钻头和丝锥，经过 TiN 涂层处理后，其切削寿命或磨损量大致处于同一水平。

W4Mo3Cr4VSi 是我国研制的一种低合金高速钢，其综合性能与普通高速钢相当，可节约合金元素，其碳饱和度 A 达到 1.12[61]。W4Mo3Cr4VSi 钢的铸态碳化物为 MC 加羽毛状的 M_2C。经分析，M_2C 中的铬含量高于普通高速钢铸态 M_2C 中的铬含量，这与钢中强碳化物形成元素少有关，并在硅、氮的作用下，M_2C 在 1160℃左右加热 1h 已基本上分解成小颗粒状的 MC＋M_6C，改善了钢的热塑性。由于该钢的碳化物形成元素较少，钢中的碳化物量，尤其是一次碳化物量明显少于普通高速钢。

热处理试验表明，W4Mo3Cr4VSi 钢制作刀具时，其适宜淬火温度为 1160～1200℃，晶粒度为 8.5～9.5 级，适宜的回火温度为 540～560℃，3 次，每次 1h，硬度为 65～66.5HRC，600℃的红硬性可达 63HRC。图 8.81 为 W4Mo3Cr4VSi 钢淬火温度与晶粒度、抗弯强度及冲击韧度之间的关系。由于低合金高速钢的未溶碳化物较少，在适宜淬火温度下的晶粒度较普通高速钢略粗，因此允许其淬火晶粒度较普通高速钢放宽 0.5～1 级。W4Mo3Cr4VSi 钢的抗氧化脱碳能力较强[61]。

W4Mo3Cr4VSi 钢在干滑动磨损条件下的耐磨性优于 M2、D950 和 Vasco Dyne 等钢[59]。

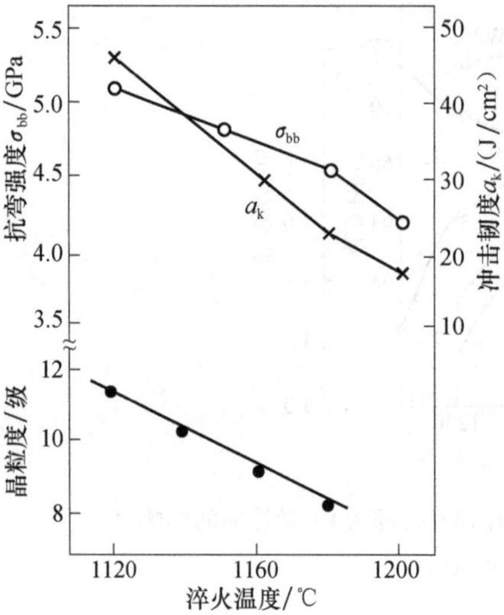

图 8.81 W4Mo3Cr4VSi 钢淬火温度与晶粒度、抗弯强度及冲击韧度的关系[18,59]

回火:560℃×1h×3 次

刀具对比试验表明,W4Mo3Cr4VSi 钢可以替代普通高速钢制作机用锯条、钻头、木工刨刀,也用于制作立铣刀和机用丝锥,有相近的切削寿命。W4Mo3Cr4VSi 钢制立铣刀经过 TiN 涂层后,切削寿命已接近 M42 涂层立铣刀水平[18]。

JB/T 9986—2013《工具热处理金相检验》对低合金高速钢刃具产品的淬火晶粒度、过热合格级别和回火合格级别做出了规定。以 W4Mo3Cr4VSi 为例,刃具尺寸≤3mm,淬火晶粒度应为 9.5～10.5 级,过热合格级别及回火合格级别均应≤1 级;刃具尺寸>3mm 但≤20mm,淬火晶粒度应为 9～10.5 级,过热合格级别及回火合格级别均应≤2 级。

虽然各国高速钢标准所列钢种众多,但实际应用集中在不多的品种上,如美国 2006 年普通高速钢消耗量约占其高速钢产量的 50%,主要集中在 M2、M1、M10、T1 这四个钢号,高性能高速钢约占 30%,低合金高速钢约占 5%,粉末高速钢约占 15%。我国 2009 年普通高速钢消耗量约占高速钢产量的 66.5%,其中 M2 钢占 42.3%,W9 钢占 17.6%,W18 钢占 1.3%,其他占 5.3%;高性能高速钢占 11.2%,主要是 M42、M2Al 钢;低合金高速钢占 22%;粉末高速钢仅占 0.3%[62]。近年来粉末高速钢在国内已得到较广泛的应用。

8.3.9 粉末冶金高速钢

8.3.9.1 粉末冶金高速钢的生产

传统熔铸方法生成的高速钢存在碳化物偏析的问题难以克服。20 世纪 60 年代以来,粉末冶金领域雾化法制取高质量预合金粉末取得了迅速发展,加上冷等静压机、热等静压机(HIP)的问世和应用,使得采用粉末冶金工艺生产高速钢成为可能。70 年代初,工业化生产的粉末冶金高速钢(PM HSS)由美国的 Crucible 钢厂和瑞典的 Söderfors 厂(现属法国 Erasteel 公司)相继投产。

Crucible 钢厂生产的粉末冶金高速钢均冠以 CPM,雾化的粉末经筛分后装套,进行热等静压。热等静压后视最终尺寸要求进行锻、轧加工。图 8.82 为瑞典 Söderfors 厂粉末冶金高速钢生产工艺流程,年产量可达 4000t,热等静压锭单体重 1.5～1.6t,后续锻、轧、退火等工序与普通铸锭高速钢相同,其产品牌号均冠以

ASP(ASEA-STORA process)。熔炼时用 2t 中频感应炉将化学成分合格的钢液经 1～2t 的中间包,倒入雾化塔顶的漏包中,经喷嘴被高压氮气雾化。高速钢液被雾化成细小的液滴后,因表面张力形成颗粒,使粉末松装密度加大。用装料机将粉末均匀地装入厚 2～2.5mm 钢板焊成的 ϕ500mm×1600mm 圆筒状包套中,包套与振动器相连,摇实密度可达 70%。把包套抽真空脱气密封后进行冷等静压,最高压力为 400MPa。将冷等静压后的包套先进行预热,再将高温预热的包套送入热等静压机,以缩短热等静压机的工作周期。热等静压后车去包套。ASP 工艺的热等静压温度为 1100℃,压力为 100MPa。热等静压后粉末冶金高速钢的相对密度接近 100%[18]。

热等静压法粉末高速钢的生产已有 40 年的历史,其生产技术不断改进,主要体现在雾化制粉设备、中间钢水包结构的改进,目的是能精确控制钢水温度和纯净度。图 8.82 所示工艺为第一代的粉末冶金高速钢制造工艺,之后出现第二代、第三代粉末冶金高速钢制造工艺[63]。

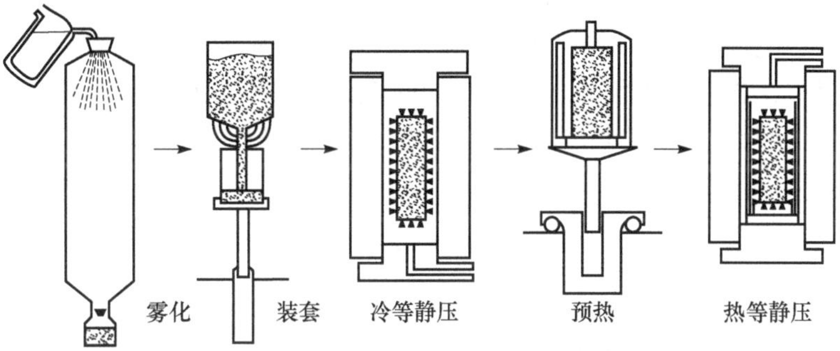

图 8.82 瑞典 Söderfors 厂生产粉末高速钢工艺流程[18]

1991 年法国 Erasteel 公司对其瑞典厂的制备气雾化前钢液的熔炼工艺作了改进,称为电渣加热(electro-slag-heating,ESH)。其中间包容量为 7t,带有电渣加热和吹氩系统,两个石墨电极浸入碱性电渣内,电流通过钢水表面的活性渣产生热量,保证在雾化过程中温度稳定,又可使钢水脱硫、脱氧。自钢包底部吹氩搅拌,使中间包钢水温度均匀,同时促进钢水净化反应。该公司粉末冶金高速钢第二代产品改称为 ASP 2000 系列(如 ASP 2030,以前第一代产品称 ASP 30),非金属夹杂物含量可减少 90%,淬火-回火后钢的韧性可提高 20%。

奥地利 Böhler 钢厂 1992 年与瑞典 Uddeholm 钢厂合并组成 B-U 集团,该集团于 2002 年开始采用当时最先进的粉末冶金设备及新工艺,采用 8t 中间钢包及电渣加热技术,用电磁搅拌替代吹自炉底的微弱氩气流进行钢水搅拌。气雾喷粉装置的喷嘴位置由紧接钢包渗孔的喷雾室顶部改至喷雾室顶侧面,可进一步细化雾化后钢粉颗粒的尺寸。雾化的钢粉直接装入包套,以防被污染。包套的钢粉无须预热便可在热等静压机的高压容器中被同时加热(1150～1180℃)及加压(大于100MPa)制成钢锭。该集团还推出了附以"Microclean"为商标的第三代粉末冶金高速钢,如 S 390 Microclean。与第二代的 S 390 Isomatrix 粉末冶金高速钢相比,其非金属夹杂物含量更少,减少 90%。在第三代粉末冶金高速钢的技术条件中对夹杂物的限制要严得多,而韧性和强度约可提高 20%。法国 Erasteel 公司也于 2004 年推出冠以 Dvalin 为商标的第三代粉末冶金高速钢,如 Dvalin ASP 2030,已代替第二代的 ASP 2030[63,64]。

在制备粉末冶金高速钢时,成功地利用了快速凝固技术。雾化了的高速钢液滴的冷却速率,在同样散热条件下取决于它的尺寸,直径小于 6mm 时冷却速率达 10^3～10^4K/s,小于 0.05mm 时冷却速率可达 10^5K/s。传统的第一代和第二代粉末冶金高速钢粉末颗粒有一个相对宽广的尺寸分布,直径 10～1000μm,其过筛率累计百分数为 50%,所对应的平均颗粒尺寸为 140μm,最大尺寸可达 1mm。第三代粉末冶金高速钢工艺——Microclean 由于优化了喷粉雾化工艺,其过筛累计百分数为 50%,所对应的平均颗粒尺寸为 60μm,最大钢粉尺寸为 500μm,并有一个较均匀的尺寸分布(图 8.83)。由于钢液滴的快速凝固,使每一钢液滴成为一个微型钢锭,其二次枝晶臂距仅为 1μm。Böhler 钢厂的较细微粉使热等静压后的粉末冶金高速钢锭具有较高的强度,可不经锻造直接供用户使用。

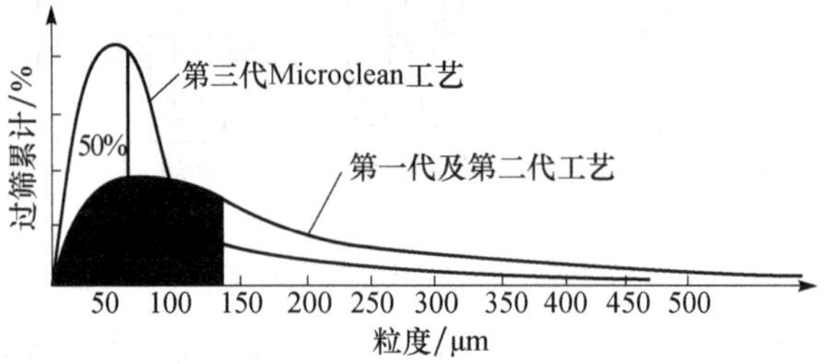

图 8.83　不同雾化制粉工艺所得的钢粉颗粒尺寸分布[63]

普通熔铸高速钢淬火-回火后基体中的残余碳化物数量远大于非金属夹杂物数量,钨-钼系高速钢的大颗粒碳化物的尺寸可达 12.5μm 或更大(表 8.20),所以工厂历来重视碳化物分布形态和质量,而不提出非金属夹杂物的检验要求。在粉末高速钢中,在整个断面上碳化物细小(1～3μm)且均匀分布,最大的也不超过 6μm,钢的强度转而取决于尺寸比碳化物大得多的非金属夹杂物的尺寸和数量,因而消除大的非金属夹杂物是提高粉末冶金高速钢钢材强度的重要途径。

粉末高速钢制作过程中,感应炉熔炼可使钢水氧含量达到一般高速钢的 50ppm 水平。钢水出炉雾化过程中,表面会受到氧化而使氧含量增加,严重者可逾 1000ppm,只有氧含量降至 200ppm 以下,颗粒表面才无氧化物膜层。过高的氧含量会降低钢的致密化程度，损害钢的热加工性能，降低力学性能，特别是韧性。通常惰性气雾化粉末的氧含量应小于100ppm，目前的技术已可将其降低到无害水平。第三代Microclean工艺在$1cm^2$钢试样面积上的非金属夹杂物尺寸远比第一代和第二代工艺的相应值要好得多，其$6\mu m$尺寸的夹杂物已可减少到极微量。

除了上述用热等静压技术生产粉末冶金高速钢外，还可以用传统的冷压烧结法生产粉末高速钢。这种方法采用水雾化高速钢粉末，经还原退火，用冷模压制成形，然后在保护气氛或真空条件下烧结致密化，生产出近终形粉末冶金高速钢预形坯。用这种方法制成的产品的氧含量偏高，达600ppm以上，产品单件为0.001～10kg，其品种还仅限于一些标准钢号。英国、德国的有关公司仍用此法生产粉末高速钢，并占据一定的市场。

8.3.9.2 粉末冶金高速钢的质量特性

热等静压法生产的粉末冶金高速钢较其他方法生产的粉末冶金高速钢在质量上占有优势，但因设备投资大，故成本比较高。因此，热等静压法一般用于生产其他方法难以生产或无法生产的高合金高速钢或者特殊规格的高速钢。热等静压法生产的粉末冶金高速钢的主要质量特点如下。

1）组织结构

气雾化法热等静压高速钢显微组织的最大特点是碳化物颗粒细小，且分布十分均匀，消除了共晶碳化物的不均匀性。图8.84为普通铸锻高速钢与气雾化热等静压粉末冶金高速钢显微组织对比。由于没有碳化物的宏观偏析，钢的性能是各向同性的，不受热加工方向和截面尺寸的影响。图8.85是两种工艺生产的T15钢的碳化物尺寸，CPM工艺产品的碳化物最小尺寸不到$1\mu m$，最大尺寸小于$4\mu m$，而铸锻工艺产品则相差甚远。气雾化法热等静压工艺使高速钢的质量得到了根本的改善。

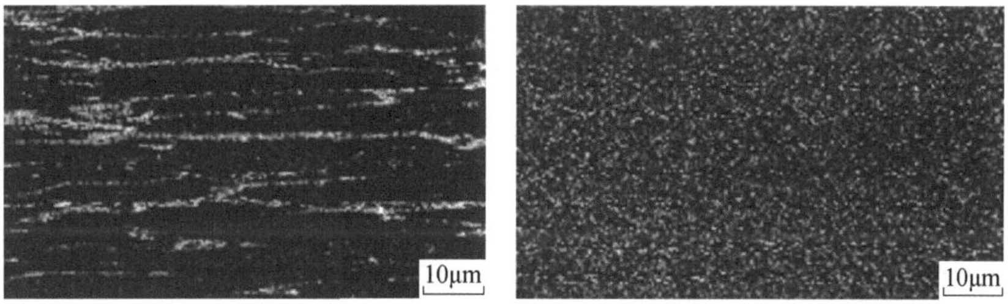

（a） （b）

图8.84 普通铸锻高速钢(a)与气雾化热等静压粉末冶金高速钢(b)显微组织对比[65]

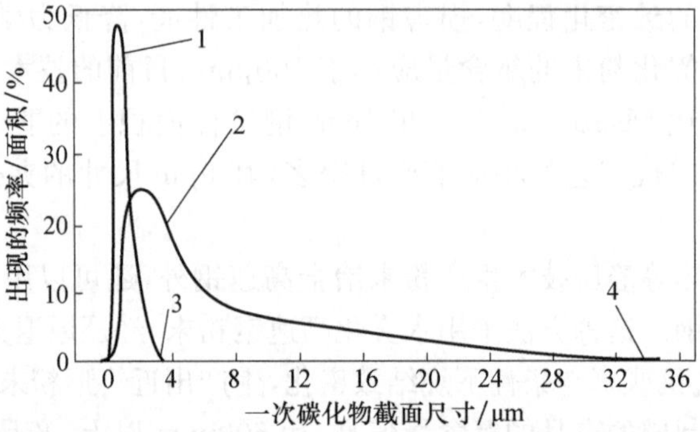

图 8.85　粉末冶金与铸锻 T15 高速钢中的碳化物尺寸[66]

1—粉末冶金;2—铸锻;3—最大尺寸 3.5μm;4—最大尺寸 34μm

2) 工艺性能

由于粉末冶金高速钢的碳化物细小均匀分布,没有方向性,使热处理淬火变形变小,热加工及冷加工性能也良好,钢的收得率也高。

高速钢工具淬火时希望将奥氏体化时间限制在较短的时间内,以防止晶粒长大和工具表面的氧化、脱碳。粉末冶金高速钢具有奥氏体化时间短和快速淬硬的特点,使用盐浴炉处理时,要比铸锻钢缩短奥氏体化时间 1/3 以上;二次硬度沿截面径向分布均匀,并能比同牌号的铸锻钢提高 1HRC,因此在达到相同硬度时可将淬火温度降低 5~8℃。

高速钢的磨削性能与钢的钒含量有直接关系,一般铸锻高速钢钒含量为 3%时,其磨削性能已较差,超过 5%则很难磨,甚至不能磨,但是钒含量为 5%的 T15 钢仍有较好的可磨削性。以磨削比(金属磨除体积/砂轮磨损体积)衡量高速钢的可磨削性能,则粉末冶金 T15 钢为 2.2,铸锻 T15 钢为 0.6。因此,粉末冶金高速钢中的钒含量还可以大幅度增加,以进一步提高钢的耐磨性。由于采用 ESH 法处理后,粉末冶金高速钢中的夹杂物含量大大降低,极小的氧化物和硫化物颗粒不易从表面上被抛光剥落,提高了钢的可抛光能力。

3) 力学性能

铸锻高速钢中的碳化物偏析会降低钢的抗弯强度。在 ϕ100mm 材料上测定横向抗弯强度,第一代粉末冶金高速钢 ASP30 比相同成分的普通铸锻高速钢(6-5-4-3-8)提高约 1 倍,为 3.0GPa。碳化物细化和分布均匀性得到改善之后,钢强度的提高转而取决于非金属夹杂物的尺寸和数量,因此,第二代粉末冶金高速钢 ASP2030 的抗弯强度达到 3.5GPa,比第一代提高约 20%,第三代粉末冶金高速钢 Dvalin ASP2030 的抗弯强度为 4.2GPa,比第二代又提高了 20%[67]。

高速钢的韧性与钢的化学成分、热处理制度、碳化物的大小与分布,以及钢的纯净度有关。粉末冶金 M2 钢(64.5HRC)的韧性比同牌号的铸锻钢高出约 20%,

粉末冶金 W6Mo5Cr4V3Co10 高速钢(67.5HRC)的韧性比同种铸锻钢提高80%[18]。

由于第三代粉末高速钢极大地改善了钢的纯净度,其疲劳强度也得到了很大的改善。

4) 超合金化

采用传统铸锻工艺生成的高速钢,随着合金含量的增加,钢的铸态组织趋于恶化,热加工性能和可磨削性等工艺性能急剧变坏,以致难以生产出合格产品。粉末冶金工艺开辟了发展特种高速钢的新途径,可以生产出超高含量 C、V、Co 和 N 的钢,获得超高耐磨性和其他高性能的高速钢。由于气雾化热等静压粉末冶金技术的进步,在 20 世纪 90 年代前后在开发出第二代粉末冶金高速钢的同时,还开发出粉末冶金工具钢,包括一般铸锻工艺无法生产的高碳高钒高耐磨冷作模具钢。

8.3.9.3 粉末冶金高速钢的应用

粉末冶金高速钢生产工艺复杂,目前只有美国、瑞典、法国、奥地利、日本等少数几个国家生产。表 8.41 中列出了法国(Erasteel)、奥地利(Böhler)、美国(Crucible)、瑞典(Uddeholm Tooling)一些工厂生产的粉末冶金高速钢和工具钢的牌号及其化学成分。

表 8.41 法国、奥地利、美国、瑞典一些工厂生产的粉末冶金高速钢和工具钢的牌号及其化学成分[65]

Erasteel-Dvalin	Böhler-Microclean	Crucible	Uddeholm Tooling	化学成分/%							淬回火硬度 HRC
				C	W	Mo	Cr	V	Co	其他	
高速钢											
ASP2023			Vanadis 23	1.3	6.5	5	4	3	—	—	65
ASP2004	S690	CPM M4		1.3	6	5	4	4	—	—	65
ASP2030		CPM Rex45	Vanadis 30	1.3	6.5	5	4	3	8.5	—	67
ASP2060	S590		Vanadis 60	2.3	6.5	7	4	6.5	10.5	—	69
ASP2017				0.8	3	3	4	1	8	1Nb	65
ASP2052	S390			1.6	10.5	2	5	5	8	—	67
	S290			2	14	2	3.7	5	11	—	70
ASP2053				2.5	4	3	4	8	—	—	67
ASP2015		CPM T15		1.6	12	—	4	5	5	—	66
ASP2080				2.45	11	5	4	6.3	16	0.6Si	69
		CPM Rex 20		1.3	6	10.5	3.7	2	—	—	68

续表

Erasteel-Dvalin	Böhler-Microclean	Crucible	Uddeholm Tooling	化学成/%							淬回火硬度 HRC
				C	W	Mo	Cr	V	Co	其他	
工具钢											
			Elmax	1.7	—	1	18	3	—	—	—
	M390			2	1	1	20	4	—	—	65
ASP2012				0.6	2	2	4	1.5	—	—	—
	K190			2.3	—	1.1	12.5	4	—	—	65
	K390			2.5	1	4	4	9	2	—	64
	K890			1	2.5	3	4.5	2	4.5	—	—
			Vanadis 4 Extra	1.4	—	3.5	4.7	3.7	—	—	—
			Vanadis 6	2.1	—	1.5	6.8	5.4	—	—	—
			Vanadis 10	2.9	—	1.5	8	9.8	—	—	—
		CPM 10V		2.5	—	1.3	5	9.8	—	—	—
		CPM 9V		1.8	—	1.3	5.3	9	—	—	—
			Vancron 40	1.1	3.7	3.2	4.5	8.5	—	1.8N	—

注:表中淬回火硬度值和 ASP2080、K190 的数据取自文献[63]。

法国 Erasteel 公司的粉末冶金高速钢和工具钢为其在瑞典的 Söderfors 分厂的产品。表 8.41 中所列 ASP 系列粉末冶金高速钢适于制作各种刀具,主要是精密、复杂刀具。这些刀具要求钢材不但具有很高的使用性能,还要求有很好的可磨削性。ASP 系列粉末高速钢大都具有较高的钒含量,钢的硬度、耐磨性和红硬性高,韧性好,而且冷加工性能和可磨削性能也很好。表 8.42 列出了 ASP 系列粉末高速钢适宜制作的刀具。有些钢还可用于制作冷变形工具,我国有关工厂引进的不锈钢特宽板冷轧机使用的工作辊材料为 ASP2023,轧辊毛坯尺寸为 ϕ210mm×3000mm,单重约 850kg,使用硬度为 63.5HRC。

表 8.42 ASP 系列粉末冶金高速钢适于制作的刀具[40]

钢种	ASP2015	ASP2017	ASP2023	ASP2030	ASP2052	ASP2060
适于制作刀具名称	加工高温合金用的拉刀	丝锥、粗加工用立铣刀	剃齿刀、拉刀	齿轮滚刀、插齿刀	齿轮滚刀、立铣刀	铰刀、精加工立铣刀、拉刀

Böhler 钢厂生产的几种粉末冶金高速钢和工具钢的化学成分见表 8.41。这几种钢都有相应的易切削高硫钢种,硫含量为 0.20%,同时把锰含量增加到 0.5%~0.7%。S390 钢退火后的硬度为 270HB,推荐的淬火温度为 1150~1240℃,500℃回火,碳化物 M_6C 和 MC 的最大尺寸为 3μm。钢的淬火温度范围宽,在 1250℃淬火后,碳化物和奥氏体晶粒未见长大。S390 钢的二次硬度范围为 66~68.5HRC,其抗弯强度高达 4~5GPa。该钢可用于制造齿轮刀具、立铣刀、钻头等工具,加工

高强度钢、高温合金等难切削材料，也适合于制作冲头、冷挤压模具[18]。

表8.41列入了美国Crucible钢厂生产的部分粉末冶金高速钢和工具钢的品种及其化学成分。各钢号一般含硫0.06%，以改善其可切削加工性，如CPM M4硫含量为0.06%。有的钢号有更高的硫含量(0.22%)，此时钢号后缀以HS，如CPM T15 HS。硫含量的提高可以进一步改善可磨削性能。高硫钢中MnS尺寸约为2μm，均匀分布。硫含量的提高对抗弯强度影响很小，对冲击韧性有一定影响，但对可磨削性能有很大的改善，并提高了耐磨性，而对刀具的切削性能未产生副作用。

CPM T15钢与常规生产的T15钢相比，其组织结构和热加工性能有显著改善，成材率大为提高，抗弯强度提高1倍左右，刀具使用寿命也有所改善，特别是其磨削性能大为提高。

CPM Rex 20的成分设计旨在设法取代M42钢中8%的高钴含量，其性能靠增加钨当量及增加碳、钒含量来保持。表8.43为CPM Rex 20、CPM 42和M42三种钢的性能对比。

表8.43 CPM Rex 20、CPM 42和M42三种钢的性能对比[68]

钢号	淬回火后硬度HRC	抗弯强度/MPa	夏氏C型缺口冲击值/J	磨削比G	耐磨性/(N/m^2)
M42(普通)	68	2600	5.8	1.8	52
CPM M42	68	4066	12.0	5.0	59
CPM Rex 20	67.5	4066	16.3	3.5	145

注：夏氏C型缺口试样我国较少使用，缺口深2mm，其半径R=12.7mm(1/2in)。磨削比=金属磨除体积/砂轮磨损体积。耐磨性单位为：压力(N)/磨损面积(m^2)。

Crucible钢厂还开发了钒含量为3%～15%的系列粉末冶金耐磨工具钢，这类钢退火后可以机加工，淬硬态可用氧化铝砂轮磨削，能制成形状复杂的零件，可用来代替硬质合金。CPW 10V是其中最典型的牌号，其显微组织是由强韧性好的空冷硬化合金钢基体和均匀分布于其上的细小球状碳化物组成。CPW 10V钢已成功地用做粉末冶金压模及其他要求高耐磨的模具，以替代硬质合金。表8.44为CPM 10V钢与常用耐磨冷作模具钢C12MoV的性能对比，其耐磨性是Cr12MoV钢的23倍。CPM 9V是CPW 10V钢的改进品种，提高了韧性、抗热震和热裂的能力。

表8.44 CPM 10V与Cr12MoV钢的性能对比[68]

钢号	淬回火后硬度HRC	抗弯强度/MPa	夏氏C型缺口冲击值/J	磨削比G	耐磨性/(N/m^2)
CPM 10V	63	4300	23	3.0	620
Cr12MoV	62	—	23	3.4	27

注：见表8.43的注。CPM 10V钢的成分为2.45%C、0.5%Mn、1.3%Mo、5.25%Cr、9.75%V、0.9%Si、≤0.09%S。

日本生产热等静压粉末高速钢的有日立金属、大同制钢和神户制钢等厂家。

全世界每年用热等静压方法生产的粉末冶金高速钢和粉末冶金高合金工具钢约为2.2万t,其中粉末冶金高速钢约占3/4。热等静压方法生产的粉末冶金高速钢钢坯和近终形成品部件的质量为20~2000kg。虽然十多年来,粉末冶金高速钢和工具钢的产量增长缓慢,但由于其制作的切削刀具、冷作模具等的工作寿命显著提高,这类钢已稳定地应用于某些高要求的领域,有些已达到很高的比例(表8.45)。

表8.45 一些工业发达国家不同刀具品种粉末冶金高速钢和物理气相涂层(PVD)应用比例[68]

刀具品种	粉末冶金高速钢应用比例/%	PVD应用比例/%
齿轮刀具	70	90
拉刀	50	40
立铣刀	20	45
丝锥	10	50
麻花钻	1	45

热等静压粉末冶金高速钢的制作成本和价格高,但其质量和性能优越,加之第三代产品的颗粒细,使热等静压后的钢锭可不经锻造直接供用户使用,有利于降低材料成本。还可以不经锻轧,经热等静压直接制成大直径、中空及异型孔的坯料,特别适于制作大直径拉刀,其外径可达250mm以上,内孔直径不小于65mm,长度达1.7mm以上,十分有利于热处理。

河冶科技股份有限公司(简称河冶公司)是我国高速钢生产企业,目前具备年产2000t粉末冶金高速钢生产能力,已生产出HOP系列粉末冶金高速钢:HOPM3、HOPM4、HOPT15、HOPT15M、HOP2030。这类钢与传统铸锻高速钢相比,横向抗弯强度与韧性高出50%~100%。HOP系列粉末冶金高速钢的化学成分见表8.46。

表8.46 河冶公司HOP系列粉末冶金高速工具钢的化学成分[69,70]

(单位:%)

牌号	C	Cr	W	Mo	V	Co	相对应的国外牌号
HOPM3	1.3	4	6.2	5	3	—	ASP2023
HOPM4	1.35	4.2	5.5	4.7	4	—	CPMM4
HOPT15	1.6	4.0	12.0	—	5.0	5.0	ASP2015、CPMT15
HOPT15M	1.6	4.7	10.0	2.2	4.8	8.0	ASP2052、S390
HOP2030	1.3	4.2	6.4	4.2	3.0	8.4	ASP2030、Vanadis30

HOPM3、HOPM4两种钢的化学成分与表8.14中的CW6Mo5Cr4V3和W6Mo5Cr4V4钢相同,其热处理工艺亦相同,但粉末冶金制品具有更高的力学性能、磨削性能和更好的耐磨性。

HOPT15(CPMT15)钢的锻制温度为1095～1150℃。推荐热处理工艺如下：退火温度870℃，保温2h，以≤15℃/h的速率冷至540℃，然后炉冷或空冷；去应力退火温度为595～705℃，保温2h后炉冷或空冷至室温；淬火加热温度为1160～1235℃，为达到淬回火后的硬度为66～68HRC，推荐淬火温度为1220～1235℃；回火温度最低为540℃，回火3次，每次2h。该钢用于制作拉刀、端铣刀、成形刀具、耐磨及精密冲压模具等[70]。

HOPT15M钢的推荐热处理工艺如下：退火温度770～840℃，保温4h后炉温缓冷至740℃，保温2h炉冷；去应力退火温度600～650℃，保温2h后炉冷；要求高硬度时采用1200～1220℃淬火，要求高韧性时采用较低温度淬火，淬火后立即回火，推荐的回火温度为560℃，2、3次，每次回火时间至少2h。该钢用于制作加工特硬或难切削材料用的刀具[69]。

HOT2030钢的推荐热处理工艺如下：退火温度850～900℃，保温2～4h后以10℃/h的速率缓冷到500℃出炉；去应力退火温度600～700℃，保温2h后缓冷到500℃出炉。推荐的淬火温度：切削刀具用1150～1180℃，硬度为65～68HRC；冷作模具钢用1020～1120℃，硬度为62～64HRC。建议560℃回火3次，每次1h。该钢具有优异的耐磨性及良好的红硬性，并提升断续切削能力，用于制作高性能丝锥、带锯条、高温轴承等[69]。

由于粉末冶金高速钢刀具的使用已逐渐增多，在JB/T 9986—2013《工具热处理金相检验》中已制定出粉末冶金高速钢工具过热程度的金相检验评级标准。粉末冶金高速钢淬火晶粒度应小于或等于10级，过热程度的级别分为5级，其合格级别应小于或等于1级。过热级别评定的依据：碳化物有粘连倾向为1级；碳化物粘连为2级；碳化物拖尾为3级；碳化物产生网角为4级；碳化物形成半网状为5级。

表8.41中列出的CMP 10V是一种耐磨性很高的粉末冶金耐磨工具钢，在我国也逐渐得到推广应用，对CMP 10V钢的热处理工艺、组织和性能亦进行了研究。在淬火温度为1010～1180℃的范围内，该钢的硬度、抗弯强度均随淬火温度的升高而增加(油中淬火后均经550℃回火处理)。由于淬火温度升高时，较大颗粒的碳化物不断溶解，使得碳化物颗粒与基体界面间产生裂纹的概率减少，因此抗弯强度得到提高。在淬火温度一定时(1120℃)，随回火温度的升高，硬度逐渐降低，但抗弯强度在回火温度为550℃时出现峰值，达到4250MPa，经过2、3次回火后，抗弯强度变化不大，硬度约为64～62HRC。淬火-回火后钢的组织为回火马氏体和大量细小均匀分布的MC型碳化物(以VC为主)及少量残余奥氏体[71]。该钢主要用于制作精密冲压模具、粉末压实成形模具、硅钢片冲切模、耐磨损部件[70]。

8.3.10 喷射成形高速钢

喷射成形(spray forming),又称喷射沉积(spray deposition),是在传统快速凝固和粉末冶金工艺基础上发展起来的一种材料制备、成形技术。喷射成形的 概念是1968年英国学者 Singer 首先提出的,并于1972年获得专利。1974年英国的 Osprey 金属公司成功地将喷射成形应用于锻造毛坯的生产,发明了 Osprey 工艺,取得专利权。经过多年的发展,20世纪80年代已在高技术新材料领域广泛应用,实现了工业化生产,可用于制造平板件、管状制件、棒材、锻坯等,用于生产铝合金、高速钢、高合金工具钢、不锈钢、高温合金等[72]。

我国于1987年开始了铝合金的喷射成形的研究,中国科学院金属研究所和北京有色研究院先后开展了铝合金的喷射成形的研究,并在20世纪末建成了大型喷射成形设备,可制备大型管、棒、板等铝合金材。许多高校、研究机构在喷射成形凝固理论、新材料制备工艺等方面,开展了大量的工作[72,73]。2008年成立的江苏豪然喷射成形合金有限公司可规模化生产铝合金、硅铝电子封装材料等,河冶公司可规模化生产喷射成形高速钢、喷射成形高钒合金工具钢等。

8.3.10.1 喷射成形工艺

喷射成形工艺主要包括雾化和沉积两个过程,即先将熔化的液态金属用由喷嘴喷出的惰性气体雾化成不同尺寸的熔滴颗粒,并被快速流动的雾化气体带向沉积基板。通常采用亚音速雾化,采用较低的气压(0.6~1.8MPa),气体出口速度为0.3~0.6M(1M=340m/s)。雾化熔滴的尺寸分布较宽(1μm~0.5mm),在雾化液滴尚未完全凝固时(液态约占30%~50%)沉积在具有一定形状的基板上,完成凝固结晶过程,形成比较致密的坯件,见图8.86(a)。通过沉积基板相对于喷嘴的运动,可以制成不同形状的坯件,如棒坯、板坯、管坯等,见图8.86(b);还可以将金属熔滴喷射并沉积在高速旋转的圆盘表面,形成环状坯件[74]。雾化器和喷嘴的设计是获得理想沉积坯件的关键,由于雾化过程比较复杂,坯件的外形和尺寸也是各种各样,所以雾化器和喷嘴的设计方案也有很大差别。

喷嘴大体沿着固定式单喷嘴、扫描型喷嘴、双喷嘴、扫描型双喷嘴的方向发展。最初喷射成形工艺采用单雾化喷嘴装置,限制了产品的尺寸及规模化生产。用单喷嘴生产,雾化能力有限,雾化沉积坯料表层组织与心部组织最优条件不一样,随坯料直径的增加,这种差异更为明显。扫描型喷嘴和倾斜布局能使雾化锥的熔滴质量分布更趋均匀,降低坯件的疏松,改善表面质量,可使沉积材料收得率提高10%。双喷嘴在喷射大尺寸坯件时,可使一条合金流生成坯料表层部分,另一条合金流生成其心部,使坯件温度场分布更为合理。扫描型双喷嘴系统可制备更大直径(直径达600mm)的沉积坯,同时也能达到整体致密,表面质量改善,坯件尺寸精

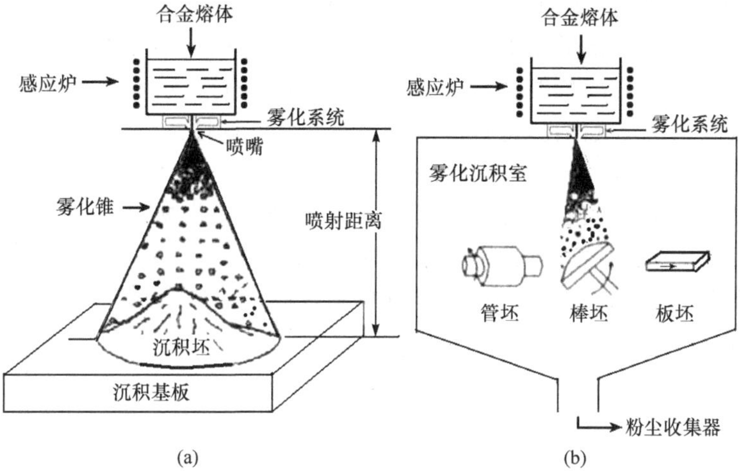

图 8.86 喷射成形技术原理(a)及不同形状坯料的制备工艺(b)[74]

度提高,沉积收得率可达 90%。

与粉末冶金和铸造两种工艺比较,喷射成形工艺具有以下的主要特点[74]:

(1) 工艺流程最短,成本比较低,与粉末冶金工艺相比大大减少了产品工序。

(2) 沉积坯的孔隙度在 1%~15%范围内,无集中缩孔与疏松,成分均匀,无宏观偏析。如果工艺控制合理,致密度可达到 99%以上,经冷加工或热加工后很容易达到完全致密。

(3) 喷射沉积过程在惰性气体下一次完成,沉积过程的时间很短(约 10^{-3}s),避免了过多工序带来的氧化,氧含量较低,一般为 0.01%~0.02%。

(4) 喷射过程中,液滴的冷却速率大于 10^3K/s,属于快速凝固范畴,在较大的过冷度下,大量细小晶核瞬时形成,短时间内来不及长大,最后得到细小均匀的凝固组织。

(5) 具有广泛的适应性,可以生产多种合金,如钢铁、铝合金、铜合金、钛合金、高温合金等;可以生产盘、环、管、棒、板、双金属等不同形状和规格的近成形坯件。向雾化锥中引入增强颗粒,还可以制备增强颗粒分布均匀、界面良好的金属基复合材料。

喷射成形工艺在具备诸多优点的同时,也存在一些不足之处,如收得率较低、制品形状与尺寸难于精确控制,特别是致密度不够高,存在一定大小和形状各异的孔洞。孔洞的来源主要是:凝固颗粒或沉积层之间的间隙、气体被卷入和凝固收缩。孔洞的存在会引起应力集中并减小有效承载面积,影响材料的使用性能,需要采用适当的后续热加工工艺,提高材料的致密度和力学性能。

喷射成形雾化时采用的惰性气体有氮气、氩气等,氮气较经济,使用较多。但对于含有铬、钒、铝等合金元素的高合金钢,雾化气体的选择十分重要,氮气雾化会给喷射成形高合金钢的后续加工带来一定困难。这是由于熔化的合金中溶解的氮气在含 δ 相的包晶在凝固时会析出大量气孔,钢中的铬、钒等元素易与氮发生反应,析出氮化物或碳氮化物,这些析出物会对合金的韧性产生负面影响。采用氮/氩混合气体保护熔体的办法可以控制合金中的氮含量。使用氩气不仅可以保护熔体,而且可以有效减少包晶凝固时气孔的形成和避免氮化物的形成[76]。

喷射沉积坯的后续致密化工艺主要有以下几种方法[74]:

(1) 轧制。对于板材、带材等可采用喷射轧制工艺,将沉积在轧辊上的坯料直接轧制成板材、带材等,但尺寸精度不易控制。

(2) 锻压。1974 年 Singer 发明的 Osprey 工艺即是将雾化熔体直接喷射在模子内,或直接喷射到扁平的收集器上随后实施锻造,并制备出多种合金钢和高温合金锻件。

(3) 热挤压。该方法可以生产管、棒、型线材等,具有比轧制、锻压更为强烈的三向压应力状态,可以加工出用轧制或锻压等方法难于加工的低塑性金属材料。选择合适的热挤压工艺参数,可以有效细化沉积坯中的微观组织,使金属材料接近全致密。但坯料内部存在一定的气孔,挤压过程中不易排出,残留在挤压件中,会影响材料的力学性能。

(4) 热等静压。热等静压制品的形状不受限制。由于是在三向等压应力的状况下致密的,致密化速度快,晶粒不易长大,可以得到细小的等轴晶,已用此工艺生产出大尺寸的高温合金环形坯。

喷射成形技术在不断发展,并已获得比较广泛的应用。大型钢管制造厂的生产能力已达到一次处理 4.5t 钢水,管材最大直径可达 800mm,沉积速率达到 200kg/min。该工艺是一种原则上适合开发任何合金系列的近净成形技术,在开发和生产高性能合金方面具有强的竞争力。

8.3.10.2　喷射成形高速钢和工具钢的发展

20 世纪 70 年代,英国 Osprey 金属公司首先利用喷射成形技术成功制造出 M2 高速钢和含 12%Cr 的不锈钢,利用 300kg 容量的设备生产出 200mm 直径的钢坯,可以提供喷射成形的高速钢、合金钢的小型件[75]。80 年代,英国的 Aurora 钢铁公司利用喷射成形技术,一次可雾化沉积 2t 工具钢,包括高速钢。90 年代末,英国 Osprey 金属公司、丹麦 Dan Spray 公司等 4 家企业用 4 年时间共同研究用喷射成形技术工业规模生成合金钢材的可行性,分别制备了 8 种合金,大量研究工作集中于高铬冷作模具钢 D2。研究结果认为,喷射成形工艺可以生产几乎完全致密的沉积钢坯,获得基本无宏观偏析的组织,晶粒细小且分布均匀,具有可与粉末冶金产品性能相当的潜力,坯料有良好的可锻性,易于加工成产品。随着喷射成形技术的进一步发展，研究钢种的范围进一步扩大。21世纪初，Osprey金属公司已可生产直径250mm、325mm、400mm，长1.2m左右高速钢工件，经过热挤压后，可以得到完全致密的和性能类似于粉末冶金的合金。

目前世界上将喷射成形工艺应用于制造高合金工具钢较为成功的是丹麦的Dan Spray公司。该公司用4t熔炼炉，采用双喷嘴可以生产直径500mm、长2.4m、重2800kg的工具钢棒坯，收得率提高到90%，年生产能力达到2000t，生产的高速钢的性能远高于传统铸造工艺生产的同类产品[76]。

日本住友重工公司和英国的谢菲尔德铸锻公司在20世纪90年代率先采用喷射成形工艺生产高速钢、高铬铸铁轧辊和复合大轧辊。谢菲尔德铸锻公司的喷射成形工艺，采用多喷嘴技术，将轧辊合金包覆在事先预热的直径达400mm、长1m的辊轴上，用于做冷轧辊和热轧辊，并取得成功。喷射成形轧辊的晶粒组织细小，碳化物的形状和分布得到极大的改善，抗拉强度、抗弯强度、冲击值均成倍提高，热加工性能及耐磨性有较大幅度的改善，轧辊的寿命提高了2～3倍[77]，

国外已有众多研究单位和学者对多种喷射成形高速钢和工模具钢的喷射成形工艺、喷射成形钢的组织和性能进行了研究。主要研究的高速钢和工模具钢有：M2、M3、M3：2(CW6Mo5Cr4V3)、T15、6-5-4-3-8、4-3-9-4等高速钢，H13等热作模具钢，D2、D3等冷作模具钢，3%Cr、5%Cr等冷轧辊用钢等[76]。3%Cr、5%Cr冷轧辊用钢的化学成分见表8.76。

我国近年亦开展了喷射成形高速钢和工模具钢的研究。

在文献[78]中，作者利用自制的5kg级喷射成形装置制备了3种高合金工具钢：LD冷作模具钢(表8.63)、V4(Cr8Mo2V4Si)耐磨工具钢和CPM M4高速钢，并分别与同成分的真空熔铸钢和粉末冶金钢进行了对比。喷射成形的LD冷作模具钢的铸态组织呈等轴晶特征、晶粒细小、碳化物分布均匀，显著优于真空熔铸方法得到的。喷射成形的V4和CPM M4工模具钢，经过后续热加工和球化退火热处理，可以得到与进口的同成分的粉末冶金钢相似的球化组织和硬度。

在文献[79]中，作者利用北京航空材料研究院300kg双喷嘴雾化沉积装备制备喷射成形SFT15和SFT15M两种高速钢。两种钢的母合金系中频感应炉熔炼，沉积坯为圆柱状，直径约300mm，高度为280～320mm，锭坯表面光洁，可直接锻造。由于采用的雾化气体是氮气，沉积坯的氮含量增多，分别为0.042%和0.038%，但氧含量低，分别为0.0020%和0.0018%，并具有很低的氢含量，分别为0.0001%和0.0002%。沉积坯为等轴晶，无明显的宏观偏析，晶粒较细小，约为18μm左右。沉积坯中的碳化物有两种，含W较高的M_6C型碳化物主要分布在晶界上，呈细的断续网状，晶内也有非常细小的M_6C析出，主要是含V的MC型碳化物相对均匀弥散地分布在基体上，尺寸基本小于3μm。经过变形后，网状碳化物变为弥散分布的颗粒状，MC型碳化物长大到7～8μm。SFT15钢经过1210℃

淬火和540℃回火处理后抗弯强度达到4800MPa(SFT15M钢为3800 MPa),比其沉积态的抗弯强度2350MPa有大幅提高。SFT15和SFT15M两种高速钢经1170~1250℃淬火、540℃回火后,其硬度都随淬火温度的提高而上升,SFT15钢的硬度都在66HRC以上,SFT15M钢的硬度都在68HRC以上,这是由于SFT15M钢含有8%的Co,提高了二次硬度,但同时也使钢的韧性降低。

在文献[80]中,作者用与上面相同的方法研究了2060高速钢。2060高速钢母合金系中频感应加电渣重熔制备的,沉积坯的相对密度在99.5%以上。2060高速钢沉积坯的锻造温度为1150℃,经过锻造后,钢的相对密度可达100%。2060高速钢沉积坯和锻后的组织与上面所述两种钢相似。图8.87为2060高速钢母合金、喷射成形沉积坯和沉积坯热锻后的金相显微组织,图中白色碳化物为含W较高的M_6C型碳化物,灰色的碳化物为含V、W、Mo较高的碳化物。可以看出,喷射

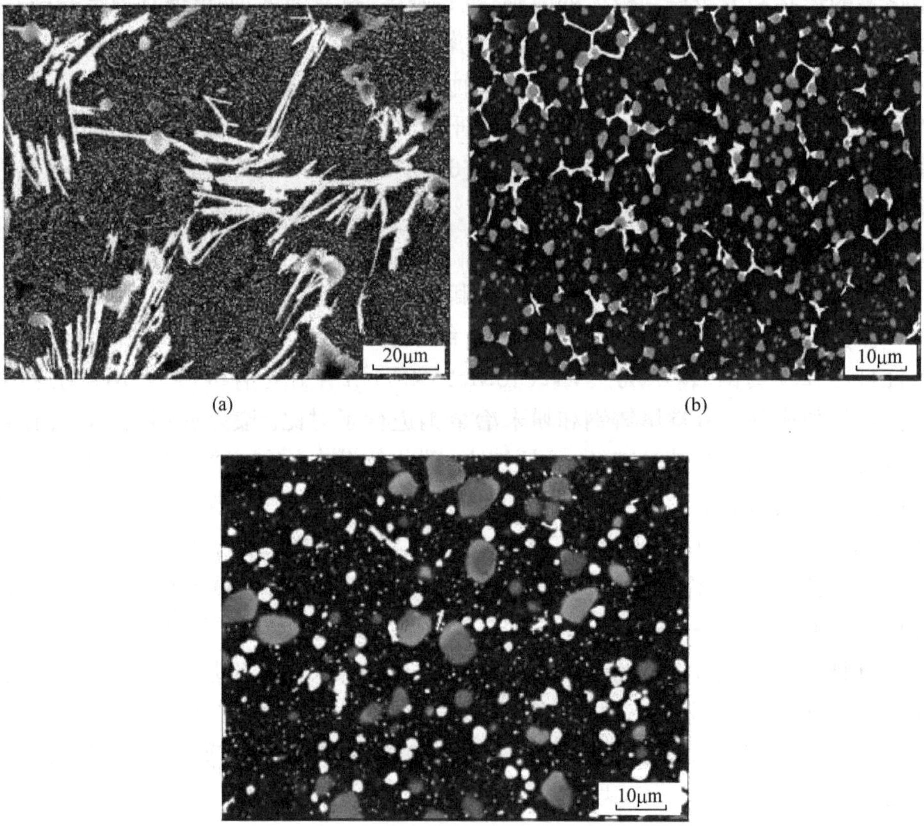

(a) (b) (c)

图8.87 2060高速钢的金相显微组织[80]

(a) 母合金;(b) 沉积坯;(c) 沉积坯热锻后

成形工艺大大改善了高合金的 2060 高速钢的碳化物形貌、尺寸和分布，碳化物颗粒的最大尺寸为 5～6μm。喷射成形高速钢和粉末冶金高速钢一样，由于碳化物尺寸显著细化，夹杂物含量和尺寸的影响就显得重要。经过检验，所制备的喷射成形 2060 高速钢中仅发现存在 0.5 级的细系列的氧化物，钢的纯洁度高。喷射成形 2060 高速钢的抗弯强度随淬火温度的升高而降低，淬火温度应低于 1210℃，经 1170～1190℃淬火，540℃×1h 冷却，3 次回火后获得抗弯强度不小于 3000MPa、硬度不小于 70HRC 的良好综合性能。

我国一些学者近年对多种喷射成形工模具钢的组织和性能开展了研究，主要有：9V 高碳高钒高速钢，M3、M3：2＋Nb、M42 等高速钢和 H13 等热作模具钢。

河冶公司等企业已可生产喷射成形高速钢和高合金工具钢(4t 级)，可提供扁钢、直径不大于 300mm 的圆钢等。表 8.47 为河冶公司生产的 HSF 系列喷射成形高速钢和模具钢的化学成分。

表 8.47 HSF 系列喷射成形高速钢和模具钢的化学成分[81] (单位：%)

牌号	C	Cr	W	Mo	V	Co	其他	退火后硬度 HB	成分相似的钢种
喷射成形高速钢									
HSF620	0.90	4.40	5.80	5.30	2.10	—	—	≤255	M2、S600
HSF630	1.3	4	6.2	5	3	—	—		M3：2、ASP2023
HSF640	1.35	4.40	5.50	5.00	4.10	—	—	≤269	M4、S690
HSF680	2.80	4.20	4.20	3.20	8.00	—	—	≤300	ASP2053
HSF825K	1.18	4.50	5.80	5.30	2.10	5.00	Nb≤1.00	≤280	—
HSF835	1.30	4.8	5.6	4.4	3.0	4.8	—	≤280	—
HSF838	1.30	4.40	5.80	5.35	3.10	8.35	—	≤280	S590、ASP2030
HSF8610	2.30	4.20	6.50	7.00	6.50	10.5	—	≤340	ASP2060
喷射成形模具钢									
HSF110	0.4	5	—	1.2	1	—	1Si	—	H13
HSF210	1.55	12	—	1	1	—	—	—	D2

表中所列各种牌号的喷射成形高速钢的热处理工艺与传统工艺(电渣＋热锻)没有多少区别。

HSF620 钢成分类似于传统工艺生产的 M2 钢，其抗拉强度比 M2 钢提高 25%，冲击韧性提高 70%～100%，目前较成熟的应用领域为大截面拉刀。

HSF640 是钨钼系高钒高速钢，具有较好的加工和工艺性能，以及较高的耐磨性，适于加工中高强度钢、高温合金等难切削材料，成功地解决了传统工艺制备的 M4 钢不适于制作高精度复杂刀具的问题。

HSF680 属于高钒无钴高速钢,V 含量高达 8%,具有极好的耐磨性,红硬性一般,是一种制造切削非金属材料用刀具的理想材料,用于制作切纸刀、冷作模具和要求较高耐磨性的制品。

HSF825K 是一种含铌含钴高性能高速钢,其显微组织细小均匀,接近相同成分的粉末冶金高速钢,具有良好的综合力学性能,用于制作齿轮刀具、拉刀、铣刀、铰刀等。

HSF835 是在传统高速钢 M35 的基础上自主设计研发的新钢种,是一种高钒含钴高速钢。该钢作为大截面切削刀具拥有极好的耐磨性和强韧性,目前较成熟的应用领域有拉刀、滚刀、剃齿刀等齿轮刀具,其使用寿命接近相近成分的粉末冶金高速钢的水平。

HSF838 是一种与粉末冶金高速钢 ASP2030 成分相同的喷射成形高速钢。该钢作为切削刀具用途时具有很好的耐磨性与强韧性,用于制作钻头、拉刀、插齿刀、立铣刀、滚刀等。图 8.88 为直径 85mm 的试棒中取相同部位比较 HOP2030 与 HSP838 两种高速钢的碳化物颗粒度。粉末冶金高速钢碳化物颗粒尺寸为 1～3μm,喷射钢碳化物颗粒度尺寸为 1～10μm。因喷射成形高速钢 HSP838 中大小碳化物颗粒的组合,使其在相同硬度时的耐磨性比粉末冶金高速钢 HOP2030 提高 30%～50%。

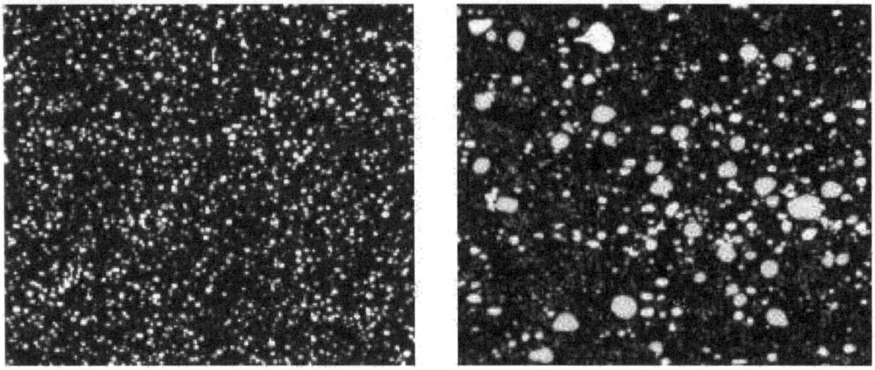

(a)　　(b)

图 8.88　粉末冶金高速钢 HOP2030 碳化物颗粒(a) 与喷射成形高速钢 HSP838 碳化物颗粒(b) 的对比[81]　500×

HSF8610 是一种高钒高钴的高速钢,具有高硬度、超耐磨性和良好的红硬性,是一种用于高速切削或切削特硬材料用的刀具材料。该钢用做刀具时的淬火温度为 1150～1180℃,经 560℃,3 次回火,其硬度可达 68～69HRC。

M3 ∶ 2 是一种耐磨性较好的高速钢。文献[82]研究了喷射成形 SFM3 ∶ 2 钢和 SFM3 ∶ 2+0.5Nb 钢的组织和性能对比。喷射成形中的快速凝固可以细化原

始组织中的 M_2C 共晶体和 MC 型碳化物，铌的加入进一步细化了 M_2C 和 MC，也细化了奥氏体晶粒。铌还加速了 M_2C 的分解，并提高了钢的热稳定性。铌提高了钢在淬火-回火后的硬度和抗弯强度，但是韧性略有降低。在相同硬度下制成铰刀，SFM3：2＋0.5Nb 钢的寿命为 SFM3：2 钢的 1.3 倍，为铸锻 M2 钢的 3 倍。

目前关于粉末冶金高速钢和喷射成形高速钢的性能和使用寿命对比的资料还比较少。

8.3.11 高速钢的表面处理

高速钢刀具经过淬火、回火，得到了所需要的力学性能，保证了刀具的使用性能。表面强化处理可以进一步解决刀具切削过程中的表面磨损、表面锈蚀等问题，从而进一步提高刀具的耐用度和使用寿命，一直是高速钢热处理的十分活跃的领域。

高速钢表面强化的方法很多，大致可分为四大类：

(1) 形成化学转化膜法。通过钢中的某些元素，通常是铁，与介质中的某些元素的化学作用形成化合物膜覆盖在表面上。

(2) 渗入法。异类原子通过介质输送至工件表面被吸收，渗入原子在铁基中有一定的溶解度，而在表面与内部建立了浓度梯度，形成扩散通道，逐步形成一个浓度连续变化的过渡层。

(3) 涂镀法。用真空蒸镀、离子镀、喷涂等方法在表面涂上一层高性能物质层。现在用得最多的是 TiN、TiC 离子镀膜和金刚石镀膜法。

(4) 表面浅层硬化法。主要是激光热处理、金属离子注入等。

下面简要介绍目前高速钢表面强化应用较多的几种方法[18,40]。

1) 蒸汽处理

蒸汽处理是一种表面氧化处理，高速钢工具在 540～560℃温度下与蒸汽接触，表面生成蓝色的 Fe_3O_4 薄膜，其结构致密、多孔，能储油，增加润滑性能，减少工具在切削过程中与被加工金属间的黏附现象。在蒸汽处理过程中还可以消除磨加工后产生的应力和可能产生的残余奥氏体，能代替高速钢刀具的回火处理。蒸汽处理的氧化膜上油以后有极强的抗蚀能力，外表呈均匀的蓝黑色，十分美观。

从图 8.89 所示的 Fe-O 平衡相图上可以看出，在大气气氛中，在 570℃以上生成的氧化皮分为三层，紧贴表面的是 FeO，中间层是 Fe_3O_4，外层是 Fe_2O_3，后者的比容最大，因而在形成过程中产生周期性破碎，使氧化皮质地疏松，不起保护作用。FeO 层在冷却过程中分解为 α-Fe 和 Fe_3O_4，亦使该层变疏松，只有 Fe_3O_4 的比容略大于铁，适于做覆盖层。

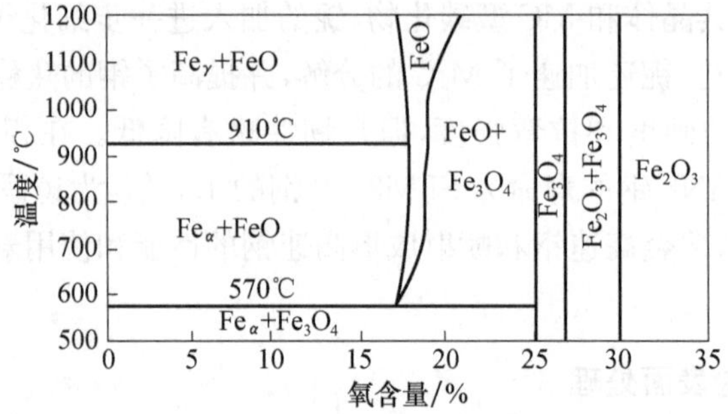

图 8.89　Fe-O 平衡图[83]

当温度小于 570℃时,Fe 首先与 O 形成 Fe_3O_4。因此,蒸汽处理的温度选择在略低于 570℃。在蒸汽与 Fe 的作用下,发生以下反应:

$$3Fe + 4H_2O \longrightarrow Fe_3O_4 + 4H_2\uparrow \tag{8.6}$$

在连续通蒸汽的情况下,蒸汽的浓度保持大于氢气的浓度,因此它的反应总是向 Fe_3O_4 方向进行的。它首先由蒸汽与热铁接触而分解出活性氧原子,然后活性氧原子与金属铁起反应生成 Fe_3O_4 核心,长大后沉积在工件的表面,反应式如下:

$$H_2O \longrightarrow [O] + H_2\uparrow \tag{8.7}$$

$$3Fe + 4[O] \longrightarrow Fe_4O_4 \tag{8.8}$$

蒸汽处理工艺过程包括清洗去油、蒸汽氧化处理、上油等。在处理之前,工件必须进行严格的清洗和脱脂,不然会影响蒸汽处理的质量。蒸汽处理要在温度均匀密封性好的炉内进行。

入炉加盖后,在加热阶段必须加大通气量,快速清除炉内空气。氧化过程中炉内要保持一定的压力$(3\sim4)\times10^4$Pa,在 540～560℃保温 1～2h,可以获得厚度为 2～4μm 的氧化层。

高速钢刀具经蒸汽处理能提高切削寿命 30%～50%。这种处理工艺操作简单、成本低,适宜于大量生产。目前,蒸汽处理的主要对象是锥柄钻头、直柄钻头等,也适用于成形刀具,如小模数滚刀、小模数铣刀、成形铣刀、仪表刀具等。

2) 渗氮

(1) 气体渗氮。高速钢含有的 V、Mo、W、Cr 都是强氮化物形成元素,将 500～560℃的低温氮化作为刃磨成形后的最终表面硬化处理,可以在保证工具精度的变化不超出要求的范围的条件下,获得高达 900～1450HV 的表层硬度。

渗氮时应控制氨分解气氛的氮势,以避免生成脆性的 ε 白亮层和扩散层中出现网状碳化物,选择在 560℃(与回火温度一致),短时间(15～40min)的渗氮工艺,扩散层深度为 0.02～0.05mm。普通高速钢刀具经渗氮处理后,其工作寿命可提高一倍以上。

针对气体渗氮时间较长、渗层薄、硬度梯度变化急剧，切削时可能出现脆性表层脱落等问题，自20世纪50年代以来国内外科技工作者提出了许多以渗氮为主的低温化学热处理方法应用于高速钢刀具，其中有盐浴渗氮、液体低温碳氮共渗(液体软氮化)、气体低温碳氮共渗(气体软氮化)等，都具有提高刀具切削性能的效果，先后都得到一定程度的推广和应用[18,57]。有些工艺可以改善渗层质量，加快渗入速率，降低渗层脆性，允许使用较厚的渗层，而被称之为"软氮化"，但各种盐浴都加入一些有毒性的氰盐。气体软氮化可以采用氨和吸热或放热气氛的混合气，或采用向通入氨气的炉中滴入乙醇、通入液化石油气(丙烷)，均可形成气体C-N共渗的条件；但上述各法在炉气相反应中，也产生一定数量的氰化物。向密闭井式炉中滴入含N、C的有机化合物液体或溶液，如甲酰胺和三乙醇氨，液滴进入炉温区即迅速分解，产生活性C、N原子。由于反应过程中有HCN形成，炉气的排放必须充分消毒。上述方法都会对环境产生一定的影响，因此不宜继续应用[18,84]。

(2) 离子渗氮。离子渗氮是将工件置于稀薄的氨分解气或N_2-H_2混合气体中，在周围建立一个强的直流电场，阴极为工件，阳极一般为炉壁。在气压为13.3～133Pa、直流电压为500V左右时，可将气体电离，形成等离子体，N^+、H^+、NH_3^+等正离子冲向阴极，在工件表面激发出几个毫米厚的辉光，均匀地包覆在需要做渗氮处理的工件表面。温度460℃以上就可以发生明显的渗入作用，高速钢工件渗氮温度一般为450～500℃。离子轰击作用时的吸收和渗入均在较低温度下进行，这是不形成ε白亮层和渗层硬度较高的主要原因。离子渗氮工件变形小，工件表面光洁度高。

离子渗氮的渗层质量好，高速钢渗件可以通过气体成分、压力、电离电压的调节，稳定地获得无ε白亮层的渗层。W18Cr4V钢经不到1h的处理，硬度900HV以上的渗层的深度已达0.03mm，最高硬度达1200HV，接近氨分解气渗氮的硬度值。离子渗氮的渗剂消耗量少，对环境的污染大大低于其他所有渗氮法。经离子渗氮的高速钢工具，其切削性能都有不同程度的提高，有的可提高数倍。

(3) 氧氮共渗。蒸汽氧化与渗氮或氮碳共渗相结合成为氧氮共渗。20世纪70年代开始进行氧化与渗氮或氮碳共渗相结合试验。试验表明，这种工艺简便，能兼顾性能提高和商品化色泽两方面的要求。

有多种实现氧化、渗氮同时进行的方法，如蒸汽与氨气分别通入的混合气共渗、氨水滴注、甲酰胺水溶液滴注等。甲酰胺水溶液滴注法存在HCN污染环境问题，不宜采用。

氧氮共渗后的变质层分为两部分：外层为完整的氧化物层，厚2～3μm；内层为渗氮层。氧氮共渗所形成的渗氮层基本不存在ε白亮层，甚至少有ε相存在。紧贴氧化物层的是氮扩散层。氧化过程的加入减小了最表层的硬度，并使渗氮层内硬度梯度减小，这对刀具的切削性能是有利的。处理时间为60～120min，待工件冷至350℃左右浸油。

这种工艺的参数可控制、质量稳定性好、无污染、有防锈功能、成本较低,经氧氮处理的刀具寿命高于蒸汽处理的刀具,所以氧氮共渗工艺迅速地在工具行业得到推广应用,尤其是用于$\phi 3\sim\phi 30$mm的麻花钻、中心钻等大批量生产的刀具。

(4) 离子硫氮共渗。在离子渗氮装置上,向真空室通入的活性气体中除N以外再加上H_2S,一般$NH_3/H_2S=10/1$,即可在离子渗氮的同时完成表面硫化层的形成。表面生产的FeS保护层为六方晶系,具有类似石墨的鳞片状结构,硬度在100HV以下,柔韧而具有良好的润滑性,因而FeS层可以起抗咬合、降低摩擦系数的减磨作用。硫在α-Fe中溶解度极小,不会在FeS层下形成含硫的扩散层。离子硫氮共渗的速率远高于气体和液体硫氮共渗,不存在气体和液体硫氮共渗工艺引起的环境污染问题。离子硫氮共渗在550℃温度下,15～30mim,渗层厚度为0.051～0.067mm。

3) 渗碳

在较早的文献中已指出,用高速钢制作的一些工具对耐磨性要求很高时,对其进行渗碳是有益的,但对于钻头、铰刀之类的切削刀具不推荐采用渗碳,因为提高其表面碳含量会使刃部变脆。渗碳可以在980～1095℃进行。淬火前在温度为1065℃时保持10～30min即可。渗碳后将工件从渗碳介质中取出进行淬火[1]。

T1钢经930℃×8h渗碳后,表层碳含量达到2.6%,高于1.0%的渗层为0.75mm左右。高速钢中含有大量碳化物形成元素,在渗碳过程中,碳不仅以固溶于奥氏体中的形式存在,也可以同时析出碳化物,碳化物为颗粒状,渗碳层碳化物总量(体积分数)有时可以达到50%以上。

高速钢渗碳时,应考虑渗碳层与心部的淬火、回火与二次硬化特性的不同。如加热到心部合适的温度淬火,则对经过渗碳的表面将发生过热、过烧。反之,如以发挥渗碳层正常淬火的二次硬化性能为目的,则心部将处于淬火欠热状态。为缓和这一矛盾,高速钢的渗碳一般分为两个阶段:渗入与扩散。在扩散阶段,炉气碳势保持在较低水平,但温度可稍提高一些,可选在正常淬火温度的下限附近,如W6M5Cr4V2钢可选1150～1180℃,经过扩散后直接淬火。这样处理后,可以获得高硬度、高耐磨的表层和具有一定红硬性、良好韧性的心部,使某些刀具和模具可得到内、外性能的较好配合。

真空渗碳炉的使用为高速钢的渗碳提供了便利。M2钢的碳含量比平衡碳量低0.25%～0.30%,如通过真空渗碳使其碳含量达到平衡碳量,有可能将其热处理的表面硬度和红硬性提高到超硬高速钢的水平,而心部仍有比较好的力学性能。真空渗碳法能精确控制表面碳含量,完全避免了内氧化。曾对M2钢制的齿轮滚刀进行真空渗碳处理,加热至1040℃,通入丙酮裂解气进行渗碳,时间为6min,将炉内渗碳气氛抽去,在1040℃保持24min进行扩散,在8min内将炉温升至

1200℃,保持几分钟后淬油,在580℃进行3次回火。表面碳含量为1.17%,硬度达到69HRC,这个高硬度的外层深度在0.5mm以上,心部保持在63～64HRC。M2钢真空渗碳滚刀的使用寿命与M42钢滚刀相当[85]。

为了解决铸锻高速钢中碳化物的不均匀性,我国学者提出了开发渗碳高合金工具钢的设想:通过降低传统高速钢中的碳含量以减少或消除莱氏体,在工模具成形后进行渗碳以提高表面碳含量[86],并据此开发出了一些少无莱氏体高合金工具钢,部分这类钢的化学成分见表8.48。

表8.48 一些少无莱氏体高合金工具钢的化学成分[86]

钢号	化学成分/%									淬火温度/℃
	C	Si	Mn	W	Mo	Cr	V	Co	Nb	
DM2	0.55～0.75	≤0.4	≤0.4	6	5	4	2	—	—	1220
DM2Si	0.55～0.75	1	≤0.4	6	5	4	2	—	—	1220
DM9	0.55～0.75	≤0.4	≤0.4	9	3	4	1	—	—	1240
DW18	0.55～0.75	≤0.4	≤0.4	18	—	4	1	—	—	1260
DW42	0.65～0.90	≤0.4	≤0.4	1.5	9.5	3.75	1.5	8	—	1180
D2-3-4-6	1.2～1.6	≤0.4	≤0.4	2	3	4	6	—	—	1220
DCr10	0.5～0.8	≤0.6	≤0.66	—	1	10	1	—	0.2	1030
DV4	0.9～1.3	0.85	≤0.4	—	1.5	8	4	—	0.2	1020

注:D代表低碳。DCr10、DV4为高合金冷作模具钢,其余为高速钢。

这类钢的特点是:①减少或消除了钢中的莱氏体,显著改善了钢中的碳化物偏析和热加工性能,提高了钢的成材率。②渗碳层中没有粗大的碳化物,原有的少量较粗大的碳化物在渗碳过程中发生溶解,通过形核长大的新碳化物分布均匀、颗粒细小、韧性良好。③由于高速钢渗碳层没有粗大的碳化物,允许提高渗层碳含量,达到甚至略高于平衡碳量,使其淬火-回火后的硬度达到超硬高速钢的水平。④钢的心部碳含量低、韧性好,可根据工具对心部硬度的要求确定其碳含量[86]。

这类钢中含有较多易产生内氧化的元素,渗碳时不宜采用气体渗碳,应采用固体渗碳或真空渗碳。渗碳后面层的碳含量偏高,碳梯度太大,应通过扩散退火(固体渗碳时)或渗碳后增加扩散阶段(真空渗碳时),可以增加渗层厚度,减缓碳梯度的变化。渗碳温度范围较宽,一般在930℃渗碳也可以得到满意的结果。在渗碳过程中,发生碳化物转变,原有的少量含碳低的较粗大的碳化物将溶解,含碳高的碳化物将通过形核长大而重新形成。因此,渗碳层碳化物较原始碳化物还细[86]。

对碳含量为1.11%的D2-3-4-6钢的试样进行930℃固体渗碳和气体渗碳,其总渗层深度为1.20mm,硬度大于66HRC的硬化层深度分别为0.75mm和0.70mm。在1200℃淬火时,渗层最大碳化物尺寸在6.5μm以下,渗层碳化物较心部为细。在 1160～1220℃淬火,经 560℃×1h×5 次回火后,所有硬度均在 70HRC 以上,如再经 600℃×1h×4 次回火,淬火温度为 1200℃和 1220℃时的红硬性在 67HRC 以上。这种钢的钒含量高,较为难磨,但由于 VC 细小,可磨削性得到改善[87]。

用一些少无莱氏体高速钢制作车刀、镗刀、铰刀、丝锥等刀具代替原用 M2 钢,刀具寿命有成倍提高[86]。

4) 气相沉积

采用化学气相沉积(CVD)法或物理气相沉积(PVD)法在工具表面上镀上 TiC 或 TiN 等硬质材料膜,可以显著地提高其耐磨性和使用寿命,是当前广泛应用的表面强化方法。表 8.49 为硬质涂层材料的物理性能。

表 8.49　硬质涂层材料的物理特性[88]

种类	硬度 HV	熔点/℃	密度/(g/cm³)	膨胀系数/℃⁻¹	适宜涂层厚度/μm
TiC	3300～4000	3160	4.92	7.8×10^{-6}	3～8
(CrFe)C	1900～2200	1780	6.68	10.3×10^{-6}	7～12
TiN	1900～2400	2950	5.43	8.3×10^{-6}	5～8
TiCN	2600～3200	3055	5.81	8.1×10^{-6}	4～8
Al_2O_3	2200～2600	2040	3.98	7.7×10^{-6}	2～3

(1) 化学气相沉积法。CVD 法沉积 TiC 技术开发于 20 世纪 50 年代,1965 年成功用于硬质合金刀具后,迅速发展成为此类刀具最重要的表面强化技术。这种工艺投资不大,设备不复杂。

CVD 法的主要化学反应如表 8.50 所示。各种涂层材料相比,TiC 硬度最高,TiN 的耐蚀性、Al_2O_3 的抗氧化性及(CrFe)C 的耐热性相对较好。CVD 法主要工艺参数为工件的加热温度,气体的温度、种类、浓度、混合比及气体流量等。CVD 反应温度一般为 900～1500K,低于高速钢常规淬火温度,但又高于其常规回火温度。因此,CVD 工艺应用于高速钢远少于硬质合金[18]。

表 8.50　CVD 法的主要化学反应式[89]

生成化合物	化学反应式
TiC	$TiCl_4+CH_4 \longrightarrow TiC+4HCl$
(CrFe)C	$CrCl_2+H_2+(Fe\text{-}C) \longrightarrow (CrFe)C+2HCl$
TiN	$2TiCl_4+N_2+H_2 \longrightarrow 2TiN+8HCl$
TiCN	$2TiCl_4+N_2+3H_2+CH_4 \longrightarrow 2TiCN+8HCl+H_2$
Al_2O_3	$2AlCl_3+3CO_2+3H_2 \longrightarrow Al_2O_3+3CO+6HCl$

(2) 物理气相沉积法[18,40,84]。物理气相沉积技术兴起于 20 世纪 60 年代,到 90 年代已发展成为制造业中最重要的表面装饰、防腐、耐磨、抗咬合及硬化的涂层技术。该工艺的处理温度低于高速钢的回火温度,不影响刀具的强度,几乎不产生

畸变，非常适合于高速钢刀具，主要有辉光放电离子镀、弧光放电离子镀、阴极溅射沉积法等，镀层材料多选用 TiC 及 TiN 两种。

辉光放电离子镀的原理如下(以镀 TiN 为例)：采用电子枪发射的电子束将固体源材(金属 Ti)蒸发成单原子态，在低压放电等离子体中发生化学反应，生成物沉积在工件表面。整个装置分为上、下两室，上室抽真空后通入压力约 1.33Pa 的 Ar 和参与反应的 N_2，工件为阴极，它与炉壁间施以 1～5kV 负高压时，Ar 和 N_2 均被电离，Ar^+ 和 N^+ 撞向工件，在工件表面产生辉光。工件的温升可以控制。下室的真空度保持在 0.0133Pa，下室中的电子枪发射的电子束由磁场导向进入上室聚焦于置于坩埚中的金属源材 Ti 锭，将表面微小区域的 Ti 原子蒸发。Ti 原子进入等离子体中，受到 Ar^+、N^+ 和电子的撞击，发生电离。Ti^+ 在电场中向阴极(工件)迁移，和 N^+ 一样都达到工件表面，发生反应形成 TiN，其沉积速率较快。采取一种称为活性反应蒸镀(ARE)法可以加速 TiN 的沉积速率。ARE 法是在蒸发源上方适当位置放置一个带正电压的活化电极，加速电子的运动，促使离子化率增加。

改变靶材和反应气体的成分，可获得不同的镀层，如欲镀 TiC，则反应气体为 C_2H_2；如欲镀 Al_2O_3，则靶材为 Al，反应气体为 O_2。

高速钢工具辉光放电离子镀时，加热温度为 400～500℃。使用 ARE 法，在大批装炉、旋转涂镀的条件下，15min 的辉光放电离子镀，TiN 层可达 10μm 左右。

弧光放电离子镀(热弧)改变源材内的蒸发方法，不使用电子束轰击，只有一个工作室，将处于等离子体中的蒸发源材置于真空室底部，与顶部的热灯丝(阴极)之间构成正-负极，热电子在向蒸发源表面的高速运动中引发低压弧光放电，使置于坩埚中的源材熔化，大量蒸发，提高了蒸发源材的蒸发速率和蒸发总量，加快大批量工件的镀层增长速率。上述方法称为热阴极等离子弧源离子镀(单弧)。

多弧(冷弧)离子镀是将源极设为阴极，炉体设为阳极，控制弧光放电时的电压和气压，并采用适当的引弧方法，可以在源极表面获得闪烁的弧斑，每次闪光点在闪光时激发大量单原子金属，源极却不被加热至熔化，保持“冷”态，故称为冷弧。冷阴极电弧靶可在真空室内放置多个，可以放在任何位置，故又称为“多弧”。这样可以在整个真空室内获得大量的、均匀的单原子金属，对离子镀过程的速率和均匀性皆极为有利。

目前高速钢 PVD 涂层仍以离子镀 TiN 为主，镀层厚度 2～6μm，呈均匀的金黄色。镀层过薄或过厚皆影响色泽效果，且对刀具的寿命不利。表面粗糙度与镀前的原工件相同。色泽与粗糙度方面的优势是商品刀具选 TiN 而不用 TiC 镀层的主要原因，虽然后者的硬度和抗咬合性比前者好。PVD 涂层的界面与一般电镀或真空蒸镀不同，其结合牢固性显著高于后两者，这与在开始沉积之前工件表面接受 Ar 和 N 离子轰击有关。轰击不但形成洁净和活性表面，而且在基材表面微区内形成一个空位缺陷密集的地带。在沉积过程开始时，Ti 和 N 离子皆可打进这一微薄地带，形成一个离子镀层特有的微薄过渡区，因此这种镀层方法又被称为“离子渗镀”。

TiN 离子镀层内,晶粒组织细小、质地致密,硬度达 2500～3000HV,耐磨性很高,在一般情况下可使高速钢刀具的切削寿命提高 1～5 倍,切削效率提高约 30%。PVD TiN 涂层特别适合于齿轮滚刀和插齿刀等精密复杂刀具,这些刀具在重磨之后,还可以再进行 PVD 镀层处理,仍能保持原来的良好性能。TiN 涂层对各种高速钢都很有效,相比之下低合金高速钢工具在涂层之后切削性能的提高幅度更大一些。

除了 TiN 涂层之外,TiCN、TiAlN 等涂层也都已投入使用。涂层技术发展迅速,新的涂层技术不断问世。

8.4 冷作模具钢

冷作模具钢是指使金属在冷状态下变形的模具用钢,包括制造冲裁用的模具(落料冲孔模、修边模、冲头、剪刀)、冷挤压用模,以及压弯模、拉伸模、螺纹滚模、拉丝模等。冷轧辊用钢也可以看做是一种特殊的冷作模具钢。在机械制造、冶金、电机电器制造及无线电、电工仪表等行业中的零件制造中,冷作模具占有很重要的地位,使用极广泛。

8.4.1 冷作模具钢对性能的要求

冷作模具钢在工作时,由于被加工材料的变形抗力比较大,模具的工作部分,特别是刃口受到强烈的摩擦和挤压,因此模具应有高的硬度、强度和耐磨性。另外,模具在工作过程中受到冲击力的作用,故要求模具有较好的韧性。

试验表明,高的硬度是保持高的耐磨性的必要条件;此外,硬度与抗压屈服极限 $\sigma_{0.2}$ 之间有直线关系(图 8.90)。测定抗压屈服极限通常使用直径 10mm,长度 15mm 的试样。残余奥氏体增加,尤其超过 5%以上时会显著降低抗压屈服极限。淬火应力的存在也降低抗压屈服极限。这对于为了保持冷作模具工作部分的尺寸精确,要求在受到高负荷的条件下不致发生微小的塑性变形的模具很重要,尤其是对于冷挤压冲头(凸模)更加重要。有时由于工艺或使用条件的要求,需要在较高的温度下保持较高的硬度,这时就需要有热稳定性。

一些冷作模具还要求有高的强度和满意的韧性,这对于防止由于冲击、重载荷、偏心弯曲载荷、应力集中引起的破裂和折断是十分重要的。影响强度的因素很多,主要是钢中碳和合金元素的含量及其分布、晶粒的大小、碳化物的颗粒大小及分布的均匀性,以及内应力的存在。晶粒的长大和由于过高的碳含量和碳化物生成元素而引起的碳化物不均匀分布会严重降低模具钢的断裂强度。为了得到高的强度,必须正确地进行热压力加工和热处理工艺。由于冷作模具钢碳含量较高,脆性较大,测定其强度和塑性可采用抗弯或扭转强度试验。

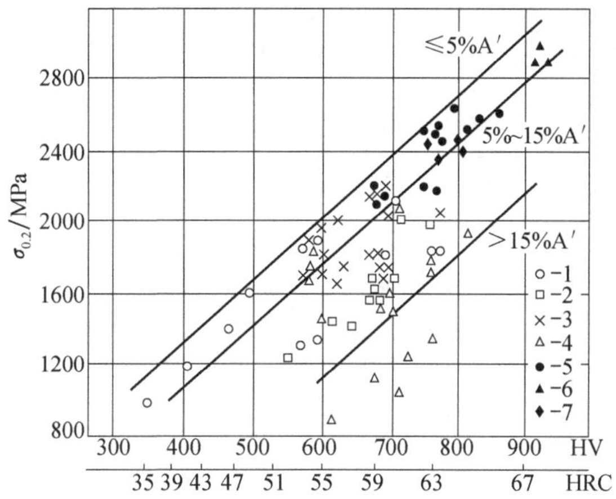

图 8.90 硬度和残余奥氏体 A′含量对压缩屈服强度的影响[2]

1—5CrNiMo；2—7CrMn2WMo；3—Cr6WV；4—Cr12V；5—W18Cr4V；6—W18Mo3Co6Si；7—W14Mo7Co23

对韧性的要求应根据工作条件来考虑。工作时受冲击负荷较大(冷镦模、剪刀)，易受偏心弯曲载荷(细长冲头)或有应力集中时需要较高的韧性。冷作模具钢的冲击韧性一般采用无缺口的标准冲击试样来测定。为了提高韧性可以采取以下措施：①控制碳含量。②淬透性适当时，可以使工作表面在得到所需厚度的淬硬层的同时，其余未淬硬部分保持较好的韧性。③适当降低淬火温度可以得到极细的晶粒，但硬度会有些降低，还要注意回火应避免在不可逆回火脆性的温度范围内进行。④对某些模具还可以采用低碳钢渗碳的方法。应当指出，不可逆回火脆性区是通过扭转冲击试验测出的，实际模具中大都承受弯曲和拉、压载荷，回火时一般不受表 8.51 所示温度范围的限制。

表 8.51 几种常用冷模具钢的回火脆性区

钢号	9Mn2V	GCr15	9SiCr	CrMn	C12MoV	非合金工具钢
不可逆回火脆性区/℃	190～230	200～240	210～250	250～300	290～330	200～300

影响耐磨性的因素很复杂，对于一定条件下工作的冷作模具钢来说，为了得到高的耐磨性，需要在硬度高的基体上均匀分布大量细小坚硬的碳化物。采用表面强化的方法可以显著提高模具的耐磨性，延长其使用寿命。利用磨损试验机可以测出不同钢种、不同工艺处理后的相对耐磨性能，也可以用模具实物进行比较。

从制造工艺的角度出发，还要求模具材料具有良好的冷加工性能(如切削容易、光洁度高等)和热加工性能(如锻造性能好、淬透性适宜、热处理变形小等)。

模具的工作寿命与磨损情况还与模具设计和操作等因素有关。忽视这一点，即使选用优质的材料制作模具，钢材的性能也不能得到充分的发挥。

我国合金工具钢标准 GB/T 1299—2014 中列入的冷作模具用钢如表 8.52 所示,其交货状态硬度值和试样淬火状态硬度值见表 8.53。

表 8.52 冷作模具钢的化学成分(GB/T 1299—2014) (单位:%)

牌号	C	Si	Mn	Cr	W	Mo	V	其他
9Mn2V	0.85~0.95	≤0.40	1.70~2.00	—	—	—	0.10~0.25	—
9CrWMn	0.85~0.95	≤0.40	0.90~1.20	0.50~0.80	0.50~0.80	—	—	—
CrWMn	0.90~1.05	≤0.40	0.80~1.10	0.90~1.20	1.20~1.60	—	—	—
MnCrWV*	0.90~1.05	0.10~0.40	1.05~1.35	0.50~0.70	0.50~0.70	—	0.05~0.15	—
7CrMn2Mo*	0.65~0.75	0.10~0.50	1.80~2.50	0.90~1.20	—	0.90~1.40	—	—
5Cr8MoVSi*	0.48~0.53	0.75~1.05	0.35~0.50—	8.00~9.00	—	1.25~1.70	0.30~0.55	—
7CrSiMnMoV	0.65~0.75	0.85~1.15	0.65~1.05	0.90~1.20	—	0.20~0.50	0.15~0.30	—
Cr8Mo2SiV*	0.95~1.03	0.80~1.20	0.20~0.50	7.80~8.30	—	2.00~2.80	0.25~0.40	
Cr4W2MoV	1.12~1.25	0.40~0.70	≤0.40	3.50~4.00	1.90~2.60	0.80~1.20	0.80~1.10	—
6Cr4W3Mo2VNb	0.60~0.70	≤0.40	≤0.40	3.80~4.40	2.50~3.50	1.80~2.50	0.80~1.20	0.20~0.35Nb
6W6Mo5Cr4V	0.55~0.65	≤0.40	≤0.60	3.70~4.30	6.00~7.00	4.50~5.50	0.70~1.10	—
W6Mo5Cr4V2*	0.80~0.90	0.15~0.40	0.20~0.45	3.80~4.40	5.50~6.75	4.50~5.50	1.75~2.20	—
Cr8*	1.60~1.90	0.20~0.60	0.20~0.60	7.50~8.50	—	—	—	—
Cr12	2.00~2.30	≤0.40	≤0.40	11.50~13.00	—	—	—	—
Cr12W*	2.00~2.30	0.10~0.40	0.30~0.60	11.00~13.00	0.60~0.80	—	—	—
7Cr7Mo2V2Si*	0.68~0.78	0.70~1.20	≤0.40	6.50~7.50	—	1.90~2.30	1.80~2.20	—
Cr5Mo1V	0.95~1.05	≤0.50	≤1.00	4.75~5.50	—	0.90~1.40	0.15~0.50	—
C12MoV	1.45~1.70	≤0.40	≤0.40	11.00~12.50	—	0.40~0.60	0.15~0.30	—
Cr12Mo1V1	1.40~1.60	≤0.60	≤0.60	11.00~13.00	—	0.70~1.20	0.5~1.10	≤1.00Co

注:带 * 符号的为新增加的牌号,共 8 个。各牌号的残余元素 Cu、Cr、Ni 含量均不大于 0.25%。5Cr8MoVSi 钢中的 P 含量不大于 0.030%、S 含量不大于 0.015%,其余各钢冶炼方法为电弧炉时 P 含量不大于 0.030%、S 含量不大于 0.030%。冶炼方法为电弧炉+真空脱气时 P 含量不大于 0.030%、S 含量不大于 0.020%。冶炼方法为电弧炉+电渣重熔或真空电弧重熔时 P 含量不大于 0.025%、S 含量不大于 0.010%。

表 8.53 冷作模具钢交货状态硬度值和试样淬火硬度值(GB/T 1299—2014)

牌号	交货状态硬度 HBW10/3000	试样淬火		
		淬火温度/℃	冷却剂	硬度 HRC
9Mn2V	≤229	780～810	油	≥62
9CrWMn	197～241	800～830	油	≥62
CrWMn	207～255	800～830	油	≥62
MnCrWV*	≤255	790～820	油	≥62
7CrMn2Mo*	≤235	820～870	空气	≥61
5Cr8MoVSi*	≤229	1000～1050	油	≥59
7CrSiMnMoV	≤235	淬火:870～900 回火:150±10	油冷或空冷 空冷	≥60
Cr8Mo2SiV*	≤255	1020～1040	油或空气	≥62
Cr4W2MoV	≤269	960～980 或 1020～1040	油	≥60
6Cr4W3Mo2VNb	≤255	1100～1160	油	≥60
6W6Mo5Cr42V	≤269	1180～1200	油	≥60
W6Mo5Cr4V2*	≤255	720～840℃预热,1210～1230℃加热(盐浴加热保温 5min,控制气氛加热保温 5～15min)油冷,540～560℃回火两次(盐浴或控制气氛),每次 2h		≥64(盐浴) ≥63(炉控气氛)
Cr8*	≤255	920～980	油	≥63
Cr12	217～269	950～1000	油	≥60
Cr12W*	≤255	950～980	油	≥60
7Cr7Mo2V2Si*	≤255	1100～1150	油或空气	≥60
Cr5Mo1V	≤255	(790±15)℃预热,(940±6)℃加热(盐浴加热保温 5min)或(950±6)℃加热(炉控气氛加热保温 5～15min)油冷,(200±6)℃回火一次,2h		≥60
C12MoV	207～255	950～1000	油	≥58
Cr12Mo1V1	≤255	(820±15)℃预热,(1000±6)℃加热(盐浴加热保温 10min)或(1010±6)℃加热(炉控气氛加热保温 10～20min)空冷,(200±6)℃回火一次,2h		≥59

注:带 * 符号的为新增加的牌号,共 8 个。保温时间指试样达到加热温度后保持的时间。

GB/T 1299—2014 中列入的一些非合金工具钢和量具刃具用钢和 GB/T 9943—2008 中的一些高速钢也可用于制作冷作模具。

冷作模具使用的钢材可以分为以下几类:①非合金工具钢;②低合金工具钢;③高铬及中铬工具钢;④含锰较高的空冷微变形钢;⑤高速钢;⑥基体钢;⑦钢结硬

质合金。近年,粉末冶金工具钢和喷射成形工具钢逐渐得到应用。

8.4.2 非合金工具钢

用做冷作模具的非合金工具钢主要有 T7A、T10A、T11A 几种,其中又以 T10A 钢应用得最为普遍。

冷作模具较少采用 T8 钢,主要有两方面的原因:一是 T8 钢淬火加热过热敏感性大,甚至在加热温度比较低(780~790℃)的条件下,T8 钢的晶粒也容易长大,韧性较差;二是 T8 钢淬火后组织中没有过剩的碳化物,因而耐磨性差。

过共析钢 T10A 和 T11A 在加热时能获得比较小的晶粒,淬火时过热敏感性小,经适当热处理可得到较高的强度和一定的韧性。另外,T10A、T11A 钢在淬火后组织中还保留一些剩余的碳化物(二次渗碳体),提高了模具的耐磨性,这就是 T10A 钢应用比较普遍的原因。

碳含量超过 1.1%的过共析钢 T12A,过剩的碳化物很多,并且颗粒也会增大,碳化物在组织中的分布也不均匀,容易形成网状或断续网状,使钢的力学性能变坏。但是,对于韧性要求不高,只要求高硬度和耐磨性的切边模和剪刀,T12A 钢还是可以采用的。

亚共析钢 T7、T7A 的耐磨性不及 T10A 钢,但 T7、T7A 钢有较好的韧性,所以在制作要求较高韧性的模具时,可采用 T7 或 T7A 钢。

非合金工具钢的最大缺点是淬透性差,制作模具的淬硬层只有 1.5~5mm,模具热处理时变形大、耐磨性差、寿命低,不适于制作大中型和复杂的模具。但是,非合金工具钢生产成本较低,原材料容易得到,易于冷热加工,在热处理后仍有相当高的硬度。所以,对于形状简单、尺寸小、受轻负荷的模具,如小冲头、剪刀、冷冲模等仍广泛采用非合金工具钢制造。特别需要指出的是,非合金工具钢最适于做冷镦模。根据冷镦模的工件条件,模具材料除了应具备足够的强度,其工作表面和型腔要有足够的硬度和硬化层外,还需要有足够的韧性,故这类模具热处理后要求内孔有一定的淬硬层而外部不能淬硬,从而保持有较高的韧性。如果淬透层过深,会因工作上承受大的冲击而迅速开裂。但尺寸较大、负荷较重的冷镦模也会因淬透层薄的基体太软而压陷。

非合金工具钢制冷作模具如采用水(或盐水)淬火会引起较大的变形。碱浴分级淬火是解决非合金工具钢冷作模具热处理变形的有效措施,基本上消除了开裂现象,并大大减少了热处理变形。采用 160~180℃碱浴分级淬火,虽然可以获得很高的表面硬度(56~62HRC),但淬硬层仍较薄,所以非合金工具钢的碱浴分级淬火特别适合于不需要磨刃的成形模具,或只要求表面硬度、中心有一定强度、高韧性的塑料压模、冷镦模等,或小型的刃口模具(如冲头、落料模等)。

当要求有较深的淬透层时,为了弥补碳素钢淬透性不足的弱点,一般将淬火温度提高 20～40℃，适当加长保温时间。另一种办法是先在 150～170℃碱浴中分级淬火，再在 200～220℃硝盐中等温停留一段时间，或先用盐水冷却一段时间再提出，于硝盐中等温，目的都是为了增加淬透层深度。

8.4.3　低合金工具钢

尺寸较大、负荷较重的模具可采用淬透性比较高的低合金工具钢制造。尺寸不很大，但形状复杂的冷冲模为减少变形也使用低合金工具钢制造，这些钢一般在油中淬火。GB/T 1299—2014 中列入的可制作冷模具的钢有 9SiCr、Cr2、CrWMn、9CrWMn、MnCrWV、9Mn2V、7CrSiMnMoV，其化学成分分别列入表 8.10 和表 8.52。

GB/T 1299—2014 规定：退火状态交货的 9SiCr、Cr2、CrWMn、9CrWMn 钢需检查珠光体组织和网状组织。珠光体按该标准的图 A.3 评定，合格级别为 1～5 级。网状组织按该标准图 A.5 评定，截面尺寸不大于 60mm 的钢材，合格级别不大于 3 级。热压力加工用钢不检查珠光体组织和网状碳化物。

9SiCr 和 Cr2(相当于 GCr15)钢具有高的碳含量和含有提高淬透性、淬硬性并细化晶粒的合金元素，能够通过适当的热处理基本满足冷作模具钢的性能要求，适用于制造形状复杂、要求变形小的中小型冷冲模。9SiCr 钢的碳化物分布均匀、热处理变形又小，适用于做螺纹滚压模具。9SiCr 钢中含硅较高，回火稳定性较高，在 250℃ 回火时，硬度不低于 60HRC，但含硅高却带来了退火后硬度较高和加热过程中易脱碳等缺点。

CrWMn 钢同时含有铬和锰，因此具有高的淬透性，但其淬透性随炉次不同会有比较大的差异。图 8.91 为具有较低淬透性的 CrWMn 钢的过冷奥氏体等温转变曲线，而具有较高淬透性的 CrWMn 钢的过冷奥氏体等温转变曲线中的贝氏体转变最短孕育期达 100s[2,17]。

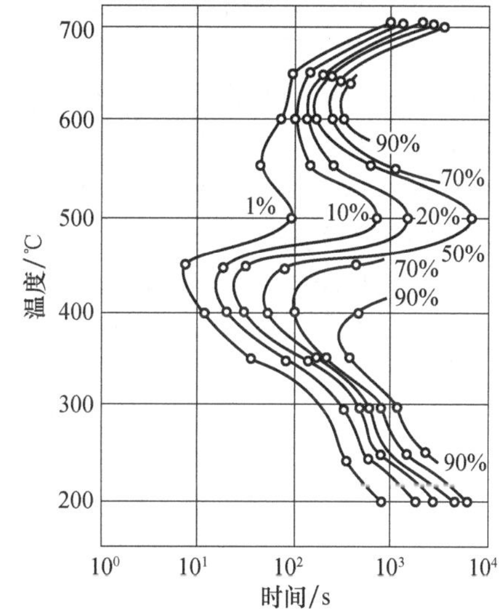

图 8.91　CrWMn 钢的过冷奥氏体等温转变曲线[17]

840℃加热

CrWMn 钢淬火后保留较多的残余奥氏体，淬火后变形小，适用于制造淬火时要求变形很小、形状复杂的中小型模具，如冷冲、冷挤压凹模、落料冲孔模等。钢中的钨、铬是碳化物形成元素，在淬火及低温回火状态下钢中含有较多的碳化物(与 9Mn2V、9SiCr 钢相比)，因而具有较高的硬度和耐磨性。钨还能细化晶粒，使钢获得较好的韧性并减小过热敏感性。

CrWMn 钢对形成碳化物网比较敏感,这种网状碳化物的存在使钢的韧性变坏,模具的薄弱部分易于崩落,从而降低模具的使用寿命,所以应严格控制热加工工艺。CrWMn 钢的始锻温度为 1100～1140℃,终锻温度为 800～850℃,锻后要空冷到 650～700℃再缓冷,否则易形成网状碳化物。如原材料网状碳化物比较严重,就应进行反复锻造(十字锻造),以破坏网状碳化物,在锻后尽可能快冷至 650～700℃,防止再形成网状碳化物,然后缓冷。如未能完全防止网状碳化物,在球化退火前应先进行一次正火,正火温度为 930～950℃。

CrWMn 钢的退火工艺为:加热温度 760～790℃,等温温度 670～720℃。退火后的硬度为 207～255HBW。CrWMn 钢的淬火工艺见表 8.53。该钢主要用做轻载冲裁模(料厚度小于 2mm)、轻载拉伸模及弯曲翻边模等。

9CrWMn 钢的用途与 CrWMn 钢相似,淬透性要低些,但碳化物分布较均匀,常用做允许变形小的、形状复杂的冷冲模和冷剪金属的长刀片。9CrWMn 钢的退火加热温度为 780～800℃,淬火加热温度为 800～830℃,油中冷却时硬度为 62～64HRC,经 170～230℃回火后硬度为 60～63HRC,经 230～275℃回火后硬度为 56～60HRC。

MnCrWV 钢是国际上广泛采用的高碳低合金油淬钢,GB/T 1299—2014 已将该钢纳入。MnCrWV 钢采用了"少量多元"金金化原则,与 CrWMn 钢比较,其碳化物分布较均匀,生成网状碳化物的倾向比较小。图 8.92 和图 8.93 为淬火温度、回火温度对 MnCrWV 和 CrWMn 钢的硬度和残余奥氏体量的影响。这种钢的淬火温度不高,淬火温度范围为 800～840℃,硬度为 64～65.4HRC,金相组织为细粒状碳化物加细针状马氏体。在 900℃以上淬火,马氏体针有较明显的长大。MnCrWV 钢的回火稳定性比 CrWMn 钢稍低,但在 250℃回火时硬度仍可达到 58～60HRC。

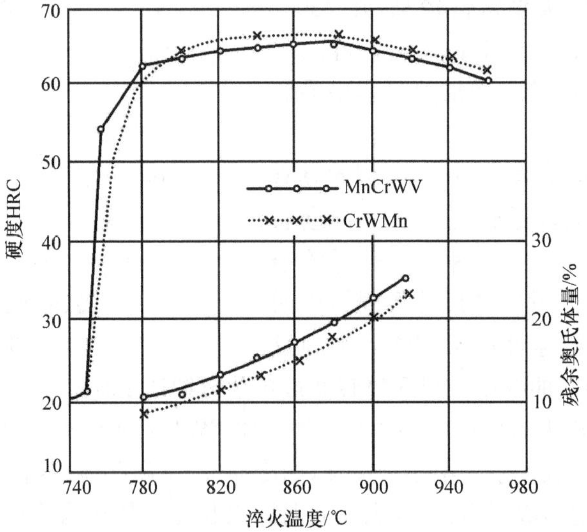

图 8.92　淬火温度对 MnCrWV 和 CrWMn 钢的硬度及残余奥氏体量的影响[90]

MnCrWV 钢的淬透性也比较高(图 8.94)。MnCrWV 钢的变形倾向很小,在 150～200℃回火时,变形最小,超过 200℃时由于残余奥氏体的分解,变形量有些增加,250℃回火变形量很大,以后逐渐减小。MnCrWV 钢淬火加热时晶粒不易长大,韧性较好。由上述可以看出,MnCrWV 钢含合金元素量少而性能良好,是一种值得推广的低合金冷模具钢。

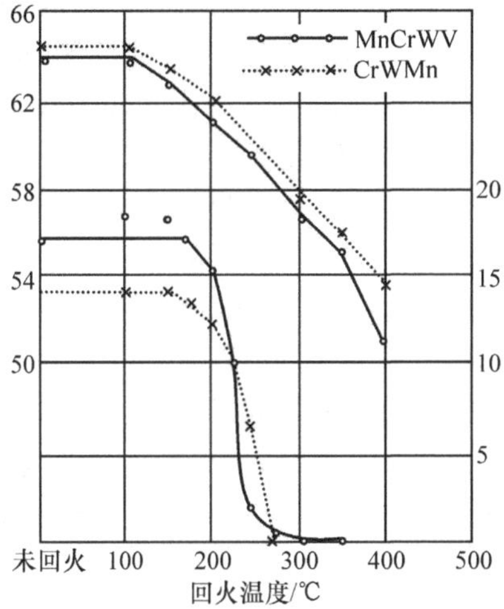

图 8.93 回火温度对 MnCrWV 和 CrWMn 钢的硬度及残余奥氏体量的影响(淬火温度 800℃油淬)[90]

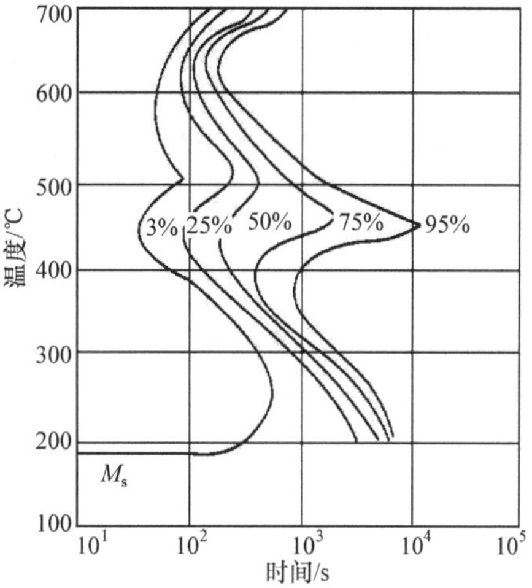

图 8.94 MnCrWV 钢的过冷奥氏体等温转变曲线(830℃加热 5min)[90]

MnCrWV 钢适宜制作钢板冲裁模、剪切刀、落料模、量具和热固性塑料成形模。

9Mn2V 钢具有较好的淬透性,与 CrWMn 和 9SiCr 钢相近,图 8.95 为 9Mn2V 钢的 TTT 曲线。可以看出,锰提高了过冷奥氏体的稳定性,钒的影响表现为 C 曲线出现两个鼻部。

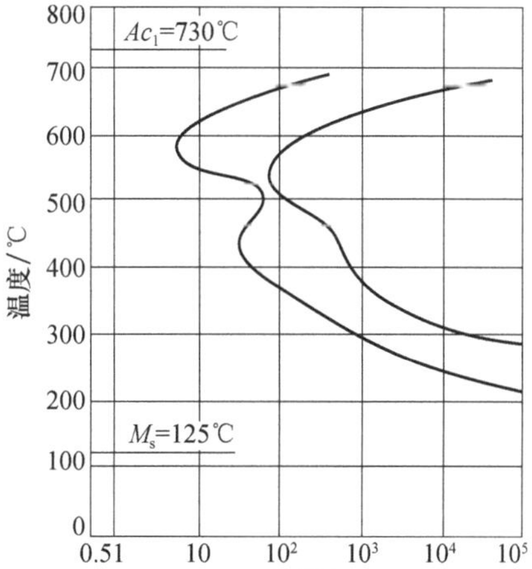

图 8.95 9Mn2V 钢的 TTT 曲线[15]

成分:0.98%C、0.26%Si、1.68%Mn、0.19%V,奥氏体化温度:800℃

9Mn2V 钢的淬硬性较 CrWMn 钢稍低,锰含量不超过 2%。锰含量过高会使钢的过热敏感性和形成淬火裂纹的倾向增大,并使残余奥氏体增加。钒能显著细化晶粒,减小钢的过热敏感性,从而改善锰在钢中的不良影响。许多工厂使用结果证明,9Mn2V 钢在模具制造上不仅可以代替非合金工具钢的碱浴淬火,并且可以提高模具性能;还可以代替一些含铬低的合金钢,如 GCr15、CrWMn、9SiCr 等制造各类胶木模、冲 4mm 以下薄板冷冲模、踏弯模等。

用 9Mn2V 钢制作的模具,厚度不超过 30mm,采用油淬可以淬透。在实际生产中并不要求模具整体淬硬,所以尺寸还可以放宽到 60mm 左右。对于有效厚度不超过 40mm 的模具,采用 170℃硝盐分级淬火,表面硬度仍然可以达到 60HRC。

少量钒能有效地阻止锰钢的过热倾向,因此 9Mn2V 钢在比较宽的一段淬火温度范围(780~840℃)内组织情况都比较理想。高于 840℃淬火可能淬裂,同时残余奥氏体量增加,会降低淬火后的硬度。9Mn2V 钢在淬火后有比较多的残余奥氏体,因而变形较小。9Mn2V 钢淬火温度为 800℃时强度最高。

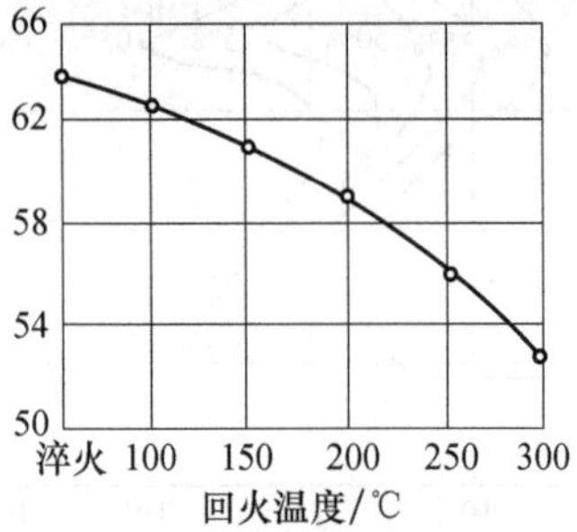

图 8.96 回火温度对 9Mn2V 钢硬度的影响[15]
800℃淬油后

图 8.96 为淬火后回火温度对 9Mn2V 钢硬度的影响,可以看出,9Mn2V 钢的回火稳定性低,要达到一般模具所要求的硬度,回火温度不超过 180℃,回火温度最好采用 160~180℃。9Mn2V 钢在 160~180℃温度下回火,钢的强度和韧性较好。200℃回火时,力学性能(强度、塑性、韧性)出现最低值,200~300℃是该钢的第一类回火脆性区。

耐磨性试验证明,9Mn2V 钢的耐磨性优于 T10A 钢,若以非合金工具钢的抗磨能力为 1,则 9Mn2V 钢为 6.5,CrWMn 钢为 7.9。

7CrSiMnMoV 是一种火焰淬火钢。20 世纪 70 年代后期,国外主要是日本在汽车等生产线上对部分模具采用火焰表面淬火工艺,并研制出一些主要供火焰表面淬火用的冷作模具钢,表 8.54 是国内外开发的一些火焰淬火钢的化学成分。7CrSiMnMoV 钢在我国已有较多的应用。

表 8.54 一些火焰淬火钢的化学成分[91,92] (单位:%)

钢号	C	Si	Mn	Cr	Mo	V
7CrSiMnMoV(简称 CH-1)	0.65~0.75	0.85~1.15	0.65~1.05	0.90~1.20	0.20~0.50	0.15~0.3
SX105(爱知制钢)	0.70	1.00	0.80	1.00	≤0.50	≤0.30
GO5(大同特殊钢)	0.70	1.00	1.00	2.00	—	0.1
HMD-1(日立金属)	1.00~1.10	0.90~1.10	0.90~1.10	3.00~4.00	0.40~0.70	0.10~0.20
HMD-5(日立金属)	0.65~0.65	0.70~1.20	0.70~1.20	0.90~1.40	≤0.50	≤0.50
ASSAB635(瑞典)	0.60	0.35	0.80	4.50	0.50	0.20

7CrSiMnMoV 钢有较高的淬透性,ϕ80mm 钢材淬油时距表面 30mm 处的硬度还能达到 60HRC,心部与表面的硬度差值为 3HRC。空冷时的硬度略低,其心部与表面硬度的差值为 4HRC。

7CrSiMnMoV 钢作为火焰淬火钢,可用于模具刃口部位,经氧-乙炔火焰加热到淬火温度,然后空冷即达到淬硬的目的,变形小,无须再经其他加工。淬火温度可在100～150℃波动,淬火后都能获得较好的综合性能和表面硬度,表面硬度在60HRC以上。宽的淬火温度范围可以适应人工操作火焰喷嘴引起的温度偏差,淬硬层可达2～3mm(使用单头喷嘴)或5～6mm(使用双头喷嘴)。淬火后在淬火层一般形成有益的残余压应力,可不经回火直接使用,但对于大型镶嵌模和大型载荷冲模,仍需进行适当回火处理。

7CrSiMnMoV钢亦常用于制作整体淬火的模具,其适宜的淬火温度为900～920℃,油冷或220℃分级淬火(M_s=211℃),淬火组织为细针状马氏体+部分板条马氏体+残余奥氏体,残余奥氏体量约为12%,硬度为58～62HRC。回火温度为150～200℃,1～3h,此时具有较高的硬度、强度和韧性。7CrSiMnMoV钢具有高于T10A、CrWMn、9Mn2V钢的强韧性,主要用于要求强韧性较高的落料模、冲孔模、弯曲模、拉伸模等冷作模具,代替上述模具钢,可使模具寿命提高1～3倍[91,92]。

表8.55列出了国外应用的及我国开发的一些性能较好的低合金冷作模具钢的化学成分。

表8.55 国内外一些低合金冷作模具钢的化学成分 (单位:%)

钢号	C	Si	Mn	Cr	Mo	W	V	Ni
O1	0.85～1.00	0.10～0.50	1.00～1.40	0.40～0.60	—	0.40～0.60	≤0.30	—
SKS3[94]	0.90～1.00	≤0.35	0.90～1.20	0.50～1.00	—	0.50～1.00	—	—
ДИ56[95]	0.67～0.74	0.20～0.40	1.40～1.80	1.20～1.50	0.50～0.80	—	0.10～0.20	0.80～1.20
GD[96]	0.64～0.74	0.55～0.85	0.70～1.00	1.00～1.30	0.40～0.60	—	0.10～0.20	0.70～1.00

注:O1根据ASTM A681(2004再确认)[19]。

表8.55中的O1钢是美国应用最广泛的油淬低合金冷作模具钢,在其他国家的工具钢标准中也有类似的钢号。与CrWMn钢比较,O1钢中的碳化物分布较均匀,生成网状碳化物的倾向较小。O1钢适宜的淬火温度为790～815℃,此时绝大部分碳化物已溶解,只存在少量未溶碳化物,残余奥氏体含量为10%～13%,硬度在65HRC左右。适宜的回火温度为180～230℃,此时的残余奥氏体量为6%～9%,硬度为60～62HRC。O1钢有较好的强韧性,热处理后的变形甚微,因而得到广泛的应用[49]。

SKS3钢是日本常用的低合冷作模具钢,其成分与9CrWMn相近。ДИ56是苏联研制的一种低合金冷作模具钢,其成分特点是降低了碳含量并加入1%Ni,因而在提高强度的同时,又具有良好的韧性[95]。

6CrNiMnSiMoV(GD)钢是我国研制的一种高强韧性低合金冷作模具钢。该钢参考ДИ56、SX105等钢的特点,采取适当降低碳含量,加入少量的Si、Ni,优化合金元素的配比而设计的。

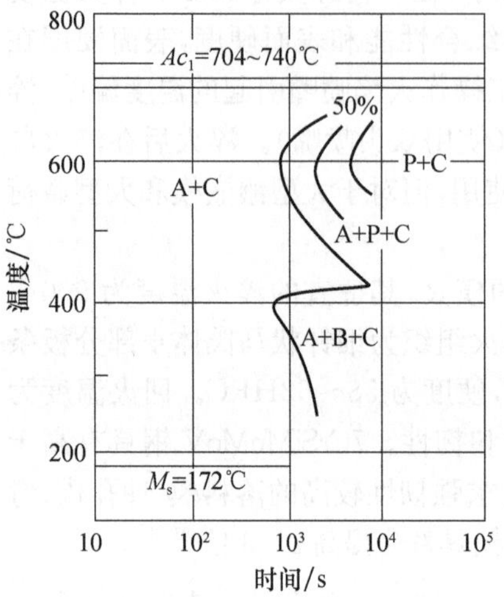

图 8.97 GD 钢过冷奥氏体等温转变曲线[96]

奥氏体化:900℃×10min

由于合金元素的综合作用,GD 钢有较高的淬透性和淬硬性,在 840~960℃加热,油淬或空冷后的硬度超过 64HRC,晶粒度在 10~12 级。ϕ60mm×120mm 试棒,经 880℃加热油淬后,整个截面硬度为 64~65HRC,空淬后的硬度在 61HRC 以上。图 8.97 为 GD 钢的过冷奥氏体等温转变曲线。

GD 钢的热塑性好,锻造温度区间宽,由于淬透性好,锻后应缓冷并及时退火。适宜的退火工艺为(760~780℃)×2h 加热,30℃/h 的速率降温,680℃×6h 保温,炉冷至 550℃出炉,硬度为 230~240HB。

GD 钢的最佳热处理工艺:淬火温度为 870~930℃,油淬或空淬硬度为 64~65HRC,回火工艺为(170~260℃)×2h,其硬度为 58~62HRC,热处理后的变形量小于 CrWMn 钢。GD 钢的淬火温度区间宽,可用火焰加热淬火。

GD 钢经 900℃油淬、200℃回火,其力学性能见表 8.56,并与 CrWMn 钢和 Cr12MoV 钢进行对比。微观分析表明,由于 GD 钢的碳含量为 0.7%,淬火后其马氏体中的 80%(体积分数)为高密度缠结位错的板条马氏体,并在板条间存在残余奥氏体薄膜,低温回火后仍具有 10%左右的稳定的残余奥氏体;奥氏体晶粒细,大量未溶的 VC 对晶粒长大起阻碍作用,因而具有高的强韧性[97]。GD 钢还可以进行下贝氏体等温淬火,可以获得更高的韧性[98]。

表 8.56 GD 钢与 CrWMn 钢和 Cr12MoV 钢力学性能对比[54]

钢号	热处理工艺	硬度 HRC	抗弯强度 σ_{bb}/MPa	挠度 f/mm	抗压屈服强度 σ_{sc}/MPa	C 型缺口冲击韧度 a_k /(J/cm^2)	多冲周次 N	K_{IC} /(MPa · m$^{1/2}$)
GD	900℃加热,油冷淬火,200℃回火	61	4388	3.06	2674	149	8895	25.6
CrWMn	840℃加热,油冷淬火,200℃回火	61	3777	2.90	2668	77	6413	—
Cr12MoV	1020℃加热,油冷淬火,200℃回火	61	2580	2.30	2667	44	4105	24.1

注:C 型缺口试样尺寸为 10mm×10mm×55mm,C 型缺口深 2mm,R=12.7mm。多冲能级 2.15J。K_{IC} 数据取自文献[92]。

GD 钢强韧性高、工艺性能好，用于代替 CrWMn、9SiCr、C12 型等钢制作易崩刃、易断裂的冷冲模、冷挤压模、中厚板冷剪刀等可以显著提高模具寿命。

8.4.4　高铬及中铬工具钢

这类钢具有淬火变形小、淬透性好、耐磨性高等特点，其铬含量在 4%以上，被广泛地用来制造承受负荷大、生产批量大、耐磨性要求高、热处理变形量要求小、形状复杂的模具。

这类钢可分为：①Cr12 型高碳高铬工具钢；②高碳中铬工具钢；③韧性较高的耐磨铬工具钢。

8.4.4.1　Cr12 型高碳高铬工具钢

Cr12 型高碳高铬工具钢是国内外应用最广泛的冷作模具钢。在 GB/T 1299—2014 中列入了四个牌号：Cr12、Cr12W、Cr12MoV 和 Cr12Mo1V1，其化学成分见表 8.52，其交货状态硬度值和试样淬火硬度值见表 8.53。Cr12 相当于国外 D3(美)、SKD1(日)、X12(俄)，Cr12W 相当于 X210CrW12(德)，Cr12MoV 相当于 X12M(俄)，Cr12Mo1V1 相当于 D2(美)、SKD11(日)。

这类钢含铬约 12%，含碳 1.2%～2.3%，钢中存在大量的(Cr、Fe)$_7$C$_3$，其硬度在 1800HV 以上，较渗碳体和 M$_6$C 型碳化物高，因此具有高的耐磨性。这类钢按成分属于莱氏体钢。自液态开始结晶时先析出含碳和铬较钢的成分少的奥氏体相，以后剩余的液体在奥氏体晶粒周围生成共晶体，随后冷却时自奥氏体中析出二次碳化物(图 8.98)。

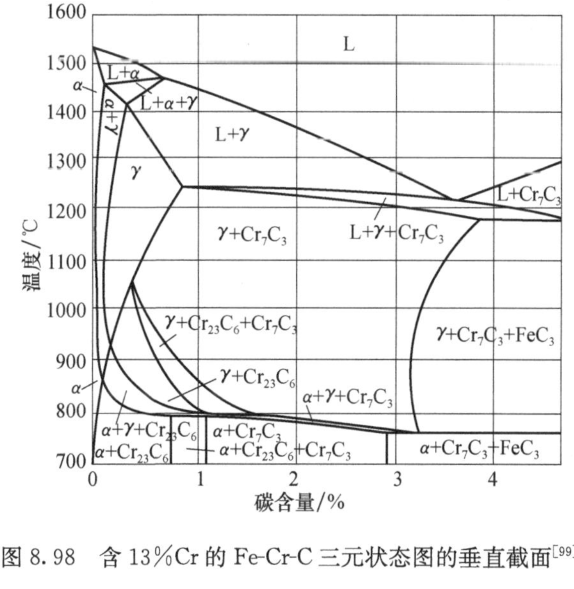

图 8.98　含 13%Cr 的 Fe-Cr-C 三元状态图的垂直截面[99]

热加工将Cr12型钢的共晶体破坏,同时使碳化物形成带状沿金属流动方向分布。GB/T 1299—2014规定退火状态交货的Cr12型钢应检查其共晶碳化物不均匀度,并按GB/T 14979—94《钢的共晶碳化物不均匀度评定法》第四评级图评定。该级别图将碳化物分布的不均匀性分为8级,从钢材横向取10～12mm厚试样,在圆试样直径上或方试样对角线上1/4处,检验纵向的碳化物不均匀度,放大100倍。8个级别中的6、5、4三个级别均有两个评级图,分别考虑碳化物主要呈网状形态还是呈条带形态。8级中碳化物网基本没有变形,有非常严重的碳化物堆积,保留完整的铸态组织。7级中有粗大完整的网状碳化物,碳化物堆积严重,基本上保留了共晶组织特征,只是为碳化物网所包围的奥氏体晶粒稍有变形。6、5级中保留有沿延伸方向拉长,但仍连续、封闭的碳化物网,网壁较薄,有少量碳化物堆积,或出现保留部分共晶特征的碳化物带。4级一般为碳化物呈较宽的带状,碳化物颗粒粗大,有明显的交叉和粗大半网出现;或者碳化物呈细网状分布,网细小而壁薄,没有明显的碳化物堆积。3级至1级碳化物带分布逐渐均匀。3级呈较宽带状,带宽约20mm,还留有网状分叉形式。2级呈带状分布,带宽约10mm。1级的碳化物颗粒细小,呈带状均匀分布。图8.99为Cr12型共晶碳化物不均匀度评级图示例。

3级

5级(网状)

图8.99　Cr12型合金工具钢共晶碳化物不均匀度评级图示例
GB/T 14979—94第四评级图

碳化物的不均匀分布降低强度,使强度和变形呈各向异性。碳化物不均匀性很大时,钢的强度横向比纵向低30%～40%,生产厂常常采用特殊的锻造方法来改善碳化物不均匀性。GB/T 1299—2014对Cr12型合金工具钢共晶碳化物不均匀度的合格级别作出规定(表8.57),在需方要求时,可按1组供货。

表 8.57 Cr12 型合金工具钢共晶碳化物不均匀度合格级别(GB/T 1299—2014)

钢材直径或边长/mm	共晶碳化物不均匀度合格级别/级≤	
	1组	2组
≤50	3	4
>50～70	4	5
>70～120	5	6
>120～400	6	协议
>400	协议	协议

注:退火状态交货的 Cr12、Cr12W、Cr12MoV 和 Cr12Mo1V1 钢,以及 Cr8Mo2SiV、6Cr4W3Mo2VNb、6W6Mo5Cr42V、W6Mo5Cr42V2 等钢应按 GB/T 14979—94 标准中第四评级图评定,其合格级别应符合本表中 2 组规定。根据需方要求,可按 1 组供应。扁钢的合格级别由供需双方协商确定。

Cr12 型高碳高铬工具钢制模具在使用过程中,常会因碳化物分布不均匀而发生崩刃现象,按表 8.57 的要求提供的锻坯,其碳化物不均匀度常常不能满足使用厂的要求,需通过改锻来改变原材料的碳化物分布状况。

高碳高铬钢,由于碳含量高、熔点较低,锻造温度要低一些。改锻工艺:Cr12 钢的始锻温度为 1060～1100℃,终锻温度为 850～900℃;Cr12W 钢的始锻温度为 1010～1050℃,终锻温度为 850～900℃; Cr12MoV、C12Mo1V1 钢的始锻温度为 1080～1120℃,终锻温度为 850～900℃。锻造前的加热温度不能超过始锻温度上限值 30～50℃,并事先在 750～850℃预热[100]。

坯料的长度和直径应满足 $L=(2.5\sim3)d$,在满足上述关系的条件下,尽量选用小规格的钢材。锻造时要求从三个方向上改变工件(毛坯)形状而使每个方向都要进行拉伸镦粗,至于拉伸镦粗的次数可参考原材料的原始碳化物偏析等级,若原始碳化物偏析等级高,要多镦粗拉伸几次(二次、三次或三次以上),最后成形的锻坯要求碳化物排列方向垂直于工件的工作面(平面)。我国一些工厂在这方面积累了很多经验。

根据不同模具的使用条件,对改锻后的碳化物偏析一般要求如下:

(1) 要求具有高的耐磨性,而对其他性能(如冲击韧性等)及淬火变形要求不高的模具,碳化物偏析控制在 5 级以下。

(2) 对一般形状较简单的冲模,碳化物级别在 4 级以下;对于精密冲模(如形状复杂的冲裁模等),应在 3 级以下。

(3) 对于要求具有高韧性的模具及细小的凸模等,碳化物偏析应控制在 3 级以下。

(4) 要求具有高负荷、高强度的模具(如冷挤压模具等),其碳化物偏析应在 2～3 级以下。

经过合理的锻造后,碳化物不均匀度的级别可以得到改善,小型工件最高可以改善2级,大型工件可以改善1级左右。

共晶碳化物的大小对工模具使用寿命也有很大的影响。机械行业标准JB/T 7713—2007《高碳高合金钢制冷作模具显微组织检验》中,对高碳高合金钢制冷作模具经淬火-回火后钢中大块共晶碳化物的块度制定了评定方法。试样取自模具上有代表性的部位,也可采用同一熔炼炉号、有效尺寸相同、经相同热加工历史的试样。Cr12型试样磨制和抛光后用三氯化铁(5g)+盐酸(15mL)+乙醇(100mL)浸蚀,放大500倍在显微镜下检查。Cr12型钢大块碳化物级别按颗粒大小、数量分为5级,各级别的最大尺寸见表8.58。大块碳化物均以金相比较法评定,取检测面上碳化物最严重处与碳化物级别图对照评定。最大碳化物尺寸d的测量按下式计算:$d=(a+b)/2$,式中,a为碳化物最大长度(mm);b为垂直于最大长度的碳化物最大尺寸(mm)。图8.100为Cr12型钢大块碳化物级别图示例。通常工模具钢中碳化物级别不得大于3级。

表8.58 Cr12型钢大块碳化物各级别最大尺寸(JB/T 7713—2007)

级 别	1	2	3	4	5
大块碳化物最大尺寸/mm	0.009	0.013	0.017	0.021	0.025

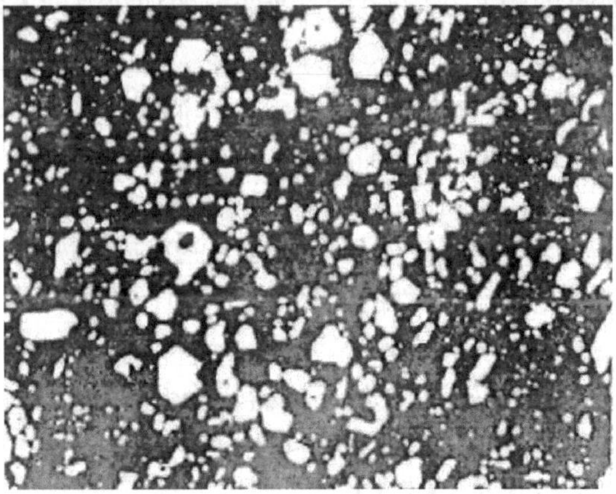

图8.100 Cr12型钢大块共晶碳化物级别图示例 500×

JB/T 7713—2007,3级

由于这类钢的淬透性好,空冷会淬硬,锻后应缓冷(沙冷或石灰冷),最好能及时退火。通常采用的退火工艺参数见表8.59。其组织为细粒状珠光体和碳化物,硬度可保证在255HB以下。如果希望进一步降低硬度,可以补充一次高温回火,在760～790℃保温2～3h。

表 8.59 高碳高铬冷作模具钢常用退火工艺参数[18,40]

级别	临界点 Ac_1/℃	退火温度/℃	等温退火		退火硬度 HB
			温度/℃	保温时间/h	
Cr12	～810	830～850	720～740	3～4	267～217
Cr12W	～810	800～840	720～740	3～4	≤255
Cr12MoV	～810	850～870	720～740	3～4	255～207
Cr12Mo1V1	～810	850～870	740～760	4～6	≤255

对于精密模具，为了消除机械加工应力、稳定尺寸、减小淬火时的变形，在粗加工后进行一次去应力退火，即高温回火。处理方法是在有保护的条件下将工件加热到 600～650℃，保温 2～4h 后空冷或炉冷。

对于十分精密的模具，变形又要求严格的，可以粗加工后进行调质处理，以获得碳化物分布均匀、碳化物颗粒较均一的细粒珠光体，可以减少最终热处理后的体积膨胀量和线尺寸膨胀量 30%～50%，可以减小工模具的淬火变形。一般调质处理硬度以 26～30HRC 为好。图 8.101 为采用的 Cr12MoV 钢的调质工艺。

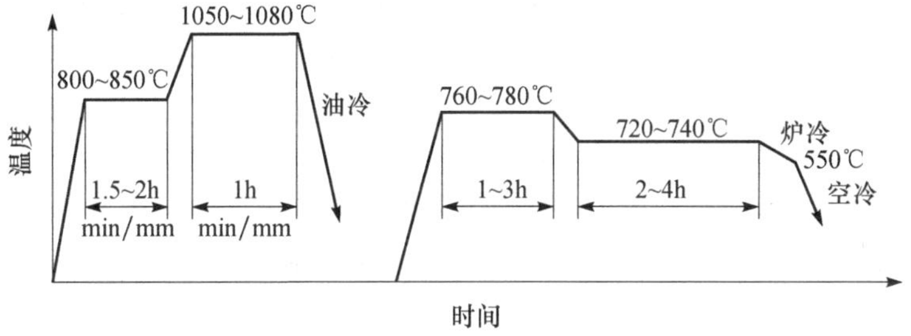

图 8.101 Cr12MoV 钢的调质处理工艺(某厂)

Cr12 型合金工具钢中的铬含量不超过 13%，更高时碳化物不均匀性更大，对提高钢的热稳定性和其他性能没有更多的好处。碳含量不应低于 1.2%，不然硬度及耐磨性都会降低(图 8.102)。

Cr12 钢中含有很高的碳(2%～2.3%)，钢中除有$(Cr,Fe)_7C_3$外，还存在渗碳体$(Fe,Cr)_3C$，碳含量越高，渗碳体越多。这种钢的耐磨性很高，但由于碳化物量多，分布不均匀性大、强度低，只用于做主要要求耐磨的一些冷冲模。

Cr12W 钢因添加钨而具有更高的耐磨性和较高的热稳定性，该钢适宜制作要求较高强度和高耐磨性，且受热在 300～400℃ 的工模具，如钢板深拉伸模、拉丝模、螺纹搓丝板、冷冲模、剪切刀等。

使用比较广泛的是 Cr12MoV 钢，它较 Cr12 钢碳含量低，碳化物分布比较均匀些，强度高，韧性也较好，而耐磨性也相当高。在高碳高铬钢中加入 Mo、V(不超过 1%)可以阻止加热时晶粒的长大，还可以提高淬透性，而 V 在比较多时可以提

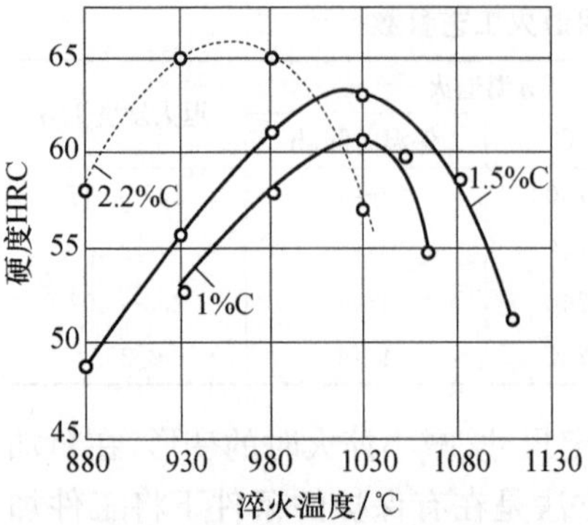

图 8.102 Cr12 型钢的硬度与碳含量和淬火温度的关系[2]

高耐磨性。Cr12MoV 钢主要用于制造断面大、形状复杂、经受较大负荷的各种模具及工具,如冷冲模、复杂模具上的镶块、螺纹滚压模具等。Cr12Mo1V1(D2)钢是国外广泛应用的高碳高铬工具钢,我国自 1981 年开始引进生产,并逐步得到推广应用,于 1985 年列入国家标准。Cr12Mo1V1 钢中的碳含量略低于 Cr12MoV 钢,而 Mo、V 含量高于 Cr12MoV 钢,其铸态的莱氏体量略少于 Cr12MoV 钢,莱氏体的形貌也有改善。两种钢在各种热处理状态下的硬度和回火二次硬化形貌基本相同,在相同工艺条件下,Cr12Mo1V1 钢的抗弯强度和塑韧性略高于 Cr12MoV 钢,退火后的硬度也稍高些。生产实践表明,用 Cr12Mo1V1 钢制作的冷冲模、冷挤模等使用寿命较之 Cr12MoV 钢均有不同程度的提高[101]。

高碳高铬钢的一个重要特点是,淬火加热温度的变化对钢的组织和性能有很大的影响,因为这类钢中的碳化物随加热温度的升高不断迅速溶解,奥氏体中的碳和铬的浓度显著增多,淬火加热至 980～1000℃时,奥氏体中已可以溶入 4%～5% Cr,因而使钢具有高的淬透性,如果钢中加入 Mo 时淬透性更高。Cr12 钢和 Cr12MoV 钢的过冷奥氏体等温转变曲线分别见图 3.56(b)和图 8.103,可见后者的过冷奥氏体有更高的稳定性。Cr12MoV 钢在截面(或直径)不超过 300～400mm 时可以完全淬透,在 70～80mm 时可以在空气中淬火。Cr12Mo1V1 钢的过冷奥氏体等温转变曲线的形状与 Cr12MoV 钢很相近。

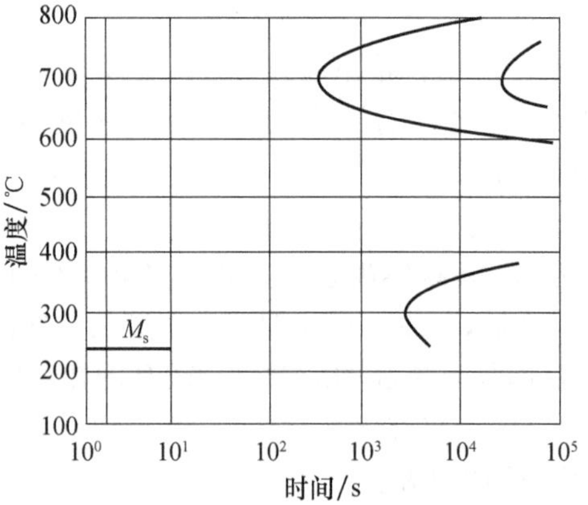

图 8.103 Cr12MoV 钢过冷奥氏体等温转变图[102]

成分:1.55%C、0.27%Mn、0.45%Si、11.34%Cr、0.53%Mo、0.24%V,980℃奥氏体化 1h

随着淬火温度的升高，淬火后的硬度不断增高。与此同时，由于马氏体转变开始温度 M_s 和终止温度 M_f 的迅速下降，淬火后钢中将保留更多的残余奥氏体，因而进一步提高淬火温度将使硬度降低。图 8.104 为淬火温度对 Cr12MoV 钢硬度和残余奥氏体量的影响。

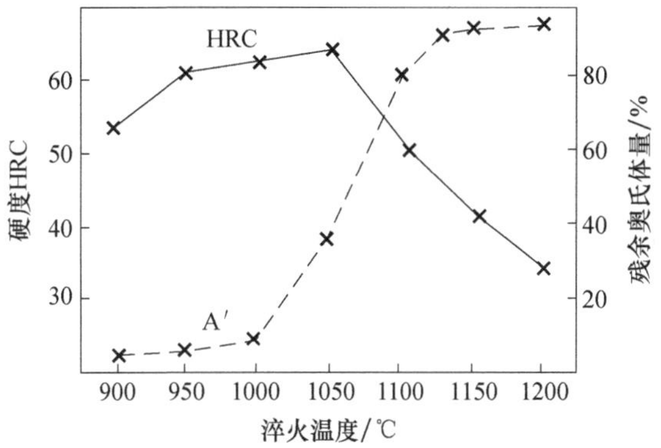

图 8.104 淬火温度对 Cr12MoV 钢硬度和残余奥氏体量的影响[15]

高碳高铬钢有两种热处理工艺：

(1) 得到一次硬度的热处理工艺。这种方式是采用较低的淬火温度和低温回火。淬火温度较低时晶粒长大缓慢，此时的强度和韧性都较好，随着加热温度的提高，由于碳化物的强烈溶解，晶粒长大速率增加，强度和韧性也急速下降。采用这种工艺处理后，残余奥氏体量在 20%左右。再采用 200℃ 回火，硬度可保持在 60HRC 以上，其回火稳定性亦可以满足一定要求。通常 Cr12MoV 钢淬火加热温度选用 980～1020℃，Cr12Mo1V1 钢的淬火加热温度选用 980～1040℃，其晶粒度可保持在 11.5～10.5 级。如果要得到淬火和回火后的较高硬度，淬火加热温度应取上限。对 Cr12 钢的淬火加热温度选用 950～980℃，其晶粒度可保持在 12.5 级。回火温度升高时，硬度降低，但强度和韧性提高，但应注意避开 275～375℃ 的回火脆性区。

凡符合下述条件之一的模具均可采用一次硬度处理：硬度要求 62～64HRC；力学性能(强度、韧性、塑性)要求高；工作负荷重，承受冲击力大；截面尺寸小，几何形状复杂，变形要求小。大多数冷冲模具、螺纹滚压模等采用这种处理方式。

(2) 得到二次硬度的热处理工艺。这种热处理工艺要求选用高的淬火加热温度，然后进行多次回火以得到二次硬度(图 8.105)。这样一方面可以获得高的回火稳定性，另一方面保持较高的耐磨性。

由于淬火加热时晶粒的长大使强度和韧性下降，加热温度为 1100℃时，晶粒度为 8.5 级左右，变形也大，需要多次回火。

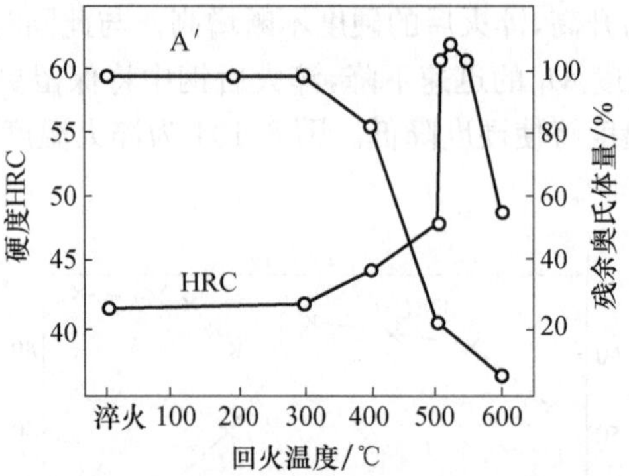

图 8.105　回火温度对 Cr12MoV 钢(1130℃淬火)的硬度和残余奥氏体量的影响[15]

这种热处理工艺适用于下列条件之一的模具:工作时受热温度较高(400~500℃),受负荷不大,而且具有高耐磨性;硬度要求在 62HRC 以下;淬火后表面需要氮化;截面尺寸比较大(直径在 40mm 以上),几何形状较难控制。

由于 Cr12 型钢是高碳高合金钢,导热性差,在淬火加热时应注意缓慢加热,一般采用两次预热,第一预热段的温度为 550~600℃,第二预热段的温度为 840~860℃。

Cr12MoV 钢的淬火加热温度一般采用 1050~1080℃,也有采用 1120℃的。由于淬火温度高,淬火后钢中保留有大量的残余奥氏体,因而硬度很低。回火温度一般采用 490~520℃,经过多次回火后硬度可以提高到 60~62HRC,硬度的提高主要是由于残余奥氏体在回火时受到催化,在冷却过程中转变为马氏体。有人对 Cr12Mo1V1 钢的回火转变进行研究发现,经超低温处理后,残余奥氏体量接近于零,在回火过程中仍出现二次硬化现象,并证实是由于马氏体分解析出 VC 和 Mo_2C 所致[18]。为了减少回火次数,尺寸不大和形状简单的模具可以进行冷处理(−78℃)。高碳高铬钢在 20℃停留 30~60min 以后残余奥氏体迅速稳定化,因此淬火后应立即进行冷处理。以后只需进行 490~520℃一次回火,硬度可提高至 60~61HRC,如果第一次回火后再处理一次,并进行第二次回火,硬度可提高至 61~62HRC。这种方式的热处理工艺较复杂。

高铬工具钢在盐浴中加热容易在表面因电化学腐蚀作用而产生麻点,因而其预热和加热常在箱式炉中进行。加热时间采用 0.8~1.0min/mm。

因 Cr12MoV 和 Cr12Mo1V1 钢有高的淬透性,故可以采用多种方式进行冷却。为了减少变形可以采用预冷和一次或两次分级冷却,然后空冷。有效厚度在 40mm 以下的 Cr12MoV 钢制模具可以在空气中冷却,工件变形小,但空气中冷却后的硬度比油冷稍低,且易氧化,因为空冷时钢中有较多的碳化物析出而使基体硬度降低。对于截面尺寸较大或孔型较大的模具,为了保证淬火得到足够的硬度及孔型不致胀大而采用冷油做淬火介质,也有采用热油冷却。目前工厂中多采用分级淬火,分级的温度范围很宽,可在200～550℃。有的工厂为减少变形,盐浴加热后采用二次分级,先在820～840℃稍停(1.5min),再在520～560℃分级(0.3min/mm),然后空冷。Cr12钢可采用油冷或分级冷却。

高碳高铬钢在热处理后可以得到比一般低合金工具钢及高速钢要小的变形量,但必须严格控制淬火和回火规范。必须指出,这种钢要能得到微变形,原材料中的碳化物分布要较均匀,如果碳化物分布很不均匀,热处理后其变形量会大于一般合金工具钢,甚至大于非合金工具钢。

机械行业标准JB/T 7713—2007对Cr12型钢淬火-回火后的马氏体和晶粒度制定出评定方法及其级别,要求这类钢制作的模具晶粒度应小于或等于9级。马氏体按其形貌特征分为5级,各级别马氏体针最大长度见表8.60,试样取制方法与评定大块碳化物时相同(表8.58),均以金相比较法评定,在检测面上检查视场应不少于三个,取其最劣视场在放大500倍的显微镜下,对照淬火-回火马氏体级别图评定。试样磨制和抛光后使用三氯化铁(5g)+盐酸(15mL)+乙醇(100mL)浸蚀。图8.106为Cr12型钢淬火-回火马氏体级别图(2级)。

表8.60 Cr12型钢马氏体级别(JB/T 7713—2007)

马氏体级别	显微组织特征	马氏体针最大长度/mm
1	隐针马氏体+残余奥氏体+碳化物	0.003
2	细针马氏体+残余奥氏体+碳化物	0.006
3	针状马氏体+残余奥氏体+碳化物	0.01
4	较大粗针状马氏体+残余奥氏体+碳化物	0.014
5	粗大针状马氏体+残余奥氏体+碳化物	0.018

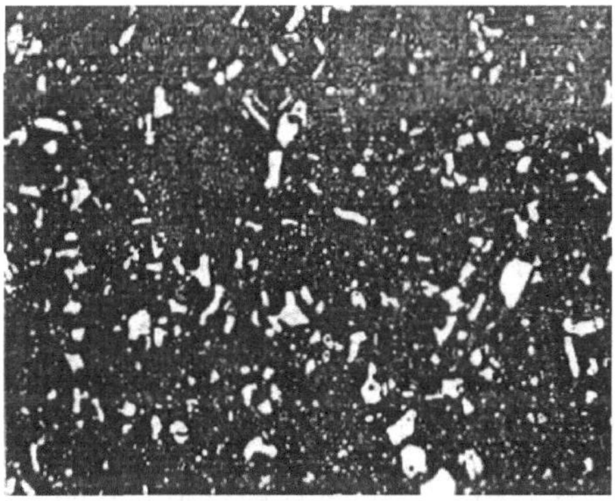

图8.106 Cr12型钢淬火-回火马氏体级别图 500×
2级,JB/T 7713—2007

许多试验结果证明,等温淬火工艺可以有效地提高 Cr12 钢的韧性,延长工模具使用寿命。Cr12 钢工件淬火加热至 1000℃后,在 250～280℃的硝盐槽中等温停留一定时间后空冷,可以获得下贝氏体+马氏体+残余奥氏体+碳化物的混合组织。1h 等温可得到体积分数为 10%～15%的下贝氏体,2h 等温可得到体积分数大约为 50%的下贝氏体,大型模具还需要更长的等温时间,然后再经适当温度回火。为缩短等温时间可采用先形成少量马氏体以促进下贝氏体转变的预淬工艺,即是将加热后的工件先在 M_s 点以下,如 150～180℃作短时停留(3～15min,视工件大小而定),使之先形成少量马氏体,可以分割母相奥氏体,并对下贝氏体的形成起催化激发和细化作用,空冷时形成的马氏体又进一步被细化。这种经过细化了的复合组织具有更高的硬度和耐磨性,还具有一定的韧性。控制工艺使钢中保存有体积分数为 20%左右的残余奥氏体时,可使钢具有高的强韧性,能显著提高模具寿命[54]。

很多用 Cr12 钢制作的模具还进行表面处理以增加表面硬度,或改善金属与金属接触面的摩擦特性,从而提高耐磨性。工业生产中应用的有氮化、碳化物覆层处理等表面强化工艺。

8.4.4.2　高碳中铬工具钢

这类钢含有 1%C 和 4%～7%Cr,属于过共析钢,但由于偏析的原因,在铸态下亦存在莱氏体共晶。钢中还加入不多的钼(或钨)和钒,合金元素的作用与在高碳高铬工具钢中者相同。在 GB/T 1299—2014 中列入的 Cr5Mo1V 和 Cr4W2MoV 属于这类钢,其化学成分和交货状态硬度值和试样淬火硬度值分别见表 8.52 和表 8.53。

Cr5Mo1V 钢是国内外较广泛应用的一种高碳中铬冷作模具钢,相当于美国的空淬工具钢 A2,具有空冷硬化性能,其合金含量介于油淬钢 CrWMn 和高碳高铬型冷作模具钢之间。由于具有空冷硬化性能,淬火-回火后的变形远小于油淬钢,这对于形状复杂的模具是极为有益的,其耐磨性介于上述两类钢之间。图 8.107 为 Cr5Mo1V 钢的过冷奥氏体等温转变曲线。Cr5Mo1V 钢的淬透性优于或相当于 Cr12MoV 钢,这是因为 Cr5Mo1V 钢中含钼较多的缘故。

Cr5Mo1V 钢坯改锻时,加热温度为 1130～1100℃,开锻温度为 1050～1100℃,终锻温度为 850～900℃。由于钢的空冷淬透性好,锻后应注意缓冷。退火温度为 840～860℃,等温温度为 740～760℃,退火后的硬度为 202～229HB。Cr5Mo1V 钢在退火状态的组织为铁素体和大约 15%的碳化物,其中 M_7C_3 和 $M_{23}C_6$ 各占一半,其分布较为均匀[49]。这种钢铸态的共晶碳化物很少,经过热加工后,不需要检查其共晶碳化物不均匀度。

图 8.108 为 Cr5Mo1V 钢不同温度空冷淬火后,回火温度与硬度的关系曲线。

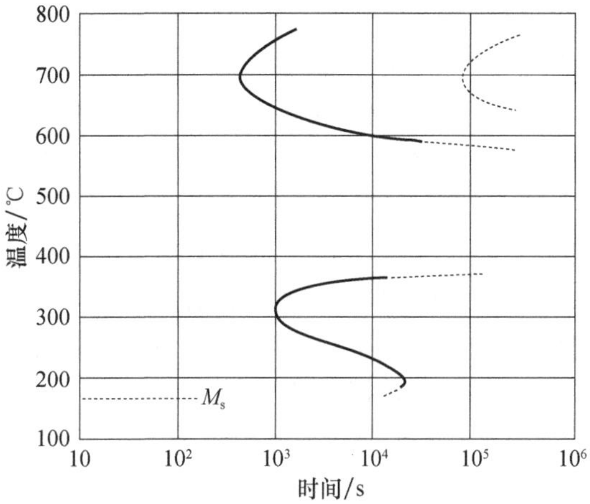

图 8.107 Cr5Mo1V 钢过冷奥氏体等温转变曲线[102]

成分：0.97%C、0.48%Mn、0.40%Si、4.58%Cr、1.04%Mo、0.25%V，1010℃奥氏体化 1h

在淬火加热时，温度超过 925℃之后，合金碳化物才开始较快地溶解。淬火加热温度为 970℃时，奥氏体中已溶入比较多的 C、Cr、Mo、V 等元素，保证了钢的淬透性，此时约有 5%的剩余碳化物，主要是 M_7C_3，还有少量的 $M_{23}C_6$。自 970℃油淬后钢中大约有 20%残余奥氏体，冷却速率越慢，残余奥氏体量越多。

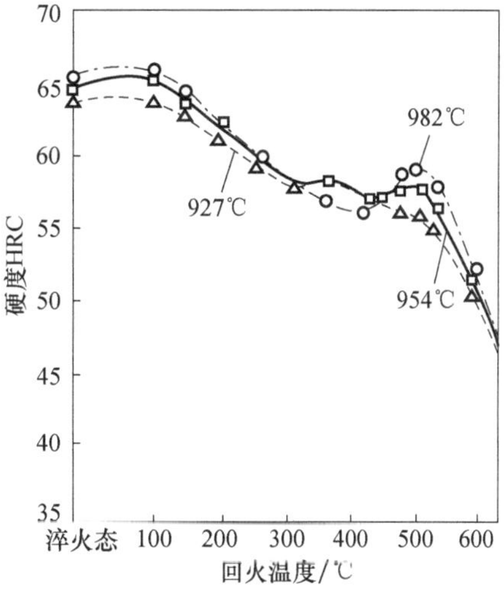

图 8.108 Cr5Mo1V 钢不同温度空冷淬火后，回火温度与硬度的关系曲线[1]

钢的成分：1.00%C、0.60%Mn、5.25%Cr、1.1%Mo、0.25%V

推荐的 Cr5Mo1V 钢的淬火工艺为：第一次预热温度为 300～400℃，第二预热温度为 800～850℃；加热温度可以有两种工艺，即(950±10)℃或 980～1010℃，淬火后的硬度均可达到 62～65HRC。

当处理截面尺寸超过 100mm 的较大工件时，空冷淬火后硬度可能达不到其使用的要求，这是由于在 980～650℃的缓慢冷却会导致碳化物的析出。另一个原因是有贝氏体出现，并促进了奥氏体的稳定化，导致淬火冷却后残余奥氏体量的增加。淬火后的硬度可能低于 60HRC，甚至只有 56HRC，因此应注意加快在 400～200℃的冷却，可以将工件先在盐浴或油中冷却至 540℃以下或更低一些，然后空冷至室温。只要能保证工件在 240℃至室温的缓慢冷却，就不会引起变形的增加[49]。

推荐的Cr5Mo1V钢的回火工艺为:(950±10)℃淬火时,回火温度为180~200℃,1次,硬度为60~64HRC,此时残余奥氏体尚未转变;980~1010℃淬火时,回火温度为510~540℃,2次,硬度为57~60HRC,此时主要由于残余奥氏体的转变而获得二次硬度。

高碳中铬钢可以在广泛的范围内代替高铬钢制造冷镦模、圆滚模、搓丝板、冷冲模等。用于制造承受较大冲击力的高硬度、高耐磨的板料冲模比Cr12型钢优越。用于制造力学性能要求比较高的冷挤压模、压印模等效果有时也比Cr12型钢为好,对主要要求耐磨性的硅钢片冲模,这类钢的寿命要低于高碳高铬钢。

属于高碳中铬钢的还有Cr6WV钢,其化学成分为:1.00%~1.15%C、5.50%~7.00%Cr、1.10%~1.50%W、0.50%~0.70%V。该钢曾列入GB 1299—77,引自苏联使用的Х6ВФ。经过一些工厂的生产和使用表明,该钢的碳化物不均匀性较Cr5MoV钢大,淬透性低于Cr5Mo1V钢,其工艺性亦不如Cr5Mo1V钢,在1985年修订标准时未再列入。

Cr4W2MoV钢是为代替Cr12型钢而研制的高碳中铬钢[103]。该钢成分设计的目标是希望能具有不低于Cr12MoV钢的耐磨性,但能避免生成过多的共晶碳化物,在热处理工艺上能与Cr12MoV钢相近。

铬的加入是为了使钢能获得比较高的淬透性,一部分铬还可以生成铬的碳化物,有利于提高耐磨性。碳含量的确定是考虑到能生成足够数量的碳化物以得到高的耐磨性,但又不致形成过多共晶碳化物而使钢的性能变坏。加入一定数量的W、Mo、V有利于提高热稳定性和产生二次硬化,加入量过多会增加碳化物的不均匀性。加入约1%V可以生成一部分在淬火加热时尚未溶解的VC以提高耐磨性,加入V过多将使钢的磨削性能变坏。稍增加钢中的硅是为了能提高回火稳定性。

Cr4W2MoV的生产和使用的情况表明,由于含有较低的碳和铬,其共晶碳化物不均匀性得到很大的改善,ϕ50mm为1级,ϕ100mm为1.5级,ϕ150mm为4级,在GB/T 1299—2000中不要求对该钢检验共晶碳化物不均匀度。

Cr4W2MoV钢的过冷奥氏体等温转变曲线图见图8.109,与Cr12Mo1V钢的过冷奥氏体转变曲线图很相似,但更稳定。可见,Cr4W2MoV钢具有高的淬透性,尺寸为ϕ150mm×150mm的棒料经1025℃加热,冷油淬火后,表面至心部的硬度均在60HRC以上;ϕ60mm×120mm的棒料经920℃加热,淬油后,整个截面硬度在62HRC以上。

Cr4W2MoV钢的锻造温度范围较窄,与Cr12型钢相当,而变形抗力比Cr12型钢为小。对改锻而言,其加热温度为1100℃,始锻温度为1050℃,终锻温度不小于880℃,始锻和终锻时,锤击宜轻,中间温度范围可以用力锤击,锻造能顺利进行,锻后应缓冷。

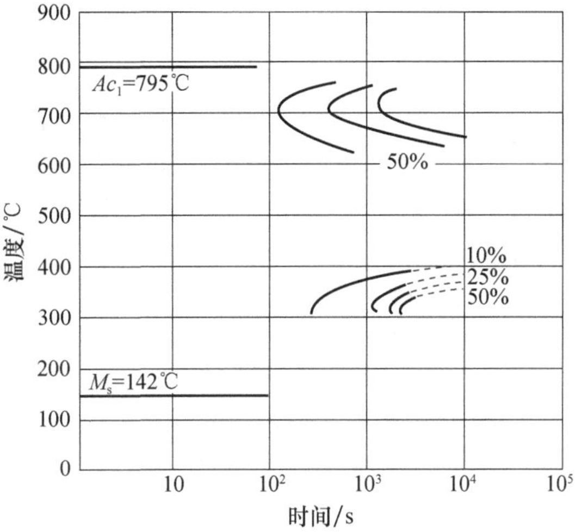

图 8.109 Cr4W2MoV 钢的过冷奥氏体等温转变曲线[15]

加热温度 960℃,30min

锻件退火工艺:采用 860℃加热 3h,760℃等温 4~6h 的等温退火,硬度为 245~253HB。为进一步降低硬度,可将加热温度提高至 900℃,加热 3h,然后缓冷至 760℃,等温 6h,退火后的硬度小于 241HB。较高的加热温度可使细小碳化物大部分溶解,在以后冷却和等温析出时附着在较大的碳化物上,因而使碳化物粗化。

图 8.110 为 Cr4W2MoV 钢淬火温度和硬度及晶粒度的关系曲线。图 8.111 为 Cr4W2MoV 钢淬火温度和残余奥氏体量的关系曲线。表 8.61 为 Cr4W2MoV 钢在退火状态和不同温度淬火后钢中所含碳化物的种类、质量分数、基体碳含量和

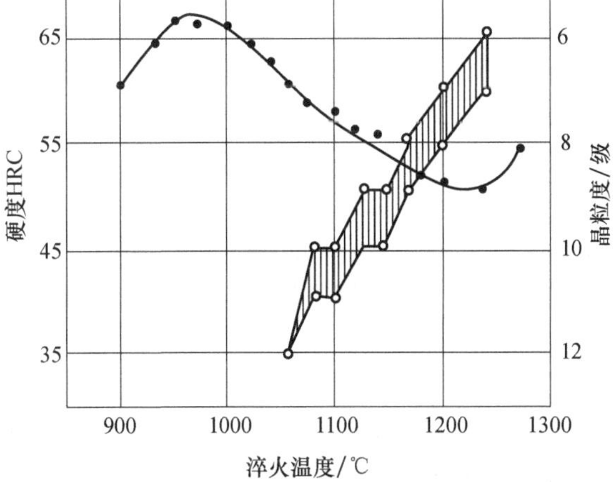

图 8.110 淬火温度(油淬)对 Cr4W2MoV 钢硬度和晶粒度的影响[103]

残余奥氏体量,同时列出 Cr12MoV 钢的有关数据。

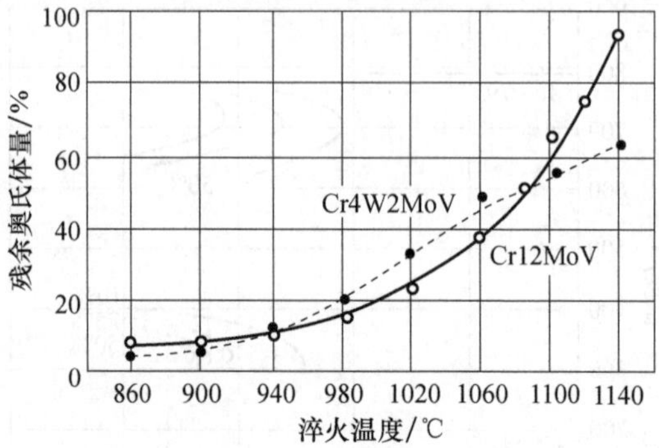

图 8.111　Cr4W2MoV 钢淬火温度对钢中残余奥氏体量的影响[103]
与 Cr12MoV 钢对比

表 8.61　Cr4W2MoV 和 Cr12MoV 钢在不同状态下所含碳化物的种类、质量分数、基体碳含量和残余奥氏体量[104]

钢号	状态	碳化物		基体碳含量/%	残余奥氏体量(体积分数)/%
		种类	质量分数/%		
Cr4W2MoV	退火	$M_3C+M_{23}C_6+M_7C_3+M_6C+MC$	21.7	—	—
	920 淬火	$M_{23}C_6+M_7C_3+M_6C+MC$	12.6	0.50	15
	980℃淬火	$M_{23}C_6+M_7C_3+M_6C+MC$	8.73	0.65	19
Cr12MoV	退火	$M_{23}C_6$(少量)$+M_7C_3$	—	—	—
	1000℃淬火	M_7C_3	16	0.50	20

Cr4W2MoV 钢随着奥氏体化加热温度的提高,钢中的碳化物逐渐溶解,残余奥氏体量逐渐增加,由于钢中含有 M_3C 型碳化物,易于溶解,所以在加热开始阶段,其碳化物溶解速率较 Cr12MoV 钢快,残余奥氏体量的增加亦较快。但加热至更高温度时,Cr4W2MoV 钢中的尚未溶解的碳化物富有 W、Mo、V,溶解变缓,其残余奥氏体量的增加亦趋缓,而 Cr12MoV 钢中的 M_7C_3 大量溶解,其残余奥氏体量增加较快。

Cr4W2MoV 钢加热至 980℃后油淬火,硬度为 65HRC,钢中有 20%残余奥氏体,然后在不同温度回火,时间为 1h,回火温度至 200℃时,硬度下降至约 61HRC,继续回火至 500℃,硬度保持不变,回火温度超过 500℃,硬度迅速下降,钢中不出现二次硬度。

提高淬火温度至 1020℃时,在回火时将出现二次硬度,硬度峰值温度为 500℃,随淬火温度的进一步提高,二次硬化峰值逐渐移至 540℃。

Cr4W2MoV 钢淬火和回火温度范围较宽,可以采用以下几种热处理工艺:

(1) 得到一次硬度的热处理工艺。在要求具有高的硬度和力学性能时,采用960~980℃加热淬火,经 260~320℃回火 2 次,每次 1~2h。

(2) 得到二次硬度的热处理工艺。对要求耐磨性好、红硬性好以及需要进行化学热处理者,则采用 1020~1050℃加热淬火,500~540℃回火 3 次,每次 1~2h。回火后可以进行工艺温度不超过回火温度的表面强化工艺。

(3) 低温淬火和低温回火工艺。采用 900~920℃加热淬火,此时奥氏体中的碳含量为 0.50%,淬火后可以获得较多的板条马氏体,韧化了基体,并可获得更为细小的晶粒,回火温度为 170~230℃,可以获得高的硬度。

由于 Cr4W2MoV 钢的淬透性很高,淬火时可以采用空冷、分级等多种方式。

不同热处理工艺处理的 Cr4W2MoV 钢的耐磨性均高于 Cr12MoV 钢,Cr4W2MoV 钢热处理的变形小,可以通过多次回火加以控制。

表 8.62 为 Cr4W2MoV 钢采用不同热处理工艺和 Cr12MoV 钢采用低温淬火后的各项力学性能数据。从表中的数据可以看出,Cr4W2MoV 钢的强度性能与 Cr12MoV 钢相近,但其不同工艺处理后的多次冲击抗力均明显高于 Cr12MoV 钢。许多冷变形模具与多次冲击试样具有相似的断裂过程,都属于在重复载荷作用下裂纹萌生和扩展的过程。因此,用多次冲击抗力来评定冷模具钢的韧性更为合理。Cr4W2MoV 钢的碳化物颗粒较细小,分布也较均匀,能推迟裂纹的萌生并阻碍其扩展。

表 8.62 Cr4W2MoV 钢采用不同热处理工艺和 Cr12MoV 钢采用低温淬火后的力学性能[104]

钢号	热处理工艺	硬度 HRC	抗弯强度 σ_{bb}/MPa	σ_{sc} /MPa	冲击韧度 a_k/(J/cm²)	多冲周次 N	K_{IC}/(MPa·m$^{1/2}$)
Cr4W2MoV	900℃加热,油淬,200℃回火 2h,1 次	61.5	3080	2690	43.1	11.2×10^3	14.4
	920℃加热,油淬,200℃回火 2h,1 次	62.5	3080	2610	45.1	10.8×10^3	13.4
	960℃加热,油淬,200℃回火 1h,2 次	61.0	3000	2640	44.1	9.1×10^3	14.0
	1030℃加热,油淬,520℃回火 1h,3 次	62.0	2850	2540	36.3	10.6×10^3	13.7
Cr12MoV	970℃加热,油淬,200℃回火 2h,1 次	58.5	3110	2520	49.0	4.2×10^3	20.1

注:σ_{sc}为抗压屈服强度。采用无缺口冲击试样。多冲试验采用光滑试样,冲击能量为 5.64J。

Cr4W2MoV 钢可用于制作冷冲模、冷镦模、落料模、冷挤凹模及搓丝板等工模具,其使用寿命较之 Cr12MoV 和 Cr12 钢有不同程度的提高。

8.4.4.3　韧性较高的耐磨铬工具钢

为了改善 Cr12 型冷作模具钢的碳化物偏析,提高其韧性,并进一步增加钢的耐磨性,国内外开发了不少韧性较高的耐磨铬工具钢,表 8.63 列出了这些钢的化学成分。

表 8.63　国内外一些韧性较高的高耐磨铬工具钢的化学成分[92,93,105,106]　(单位:%)

钢号	C	Cr	W	Mo	V	Si	其他
7Cr7Mo2V2Si(LD)[93]	0.68～0.78	6.5～7.5	—	1.9～2.5	1.7～2.2	0.7～1.2	—
9Cr6W3Mo2V2(GM)[92]	0.86～0.94	5.60～6.40	2.80～3.20	2.00～2.50	1.70～2.20	—	—
Cr8MoWV2Si(ER5)[93]	0.95～1.10	7.0～8.0	0.8～1.2	1.4～1.8	2.2～2.7	0.90～1.20	—
DC53[105]	1.00	8.00	—	2.00	0.28	0.91	—
QCM8[106]	0.8	8.5	—	1.9	0.6	0.9	—
Vasco DIE	0.82	7.95	—	1.50	2.50	1.00	—
GS821	1.10	8.25	—	2.15	0.30	0.90	—
K340	1.10	8.70	—	2.10	1.20	0.90	1.0Al、0.13Nb
ASSAB88	0.9	7.80	—	2.50	0.50	0.90	—

这些钢的化学成分有如下特点:适当地降低铬含量和碳含量,以改善碳化物偏析,一般铬含量为 6%～8%,碳含量在 1.10%以下;为了使其比 Cr12 型钢有更高的耐磨性,增加了 W、Mo、V 含量;为了能得到二次硬度,大都采用较高的淬火温度(1040～1160℃)和 1～3 次高温回火(520～560℃)。与 Cr12 型钢比较,这类钢的碳化物偏析均有明显的改善,有更高的韧性和更好的耐磨性,更适合于高速冲床和多工位冲床的使用。

在 GB/T 1299—2014 中列入了 4 个 Cr8 型钢的牌号:Cr8、7Cr7Mo2VSi、Cr8Mo2SiV 和 5Cr8MoSiV。

新列入 GB/T 1299—2014 的 Cr8 钢是在高碳高铬 Cr12 钢的基础上开发研制出的新型冷作模具钢。与传统 Cr12 钢相比,该钢的铬含量有所降低,成本相应降低,碳含量适当降低,故改善了钢的韧性和热加工性能,但仍具有高的硬度和耐磨性,适当增加硅、锰的含量可提高淬透性。该钢较之 Cr12 钢更具有市场竞争力[107]。

采用合适的退火工艺，钢材退火硬度均匀，硬度为220～240HB，组织为碳化物＋粒状珠光体。该钢的共晶碳化物不均匀性级别优于Cr12钢。该钢可以部分替代Cr12和Cr12MoV钢。

表8.63中的7Cr7Mo2VSi钢已列入GB/T 1299—2014。7Cr7Mo2V2Si钢的代号为LD，其碳含量约为Cr12MoV钢的一半左右，其共晶碳化物量比Cr12MoV钢少得多，ϕ80mm钢材的碳化物不均匀度为3～4.5级，小直径钢材的碳化物不均匀度一般在3级以下。铬在钢中主要以$M_{23}C_6$型碳化物存在，加热至1100℃以上，$M_{23}C_6$型碳化物大量溶入奥氏体中，使钢具有高的淬透性。钼主要以M_6C型碳化物形式存在，既可提高淬透性，也可以强化回火时二次硬化的效果。钒在钢中主要生成MC型碳化物，既可细化晶粒，又可强烈引起二次硬化效果，并增加钢的耐磨性。加入约1%的硅是为了强化基体，提高回火稳定性。

LD钢锻造工艺与Cr12MoV钢相同，锻后缓冷，并立即进行球化退火。退火工艺：860℃加热，保温3～4h，冷却至740℃左右，等温保持4～6h，炉冷至500℃出炉，退火后的硬度为187～206HBS。退火后的组织为点状和小球状珠光体和共晶碳化物。

LD钢的正常淬火加热温度为1100～1150℃，热油淬火或分级冷却，淬火后的硬度均在63HRC以上。LD钢经下限温度1100℃淬火后的组织为细针马氏体＋残余奥氏体＋剩余碳化物。马氏体针长为1～2级，晶粒度为10.5级，残余奥氏体量为33%，淬火硬度为64HRC。LD钢经上限温度1150℃加热淬火后，马氏体针长为3级左右，晶粒度为9.5级，淬火硬度为63.5HRC。回火时的二次硬化峰值温度为500～530℃，而韧性最佳的回火温度约为560℃。因此，适宜的回火温度为530～560℃，3次，每次1h，硬度为61～64HRC，此时的组织为回火马氏体＋剩余碳化物。在硬度为61HRC时的力学性能：抗弯强度σ_{bb}为5080～5590MPa，C型缺口试样的冲击韧度a_k为94～123J/cm^2。

LD钢适用于制作冷挤压模、冷镦模、冲模、切边模等，使用寿命比原用C12MoV等钢有成倍提高。

9Cr6W3Mo2V2钢，代号为GM，是一种莱氏体钢，其韧性及耐磨性均显著高于Cr12型钢。GM钢中的钨、钼、铬、钒与碳的配比符合平衡碳量的关系，具有高的二次硬化能力。GM钢中的碳及铬含量只有Cr12MoV钢的一半左右，大大改善了共晶碳化物分布的不均匀性，而更多钨、钼、钒的加入所形成碳化物可以弥补和超过因铬碳化物减少对耐磨性的影响。

GM钢的锻造工艺与Cr12MoV钢相同，锻造后共晶碳化物呈带状分布，但较Cr12型钢和高速钢要轻微得多。锻造后应缓冷并及时退火。GM钢的等温退火工艺为：加热至(860±10)℃，保温3～4h，炉冷至(740±10)℃，等温5～6h，炉冷至500℃出炉。退火后的硬度约为227HBS，球化组织为点状和小球状珠光体,并有少量呈带状分布的共晶碳化物。该钢易于机械加工,磨削加工也没有什么困难。GM 钢在退火过程中较 Cr12MoV 钢易于氧化脱碳,应注意采取保护措施。

GM 钢有比较高的淬透性,图 8.112 是其过冷奥氏体等温转变曲线。GM 钢在淬火加热时可以在比较宽的奥氏体化温度范围内保持较细的晶粒,直至1180℃,其晶粒度仍然小于 11 级。加热温度超过 1180℃,晶粒开始长大。GM 钢淬火后的残余奥氏体量明显少于 Cr12MoV 和 Cr12Mo1V1 钢,推荐的淬火加热温度为 1100~1160℃,加热前先在 800~850℃预热,油淬或分级淬火,淬火后的残余奥氏体量为 20%~45%。

图 8.113 为 GM 钢经不同温度淬火后,回火温度对其硬度的影响。GM 钢的二次硬化能力显著高于 Cr12 型钢,接近于高速钢的水平,而且 GM 钢硬化峰值的回火温度范围较宽,具有比较高的回火稳定性。因此,可以通过调整淬火、回火温度来调节强度、韧性和耐磨性的配合,以满足不同模具的实际使用要求。淬火加热温度提高至 1160℃时,二次硬化的峰值提高到 66HRC。

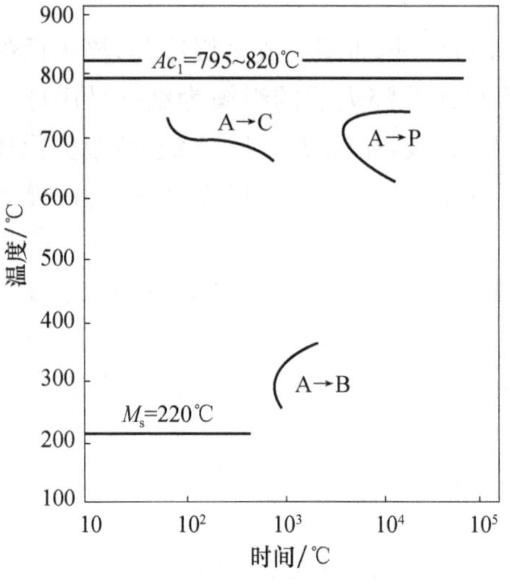

图 8.112　GM 钢的过冷奥氏体等温转变曲线[108]

奥氏体化:1120℃×3min

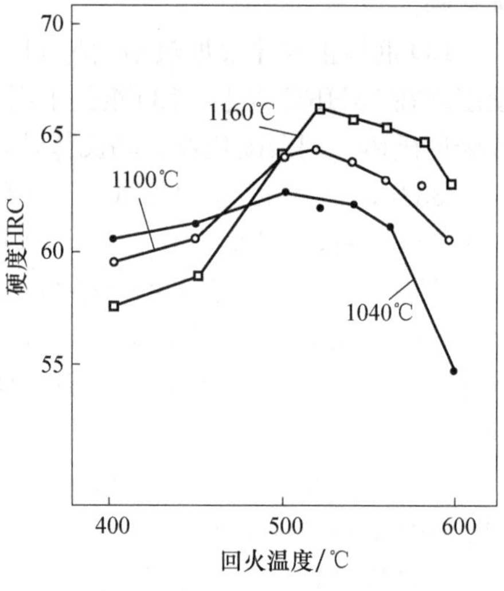

图 8.113　淬火温度对 GM 钢回火硬度的影响[108]

表 8.64 为热处理后 GM 钢的力学性能,并与几种常用工模具钢进行对比。可以看出,GM 钢在保持高硬度的同时,较之对比钢具有更高的抗弯强度和韧性。耐磨性的试验证明,GM 钢的耐磨性也高于 Cr12 型钢,这是由于 GM 钢的基体强度高、韧性配合较好,以及钢中 MC 型碳化物量多、细小且分布均匀[108,109]。

表 8.64 GM 钢的力学性能,并与几种常用工模具钢进行对比[108]

钢号	热处理工艺	硬度 HRC	抗弯强度 σ_{bb}/MPa	挠度 f/mm	C 型缺口冲击韧度 a_k/(J/cm^2)	K_{IC}/(MPa·m$^{1/2}$)
GM	1080℃加热,油淬,540℃回火 1h,2 次	65.5	4308	4.80	23.0	20.2
	1120℃加热,油淬,540℃回火 1h,2 次	66.0	3396	3.50	22.1	15.5
W18Cr4V	1260℃加热,油淬,560℃回火 1h,3 次	65.5	2880	1.80	—	15.1
W6Mo5Cr4V2	1190℃加热,油淬,560℃回火 1h,3 次	62.0	3210	2.14	19.6	—
Cr12MoV	1040℃加热,油淬,200℃回火 1h,1 次	62.5	2750	3.30	27.4	14.1
	1080℃加热,油淬,500℃回火 1h,2 次	63.0	2821	3.20	15.4	19.3
Cr12Mo1V1	1040℃加热,油淬,200℃回火 1h,1 次	62.5	2104	1.70	24.0	23.5
	1080℃加热,油淬,500℃回火 1h,2 次	63.5	1800	2.80	17.9	17.7

GM 钢已可在制作冷轧钢带冲模、多工位级进模、切边模、滚丝轮等模具上取代 Cr12MoV 钢,模具使用寿命有大幅度提高。GM 钢特别适用于制作 12.9 级高强度螺栓的滚丝模,滚轧调质硬度为 42HRC(最高达 44～45HRC)的 42CrMo 钢制螺栓,使用寿命超过 Cr12MoV 钢 10 倍以上[109]。

对 GM 钢还可以采用 1070℃淬火,150℃两次回火的低温淬火、低温回火的工艺,硬度为 62～63HRC。由于晶粒非常细小,钢中显微组织中有约 20%的残余奥氏体,进一步提高了钢的强韧性和耐磨性[110]。

Cr8MoWV2Si 钢,代号 ER5,是一种高耐磨冷作模具钢。该钢经 1120℃淬火和 530℃回火 3 次后,有最佳的二次硬化效果,二次硬化主要靠纳米级尺寸 VC 粒子的均匀析出[111,112]。该钢推荐的热处理工艺为:对耐磨性能要求高时,应采用 1150℃淬火,520～530℃回火 3 次;对重载服役条件下的模具,采用 1120～1130℃淬火,550℃回火 3 次。ER5 钢的强度、韧性和抗冲击磨损的能力均优于 Cr12MoV 钢(表 8.65)。ER5 钢适于制作精密、重载和高速冷作模具[93]。

表 8.65 ER5 钢的力学性能[93]

钢号	淬火温度	回火温度	硬度 HRC	抗弯强度 σ_{bb}/MPa	抗压屈服强度 σ_{sc}/MPa	C 型缺口冲击韧度 a_k/(J/cm^2)
ER5	1120℃,油淬	510℃,3 次	64	3555	3255	45.4
	1120℃,油淬	530℃,3 次	65	3898	3297	38.4
Cr12MoV	1020℃,油淬	220℃,2 次	59.5	2740	2352	16.2

GB/T 1299—2014 新列入的 Cr8Mo2SiV 钢的化学成分与表 8.63 中的 DC53 钢相同。DC53 钢与 SKD11 钢(1.5%C、12%Cr、1%Mo、0.3%V)比较,钢中碳与铬含量明显减低,因而其碳化物不均匀性明显改善,碳化物较为细小。由于提高了钼含量,使钢具有较强的二次硬化能力。DC53 钢适宜的淬火温度为 1030～1040℃,

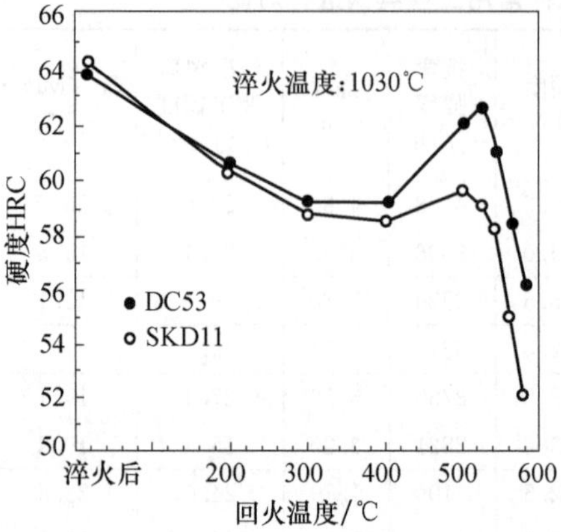

图 8.114　回火温度对回火后硬度的影响[105]

可以空冷或油冷,淬火后的硬度在64HRC左右,残余奥氏体量约为25%。淬火后回火时的二次硬化峰在510～520℃,见图8.114。适宜的回火温度为510～540℃,2次回火,硬度为62～63HRC。DC53钢的韧性高于SKD11钢。在高温回火后DC53钢的耐磨性优于SKD11钢,而低温回火后,两者相同,这是由于高温回火后的硬度更高、组织更稳定。

DC53钢用于制作冷作模具时,其使用寿命较SKD11钢有显著提高。

开发QCM8钢的目的是要求获得较SKD11钢(Cr12Mo1V1)更高的耐磨性,并具有高的韧性(大于高速钢的基体钢)。在退火状态,钢中含有15%以上的M_7C_3型共晶碳化物。QCM8钢适宜的淬火温度为1030℃,回火温度为500～520℃时出现二次硬化峰,硬度达到61～62HRC,淬火-回火后的显微组织表明,钢的碳化物较为细小且分布均匀,韧性约为SKD11钢的四倍,耐磨性优于SKD11钢[106]。

GB/T 1299—2014新纳入的5Cr8MoVSi钢是一种耐冲击和耐磨性高的Cr8型冷模具钢,该钢在美国空冷模具钢A8的基础上改制而成。根据美国合金工具钢标准ASTM A681(2004再确认),A8的化学成分为:0.50%～0.60%C、0.75%～1.10%Si、0.20%～0.50%Mn、4.75%～5.25%Cr、1.15%～1.65%Mo、1.00%～1.50%W。

5Cr8MoVSi钢经840℃退火后的硬度为218HB,退火组织为球状及点状珠光体分布在铁素体基体上,碳化物以$M_{23}C_6$型为主,还有M_7C_3和MC型碳化物。5Cr8MoVSi钢的适宜淬火温度为1000～1050℃,淬火后的硬度可达到60HRC。淬火组织由马氏体、碳化物和残余奥氏体组成,淬火温度较低时,以针状马氏体为主,随淬火温度的升高,过渡到以板条马氏体为主,残余奥氏体量为10.7%～12.3%。图8.115为5Cr8MoVSi钢经1000℃淬火后回火温度-硬度曲线。在480～500℃回火,有明显的二次硬化现象,485℃回火最高硬度为58HRC,二次硬度主要是由于MC的沉淀硬化。485℃回火一次后,残余奥氏体转变量不大,因此,应进行二次或三次回火。经三次回火后,残余奥氏体量降低到6%左右[1]。

5Cr8MoVSi钢具有良好的淬透性,热处理变形小,适宜制作硬度为55～60HRC的冲头和冷锻模具,也用于制作加工非金属材料的刀具。

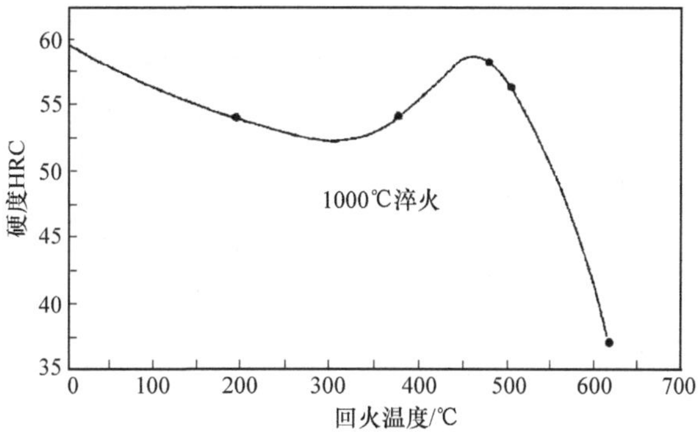

图 8.115 5Cr8MoVSi 的回火温度-硬度曲线[113]

8.4.5 含锰较高的空冷微变形钢

这类钢由高碳中铬钢 Cr5Mo1V(A2)变化而来,即用锰代替大部分铬。这类钢最初在美国使用,属于空淬工具钢系列,主要牌号有 A4、A5、A6,其化学成分见表 8.66。GB/T 1299—2014 新纳入的 7CrMn2Mo 钢属于这类钢,该钢的化学成分与 A6 钢相同。

表 8.66 一些含锰较高的空冷微变形钢的化学成分 (单位:%)

钢号	C	Mn	Si	Cr	W	Mo	V
A4(美)[19]	0.95～1.05	1.80～2.20	0.50	0.90～1.20	—	0.90～1.40	—
A5(美)[19]	0.95～1.05	2.80～3.20	0.10～0.50	0.90～1.20	—	0.90～1.40	—
A6(美)[19]	0.65～0.75	1.80～2.50	0.50	0.90～1.20	—	0.90～1.40	—
BA6(英)[19]	0.65～0.75	1.80～2.10	≤0.40	0.85～1.15	—	1.20～1.60	—
PDAH-1(日)[94]	0.80～0.90	1.80～2.20	<0.35	0.90～1.10	—	1.20～1.50	0.1～0.3
7ХГ2ВМФ(俄)[19]	0.68～0.76	1.80～2.30	0.1～0.4	1.50～1.80	0.5～0.9	0.50～0.80	0.1～0.25
Cr2Mn2SiWMoV(中)	0.95～1.05	1.80～2.30	0.60～0.90	2.30～2.60	0.70～1.10	0.50～0.80	0.10～0.25

注:Cr2Mn2SiWMoV 钢的数据来源于 GB 1299—77。

这类钢较高的锰含量及其他元素的作用,使其具有高的淬透性。在含 2% Mn、1% Cr 和 1% Mo 的钢(A6)中,当碳含量为 0.6%～0.7%时,淬透性最高(图 8.116),当碳含量为 1.0%时,淬透性要降低很多。A6 钢的韧性高,但耐磨性要差些。

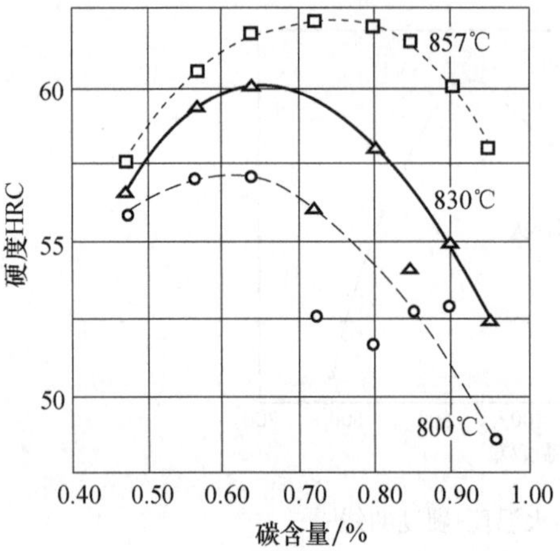

图 8.116　碳含量和奥氏体化温度对直径为 100mm 试样心部硬度的影响[114]

钢的成分:2%Mn、1%Cr、1%Mo,空冷

图中温度即奥氏体化温度

由于含锰和铬的关系,淬火后可以得到适当的残余奥氏体量,使变形很小。

试验表明,在钢中含 0.9%~1.0%C 时,加入 1%Mn 可使马氏体点 M_s 降低 45℃,加入 1%Cr 可使 M_s 点降低 35℃。因此,锰在增加残余奥氏体量、减少变形方面的作用比铬要大些。

这类钢中锰含量较高,临界点较低,退火不易得到低的硬度,采用退火温度为 740~760℃,以 10~15℃/h 的速率冷却至 540℃,必要时加热至 730℃,重复退火一次,可以使硬度进一步降低。A4 钢的硬度范围为 200~241HB,A5 钢为 228~255HB,A6 钢为 217~248HB。这类钢的碳化物偏析程度小。

这类钢的淬火温度比较低,在 815~845℃,空冷淬火,淬火后的变形很小,淬火后的硬度为 60~63HRC,残余奥氏体含量为 15%~20%。

这类钢的回火稳定性不高,回火温度范围为 150~400℃,回火后的硬度为 60~54HRC,视使用要求确定回火温度。

在要求淬火温度低和变形很小时,各种冷模具都可使用这类钢制作。A6 钢可以制作截面大于 100mm 的大型模具,A4 钢适宜制作小于或等于 ϕ76mm×76mm 尺寸的模具。

英国工具钢标准中的钢号 BA6 的化学成分与 A6 大致相同。

7CrMn2Mo(A6)钢的锻造温度为 1040~1120℃,锻坯的硬度约为 500HB。退火温度采用 730~745℃,退火后的硬度 217~248HB。适宜淬火温度为 830~870℃,空冷淬火硬度 60~62HRC,815℃淬火后钢中的残余奥氏体量为 13%,870℃淬火后钢中的残余奥氏体量为 22%。图 8.117 为 7CrMn2Mo 钢 845℃空淬后的回火温度-硬度曲线。7CrMn2Mo 钢经 845℃空淬,再经 205℃回火后的变形量达到 0.0002mm/mm[1]。7CrMn2Mo 钢通过适宜控制淬火-回火温度,可以调节钢中的残余奥氏体量,使热处理后工具的变形量极小。该钢适宜制作需要接近尺寸公差的工具,如修边模、塑料模、压弯工具、冲切模、精压模等。

日本这类钢的牌号为 PDAH-1,其成分介于 A4 和 A6 之间,并加入少量的钒。图 8.118 是 PDAH-1 钢的过冷奥氏体等温转变曲线,可见,该钢的淬透性很高,ϕ100mm 的圆棒在油中淬火后,其心部的硬度也可以达到 64HRC。

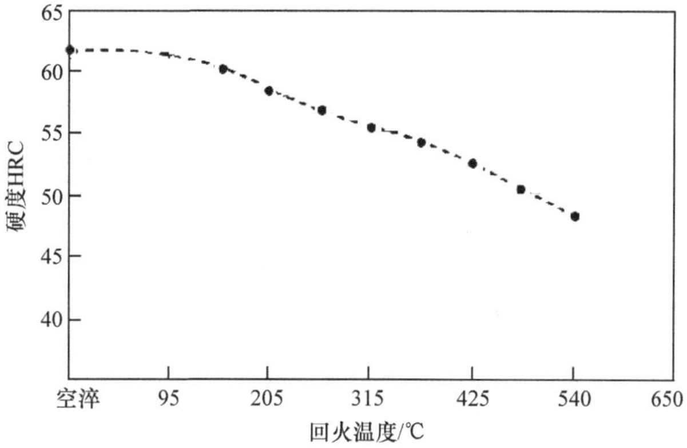

图 8.117　7CrMn2Mo 钢 845℃空淬后的回火温度-硬度曲线[1]

PDAH-1 钢可以空冷淬火，850℃空冷淬火后再经 150～200℃回火，硬度约在 60HRC。

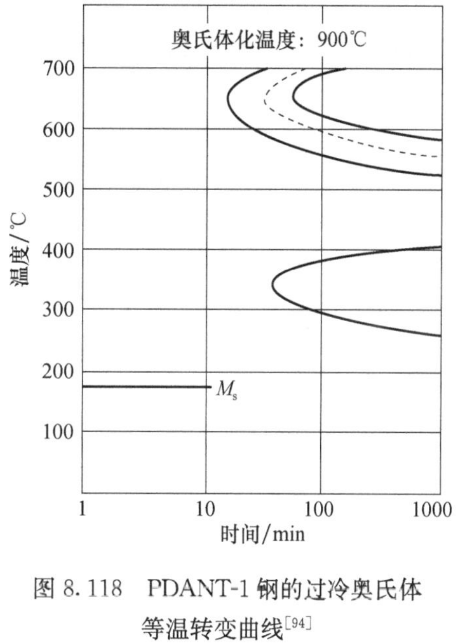

图 8.118　PDANT-1 钢的过冷奥氏体等温转变曲线[94]

成分：0.83%C、1.88%Mn、1.08%Cr、1.22%Mo、0.1%V

苏联亦研究过这类钢，推荐了两种成分，即 7XГ2BΦM 与 XГ3CBΦM。前者韧性好，但耐磨性差，后者则相反。7XГ2BΦM 钢的淬火适宜温度为 850～860℃，回火温度为 150～200℃，硬度为 58～61HRC。

20 世纪 60 年代，我国对这类空冷微变形钢也进行了不少试验研究，提出了一些钢号，在生产上亦得到一定的应用，曾将其中 Cr2Mn2SiWMoV 钢列入 GB 1299—77 中。该钢具有高的淬透性，热处理变形小，耐磨性好，锻造、淬火、回火工艺较简单，模具使用寿命在有些情况下能达到或超过 Cr12 型钢，特别适宜于制造形状复杂、高精度冷冲模具、精密量具及要求变形量极小、耐磨性高的细小杆状零件[115]。由于 Cr2Mn2SiWMoV 钢中锰、硅元素含量较高，退火软化比较困难，脱碳敏感性较高，难以扩大使用，在 1985 年重新修订标准时该钢未再列入。

8.4.6 高速钢

8.4.6.1 高速钢的低温淬火

随着冷挤压技术的发展,对模具的强度、韧性和耐磨性提出越来越高的要求,尤其是黑色金属冷挤压凸模,模具受力剧烈,工作条件十分严峻,对模具材料的要求比较高。这时 Cr12 型等高碳工具钢已不能满足使用要求。我国黑色金属冷挤压的模具,凹模主要采用 CrWMn 或 Cr12MoV 钢,凸模主要采用高速钢 W18Cr4V,对要求更高的凸模则采用 W6Mo5Cr4V2 钢制作。W6Mo5Cr4V2 钢的碳化物颗粒细小,分布较均匀,强度与韧性都较 W18Cr4V 钢为好。这两种钢热处理后有高的硬度和抗压强度及良好的耐磨性,能满足一般的冷挤压工作条件。但其碳化物不均匀性级别高低及其热处理工艺是否合理对凸模寿命有很大的影响。为了保证黑色金属冷挤压凸模的质量要求,生产中采用如下具体措施:①通过原材料金相检验,选用碳化物不均匀性在 3 级以下的高速钢制造凸模;②模具设计时,应考虑尽可能用较小规格的钢材制造凸模,这是因为高速钢碳化物不均匀性与钢材尺寸有关;③在有条件的工厂,可经过锻造改善碳化物分布。

高速钢的各项性能和热处理工艺有着密切的联系。冷挤压模的工作条件和刀具不一样,凸模对红硬性并无很高的要求,却必须具有更高的强度和韧性。高速钢经一般热处理后的主要缺点是韧性不足,为了改善韧性可对高速钢进行低温淬火。有的资料介绍了 18-4-1 和 6-5-4-2 钢在不同温度淬火时的碳化物量和种类以及基体中的合金元素含量(表 8.67)。可以看出,低温淬火时钢中未溶碳化物量较一般淬火为多,因此基体中的碳含量要少。此外,基体中合金元素 W、Mo、V 的含量亦相应的低些,这对提高高速钢的韧性是有益的。

表 8.67 18-4-1 和 6-5-4-2 钢退火和淬火状态的碳化物和基体成分

钢号	热处理	碳化物		基体中的合金元素/%				
		质量分数/%	种类	Cr	W	Mo	Cr	V
18-4-1	退火	27.0	$M_6C+M_{23}C_6+MC$	—	2.1	—	3.1	0.10
	1100℃油淬	21.2	M_6C	0.34	5.2	—	4.5	0.35
	1200℃油淬	18.9	M_6C	0.45	6.6	—	4.5	0.65
	1300℃油淬	15.9	M_6C	0.57	8.7	—	4.5	1.0
6-5-4-2	退火	21.4	$M_6C+M_{23}C_6+MC$	—	0.9	1.5	2.2	0.2
	1050℃油淬	16.5	M_6C+MC	0.33	0.9	1.5	4.3	1.1
	1150℃油淬	15.0	M_6C+MC	0.42	1.3	1.8	4.3	1.5
	1250℃油淬	13.5	M_6C+MC	0.53	2.1	2.4	4.4	1.8

注:试验用钢的化学成分为,18-4-1:0.73%C、4.17%Cr、18.58%W、1.00%V;6-5-4-2:0.89%C、4.49%Cr、6.72%W、4.73%Mo、2.51%V。

图 8.119 和图 8.120 分别为 6-5-4-2 钢在不同温度油淬后的硬度、冲击韧性与回火温度间的关系曲线。淬火温度越低，固溶碳量越少，回火时析出的合金碳化物量也少，因此二次硬化效应小些，而冲击值则越高。不论淬火温度高低，在二次硬化峰的 550℃左右，冲击值都具有极小值。

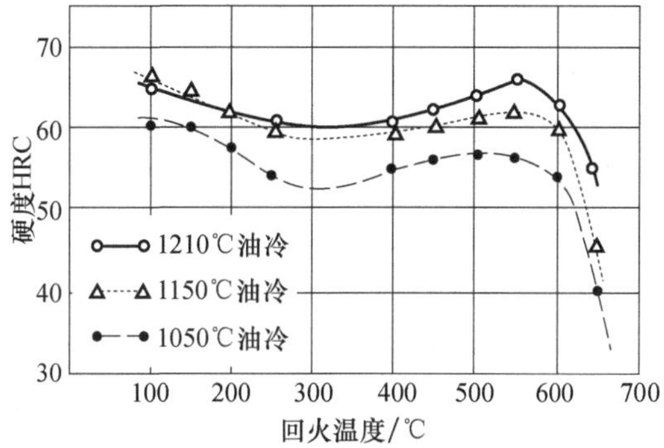

图 8.119　6-5-4-2 钢在不同温度油淬后硬度与回火温度间的关系[57]

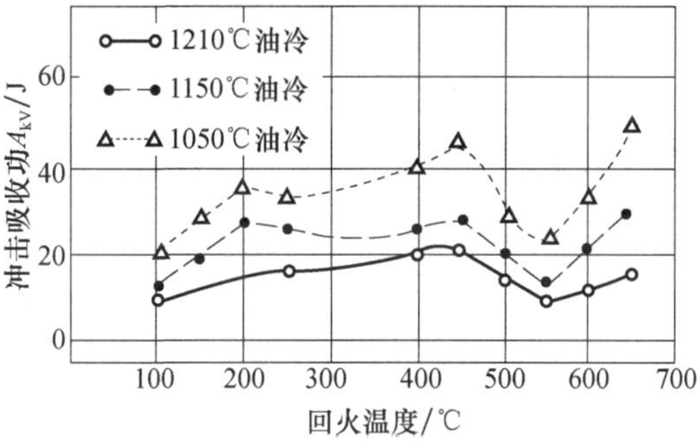

图 8.120　6-5-4-2 钢的冲击值与回火温度间的关系[57]

C 型缺口深 2mm，$R=12.7$mm

表 8.68 为高速钢经不同工艺处理后的力学性能，并与其他钢进行对比。

表 8.68　几种钢的力学性能对比[84,116]

钢号	热处理工艺	硬度 HRC	抗弯强度 σ_{bb}/MPa	挠度 f/mm	冲击韧度 a_k/(J/cm^2)
W18Cr4V	1280℃淬油，560℃，1h，3 次	65.0	1970	1.83	11
	1250℃淬油，540℃，1h，3 次	63.6	2010	2.0	14
	1220℃淬油，560℃，1h，3 次	62.7	1970	1.88	15
	1250℃淬油，600℃，1h，3 次	62.9	2220	2.0	26

续表

钢号	热处理工艺	硬度 HRC	抗弯强度 σ_{bb}/MPa	挠度 f/mm	冲击韧度 a_k/(J/cm^2)
W6Mo5Cr4V2	1230℃淬油,560℃,1h,3次	65.0	2190	2.08	15
	1190℃淬油,560℃,1h,3次	63.0	2420	2.55	22
	1150℃淬油,560℃,1h,3次	61.8	2800	3.11	62
W6Mo5Cr4V2Al	1210℃淬油,560℃,1h,3次	67.6	2060	2.11	14.2
65Cr4W3Mo2VNb	1120℃淬油,540℃,1h,2次	62.0	2930	3.44	61

注:抗弯试样尺寸为10mm×10mm×130mm,计算跨度为100mm,无缺口冲击试样尺寸为10mm×10mm×55mm。

多年的生产实践表明,大多数高速钢冷挤压凸模可以采用略低于高速钢小刀具的淬火温度进行淬火(W18Cr4V钢采用1240～1250℃;W6Mo5Cr4V2钢采用1180～1200℃),然后在560℃四次回火。如果高速钢的碳化物不均匀性在3级以下,经上述规范处理后,高速钢的韧性已能满足黑色金属冷挤压凸模的需要。对于一些细长或壁薄的凸模,要求具有很高的韧性,则可进一步降低淬火温度,提高其使用寿命。高速钢的低温淬火也有一定的局限性。首先,低温淬火后,高速钢的抗压屈服强度降低,不能用于单位挤压力接近2500MPa的高负荷凸模。其次,降低淬火温度会使高速钢的耐磨性下降,若耐磨性不足就容易黏模,可能导致脱模时将凸模折断。因此,低温淬火法并不是对大多数冷挤压凸模都适合。

8.4.6.2 低碳高速钢

改善高速钢韧性的另一个途径就是降低高速钢的碳含量,即低碳高速钢。我国研制了一种低碳高速钢6W6Mo5Cr4V作为黑色金属冷挤压用的模具钢,已列入GB/T 1299—2014,化学成分见表8.52,其特点是在6-5-4-2钢的基础上适当降低了碳和钒的含量。

6W6Mo5Cr4V钢仍属于莱氏体钢,其碳化物偏析程度与同规格的一般高速钢相比,可以降低一级左右。由于钢中仍含有大量的一次碳化物,锻造时应注意进一步改善碳化物的分布。钢材的开锻温度为1050～1100℃,终锻温度为850～900℃,锻后应注意缓冷。为了改善碳化物的分布,最好采用反复镦拔工艺。由于钢材的纵向力学性能较横向为高,为了更有效地发挥材料的潜力,提高模具的使用寿命,应控制锻件的金属流线。

6W6Mo5Cr4V钢的退火工艺为:加热温度850～860℃,2～4h,炉冷至740～750℃等温4～6h,炉冷至550℃出炉,硬度为197～229HB。

图8.121为6W6Mo5Cr4V钢的过冷奥氏体等温转变曲线,可以看出,这种钢有较高的淬透性。

6W6Mo5Cr4V钢在淬火时的预热温度为830～850℃，适宜的加热温度为1180～1200℃，可以油冷、空冷或分级淬火，淬火后的硬度为58HRC左右。图8.122为6W6Mo5Cr4V钢经1200℃淬火后，其力学性能与回火温度的关系曲线。可以看出，经550～580℃回火后，硬度、抗弯强度达到最大值，而冲击韧性为最低值。降低淬火温度可以显著改善钢的韧性，适当升高淬火温度可以提高硬度和耐磨性，但韧性将下降。推荐的回火温度为560～580℃，回火3次，1h，硬度为58～63HRC。6W6Mo5Cr4V钢由于降低了碳化物的含量，改善了碳化物的分布，其抗弯强度与塑韧性等较之6-5-4-2钢都有显著提高，但回火后硬度要低2～3HRC，可以通过氮化等表面强化工艺进一步提高其耐磨性。该钢通常用于制造冷挤压模具、拉伸模具等，有较高的使用寿命。

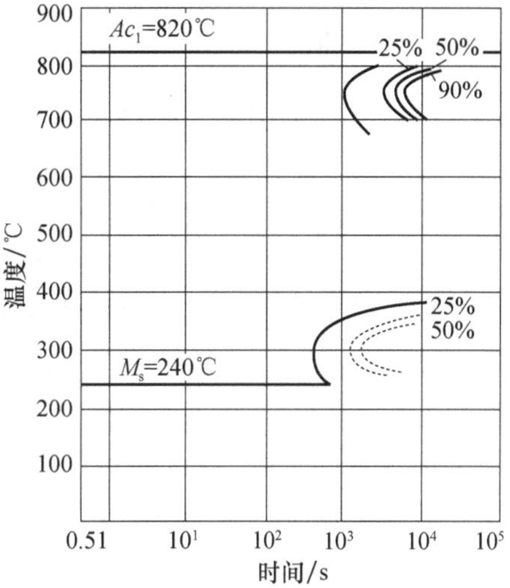

图8.121 6W6Mo5Cr4V钢的过冷奥氏体等温转变曲线[91]

1200℃加热，奥氏体化5min，成分：0.59%C、4.08%Cr、6.25%Cr、5.10%Mo、0.94%V

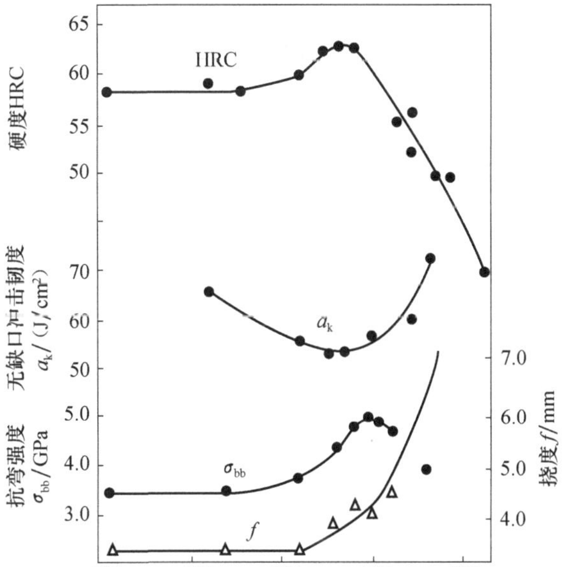

图8.122 6W6Mo5Cr4V2钢力学性能与回火温度关系[93]

1200℃淬火，回火3次×1h

8.4.7 基体钢

1970年在美国最先提出基体钢的概念,其化学成分为在高速工具钢的淬火组织中去除残余碳化物后基体的化学成分。这种钢可以既具有高速钢的高强度、高硬度,又不致因含有大量碳化物使韧性和疲劳强度降低,可望作为高强度高韧性的工具钢使用。曾对两种基体钢的性能进行了研究,其化学成分见表8.69[117],其中MACVM钢相当于M2钢的基体成分,后一种钢相当于M34钢(0.90%C、4.0%Cr、8.0%Mo、2.0%W、2.0%V、8.0%Co)的基体成分。为了使淬火后的残余碳化物保持在5%左右,淬火温度控制在1100~1120℃。以后其他一些国家也相继开展了基体钢的研究。在高速钢基体成分上添加少量其他元素,适当增减碳含量以改善钢的性能,适应某些用途的钢种,目前都称为基体钢。我国在基体钢的研究方面进行了较多的试验研究,其中一些综合性能优良的基体钢已在生产中获得应用。表8.70列出了一些基体钢的化学成分。

表8.69　两种基体钢的成分及热处理条件[117]

牌号	化学成分/%						热处理工艺/℃			硬度HRC
	C	Cr	Mo	W	V	Co	预热	淬火	回火	
MACVM	0.5	4.5	2.75	2.0	1.0	—	816~871	1100~1120	510~620	50~60
MatrixⅡCVM	0.55	4.0	5.0	1.0	1.0	8.0	816~871	1100~1120	510~620	50~64

表8.70　一些基体钢的化学成分[54,92]　　(单位:%)

牌号	C	Si	Mn	Cr	W	Mo	V	其他
6Cr4W3Mo2VNb	0.60~0.70	≤0.40	≤0.40	3.80~4.40	2.50~3.50	1.80~2.50	0.80~1.20	0.20~0.35Nb
6Cr4W8VTi	0.60~0.70	≤0.40	≤0.40	4.20~4.80	7.50~8.50	—	0.80~1.20	0.10~0.30Ti
6Cr5Mo3W2VSiTi	0.60~0.70	0.80~1.20	≤0.40	4.50~5.20	1.60~2.30	2.80~3.40	1.00~1.40	0.10~0.30Ti
5Cr4Mo3SiMnVAl	0.47~0.57	0.80~1.10	0.80~1.10	3.80~4.30	2.80~3.40	2.80~3.40	0.80~1.20	0.30~0.70Al
5Cr4W5Mo2V	0.40~0.50	≤0.40	0.20~0.60	3.80~4.50	4.50~5.30	1.70~2.30	0.80~1.20	—
6Cr4Mo3Ni2WV	0.55~0.64	≤0.40	≤0.40	3.80~4.30	0.90~1.30	2.80~3.30	0.90~1.30	1.80~2.20Ni
MH85(日本大同)	0.55	—	—	4.2	2.0	4.0	1.0	—
YXR33(日本日立)	0.5	—	—	4.2	1.6	2.1	1.2V、0.15Nb、0.7Co	

注:6Cr4W3Mo2VNb、5Cr4Mo3SiMnVAl、5Cr4W5Mo2V钢均已列入GB/T 1299—2014,6Cr4W3Mo2VNb钢为冷作模具钢,后两者为热作模具钢。

基体钢一般具有高的强度和韧性，适于制作要求高强韧性的冷作模具，又由于基体钢具有较好的高温硬度，也可以作为高性能的热作模具钢来使用。表8.70中列出的钢号，除MH85、YXR33外，均为我国开发的基体钢，其中6Cr4W3Mo2VNb（代号65Nb）、6Cr4W8VTi（代号LM1）和6Cr5Mo3W2VSiTi（代号LM2）主要用做冷作模具钢，5Cr4Mo3SiMnVAl（代号012Al）、5Cr4W5Mo2V（代号RM2）和6Cr4Mo3Ni2WV（代号CG-2）主要用做热作模具钢。

6Cr4W3Mo2VNb钢是以M2高速钢的基体成分为基础，适当提高钢中的碳含量至0.65%，以增加淬火后剩余碳化物的数量，提高其耐磨性，钢中Cr、W、Mo、V等元素的作用与在高速钢中相似。Cr在钢中主要生成$M_{23}C_6$和M_7C_3型碳化物，在较低温度加热时，就能溶入奥氏体，从而保证了钢的高淬透性和淬硬性；一部分Cr还溶入M_6C型碳化物，使其稳定性降低，淬火加热时易于溶解，进一步提高奥氏体的合金化程度。W、Mo、V在钢中主要生成M_6C、MC等碳化物，它们在淬火加热时大部分溶解，在回火时以M_2C、MC的形式析出，引起较强烈的二次硬化效果。约1%V能使钢有好的耐磨性而不致影响磨削性能。在退火状态，钢中的碳化物含量约为16%[118,119]。

加入0.2%～0.3%Nb能起到细化晶粒和提高韧性的作用。Nb在钢中形成细小稳定的NbC，加热至1180℃时，基体中才溶解0.022%～0.08%Nb。Nb同时又能溶入其他碳化物中，提高其稳定性，故能有效地阻止晶粒的长大，并使基体碳含量降低而获得较多的板条马氏体，从而改善钢的热加工性能和热处理工艺性能，并能提高钢的综合力学性能。含Nb钢的淬火温度比不含Nb的钢可提高40～50℃，使淬火温度范围变宽，抗弯强度提高了25%，冲击韧度提高一倍以上，断裂韧度提高20%[118]。

由于65Nb钢中的碳及合金元素含量较高速钢和高铬工具钢低，其碳化物不均匀性比同规格的高速钢要低1～2级以上。GB/T 1299—2014规定退火状态交货的65Nb钢应按GB/T 14979—94第四评级图评定，但当供方保证满足表8.57的要求时，可不做检验。生产经验表明，ϕ80mm的65Nb钢材的共晶碳化物略呈带状分布，并有堆积现象；ϕ130mm钢材中的共晶碳化物堆积程度则比较严重。因此，对于ϕ80mm以上规格的钢材，最好经反复镦拔后使用。

65Nb钢的锻造性能很好，钢材加热温度为1120～1150℃，始锻温度为1100～1150℃，终锻温度为850～900℃，钢材锻后应缓冷。锻坯的退火工艺：860℃×3h，炉冷，740℃等温6h，硬度为217HB左右。

65Nb钢具有较高的淬透性，图8.123为65Nb钢的过冷奥氏体等温转变曲线。ϕ50mm以下的试样，经1160℃奥氏体化后，可以在空气或油中淬透，ϕ80mm的试样则可以在油中淬透。

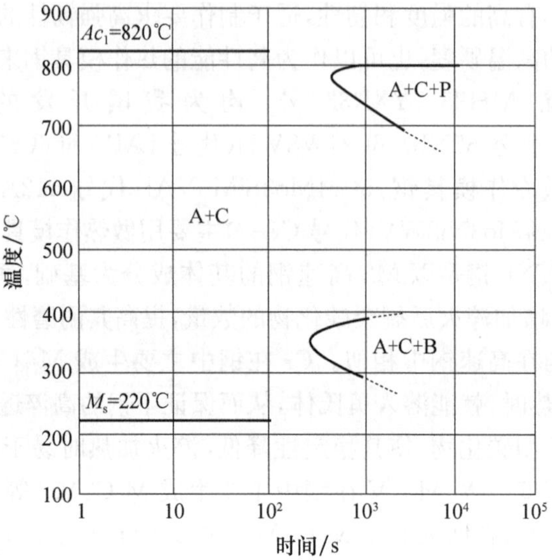

图 8.123 65Cr4W3Mo2VNb 钢的过冷奥氏体等温转变曲线[116]

钢的成分:0.66%C、4.08%Cr、3.02%W、1.97%Mo、1.10%V、0.26%Nb,

奥氏体化温度 1160℃,3min,晶粒度 10~11 级

65Nb 钢在淬火加热温度不超过 1160℃时,奥氏体仍能保持细小的晶粒 10~9 级,加热温度至 1180℃以上时,由于稳定碳化物 NbC 等的溶解,晶粒开始不均匀长大。65Nb 钢经 1100~1160℃加热淬火后的硬度为 65~66HRC,残余奥氏体量为 11%~14%。

经不同温度淬火后的 65Nb 钢在回火过程中均出现二次硬化,硬化峰在 520~540℃出现,并随淬火温度的升高而增强。试验表明,出现二次硬化峰主要是由于纳米尺寸(<10nm)的 M_2C 和 V_4C_3 的共格析出。M_2C 和 V_4C_3 既可以自基体独立析出,也可以由回火时析出的 M_3C 原位转变生成[119]。钢中的残余奥氏体在回火温度超过 500℃时迅速发生转变,经 540℃两次回火,残余奥氏体已转变完毕,因此 65Nb 钢只需二次回火。

表 8.71 为 65Nb 钢不同温度淬火及回火后的力学性能。最大抗弯强度出现在 520~540℃二次硬化峰处。

65Nb 钢具有高的抗弯强度和优异的韧性。随淬火温度的升高,65Nb 钢的抗弯强度逐渐上升,挠度下降,淬火温度超过 1160℃后,抗弯强度开始下降。回火时的二次硬化峰随淬火温度的升高而向高温回火方向推移。

65Cr4W3Mo2VNb 钢的断裂韧度显著高于 W18Cr4V 钢,降低淬火温度还可以进一步提高。

表 8.71　65Nb 钢不同温度淬火和回火后的力学性能[118,120]

淬火温度/℃	力学性能	回火温度/℃										
		220	300	350	400	450	500	520	540	560	580	600
1080	HRC	61.2	58.7	58.3	58.3	59.4	60.1	60.1	60.2	58.5	58.3	55.5
	σ_{sc}/MPa	2721	—	—	2474	—	—	—	2636	—	—	—
	σ_{bb}/MPa	740	2730	—	3120	—	4120	4560	4490	4250	—	—
	f/mm	1.28	4.29	—	3.70	—	7.52	8.6	8.6	9.92	—	—
	a_k/(J/cm^2)	53.2	60.9	—	65.8	—	56.9	81.8	82.6	—	—	—
	K_{IC}/(MPa·m$^{1/2}$)	—	—	—	—	—	—	—	25.6	—	—	—
1120	HRC	60.8	59.3	59.3	59.0	59.9	61.4	62.3	62.2	60.4	60.5	58
	σ_{sc}/MPa	2755	2398	—	2390	—	2338	2577	2670	2695	2815	2338
	σ_{bb}/MPa	780	1760	2570	3550	3330	3940	4740	4510	4310	4150	4000
	f/mm	0.8	1.68	2.82	5.65	4.25	4.90	7.86	7.97	9.31	7.88	10.25
	a_k/(J/cm^2)	66	50.3	75	70.9	70.7	74.5	87.8	100.7	99	116.5	123.7
	K_{IC}/(MPa·m$^{1/2}$)	—	—	—	—	—	—	—	19.8	—	20.1	—
1160	HRC	61.7	59.6	59.6	59.6	60.3	61.8	62.5	62.5	61.5	60.5	59.1
	σ_{sc}/MPa	2764	—	—	2423	—	—	—	2679	—	—	—
	σ_{bb}/MPa	700	1490	1763	2653	3133	3900	4787	4915	4880	4645	4400
	f/mm	0.75	1.36	1.50	2.76	3.37	4.74	5.83	6.04	9.28	13.14	10.08
	a_k/(J/cm^2)	27.8	—	—	65.0	91.3	45.9	45.4	51.6	79.2	93.8	72.5
	K_{IC}/(MPa·m$^{1/2}$)	—	—	—	—	—	—	—	17.3	—	—	—

注：抗压屈服强度 σ_{sc} 试样尺寸为 ϕ5mm×10mm，冲击韧度 a_k 试样为 C 型缺口，缺口深度 2mm，R=12.7mm。

65Nb 钢具有良好的热处理工艺性能，淬火加热温度范围较宽，为 1080～1160℃，对不同用途的模具，淬火温度有所差异，加热时间按 15～20s/mm 计算。对变形量大、单位挤压力大的反挤凸模，淬火温度可采用(1160±10)℃。对单位挤压力小、要求韧性更高的凸模可采用 1080～1140℃淬火。尺寸小、形状比较简单而不易变形的模具，加热后在油中冷至 200～300℃后取出空冷。对形状复杂、容易变形开裂的模具，可采用分级淬火，最好用 400℃或 200℃分级，若要在 550～600℃分级，则停留时间较短为好，否则会降低淬火硬度及淬透深度。回火工艺通常采用 540℃保温 1h，回火 2 次。要求硬度较高的凸模，第二次回火最好用 530℃。在要求模具具有高的韧性时，可采用 1120℃淬火，580℃回火。

生产实践表明，在一些容易碎裂、折断的模具中，以 65Nb 钢代替高速钢、高碳高铬工具钢，可以明显地看出它的优越性，能显著提高模具寿命。65Nb 钢用于制作形状复杂的有色金属挤压模、单位挤压力为 2500MPa 左右的黑色金属挤压模，以及轴承、标准件行业的冷镦模，使用寿命较 Cr12MoV 及高速钢有显著提高。65Nb 钢具有一定的高温强度，可用于制作黑色金属的温挤压模具，但这种钢的耐磨性不如高速钢。通过采用气体氮化等表面强化工艺可以弥补其不足,使模具得到稳定的高寿命。

对65Nb钢还可以采用超细化处理,即在最终热处理前,先进行1200℃左右的固溶处理,再进行700℃左右的高温回火,可以基本消除碳化物偏析带,剩余碳化物均匀细小,共晶碳化物数量也较少,而且比较细小和圆整。经最终热处理,其冲击韧度可提高约80%,断裂韧度可提高约40%[54]。

马氏体-贝氏体复相($B_下$/M)热处理是一种提高钢的强韧性的重要工艺手段。试验指出,65Nb钢1160℃淬火加热后,于270℃等温28min可生成体积分数为20%左右的下贝氏体,强韧性最好;也可在M_s点以下,于180℃等温60min。此时,先形成少量马氏体促进下贝氏体的形成,亦可获得良好的强韧性。

表8.72列出65Nb钢常规热处理、$B_下$/M复相热处理和其他高强度模具用钢的性能对比[54]。

表8.72　不同钢种不同热处理工艺后的性能对比[54]

钢号	热处理工艺	σ_{bb}/MPa	f/mm	a_k/(J/cm^2)(C型缺口)	HRC
6Cr4W3Mo2VNb	1160℃加热,270℃等温,28min	5050	10	92	>60
	1160℃加热,180℃等温,60min	5000	9.5	95	>60
	1160℃加热,油淬,540℃,2次,1h	4915	6.04	51.6	62.5
	1120℃加热,油淬,540℃,2次,1h	4710	7.97	100.7	62
W6Mo5Cr4V2	1190℃加热,油淬,560℃,3次,1h	3210	2.14	20	66.5
	1200℃加热,油淬,560℃,2次,2h	5000	3.47	28.0(无缺口)	65.5
C12MoV	970℃加热,油淬,200℃,2次,2h	3110	—	—	58.5
	1020℃加热,油淬,200℃,2次,2h	3500	2.4	—	61

6Cr4W8VTi(代号LM1)和6Cr5Mo3W2VSiTi(代号LM2)是两种含钛的基体钢。由于Ti的加入形成稳定的TiC,能在一定的加热温度和保温时间下抑制和减缓晶粒的长大作用。由于TiC在淬火加热时未溶于奥氏体中,相对减少了基体中的碳含量,有利于板条马氏体的形成,从而提高了钢的强韧性。两种钢的过冷奥氏体等温转变曲线的形状与65Nb钢(图8.123)相近,但其Ac_1点较高,约为860℃。

LM1钢的适宜淬火温度为1190～1210℃,油淬后的硬度为62～64HRC;回火温度为540～580℃,回火3次×1.5h,回火后的硬度为58～64HRC。LM2钢的适宜淬火温度为1170～1190℃,油淬后的硬度为61～63HRC;回火温度为530～560℃,回火2次×(1～2)h,回火后硬度为60～62HRC[121]。

LM1钢有较高的硬度、强度和高温性能及抗回火稳定性,多用于冷冲切边模具等,也可用于某些热挤压模具。LM2钢则相对有较好的强韧性,多用于承受冲击载荷较大的冷冲冷挤模具,但由于钢中钛的加入,给浇注带来一些麻烦,使钢的扩大应用受到限制[91]。

8.4.8　钢结硬质合金

20 世纪 50 年代，美国最先试制成功一种新型的工具材料——钢结硬质合金。它是以碳化钛为硬质相，以合金工具钢为黏结相，用粉末冶金的方法制成，其性能介于高合金工具钢与硬质合金之间。它经热处理后(退火)可进行一般的机械切削加工，也可以焊接和锻造，经淬火后具有相当于硬质合金的高硬度和良好的耐磨性，所以迅速地得到了推广和使用。

到目前为止，针对不同的用途，已发展了多种钢结硬质合金牌号。这些牌号适合于制作一般模具的材料，具有耐腐蚀、抗氧化特性的材料，高温下使用的模具或耐磨零件的材料，作为刃具使用的材料，凿岩工具材料等。钢结合金的硬质相一般为难熔金属的碳化物，如 TiC、WC、VC、ZrC、Cr_2C_3 等，黏结相则是钢基体，可以是碳素钢、合金钢、高速钢、不锈钢、高锰钢等。硬质相赋予材料以高硬度和高耐磨性能，钢基体则赋予材料以可加工性和可热处理性。

我国一些研究单位和生产厂也先后对钢结硬质合金材料开展了研制工作，已研制成多种牌号，其中大部分是适合制作各种冷作模具及耐磨零件的材料。除国际上常用的以 TiC 为硬质相的钢结硬质合金外，还开发出以 WC 为基的钢结硬质合金材料。生产实践表明，WC 钢结硬质合金与 TiC 钢结硬质合金，其力学性能和使用情况均相似。表 8.73 为我国用于制作工模具的钢结硬质合金主要类型、牌号和化学成分。

表 8.73　我国用于制作工模具的钢结硬质合金的主要类型、牌号和化学成分[54,122]

类型	牌号	钢基体	化学成分/%					
			硬质相	C	Cr	Mo	W	V
WC	TLMW35	合金钢	35WC	0.55	0.81～1.25	0.81～1.25	—	—
	TLMW50	合金钢	50WC	0.45	0.6～1.25	0.6～1.25	—	—
	GW50	合金钢	50WC	<0.6	0.55	0.15	—	—
	GJW50	合金钢	50WC	0.25～0.5	0.50～1.0	0.25～0.5	—	—
TiC	GT35	合金钢	35TiC	0.5	2.0	2.0	—	—
	R5	中、高铬合金钢	30～40TiC	0.6～0.8	6.0～13.0	0.5～3.0		0.1～0.5
	D1	钨高速钢	25～40TiC	0.4～0.8	2.0～4.0	—	10～15	0.5～1.0
	T1	钨钼高速钢	25～40TiC	0.4～0.8	2.0～5.0	2.0～5.0	3～6	1.0～2.0

在钢结硬质合金中，硬质相的数量及颗粒的大小、分布、形态均影响其韧性。碳化物相越少，韧性越好，但其总量不应少于 30%，否则会降低合金的耐磨性。碳化物越细，分布越均匀，材料的韧性越好。

钢结硬质合金的生产方法通常采用液相烧结法，使多孔的机械结合的粉末压块变成致密的冶金结合的合金,从而形成所需的物理力学性能[122]。烧结后的毛坯首先经过外观检查,合格的毛坯要检查其密度。实践表明,虽然钢结硬质合金密度合格,但其内部却时有小空洞、砂眼、杂质、石墨、污垢之类的缺陷存在,因此,还应对产品进行超声波检查。检验合格的产品即可进行退火处理,退火后硬度合格者即可供用户使用。

钢结硬质合金具有可锻性。钢结硬质合金的锻造不仅仅是利用它的塑性特点,使坯料在压力加工下成为具有一定形状的工件,而更重要的是通过锻造加工,提高合金的密度,使碳化物分布较前均匀,可改善硬度的均匀性及力学性能。实践表明,锻造后模具寿命比未经锻造的模具有明显的提高。

我国在1983年制定了国家标准GB 3879—83《钢结硬质合金材料毛坯》,2008年修改为GB/T 3879—2008。该标准规定钢结硬质合金毛坯的形状和规格,毛坯形状分为圆柱、圆环、板材三种类型。材质加工状态分为烧结态、锻态和加工态。制品的化学成分及其物理力学性能、组织结构均不作规定,而由供需双方协商确定。钢结硬质合金的物理化学性能和组织结构的分析按GB/T 5242—2006《硬质合金制品检验规则与试验方法》执行。

钢结硬质合金中碳化物含量较高,导热性差,因此锻造性能较一般模具钢差。在锻造过程中,首先要注意确定合适的加热速率,以使坯料不产生内部热裂纹,一般要经过两次预热。此外,还必须正确地选取锻造温度范围和加热时间。锻造温度范围上限应低于固相线160~220℃,始锻温度一般在1150~1200℃,采用轻-重-轻的打法,终锻温度控制在900~950℃。过高的终锻温度,在锻件冷却过程中晶粒会继续长大,因而降低了力学性能,尤其是冲击韧性。过低的终锻温度,不能保证再结晶的完善,就会产生残余应力,甚至出现裂纹,锻后应缓冷。锻造可使坯料的孔隙度从锻前的体积分数为0.5%~1.4%降低到0.4%~1.0%,同时碳化物也得到一定程度的细化和均匀化。TiC系钢结硬质合金比WC系的锻造性能要差些。

为了使钢结硬质合金的钢基体获得球状珠光体组织,降低其硬度,以利机械加工,应对合金进行退火处理。退火通常在各种箱式电炉或井式电炉用石墨颗粒和铸铁屑做保护介质覆盖进行。对GT35合金,退火时加热到860~880℃,保温2~4h后以20℃/h的降温速率降至720~740℃,再等温3~4h后随炉冷却,可达到39~46HRC。TLMW50合金采用上述工艺退火后的硬度为35~40HRC。退火后的组织为硬质相加小球状珠光体。目前,钢结硬质合金中的硬质相还达不到均匀分布的最佳状态,一般都有一定程度的网状堆积。

钢结硬质合金经退火软化以后,能承受切削加工(车、铣、刨、钻等)。合金中虽含有很多非常坚硬的TiC或WC颗粒,然而,这些硬质颗粒是孤立、分散地分布在球状珠光体组织的钢黏结体中,在切削过程中,刀刃主要是切在钢的部分上,而硬质颗粒是随着车屑一起被撕裂而剥落下来，故不能进行高速加工。与切削加工比较，钢结硬质合金的磨削加工更困难一些。

合金元素在钢结硬质合金中的作用与在钢中的作用相同，但钢结硬质合金在烧结和淬火加热时，硬质相，特别是碳化钨，与基体有强的相互作用，有相当多的碳和钨溶入钢的基体，而钢基体中的钼和铁也大量进入硬质相，改变了硬质相和钢基体的原始化学成分。钢基体中碳和钨的增加可使钢基体原为亚共析成分的合金钢变为共析或过共析成分，新形成的 M_6C 型碳化物较之合金渗碳体更稳定，再加上硬质相本身也有阻止奥氏体长大的作用，因此钢结硬质合金的奥氏体化温度比原钢基体要高得多，加热时间也可以更长些，否则将达不到预期的性能指标。所以钢结硬质合金淬火加热时的过热敏感性较小，淬火温度范围较宽。

在烧结过程中，由于温度高，硬质相与钢基体相互作用较强，经常会出现桥接相，即将硬质相晶粒连接起来的合金碳化物。桥接相硬而脆，在热处理过程中难以消除，最好利用锻打方法将其打碎，在 R5 合金中的桥接相为 $(Cr,Fe)_7C_3$。另一种是在高温固态烧结，或退火加热温度较高，在随后的缓慢冷却时析出桥接相，这种桥接相可以利用提高淬火温度的方法予以消除。它类似于二次碳化物网络，把硬质相连接在一起。提高淬火温度还可以使尖角硬质相变成球粒状，使合金的韧性提高。

钢结硬质合金所制模具如采用盐浴加热，则保温时间以 0.5～1min/mm 计算，在箱式电炉中加热保温时间加倍，而且应在石墨粉、铸铁屑中保护以防止氧化和脱碳。淬火加热后，可以直接淬入热油或分级、等温淬火。

钢结硬质合金的热处理工艺和处理后的硬度值见表 8.74。钢基体为合金钢的钢结硬质合金一般在 150～250℃低温回火，经较高温度加热淬火后也可在 500～650℃高温回火，应避开 300～350℃回火脆性区。当采用较高温度加热淬火时，WC 型钢结硬质合金的基体中溶入了较多的钨，因此回火稳定性有所提高，在 450～550℃回火时，由于有合金碳化物的弥散析出和残余奥氏体的转变，会有二次硬度出现。钢基体为高速钢的钢结硬质合金应进行高温回火。

表 8.74　一些常用钢结硬质合金的热处理工艺及热处理后的硬度值[54]

牌号	淬火加热温度/℃	淬火硬度 HRC	回火温度/℃	回火硬度 HRC
TLMW35	1020～1050	68	180～200	64～66
TLMW50	1020～1050	68～70	200 500	66～68 63～64
GW50	1050～1100	68～72	180～200	68～70
GJW50	1020	70	180～200	67
DT	1000～1020	67～68	200	62～65

续表

牌号	淬火加热温度/℃	淬火硬度 HRC	回火温度/℃	回火硬度 HRC
GT35	960～980	69～72	180～200 400～500	67～71 61～64
R5	1000～1050	70～73	200 450～500	68～69 67～70
D1	1220～1240	69～73	500℃×3×1h	66～69
T1	1240	68～72	500℃×3×1h	70～72

TLMW35 钢结硬质合金的淬火温度为 1020～1050℃,采用下限温度加热淬火时,钢中的白色块状组织为 WC,基体为细的马氏体组织,大部分是板条马氏体。采用上限温度加热淬火时,由于加热温度较高,WC 颗粒溶解较多,颗粒变小,钢基体中由于碳和合金元素的溶入,淬火后钢基体中出现粗片状马氏体和大量残余奥氏体。TLMW35 钢结硬质合金 1050℃加热油淬,200℃回火 1.5h 后,回火马氏体呈黑色,残余奥氏体没有转变,经 450℃回火后,灰色基体是回火屈氏体＋回火马氏体组织,仍可看到明显的针状,残余奥氏体已大部分转变。

DT 钢结硬质合金是我国在 20 世纪 80 年代初继 TLMW50 和 GJW50 之后开发成功的[123]。DT 钢结硬质合金含有约 25%体积分数的 WC(质量分数约 40%),其余为中碳铬钼镍钢组成。某一 DT 钢黏结相的化学成分经化验为:0.61%C、0.83%Cr、1.76Mo、1.74%Ni、0.52%Mn[124]。

DT 钢结硬质合金的特点是在保持足够高硬度的基础上,较大幅度地提高材质的强度和韧性,在使用中不易出现早期崩刃和碎裂,能充分发挥其耐磨性高的作用,使用效果好。

DT 钢结硬质合金的可锻性优于其他钢结硬质合金,锻造温度较宽,热塑性较好。锻造工艺为:预热温度 700～800℃,始锻温度 1150～1200℃,终端温度 880～900℃。前几次锻打时需反复交替进行镦粗和拔长,要轻拍慢打,每次锻打的变形量控制在 5%左右,改锻时变形量控制在 10%～15%。

DT 合金的退火加热温度为 860～880℃,保温 3h 后缓冷至 700～720℃,保温 6h,再以 16～20℃/h 的速率降温,退火后的硬度为 32～34HRC。DT 合金经 850℃预热、1000～1020℃加热油淬,硬度可达到 67～68HRC。经 200℃低温回火后,硬度为 62～65HRC。DT 合金也可以采用 260～280℃等温淬火 1.5h 的工艺,硬度为 56～62HRC。DT 合金多用于硅钢片剪切、冲裁、不锈钢制品拉伸及大直径的冲、拉伸等模具[124]。

表 8.75 为一些常用钢结硬质合金的物理、力学性能。

表 8.75 一些常用钢结硬质合金的物理、力学性能[54,123]

牌号	密度 /(g/cm³)	线膨胀系数 a_l/(10⁻⁶/℃)		硬度 HRC			抗弯强度 σ_{bb}/MPa	冲击韧度 a_k/(J/cm²)(无缺口)
		20～100℃	20～600℃	退火态	淬火态	回火态		
TLMW50	10.21～10.37	6.72	10.15	35～40	66～70	66～68	1960	7.8
GW50	10.20～10.40	8.90	9.70	38～43	68～72	68～70	1666～2250	11.8
GJW50	10.20～10.30	—	—	35～38	68～70	67	1490～2156	7.0
DT	≥9.7	8.54	—	32～34	67～68	62～65	2500～3600	15～20
				等温淬火态		56～62	3200～3800	18～25
GT35	6.40～6.60	6.09	11.51	39～46	68～72	67～71	1370～1570	5.9
R5	6.35～6.45	8.34	10.82	44～48	70～73	68～69	1176～1370	2.90
D1	6.90～7.10	—	—	40～48	69～73	66～69	1370～1570	—
T1	6.60～6.80	4.37	11.25	44～48	68～72	70～72	1270～1470	2.90～5.0

钢结硬质合金兼有钢和硬质合金的特性，已作为模具材料应用于各种冷作模具，如冷冲模具、冷镦模具、冷挤压模具、拉伸模具、剪裁模具、压印模具、滚压工具等；也可用于部分热作模具，如热挤压模具、热冲模具等。当选用适当时，其使用寿命可比模具钢提高几倍到几十倍，甚至可以接近普通硬质合金制作的模具。但钢结硬质合金在承受较大冲击载荷时，韧性尚显不足，因此可在模具结构上采取相应的措施。一般多采用镶套结构，采用高强度钢制作外套，甚至采用双套或多套结构，过盈装配，有时采用拼块结构，以承受或抵消冲击载荷的作用，可以充分发挥钢结硬质合金高耐磨性的特性，达到稳定提高模具寿命的目的[122]。

高速钢结硬质合金的淬火-回火工艺与高速钢相似，最后加热温度为1240～1280℃，在油中淬火，560℃回火三次，每次1～1.5h，淬火-回火后的硬度达69～73HRC。这种合金适宜制作各种复杂形状刀具，如麻花钻头、铣刀等，也可以制作在较高温度下工作的模具和耐磨零件，用做模具时的淬火温度可以适当降低。

目前，钢结硬质合金的应用范围仍在不断扩大，新的工艺技术不断涌现[125,126]。制备工艺除传统的粉末冶金方法以外，还有原位合成法、自蔓延燃烧合成法、热等静压法、电渣重熔法等。钢结硬质合金的黏结相强化越来越受到重视。以富铁的Fe-Co-Ni作为黏结相的钢结硬质合金，其性能甚至优于WC-Co硬质合金。一些研究表明，加入适量的稀土元素(0.4%～0.8%)，可以改善合金的性能。在硬质相方面，除了TiC、WC以外，出现了更多新型硬质相，如TiN、TiB_2、NbC等，复合型硬质相也受到重视，如Ti(C,N)、(Ti,W)C等。

8.4.9 冷轧辊用钢

轧辊是金属轧制设备上的最主要零件,用于使金属变形,一般属于大截面用钢。冷轧辊按工作性质可分为冷轧工作辊和大型支承辊两大类。冷轧工作辊是轧辊类产品中质量要求最高的一类。

8.4.9.1 冷轧辊用钢的化学成分

冷轧工作辊用钢的化学成分、性能要求与一些冷作模具钢相近。冷轧工作辊应满足下列主要性能上要求:①有较大的淬透性,淬火后能得到高而均匀的表面硬度,辊身表面硬度应保证不小于 90HSD 的高硬度;②大的工作稳定性,即轧辊在工作过程中不容易产生剥落和裂纹等缺陷;③较高的冲击韧性,能承受冷轧时产生的冲击力;④硬度均匀,材质纯净。实际使用过程表明,高硬冷轧辊的使用寿命正比于其表面硬度。因此,高的表面硬度和深的有效淬火层深度是评价其质量的主要指标。

冷轧工作辊的硬度测定采用肖氏(Shore)试验,符合 GB/T 4341.1—2014《金属材料　肖氏硬度试验　第 1 部分:试验方法》的规定。该方法的原理是将规定形状的金刚石冲头从固定高度 h_0 落在试样表面上,冲头弹起一定高度 h,用 h 与 h_0 的比值计算肖氏硬度值。采用 D 型(指示型)肖氏硬度计时,硬度值以 HSD 表示

$$\mathrm{HSD} = 140 \times (h/h_0) \tag{8.9}$$

85HSD 相当于 62.1HRC,90HSD 相当于 64.8HRC,97HSD 相当于 68.0HRC。

冷轧工作辊用钢的化学成分最初是基于 GCr15 型轴承钢,经过不断的发展,各国的主要冷轧工作辊制造厂各自开发了自己的冷轧工作辊用钢系列,成分不尽相同,但主要元素的应用原理有许多共同之处。

我国早期使用的冷轧工作辊材料均为高碳铬合金钢,这些钢均已列入我国于 1991 年制定的国家标准 GB/T 13314—91《锻钢冷轧工作辊通用技术条件》。该标准中共列入 7 个钢号:9Cr2、8CrMoV、85Cr2MoV、9Cr2Mo、9Cr2W、9Cr2MoV 和 9Cr3Mo。2008 年将该标准修订为 GB/T 13314—2008,取消了不常用的材料 8CrMoV、9Cr2W,增加了 8Cr3MoV、8Cr5MoV 两个钢号。GB/T 13314—2008 中列入钢号的化学成分见表 8.76,该标准适用于整体锻造合金钢冷轧工作辊及中间辊。新修订的 GB/T 1299—2014 中纳入了 5 个轧辊用钢的钢号,部分钢号与 GB/T 13314—2008 中列入钢号重复,见表 8.76。

表 8.76　冷轧辊用钢及其化学成分(GB/T 13314—2008)　(单位:%)

牌号	C	Si	Mn	Cr	Mo	V	Ni	Cu	S,P
9Cr2	0.80～0.95	≤0.40	≤0.40	1.30～1.70	—	—	—	—	≤0.030

续表

牌号	C	Si	Mn	Cr	Mo	V	Ni	Cu	S,P
9Cr2V	0.85～0.95	0.20～0.45	0.20～0.45	1.30～1.70	—	0.10～0.25	—	—	≤0.030
8Cr2MoV	0.80～0.90	0.15～0.40	0.30～0.50	1.80～2.40	0.20～0.40	0.05～0.15	≤0.25	≤0.25	≤0.025
9Cr2Mo	0.85～0.95	0.25～0.45	0.20～0.35	1.70～2.10	0.20～0.40	—	≤0.25	≤0.25	≤0.025
9Cr2MoV	0.85～0.95	0.25～0.45	0.20～0.35	1.70～2.10	0.20～0.30	0.10～0.20	≤0.25	≤0.25	≤0.025
9Cr3Mo	0.85～0.95	0.25～0.45	0.20～0.35	2.50～3.50	0.20～0.40	—	≤0.25	≤0.25	≤0.025
8Cr3MoV	0.78～1.10	0.40～1.10	0.20～0.50	2.80～3.20	0.20～0.50	0.05～0.15	≤0.80	≤0.25	≤0.025
8Cr5MoV	0.78～0.90	0.40～1.10	0.20～0.50	4.80～5.50	0.20～0.60	0.10～0.20	≤0.80	≤0.25	≤0.020

注:9Cr2V是GB/T 1299—2014中列入的轧辊用钢牌号,而GB/T 13314—2008未列入的牌号。其余均为GB/T 13314—2008中列入的牌号。9Cr2MoV、9Cr2Mo、8Cr3MoV和8Cr5MoV是GB/T 1299—2014中的轧辊用钢和GB/T 13314—2008共同列入的牌号,但成分范围略有差异。

冷轧辊用钢的冶炼方法宜采用炉外精炼、电渣重熔等二次精炼方法。冷轧辊锻件采用钢锭锻造时,辊身锻比一般应不小于3,采用钢坯锻造时,辊身锻比不小于1.5,采用电渣重熔锭锻造时,辊身锻比不小于2。冷轧辊试样的低倍组织不允许有白点、内裂、缩孔和目视可见的非金属夹杂物等冶金缺陷,其锻件切片的显微组织网状碳化物不应大于2.5级(按GB/T 1299—2014附录A3第三级别图)。冷轧辊应根据使用情况由供需双方协商选择超声波探伤的质量等级,锻钢冷轧工作辊超声波方法及探伤结果质量分级见GB/T 13314—2008的附录A。

合金元素铬对冷轧工作辊的淬透性、碳化物类型及耐磨性等方面起着举足轻重的作用,冷轧工作辊材质的发展是以铬含量的不断提高为基本特征的[127]。

普通冷轧工作辊最初使用的是2%Cr型钢。我国常用的9Cr2、9Cr2V、9Cr2Mo、9Cr2MoV等钢都是典型的2%Cr型钢,其碳含量为0.85%～0.95%,具有较高的淬硬性。钒能细化钢的晶粒,降低过热敏感性,提高钢的韧性,能够通过适当的热处理基本上满足高硬冷轧辊的性能要求。锰和镍含量不应过高,否则将使淬火后钢内的残余奥氏体量增加。

2%Cr型冷轧工作辊用钢由于合金含量低,淬透性不是很高,淬硬层深度δ=12～16mm,一般不进行冷处理。若经工频感应淬火,淬硬层深可达20mm。这类钢组织中的碳化物为M_3C型合金渗碳体,淬火后剩余碳化物量较少,属于以高碳量强化基体为主的冷轧工作辊钢。

3%Cr型深淬硬层冷轧工作辊用钢是20世纪70年代末到80年代开发出的。ϕ550～ϕ630mm冷连轧机工作辊的使用半径多在25～35mm,用普通冷轧工作辊时,淬硬层消耗之后,还要进行1～2次重新淬火才能使用到报废尺寸。开发出来的这类深淬硬层和超深淬硬层冷轧工作辊的淬硬层深度δ可达到20～30mm,甚至不小于30mm。

3%Cr型钢中的铬含量提高到3%左右水平,并可加入镍进行复合合金化,可进一步提高钢的淬透性。钢中的铬含量达2.5%～3%以上时,将会出现M_3C和M_7C_3型两种碳化物,随铬含量的提高,M_7C_3型碳化物量增多。淬火加热时,在奥氏体区,M_3C型碳化物迅速溶解,M_7C_3型碳化物较稳定,溶解缓慢,有一部分未溶解,淬火后作为剩余碳化物存在于钢的基体中,M_7C_3型碳化物的硬度较高,自身硬度1300～1800HV,有助于提高耐磨性。

3%Cr型钢由于合金元素含量增加,感应加热后固溶于基体中的铬等元素也较高,可以显著提高淬透性,但淬火后残余奥氏体量也较高,必须进行冷处理。经冷处理后的冷轧工作辊淬硬层深可达30mm以上。

由于对薄规格的冷轧带钢的需求增加,所用冷连轧机工作辊直径减小,一般为ϕ350～ϕ550mm,可用半径多在20～25mm,摩擦和轧制负荷加剧,对工作辊的耐磨性和抗接触疲劳性能的要求很高。国外开发了5%Cr型冷轧工作辊用钢,其基本成分为:0.8%～1.0%C、4.5%～5.5%Cr、0%～1.2%Ni、0.25%～0.6%Mo、<0.10%V,并添加0.10%Ti的钢。这种钢中M_7C_3型碳化物的体积分数较大,钢的耐磨性和接触疲劳强度显著提高,但锻造性能和磨削加工性有所恶化。此外还出现含碳1%～2%、含铬10%,并添加Mo、V的高碳高铬冷作模具钢及半高速钢等用于制作冷轧工作辊。

冷轧工作辊为高碳过共析钢,淬火-回火后的要求不低于90HSD的高硬度,马氏体基体中的固溶碳量必须达到0.5%～0.6%,还需要保留3%～9%的未溶碳化物相,因此钢中的碳总量不应低于0.75%。碳含量过高会降低马氏体点M_s,增加残余奥氏体量,反而损失淬硬性和淬透性,增加淬硬层的脆性。冷轧工作辊的碳含量以0.75%～0.95%为宜。

镍在冷轧工作辊的含量为0%～1%,为增加钢的淬透性,含量为0.5%时效果已比较显著。镍还可以改善韧性,镍含量大于1%时会增加残余奥氏体量。

钼是碳化物形成元素,部分钼可溶入基体,其推迟珠光体转变的能力比铬强,推迟贝氏体转变的能力弱于铬。钼还有细化晶粒的作用,并可提高回火稳定性,抑制回火脆性。一般冷轧工作辊中均含有0.2%～0.6%Mo。

钒在钢中主要以VC微细质点存在,起细化晶粒的作用,可以降低感应淬火的过热敏感性,并使淬火硬度有所提高。钒含量一般为0.05%～0.20%,过高时会增加脆性,降低锻造工艺性。

硅在钢中可以显著提高组织的低温回火稳定性，提高冷轧工作辊的抗热冲击性能，最高可加入1.2%，而不会明显带来脆性。硅还提高钢的变形抗力和冲击疲劳抗力，但使钢的可锻性及切削性变差，脱碳倾向增大。

冷轧工作辊辊身表面硬度根据其用途由供需双方参照表8.77商定，辊颈表面硬度一般为35～50HSD，冷轧辊辊身硬度均匀度应不大于3HSD。冷轧辊辊身淬硬层深度参照表8.78的规定由供需双方商定。

表8.77 冷轧辊辊身表面硬度(GB/T 13314—2008)

辊身表面硬度 HSD	推荐用途
≥95	平整机和精整机工作辊
90～98	金属板、带材的冷轧工作辊
75～90	金属、带材的初(粗)轧工作辊， 金属板、带材的冷轧中间辊

表8.78 冷轧辊辊身淬硬层深度(GB/T 13314—2008)

辊身直径/mm	辊身表面硬度范围 HSD	淬硬层深度(不小于)/mm		
		2%Cr材料	3%Cr材料	5%Cr材料
≤300	≥95	6	15	15
	90～96	8	20	20
	75～90	10	—	—
301～500	≥95	7	20	25
	90～96	12	25	30
	75～90	14	—	—
>500	≥95	8	20	25
	90～96	13	25	35
	75～90	15	—	—

冷轧辊辊身表面两边缘允许有低于硬度要求的软带区域存在。软带宽度指从辊身圆柱面边部开始沿母线测量至硬度达到图样要求处的距离。允许软带宽度见表8.79。对冷轧辊辊身表面硬度要求95HSD及以上的软带宽度允许比表8.79中数值增加20%。

表8.79 冷轧辊辊身两边缘允许软带宽度(GB/T 13314—2008)

辊身长度/mm	≤300	301～600	601～1000	1001～2000	≥2001
允许软带宽度不大于/mm	25	45	50	55	65

1993年以后开始试用高速钢复合轧辊，在改善钢板表面质量、降低轧辊消耗方面取得效果，但存在碳化物较粗大及磨削较困难的问题。近年金属喷射成形技

术发展迅速,是一种很有前途的轧辊制造技术。国外已有企业可以大批量生产高合金钢复合冷轧辊。

8.4.9.2　冷轧辊用钢的热处理

冷轧工作辊组织性能要求很高,热处理工艺也是很复杂的,需进行锻后热处理,经粗加工后进行调质处理,然后进行最终热处理。

1) 锻后热处理

锻后热处理的任务是消除应力软化组织,得到球化组织,降低钢中的氢含量,防止白点发生,消除网状碳化物。

图 8.124 为冷轧工作辊锻后热处理工艺曲线,其工艺由正火＋球化退火＋扩氢三个部分组成。

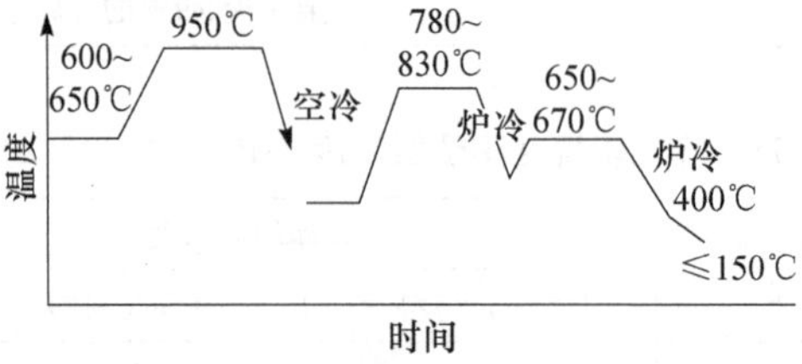

图 8.124　冷轧工作辊锻后热处理工艺[127]

冷轧工作辊均为高碳含铬的过共析钢,锻造前加热至 1200～1250℃,碳和铬等元素已完全固溶于奥氏体中,锻后缓慢冷却时沿晶大量析出先共析碳化物,出现网状碳化物,随后进行珠光体转变生成片层状珠光体。

冷轧工作辊锻后空冷到 600～650℃入炉,进行锻后热处理。930～960℃的高温加热可以把粗大的网状碳化物溶解,随后空冷可以抑制碳化物沿晶界呈网状析出,并得到细化的片层状珠光体。要彻底消除网状碳化物并得到球状珠光体组织,必须进行球化退火。

球化退火的温度选在 790～830℃,保温时间的长短与辊身大小有关,随炉冷却至 500～550℃,然后再在 650～670℃保温较长时间,此时间与轧辊尺寸及合金元素含量有关。等温停留后以较低的冷速冷至 400℃,再以更低的冷速冷至 150℃,因为 400℃以下钢的塑性降低,而白点是在低温时产生的。

2) 调质热处理

经过锻后热处理的冷轧工作辊毛坯进行粗加工和超声波无损探伤检验后,要进行整体的调质热处理。调质热处理时要为调质后进行精加工留出加工余量。

调质热处理的主要作用是为后续的感应淬火进行组织准备,同时提高大型冷轧工作辊的综合力学性能,特别是塑性和韧性,使其能经受以后加热和激烈淬火时产生的应力，并满足使用方面对工作辊辊颈的强韧性要求。

冷轧工作辊的最终热处理形式通常是感应加热淬火。感应加热淬火时，加热速率快，达到 2～2.5℃/s，奥氏体化时间较短，3～15min，对淬火组织要求很高。

大多数冷轧辊制造者采用调质热处理，以回火索氏体作为预备组织，在感应加热的短时奥氏体化条件下，回火索氏体可以迅速转变为均匀的奥氏体。同时细颗粒状的碳化物在加热时有一定的稳定性，能保留部分未溶碳化物，提高耐磨性，这种组织的综合力学性能也十分优良。

图 8.125 为冷轧工作辊调质热处理工艺曲线。调质热处理的淬火冷却方式不能太强，因为高碳合金钢淬裂倾向大，又是整体淬火，热应力大，不能采用水淬，但可以进行喷雾淬火，多数采用油淬方式，按每 100mm 截面 20min 计算油冷时间，辊面终冷温度达到 200～250℃，然后立即入炉回火。

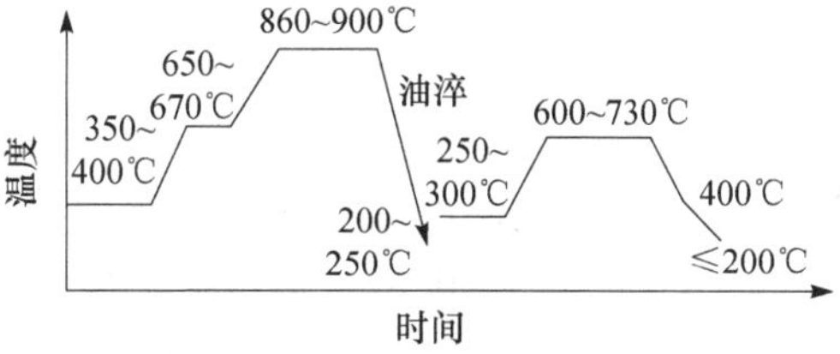

图 8.125 冷轧工作辊调质热处理工艺曲线[127]

回火温度达到 650℃时，碳化物的析出比较充分，强度下降，塑韧性上升。回火温度的确定还要考虑辊颈硬度的要求，如辊颈要求 35～45HSD，回火温度可选 640～660℃，如要求 40～50HSD，则选 620～650℃。

调质后的组织为回火索氏体＋颗粒状碳化物，碳化物的粒度为 0.5～1.5μm。

3）最终热处理

冷轧工作辊的最终热处理是指辊身的表面淬火，热处理质量要求非常高。

（1）良好的组织状态。淬硬层组织为隐晶或细针马氏体＋少量残余奥氏体＋颗粒状碳化物。残余奥氏体应控制在 10％以下，最多不超过 15％，过多的残余奥氏体在接触应力下会转变为新的马氏体引起辊面脆性脱落。为获得良好的耐磨性，组织中应保留 6％～10％的未溶碳化物，碳化物以小于 1μm 均匀分布的颗粒状为佳，网状碳化物应小于 2 级。

（2）足够的表面硬度。高硬度是耐磨性的保证，应根据轧机的使用条件合理地选择硬度水平，可参考表 8.77。

（3）合理的硬度分布曲线，应保证有效淬硬层深度要求。对于轧制失效较少的冷连轧机使用深淬硬层辊可以减少重淬消耗。淬硬层以下要有平稳的过渡层，以对高硬度的工作层提供支持。

（4）合理的残余应力分布状态。适当的表面压应力对冷轧工作辊接触疲劳寿命是有利的。与之相平衡,轧辊心部必然存在残余拉应力,制定工艺要考虑控制拉应力峰值不能过高。

用井式炉对冷轧工作辊进行整体快速加热表面淬火是20世纪50年代前采用的热处理工艺,称为传统淬火法。快速加热要采用两台井式炉联合作业,一台将轧辊预热至550～570℃,另一台提前升至940～960℃高温空烧以增加蓄热量用于快速加热。预热以热透为准,经预热的轧辊转入高温炉,当辊面温度升至淬火温度850～860℃时,将炉温降至淬火温度保温。冷轧工作辊从高温炉吊出后立即在循环水槽中整体淬火,水槽中对应辊身部位设急冷圈,强喷辊身外表面。同时,用高压水管强冷中心通孔,以减少内外温差,降低淬火应力。终冷温度控制在50～90℃。快速加热整体淬火应力大,须借助加工中心通孔并进行强制冷却的方法方能解决。在淬火加热时需对辊颈绝热保护[128]。

上述热处理工艺操作复杂,淬硬层较浅,整个工艺方法生产效益低,已被感应加热工艺所取代。

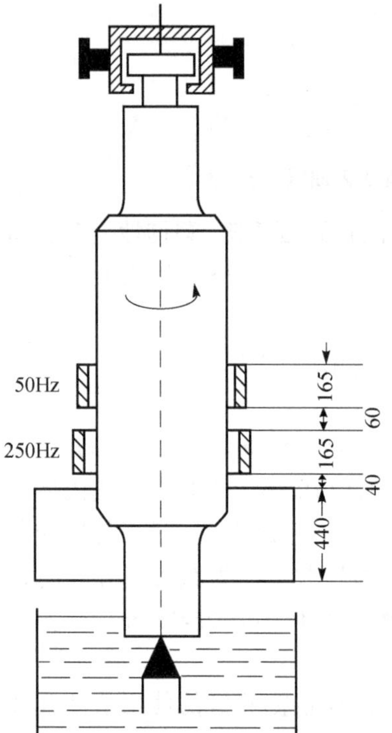

图 8.126 50Hz-250Hz 双频感应淬火工艺示意图[127]

20世纪60年代初期开始,世界各国的冷轧辊厂陆续采用感应淬火工艺方法来生产冷轧工作辊,并迅速取代了传统的整体淬火工艺。感应淬火工艺有多种类型并不断发展和完善。下面简要介绍80年代发展起来的一种最有影响并具有典型意义的比利时O. S. B.公司50Hz-250Hz双频连续感应淬火工艺。图8.126为50Hz-250Hz双频连续感应淬火工艺示意图[127],该工艺和装备如下:

首先轧辊要在加热炉中整体预热,心部要热透,预热至220℃。整体预热后将轧辊装卡到淬火机床上进行感应淬火。

淬火机床结构为下拉式,即感应器和喷水器固定不动,轧辊垂直装卡在活动框架上,可以上下移动同时自转。淬火时轧辊自上向下以规定的速率连续拉动,辊身顺序经过50Hz和250Hz两个感应器进行感应加热,然后经过喷水圈喷水冷却,最后进入机床下部水池中浸水冷却。

喷水器高度为440mm,共30排喷水孔,喷水冷却时间可达8min,喷水压力0.03～

0.1MPa，喷水流量最高可达 480m^3/h，冷却水经冷却塔冷却后循环使用。

感应淬火电源由两套独立的主回路构成，一路为 50Hz 工频电源，一路为 250Hz 中频电源，可以分别调节淬火功率。50Hz 感应器与 250Hz 感应器相距 60～90mm 布置，感应器下缘与喷水器相距 30～40mm。50Hz 感应器和 250Hz 感应器与轧辊间隙分别为 12mm 和 25mm 左右。

以涡流透入深度较大的工频感应器为主感应器，实现深透加热，在感应器出口处表面，温度达到淬火温度。在两个感应器之间的一段距离，表面层热量向内层传导，使表面向里温度梯度趋缓，同时部分热量由辊面向外辐射散失，表面温度降低。为延长奥氏体化时间，配以中频感应器作为辅助加热器补充加热，其涡流透入深度较浅，可使表面重新加热到所要求的奥氏体化温度，使表面感应加热层温度分布有一定深度的等温层，然后缓慢降温，从而保证淬硬层内加热条件和淬火组织均匀一致，获得高的淬火质量。

典型的 50Hz-250Hz 双频淬火工艺整体预热温度为 220℃，如果奥氏体化温度为 900℃，移动速率为 0.7～0.5mm/s，实测大于 800℃的加热层深度为 35～40mm，奥氏体化时间为 8～10min。生产深淬硬层轧辊时，须将预热温度提高到 350～500℃。

感应加热完成后，为减少淬火应力，进行适当的预冷是必要的。在下感应器和喷水器之间有 40mm 的空隙，辊面空冷降温到 850℃左右，不会影响淬火硬度。辊身下拉进入喷水器位置后，低压大水量连续喷射冷却 7～10min，使淬硬层深度范围内的冷却速率超过贝氏体临界冷却速率冷却到马氏体点以下，再进行浸水冷却。浸水冷却时间按辊身直径每 100mm 冷却 15min 计算，保证辊身淬透，终冷温度不大于 50℃。

50Hz-250Hz 双频淬火的残余拉应力峰值较小，位置在表面下 125mm 处比较理想，可以避免使用时与轧制工作应力叠加，减少内部疲劳剥落现象。

冷轧工作辊淬火后，钢中存在少量残余奥氏体不会有大的害处，如果含量大于 15％以上则明显损害其抗失效性。2％Cr 型钢可以通过控制感应淬火温度等避免产生过多的残余奥氏体，而含 2.5％Cr 以上的钢仅仅控制淬火温度是不够的，必须进行冷处理才能有效地降低残余奥氏体量。

常用的冷处理温度为－70～－150℃，制冷剂为固态 CO_2 和液态氮。冷处理必须在淬火后马上进行，以避免奥氏体的稳定化。冷处理后，淬硬层内残余奥氏体量可降低到 10％以下，辊身平均硬度可提高 3～4HSD。

冷轧工作辊硬度要求很高，淬火后只能进行 100～180℃的低温回火，在此温度下长时间回火可以部分消除淬火应力，避免开裂，同时调整辊身硬度达到技术要求的范围并使组织稳定。同样硬度要求的轧辊，经冷处理后回火温度可提高 10～15℃。传统的回火炉是油炉，新型的回火炉是带有强制循环系统的电阻炉。

8.5 热作模具钢

热作模具钢用来制造使加热到再结晶温度以上的金属或液态金属获得所需要形状的模具,主要有锻锤和大型机械压力机用锻压模具、热挤压模具、热镦锻及精锻模具、压铸模具等。

8.5.1 热作模具钢对性能的要求

热作模具是在反复受热和冷却的条件下进行工作的,变形加工完成得越慢,模具的受热时间就越长,受热程度就越严重。因此要求在模具服役温度下具有良好的热稳定性,能保持一定的强度和硬度,防止模具产生变形。

热作模具在周期性温度急剧变化的服役条件下,表面产生交变应力。为了防止模具表面产生热疲劳裂纹,要求模具钢具有良好的抗热疲劳能力。

在较高温度下工作的模具和空气、液态金属或其他介质接触,因此要求模具钢具有在工作温度下的抗氧化性能或抗液态金属的冲蚀性能。

热作模具钢还应具有较好的工艺性能,即良好的可锻性、可加工性、可磨削性等。

我国的合金工具钢标准(GB/T 1299—2014)中列入的热作模具钢牌号及其化学成分如表 8.80 所示,其交货状态的硬度值和试样淬火状态硬度值见表 8.81。

表 8.80　热作模具钢的化学成分(GB/T 1299—2014)　　(单位:%)

牌号	C	Si	Mn	Cr	W	Mo	V	其他
5CrMnMo	0.50~0.60	0.25~0.60	1.20~1.60	0.60~0.90	—	0.15~0.30	—	—
5CrNiMo	0.50~0.60	≤0.40	0.50~0.80	0.50~0.80	—	0.15~0.30	—	1.40~1.80Ni
4CrNi4Mo*	0.40~0.50	0.10~0.40	0.20~0.50	1.20~1.50	—	0.15~0.35	—	3.80~4.30Ni
4Cr2NiMoV*	0.35~0.45	≤0.40	≤0.40	1.80~2.20	—	0.45~0.60	0.10~0.30	1.10~1.50Ni
5CrNi2MoV*	0.50~0.60	0.10~0.40	0.60~0.90	0.80~1.20	—	0.35~0.55	0.05~0.15	1.50~1.80Ni
5Cr2NiMoVSi*	0.46~0.54	0.60~0.90	0.40~0.60	1.50~2.00	—	0.80~1.20	0.30~0.50	0.80~1.20Ni
8Cr3	0.75~0.85	≤0.40	≤0.40	3.20~3.80	—	—	—	—
4Cr5W2VSi	0.32~0.42	0.80~1.20	≤0.40	4.50~5.50	1.60~2.40	—	0.60~1.00	—

续表

牌号	C	Si	Mn	Cr	W	Mo	V	其他
3Cr2W8V	0.30～0.40	≤0.40	≤0.40	2.20～2.70	7.50～9.00	—	0.20～0.50	—
4Cr5MoSiV	0.33～0.43	0.80～1.20	0.20～0.50	4.75～5.50	—	1.10～1.60	0.30～0.60	—
4Cr5MoSiV1	0.32～0.45	0.80～1.20	0.20～0.50	4.75～5.50	—	1.10～1.75	0.80～1.20	—
4Cr3Mo3SiV	0.35～0.45	0.80～1.20	0.25～0.70	3.00～3.75	—	2.00～3.00	0.23～0.75	—
5Cr4Mo3SiMnVAl	0.47～0.57	0.80～1.10	0.80～1.10	3.80～4.30	—	2.80～3.40	0.80～1.20	0.30～0.70Al
4CrMnSiMoV	0.35～0.45	0.80～1.10	0.80～1.10	1.30～1.50	—	0.40～0.60	0.20～0.40	—
5Cr5WMoSi*	0.50～0.60	0.75～1.10	0.20～0.50	4.75～5.50	1.00～1.50	1.15～1.65	—	—
4Cr5MoWVSi*	0.32～0.40	0.80～1.20	0.20～0.50	4.75～5.50	1.10～1.50	1.25～1.60	0.20～0.50	—
3Cr3Mo3W2V	0.32～0.42	0.60～0.90	≤0.65	2.80～3.30	1.20～1.80	2.50～3.00	0.80～1.20	—
5Cr4W5Mo2V	0.40～0.50	≤0.40	≤0.40	3.40～4.40	4.50～5.30	1.50～2.10	0.70～1.10	—
4Cr5Mo2V*	0.35～0.42	0.25～0.50	0.40～0.60	5.00～5.50	—	2.30～260	0.60～0.80	—
3Cr3Mo3V*	0.28～0.35	0.10～0.40	0.15～0.45	2.70～3.20	—	2.50～3.00	0.40～0.70	—
4Cr5Mo3V*	0.35～0.40	0.30～0.50	0.30～0.50	4.80～5.20	—	2.70～3.20	0.40～0.60	—
3Cr3Mo3VCo3*	0.28～0.35	0.10～0.40	0.15～0.60	2.70～3.20	—	2.60～3.00	0.40～0.70	2.50～3.00Co

注：带*符号的为新增加的牌号，共10个。钢中的P、S及残余元素含量按表8.5的规定，但4Cr5Mo2V钢中P含量不大于0.020%、S含量不大于0.008%，3Cr3Mo3V、4Cr5Mo3V、3Cr3Mo3VCo3三种钢中P含量不大于0.030%、S含量不大于0.020%。经供需双方同意，5CrNiMo钢中允许V含量小于0.20%。

表8.81　热作模具钢交货状态硬度值和试样淬火工艺(GB/T 1299—2014)

牌号	交货状态硬度 HBW	试样淬火	
		淬火硬度/℃	冷却剂
5CrMnMo	197～241	820～850	油
5CrNiMo	197～241	830～860	油
4CrNi4Mo*	≤285	840～870	油或空气
4Cr2NiMoV*	≤220	910～960	油
5CrNi2MoV*	≤255	850～880	油
5Cr2NiMoVSi*	≤255	960～1010	油

续表

牌号	交货状态硬度 HBW	试样淬火	
		淬火硬度/℃	冷却剂
8Cr3	207～255	850～880	油
4Cr5W2VSi	≤229	1030～1050	油或空气
3Cr2W8V	≤255	1075～1125	油
4Cr5MoSiV	≤229	(790±15)℃预热,1010℃(盐浴)或1020℃(炉控气氛)±6℃加热,保温5～15min油冷,(550±6)℃回火两次,每次2h	
4Cr5MoSiV1	≤229	(790±15)℃预热,1000℃(盐浴)或1010℃(炉控气氛)±6℃加热,保温5～15min油冷,(550±6)℃回火两次,每次2h	
4Cr3Mo3SiV	≤229	(790±15)℃预热,1010℃(盐浴)或1020℃(炉控气氛)±6℃加热,保温5～15min油冷,(550±6)℃回火两次,每次2h	
5Cr4Mo3SiMnVAl	≤255	1090～1120	油
4CrMnSiMoV	≤255	870～930	油
5Cr5WMoSi*	≤248	990～1020	油
4Cr5MoWVSi*	≤235	1000～1030	油或空气
3Cr3Mo3W2V	≤255	1060～1130	油
5Cr4W5Mo2V	≤269	1100～1150	油
4Cr5Mo2V*	≤220	1000～1030	油
3Cr3Mo3V*	≤229	1010～1050	油
4Cr5Mo3V*	≤229	1000～1030	油或空气
3Cr3Mo3VCo3*	≤229	1000～1050	油

注:热作模具钢不检验试样淬火硬度。根据需方要求,可提供实测值。试样在盐浴中保持时间为5min,在控制气氛中保持时间为5～15min,保持时间指试样达到加热温度后保持的时间。

热作模具钢的分类:

(1) 按用途分为锤锻模具用钢、机锻模具用钢、热挤压用模具钢、压铸模具用钢、热冲裁模具用钢等。

(2) 按性能分为低耐热高韧性钢、中耐热韧性钢、高耐热性钢和特殊用途模具钢等。

(3) 按所含合金元素分为低合金热作模具钢、钨系热作模具钢、铬系热作模具钢、铬-钼系热作模具钢。

上述分类方法不是很严格。

8.5.2 热锻模具钢

锤锻模是在高温下通过冲击加压强迫金属成形的工具。它在工作过程中受到比较高的单位压力和冲击负荷,以及炽热金属对锻模型腔的摩擦作用。锤锻模的型腔表面经常和1100～1200℃的金属接触而被加热达400～450℃或更高。

热锻模按模具高度分为三类：小于 250mm 的为小型，在 250～375mm 的为中型，大于 375mm 的为大型。锻模的截面一般比较大而型腔形状复杂，因此锻模用钢需要在高温下保持高的强度和良好的冲击韧性，以及高的耐磨性和一定的强度；良好的耐热疲劳性；高的淬透性，保证整个锻模截面得到均匀的力学性能；良好的导热性，以便把锻模型腔表面热量尽快传出，避免型腔表面温度过高而降低力学性能；良好的工艺性和抗氧化性。

表 8.80 中列入的 5CrMnMo、5CrNiMo、4CrMnSiMoV、4CrNi4Mo、4Cr2NiMoV、5Cr2Ni2MoV 和 5CrNi2MoVSi 共 7 个牌号均属于热锻模具钢，后面 4 个牌号是新纳入的。这类钢的合金化原理与调质合金结构钢相似。锻模既要求有一定的硬度，又要求有高的冲击韧性，因此含碳不宜过高，一般为 0.45%～0.6%。铬可以提高钢的强度，含量在 1%左右，能较明显地提高钢的冲击韧性，同时增加钢的淬透性和回火稳定性。镍提高钢的强度和韧性，对于同时含有铬、钼的钢来说，镍能大大提高钢的淬透性。锰代替镍也能显著地提高钢的淬透性，但锰增加钢的过热敏感性。硅能增加钢的淬透性，提高钢的强度、回火稳定性和耐热疲劳性，但硅含量较高（>1.0%）时，会增加钢的回火脆性，降低冲击韧性。钼和钒都能细化晶粒，减少过热倾向，提高钢的回火稳定性，钼还能抑制回火脆性。

表 8.82 为我国开发的一些热锻模具钢的化学成分，其中 4Cr2MoVNi（即 4Cr2NiMoV）、5CrNiMoV 和 5Cr2NiMoVSi 已纳入 GB/T 1299—2014 中。

表 8.82　我国开发的一些热锻模具钢的化学成分　　（单位：%）

牌号	C	Si	Mn	Cr	W	Mo	V	Ni
4SiMnMoV	0.40～0.50	0.80～1.10	1.50～1.80	—	—	0.40～0.60	0.20～0.40	—
4Cr2MoVNi	0.35～0.45	≤0.40	≤0.40	1.80～2.20	—	0.45～0.60	0.10～0.30	1.10～1.50
5CrNiMoV	0.50～0.60	≤0.35	0.50～0.80	0.80～1.10	—	0.35～0.50	0.10～0.30	1.40～1.80
5Cr2NiMoVSi	0.46～0.54	0.60～0.90	0.40～0.60	1.54～2.00	—	0.80～1.20	0.30～0.50	0.80～1.20
45Cr2NiMoVSi	0.40～0.47	0.50～0.80	0.40～0.60	1.54～2.00	—	0.80～1.20	0.30～0.50	0.80～1.20
3Cr2MoWVNi	0.26～0.35	≤0.40	≤0.40	2.20～2.60	0.50～0.80	1.20～1.60	0.40～0.65	1.00～1.40

注：钢中的 P、S 含量均不大于 0.03%。4SiMnMoV、4Cr2MoVNi、5CrNiMoV、5Cr2NiMoVSi 四种钢曾列入 GB 11880—89《模锤锻和大型机械锻压机模块　技术条件》中，后两种作为推荐钢号。45Cr2NiMoVSi 和 3Cr2MoWVNi 钢的化学成分见文献[76]。5Cr2NiMoVSi 亦称为 5Cr2NiMoV。

表 8.83 列出了国外使用的一些热锻模具钢的化学成分。表中的 SKT6（即 4CrNi4Mo）已列入 GB/T 1299—2014。

表 8.83 国外一些热锻模具钢的化学成分[1,19] (单位:%)

牌号	C	Si	Mn	Cr	Ni	Mo	V
5XГМ	0.50~0.60	0.25~0.60	1.20~1.60	0.60~0.90	—	0.15~0.30	—
5XHM	0.50~0.60	0.15~0.35	0.50~0.80	0.50~0.80	1.40~1.80	0.15~0.30	—
5X2MHΦ (ДИ-32)	0.46~0.53	0.20~0.40	0.40~0.70	1.50~2.00	1.20~1.60	0.80~1.20	0.30~0.50
3X2MHΦ	0.26~0.34	0.15~0.40	0.30~0.60	2.00~2.50	1.20~1.60	0.40~0.60	0.25~0.40
241(美)	0.55	0.25	0.50	0.90	1.40	0.30	
242(美)	0.55	0.80	0.55	1.00	1.60	0.75	0.15
45NiCrMo16(德)	0.40~0.50	0.10~0.40	0.20~0.50	1.20~1.50	3.80~4.30	0.15~0.35	—
55CrNiMoV7(德)	0.50~0.60	0.10~0.40	0.60~0.90	0.80~1.20	1.50~1.80	0.35~0.55	0.05~0.15
55NiCrMoV6(德)	0.50~0.60	0.10~0.40	0.65~0.95	0.60~0.80	1.50~1.80	0.25~0.35	0.07~0.12
SKT3(日)	0.50~0.60	≤0.35	≤0.60	0.90~1.20	0.25~0.60	0.30~0.50	≤0.20
SKT4(日)	0.50~0.60	0.10~0.40	0.60~0.90	0.80~1.20	1.50~1.80	0.35~0.55	0.05~0.15
SKT6(日)	0.40~0.50	0.10~0.40	0.20~0.50	1.20~1.50	3.80~4.30	0.15~0.35	—

注:前面四个为苏联使用的钢号[95]。

对于热锻用模块用钢应尽量采用炉外精炼钢。用钢锭制造模块,镦粗比应不小于 2,锻造比不小于 3,电渣锭要求锻造比不小于 2。这类钢的白点敏感性较强,应采取措施防止白点的出现。对于大型钢材或模块,应采取锻后去氢退火或缓慢冷却,以防止白点的产生。这类钢的化学成分属于亚共析钢或接近共析钢。退火后呈粒状或片状珠光体组织,钢中有少量的铁素体和少量的碳化物相,$M_{23}C_6$、M_6C、MC 等,视钢的成分而定。表 8.84 为一些热锻模具钢的临界点温度、退火温度、退火后的硬度、淬火温度和淬火后的硬度。

表 8.84 一些热锻模具钢的临界温度、退火温度、退火后的硬度、淬火温度和淬火后的硬度[91]

钢号	Ac_1/℃	Ac_3/℃	M_s/℃	退火温度/℃	退火硬度HB	淬火温度/℃	淬火介质	淬火硬度 HRC
5CrNiMo	730	780	210	760~800	197~241	830~860	油	52~58
5CrMnMo	710	760	220	760~780	197~241	820~850	油	53~58
4CrMnSiMoV	790	855	330	840~860	207~241	830~880	油	53~60
5X2MHΦ(ДИ-32)	740	815	—	760~820	217~255	960~1000	油	55~60

这类钢要求淬火后钢的晶粒度能保持细小均匀,最好能在 10 级以上,淬火的组织中应有尽量多的板条马氏体组织,以得到所需的良好的韧性。

具有良好韧性和淬透性的 5CrNiMo 钢用于制作大型锻模,而中小型锻模一般采用 5CrMnMo 钢制造。图 8.127 和图 8.128 分别为 5CrNiMo 和 5CrMnMo 钢的过冷奥氏体等温转变曲线。

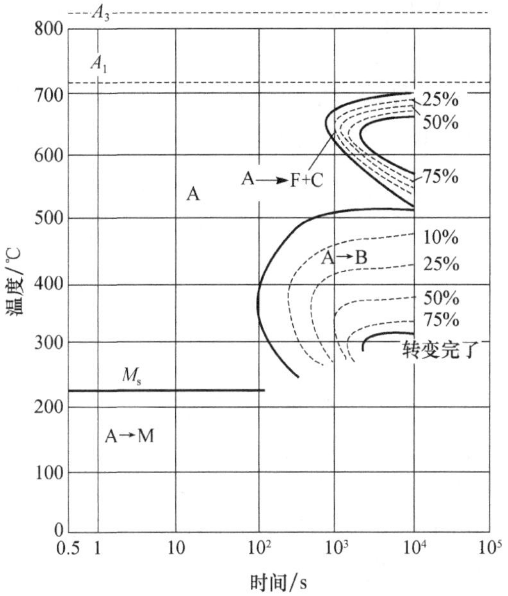

图 8.127 5CrNiMo 钢的过冷奥氏体等温转变曲线[129]

成分：0.55%C、0.87%Cr、1.18%Ni、0.77%Mn、0.23%Mo、0.30%Si，880℃加热

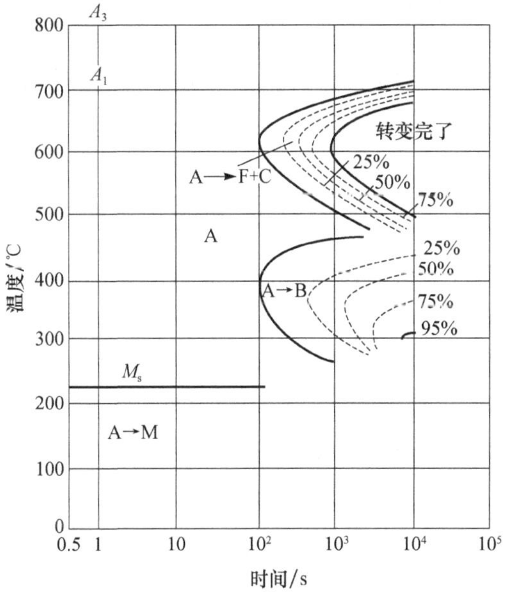

图 8.128 5CrMnMo 钢的过冷奥氏体等温转变曲线[129]

成分：0.59%C、0.85%Cr、0.10%Ni、1.42%Mn、0.16%Mo、0.41%Si，870℃加热

5CrNiMo 钢具有比较高的淬透性,截面 300mm×300mm×400mm 的锻模热处理后,其截面各处的硬度相当均匀,心部的硬度比表面仅低 1～2HRC[2]。

为了减少大型复杂模具淬火时的应力,避免淬火缺陷的产生,模具从加热炉中取出后,先在空气中预冷到 750～800℃,然后再淬入 30～80℃的油中。直至模具温度降至比 M_s 点稍低的温度时,从油中取出模具空冷,然后移入回火炉中进行回火。模块的预冷和在油中保持的时间可参照表 8.85。

表 8.85 模块淬火冷却的时间[91]

冷却时间	模块最小边长/mm					
	300	350	400	500	600	700
空气中预冷时间/min	5	6	7	9	12	24
油冷时间/min	40	50	60	80	100	120

在模具的淬火加热过程中,应注意防止型腔和工作面的氧化和脱碳,宜采用可控气氛炉或真空热处理炉加热淬火。如果采用空气炉加热淬火,应对型腔和工作面使用铸铁屑、木炭或用过的固体渗碳剂进行保护。

模具淬火后应立即回火,以得到所要求得性能。模具燕尾部分由于集中承受载荷,要求比模具本体部分有更高的韧性,一般要求在整体回火后,单独对燕尾部分用专用的燕尾回火炉进行高温回火。也可以采用燕尾自行回火方法,节省燕尾回火工序,即整个锻模在油中冷却 3～5min 后,把模尾提出油面,停留一段时间,使温度回升,然后再入油中,再提出,反复 3～5 次,以达到要求。

锻模回火时,将其装入炉温为 250～300℃的回火炉内进行保温,时间按高度计算为 0.5～0.6min/mm,然后将炉温升至回火温度,升温时间按高度计算为 0.5～0.7min/mm。回火温度下的保温时间为 1min/mm。为了减弱回火脆性,回火后最好油冷。

5CrNiMo 和 5CrMnMo 钢无论是淬火还是回火,都不能在油中冷到室温,否则容易开裂。

在模具的淬火组织中,可能保留一定数量的残余奥氏体,为了使第一次回火冷却过程中转变产生的马氏体更好地回火,对于要求高的锻压模具,一般采用二次回火。第二次回火温度比第一次回火温度要低 20℃左右,保温时间可缩短 30%。

不同尺寸模具的回火温度和回火后的硬度见表 8.86。

表 8.86 不同尺寸模具的回火温度和回火后的硬度[91]

模具最小边长/mm	回火温度/℃				硬度 HRC
	5CrNiMo	5CrMnMo	5CrNiMoV	5X2MHФ(ДИ-32)	
≤300	480～520	490～530	500～540	510～550	40～45
>300～400	530～560	520～560	580～600	590～610	38～42
>400～500	540～580	530～580	590～620	620～640	35～40
>500	550～600	540～600	600～630	630～650	32～37

模具燕尾局部回火温度和要求的硬度见表8.87。

表8.87 模具燕尾局部回火温度和回火后的硬度[91]

模具最小边长/mm	回火温度/℃				硬度HRC
	5CrNiMo	5CrMnMo	5CrNiMoV	5Х2МНФ(ДИ-32)	
≤300	580～610	600～620	620～640	640～660	34～47
>300～400	600～630	—	630～650	630～670	33～35
>400～500	620～650	—	640～660	640～680	30～33
>500	640～660	—	650～680	660～690	25～30

表8.88为几种锻模模块用钢热处理后不同温度下的力学性能。

表8.88 几种锻模模块用钢热处理后不同温度下的力学性能[91,95]

钢号	淬火温度/℃	回火温度/℃	硬度HRC	试验温度/℃	σ_b/MPa	σ_s/MPa	δ/%	ψ/%	a_k/(J/cm²)
5CrNiMo	860	500	43～44	20	1040～1520	800～1410	9～10	41～42	32～40
				300	1000～1290	790～1150	10～14	40～60	70～120
				600	520～560	360～490	21～32	49～92	160～200
5CrMnMo	850	500	41～44	20	1300～1500	—	6～7	30～32	30～32
				300	1000～1200	—	12～13	—	60～70
				600	450～500	—	20～25	—	30～40
5CrNiMoV	870	550	43	20	1200	1000	—	—	—
				300	1000	750	—	—	—
				600	600	480	—	—	—
5Х2МНФ(ДИ-32)	980	620	42～43	20	1450～1480	1290～1380	12～13	35～43	60～64
				300	1270～1320	1110～1140	13～14	48～55	65
				600	820～880	700～710	17～21	68～70	65～68

5CrNiMo钢具有良好的综合力学性能，加热至500℃时仍能保持高的抗拉强度和屈服极限，但在500～550℃以上时，塑性变形抗力急剧下降。5CrNiMo钢用于制造形状复杂的、冲击负荷较重的大中型锻模。

当使用5CrNiMo钢制作尺寸大于300mm的模具时，钢的淬透性显得不足，心部淬火组织会出现上贝氏体组织，在回火过程中沿铁素体晶粒边界析出的碳化物会迅速聚集长大，导致硬度显著下降。5CrNiMo钢没有二次硬化的能力，使钢的强度和热稳定性较快地降低。因此，5CrNiMo钢不宜于制作大型(截面尺寸大于300mm)、复杂和工作温度较高的重载荷模具。

5CrMnMo钢的淬透性比5CrNiMo钢的淬透性要低些，过热敏感性稍大，在常温及较高温度下的塑性和韧性均低于5CrNiMo钢，适于制造中小型锻模。

在上面两种钢中均含有钼，钼不仅可以提高淬透性、回火稳定性，而且可以削弱回火脆性,锤锻模的尺寸比较大,回火时间比较长,回火后不可能很快地冷却。

常规热处理工艺处理的模具常因热疲劳或热强性不足而早期失效。研究工作表明,适当提高淬火温度至 900℃可使 5CrNiMo 和 5CrMnMo 钢的强度、韧性、塑性和热稳定性都处于最佳状态,可使模具寿命有不同程度的提高[54]。

5CrNiMoV 钢(表 8.82)的化学成分与 55NiCrMoV6 钢(表 8.83)相近。与 5CrNiMo 钢比较,这两种钢的 Cr、Mo 含量均较高,并加入少量的 V,其淬透性有显著改善。截面为 400mm×400mm 的模块淬火后表面与心部的硬度都能保持在 56～60HRC,而同一截面的 5CrNiMo 钢模块的心部硬度仅为 32～41HRC;5CrNiMoV 钢淬火模块经 600℃回火后,硬度可以保持在 41.5～44HRC,而 5CrNiMo 钢模块经 500℃×2h 回火后,硬度已下降至 32～35HRC[91]。当温度为 500℃时,5CrNiMoV 钢的高温强度较 5CrNiMo 钢高出 100～150MPa,其抗回火稳定性比 5CrNiMo 钢高 50℃左右(表 8.86)。由于 5CrNiMoV 钢中钒的作用,使钢的晶粒细化,在相同硬度条件下,较 5CrNiMo 钢有更高的韧性。

我国一些单位在 20 世纪 80 年代对 5CrNiMoV 钢进行过生产试验研究,认为 5CrNiMoV 钢制作的模具寿命可以比 5CrNiMo 钢提高 50%以上,该钢适于制作大型、复杂的重载荷的锤锻模和压力机锻模。在表 8.80 的附注中标明经供需双方同意,5CrNiMo 钢中允许 V 含量小于 0.20%。

4CrNi4Mo 钢的化学成分与表 8.83 中的 45NiCrMo16(德)和 SKT6(日)相同,具有良好的淬透性和韧性,以及良好的抛光性,在尺寸较大时,仍可以空冷硬化。该钢的热加工温度为 1050～850℃,淬火温度 840～870℃,油或空冷,回火温度视工作条件而定。该钢适宜制作承受高应力的成形模具、大型高韧性压印模、塑料模具,也可制作大型冷作模具[130]。

4Cr2NiMoV 是我国开发的一种热作模具钢,是 5CrNiMo 钢的改良型,由于降低了碳含量而提高了韧性,采用多元合金化,提高了淬透性和热强性,适合制作工作温度比较高的大型热锻模具。表 8.89 为 5CrNiMo 钢和 4Cr2NiMoV 钢的力学性能对比。

表 8.89 5CrNiMo 钢和 4Cr2NiMoV 钢的力学性能对比[131]

钢号	温℃	σ_b/MPa	$\sigma_{0.2}$/MPa	δ_5/%	ψ/%	a_k/(J/cm^2)	硬度 HRC
5CrNiMo	室温	1390	1320	11	38	37	42.7
	600	425	320		93		
	650	250	160		97	364	
4Cr2NiMoV	室温	1440	1350	15	59	110	45
	600	775	680		82		
	650	535	495		89	235	

4Cr2NiMoV 钢高温加热时脱碳倾向较大，锻造加热时在 800℃以下宜缓慢加热，然后快速加热至 1100℃，高温停留时间不宜过长，炉气最好为中性或还原性气氛。锻造温度为 1100～850℃，锻造时须采用多次镦-拔工艺，锻造比不小于 3，以减少力学性能的各向异性。锻造退火温度为 810℃，随炉冷却至 400℃出炉。淬火加热时先经 650℃预热，在加热至 900～920℃，油淬后的硬度为 55.4HRC，经 580～600℃回火 2 次，每次 3h，硬度为 42HRC 左右。由于该钢具有较高的韧性和热稳定性，抗热疲劳的性能良好，制成的锻模寿命一般较 5CrNiMo 钢高出一倍左右[130～132]。

5CrNi2MoV 钢的 Cr、Mo 含量略高于 5CrNiMo 钢，并加入少量的 V，因而淬透性、热稳定性均高于 5CrNiMo，适宜制作大型锻压模具。该钢的化学成分与表 8.83 中的 55CrNiMoV7(德)和 SKT4(日)相同。5CrNi2MoV 钢的适宜锻造温度为 1050～850℃，退火温度 760～810℃缓冷。该钢的淬火温度为 850～900℃，回火温度视工作要求而定。

4CrMnSiMoV 钢是原冶金部标准中推荐使用的 5CrMnSiMoV 钢的改型，将碳含量降低了约 0.1%，其目的是能在保持原有强度水平的基础上提高钢的韧性。4CrMnSiMoV 钢与 5CrNiMo 钢比较是不含镍，降低了碳含量，而加入了较多的 Mo、V，提高了 Si 含量。4CrMnSiMoV 钢淬火后的硬度略低于 5CrNiMo 钢，但经最佳温度淬火，并在不同温度回火后，其硬度和强度均高于 5CrNiMo 钢。4CrMnSiMoV 钢的高温性能、抗回火稳定性、热疲劳抗力均优于 5CrNiMo 钢，其冲击韧度与 5CrNiMo 钢相近或稍低。

4CrMnSiMoV 钢适于制作大、中型锻模，也可用于中、小型锻模。大型锻模淬火温度为 870～900℃，回火温度为 620～660℃，硬度为 38～42HRC；中、小型锻模的淬火温度为 900～930℃，回火温度为 470～610℃，硬度为 44～49HRC；模具使用寿命高于 5CrNiMo 钢。

大型热模锻机械压力机具有生产效率高、操作简单、噪声和振动小等优点，在汽车、拖拉机等制造行业中应用日趋广泛。在锻锤上，锤头下落速率随工件质量的增加而增高，工件变形抗力增加，使温度的作用变得激烈；在压力机上工件的变形速率较小，变形抗力的加速系数不随锻件尺寸的增大而增大，但锻件与模具的接触时间长。大型热模锻机械压力机用模块要求有高的淬透性、较高的高温强度和耐磨性、高的抗热疲劳性能和抗回火稳定性。

为适应大截面机械压力机用模块用钢的和大截面锤锻模块用钢的需要，我国于 20 世纪 80 年代开发出 5Cr2NiMoVSi 和 45Cr2NiMoVSi 钢，其化学成分见表 8.80。前者适用于大截面机械压力机用模块，后者的碳含量较前者减少约 0.05%，硅含量取下限，更适用于大截面锤锻用模块[133,134]。

苏联于 20 世纪 70 年代开发出适用于热锻用的大截面模具钢 ДИ-32 (5Cr2NiMoV)，可用于制作截面尺寸为 500mm 的大截面模具，具有高的热强性、热稳定性和耐磨性,主要用于 3t 以上的锻锤和 4000t 以上的压力机,可以锻造合金钢及难变形材料,其使用寿命比 5XHM 钢高 1.5～2.5 倍[95]。

5Cr2NiMoVSi 钢与 ДИ-32 钢在成分上的差异主要是前者比后者的硅含量高出 0.45%,相应的镍含量比后者低 0.40%。试验研究表明,5Cr2NiMoVSi 钢具有高的淬透性,图 8.129 为其过冷奥氏体连续冷却转变曲线[134]。根据 5CrNiMo 钢的过冷奥氏体连续冷却转变曲线[95],可以计算出抑制其贝氏体转变的临界冷却速率约为 3000℃/h,而 5Cr2NiMoVSi 钢抑制贝氏体转变的临界冷却速率约为 1000℃/h。

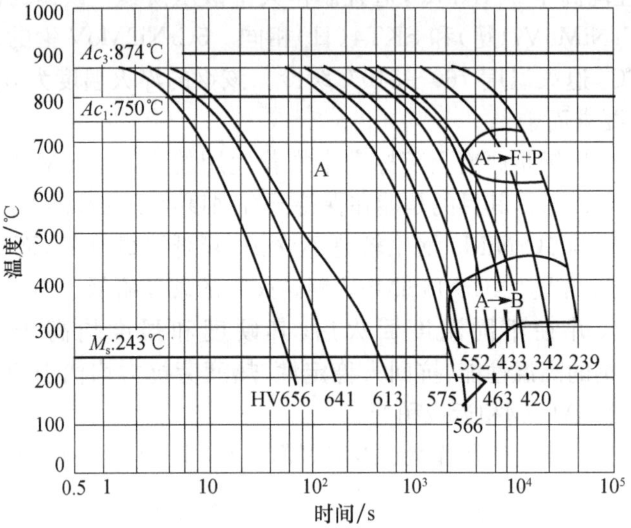

图 8.129　5Cr2NiMoVSi 钢的过冷奥氏体连续冷却转变曲线[134]

奥氏体化:985℃,20min;化学成分:0.45%C、1.87%Cr、0.90%Ni、0.99%Mo、0.37%V、0.79%Si;晶粒度:9～10 级

5Cr2NiMoVSi 钢中碳含量是综合考虑其对强度和韧性的影响确定的,其含量较 5CrNiMo 钢略低,为 0.50%,用做锤锻模的 45Cr2NiMoVSi 钢的碳含量为 0.45%。加入适量的镍可以提高淬透性和韧性。硅可以强化铁素体,提高钢的热稳定性和抗氧化性能,加入少量的硅可以抑制渗碳体从过冷奥氏体中沉淀,能抑制上贝氏体中渗碳体的形成,并增加淬态组织中残余奥氏体的形成。硅含量过高,会降低钢的韧性。确定硅含量为 0.5%～0.9%,压力机和锤锻模具钢分别取上、下限。钢中含有较多的 Cr、Mo、V 碳化物形成元素,在淬火加热温度下,大部分溶入奥氏体可提高其淬透性,回火时促进二次硬化效应,未溶的碳化物有助于提高耐磨性。Mo 还可以抑制回火脆性。

5Cr2NiMoVSi 和 45Cr2NiMoVSi 钢的始锻温度为 1200℃,终锻温度为

900℃，钢的加热温度范围较宽，锻造性能较好；退火加热温度为 800℃，时间按 0.8～1h/100mm 计算，等温温度为 720℃，保温时间 2～3h/100mm，炉冷至 500℃，退火硬度 220～230HBS；退火组织为粒状珠光体加少量未溶碳化物。

5Cr2NiMoVSi 钢推荐的淬火温度范围为 960～1010℃，一般选用 985℃，晶粒度为 9～10 级。表 8.90 给出了 5Cr2NiMoVSi 钢淬火加热油冷后三种截面 10mm×10mm、300mm×300mm、500mm×500mm 心部的未溶碳化物含量和类型、残余奥氏体量和钢的组织。为便于分析大截面模块的心部组织和性能，试验时采用小试样在可控冷速的真空高温炉中模拟不同截面心部冷速[135]。

表 8.90 5Cr2NiMoVSi 钢不同截面模块 985℃ 淬火加热油淬后心部的组织[134]

状态	退火态	淬火态		
		10mm×10mm	300mm×300mm	500mm×500mm
碳化物含量/%	6.79	1.80	2.42	2.56
碳化物类型	M_3C，$M_{23}C_6$，M_6C，MC	M_6C，MC	M_3C，$M_{23}C_6$，M_6C，MC	M_3C，$M_{23}C_6$，M_6C，MC
残余奥氏体量/%	—	8.5	24.0	29.6
残余奥氏体碳含量/%	—	0.80	1.19	1.13
钢中碳含量/%	—	0.47	0.47	0.47
残余奥氏体占钢中碳含量/%	—	0.07	0.28	0.34
基体显微组织	—	板条马氏体(为主)及片状马氏体	无碳化物贝氏体(为主)、B_{III} 型贝氏体及一定量残余奥氏体和马氏体	

由表 8.90 可知，5Cr2NiMoVSi 钢经 985℃淬火加热后，M_3C、$M_{23}C_6$ 型碳化物几乎全部溶入奥氏体，也会有少量 M_6C、MC 型碳化物的溶入，而留下的 M_6C、MC 型碳化物可以抑制奥氏体晶粒的长大。截面尺寸增大后，淬火后碳化物量增多是由于冷却速率变缓会有 M_3C 和 $M_{23}C_6$ 型碳化物析出，以及贝氏体转变时也可能有 M_3C 型碳化物析出的缘故。值得注意的是，随着截面的增大，由于奥氏体转变产物发生变化，残余奥氏体量有较大幅度的增加，其平均碳含量可以达到 1.19%～1.13%，这可能是由于钢中含有一定量的硅，抑制了渗碳体的析出，使残余奥氏体富集了较多的碳，并导致残余奥氏体的稳定化。

不同截面的 5Cr2NiMoVSi 钢经油淬后的心部再经不同温度回火后的硬度值如图 8.130 所示。该钢在回火温度范围 500～600℃ 出现二次硬化峰值 51～52HRC。截面越大，即冷速越小，二次硬化效果越明显。在回火温度高于 550℃时，回火贝氏体的硬度(图 8.130 中的曲线 2、3)逐渐逼近回火马氏体的硬度(曲线 1)。这表明，5Cr2NiMoVSi 钢模块尺寸为 500mm×500mm 时，经过油淬，虽然不同深度的淬火层的显微组织不同，但经高温回火后，其整个截面的硬度趋于一致，回火温度为 650℃时，不论冷速的快慢，均仍能保持约 44HRC 的水平。5CrNiMo

钢没有二次硬化效应,在回火温度约为450℃时,其硬度约为45HRC。

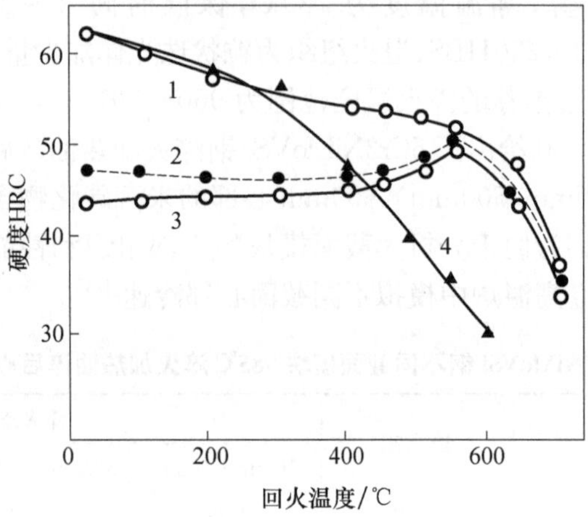

图 8.130 回火温度对不同尺寸截面模块心部硬度的影响[134]

5Cr2NiMoVSi 钢 985℃淬油:1—10mm×10mm,2—300mm×300mm,
3—500mm×500mm;5CrNiMo 钢 880℃油淬:4—10mm×10mm

5Cr2NiMoVSi 钢具有二次硬化的原因,一方面是 M_2C 等碳化物的弥散析出,另一方面是大量残余奥氏体的转变,从400～450℃开始,随回火温度的升高,残余奥氏体的转变量增加。残余奥氏体一部分开始分解为铁素体和薄片状渗碳体,一部分未分解的残余奥氏体在冷却时转变为高碳的孪晶马氏体。在550℃以上回火,残余奥氏体主要分解为铁素体和碳化物。

图 8.131 为回火温度对 5Cr2NiMoVSi 钢不同尺寸截面模块心部的残余奥氏体量和冲击功的影响。截面为 300mm×300mm 和 500mm×500mm 的模块心部组织主要是以贝氏体为主的混合组织。图 8.131 显示,450℃以下回火,主要是马氏体组织的冲击功低于混合组织,在450℃以上回火则相反,出现脆性区域,透射电镜观察到残余奥氏体分解时生成的粗大链状或短杆状渗碳体,与此同时消除了能阻止裂纹扩展的残余奥氏体,导致冲击功下降。因此大截面模块宜在650℃以上回火态应用。

表 8.91 为 5Cr2NiMoVSi、45Cr2NiMoVSi 和 5CrNiMo 几种钢的高温力学性能对比。可见,5Cr2NiMoVSi、45Cr2NiMoVSi 钢的热稳定性比 5CrNiMo 钢提高100～150℃,在550℃下的高温强度提高50%,其高温韧性也优于 5CrNiMo 钢。5Cr2NiMoVSi 和 45Cr2NiMoVSi 钢制成的 500mm×500mm 模块油中淬火后心部的硬度较之 300mm×300mm 的 5CrNiMo 钢高出 4HRC。

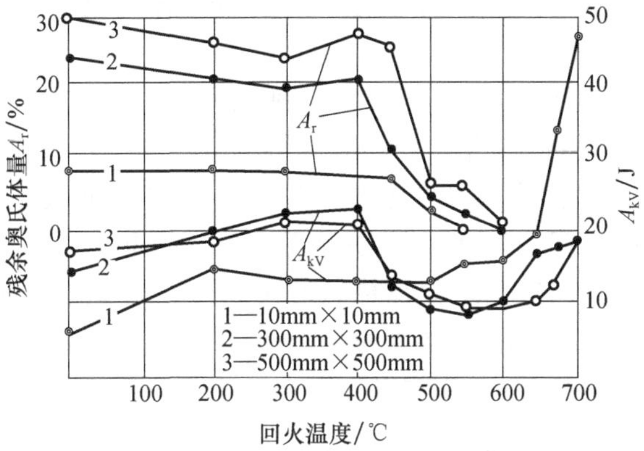

图 8.131 回火温度对 5Cr2NiMoVSi 钢不同尺寸截面模块心部的残余奥氏体量和冲击功的影响[133]

表 8.91 5Cr2NiMoVSi、45Cr2NiMoVSi 和 5CrNiMo 钢的高温力学性能对比[133]

钢号	淬火温度/℃	回火温度/℃	回火后硬度 HRC	试验温度/℃	σ_b/MPa	ψ/%	a_{kV}/(J/cm^2)
5Cr2NiMoVSi	985	680	40	550	594	80	45
45Cr2NiMoVSi	1000	675	36.3	550	635	85	70
5CrNiMo	860	510	39.5	550	386	82	33

注：5Cr2NiMoVSi 钢为电弧炉冶炼，数据为 300mm × 300mm 截面模块油淬后心部性能。45Cr2NiMoVSi 钢为真空精炼，数据为 ϕ400mm 模块油淬后心部性能。5CrNiMo 钢为电弧炉冶炼，数据为10mm×10mm 试样油淬后的性能。

推荐的 5Cr2NiMoVSi、45Cr2NiMoVSi 钢锻模热处理工艺见表 8.92。

表 8.92 推荐的 5Cr2NiMoVSi、45Cr2NiMoVSi 钢锻模热处理工艺[133]

钢号	淬火			回火	
	预热温度/℃	淬火温度/℃	淬火介质	加热温度/℃	硬度 HRC
5Cr2NiMoVSi（压力机锻模）	650～670	970～1000	油	640～660 660～680	41～45 37～41
45Cr2NiMoVSi（锤锻模）	650～670	960～980	油	630～650 640～660 650～670	39～44 37～42 35～39

注：第二次回火温度比第一次回火温度低 25～30℃。

5Cr2NiMoVSi 钢广泛用于制作各类压力机热锻模具，包括 12000t 压力机，使用寿命较之 5CrNiMo 钢提高 0.5 ～ 1.5 倍，也高于 55NiCrMoV6 钢。45Cr2NiMoVSi 钢已用于各类锤锻模具，尤其适用于型腔深而复杂的大型锤锻模具,包括 10t 锻锤,其使用寿命较之 5CrNiMo 钢提高 0.5～1 倍,亦高于 55CrNiMoV6 钢。

3Cr2MoWVNi 钢是我国自行开发的一种压力机热锻模具,其碳含量较低,淬火后最高硬度为 52HRC。该钢由于含有较多的 Mo 和一定数量的 W、V,具有二次硬化效应,经 600℃ 回火后仍能保持 45～50HRC 的硬度,在回火温度高于 600℃后硬度才急剧下降,其热稳定性明显高于 5CrNiMo 钢。

3Cr2MoWVNi 钢的等温退火加热温度为 820℃,等温温度为 700～720℃,适宜淬火温度为 980～1020℃,回火温度为 610～660℃,回火后的硬度为 41～43HRC。表 8.93 为 3Cr2MoWVNi 钢的室温及高温力学性能。

表 8.93　3Cr2MoWVNi 钢室温和高温力学性能[93]

热处理工艺	测试温度/℃	硬度 HRC	a_{kV} /(J/cm²)	σ_b/MPa	σ_s/MPa	ψ/%
1000℃淬火后于 600℃回火 2h	室温	46	80	1560	1450	65
1000℃淬火后于 650℃回火 2h	室温	40～42	105	1390	1290	65
1000℃淬火后回火到 41～43HRC	650	—	250	700	610	81

3Cr2MoWVNi 钢用于制作一些机锻模具,使用寿命比 5CrNiMo 钢提高一倍以上[93]。

20 世纪 70 年代日本研制了一些可用于制作大截面压力机锻模的析出硬化钢,较成熟的有 YHD3 钢[136]。析出硬化热作模具钢的特点是制作的模具在淬火和低温回火状态下进行机械加工,此时模具的硬度约为 40HRC,加工后直接使用,不存在热处理畸变和表面氧化脱碳问题。在使用中模具表层受热产生碳化物的弥散析出,导致二次硬化,硬度可达 48HRC,而心部未发生组织转变,此时模具可以同时具有表层所需要的高温强度和心部的高韧性。该钢的化学成分见表 8.94。YHD3 钢可用于制作 300mm×400mm 截面的压力机模具,钢经淬火和低温回火后的硬度仍较高,不易加工,另外还含有约 1%的稀缺元素 Co。

表 8.94　一些析出硬化热锻模具钢的化学成分[137,138]　　(单位:%)

牌号	C	Si	Mn	Cr	Ni	Mo	W	V	Co
YHD3(日立金属)	0.2	—	—	2.80	0.80	1.80	0.70	0.40	1.00
PH(大冶特钢)	0.16～0.22	0.60～0.90	0.40～0.70	2.54～3.00	0.80～1.20	1.80～2.20	—	0.30～0.50	其他

注:PH 钢中可加入稀土、0.05%～0.12%Zr 或其他微量元素。

我国研制了一种无钴析出硬化热作模具钢 2Cr3Mo2NiVSi(简称 PH),其化学成分见表 8.94。该钢经 1010℃淬火和 370～400℃回火 1 次,硬度为 45HRC,使用时的析出硬化量可达 3～4HRC,其热磨损抗力优于 H13 钢。在 PH 钢中加入微合金元素之后，夹杂物变质成球状或纺锤状，改善了被切削性能，其被切削性能优于 YHD3[138]。

PH 钢适用于在 500～600℃使用的热锻模具。在汽车厂、农机厂制作连杆模、齿轮模等热作模具，经长时间反复锻打后硬度不降低，其使用寿命比 5CrNiMo 钢高 1.5 倍，比 H11(4Cr5MoSiV)钢提高 1 倍[137]。

8.5.3 高热强性热作模具钢

许多热挤压模、热镦锻模、精锻模及高速锤上的模具是在繁重的条件下工作的。这些模具在工作时需长时间与被变形加工的金属接触，其受热的温度往往比锤锻模要高，尤其用于加工黑色金属及难熔金属时，这些模具还承受较高的应力。挤压比大时使用的模具和细长的芯棒承受的应力更高。这类模具的尺寸一般不是很大，比锤锻模要小。对这类钢的主要要求：①高的热稳定性和比较高的高温强度；②较好的韧性；③良好的耐热疲劳性；④高的耐磨性。此外，用于铝、铜合金的压铸模常因热疲劳应力和熔蚀的交互作用而失效，对压铸模用钢还应具有抗熔化金属的热熔损能力。

这类热作模具钢可按其成分特点分为：钨系热作模具钢、铬系热作模具钢和铬-钼及铬-钨-钼系热作模具钢。

GB/T 1299—2014 中列入了 14 个高热强性热作模具钢的化学成分(表 8.80)，其中 3Cr2W8V 属于钨系热作模具钢，4Cr5MoSiV(H11)、4Cr5MoSiV1(H13)和 4Cr5W2VS(ЭИ958)属于铬系热作模具钢，其他属于铬-钼及铬-钨-钼系热作模具钢，如 4Cr3Mo3SiV(H10)、4Cr5Mo2V、3Cr3Mo3V、4Cr5Mo3V、3Cr3Mo3VCo3、3Cr3Mo3W2V(代号 HM1)、5Cr5WMoSi、4Cr5MoWVSi、5Cr4W5Mo2V(代号 RM2)、5Cr4Mo3SiMnVAl(代号 012Al)。

我国许多单位在 20 世纪 70 年代中期至 80 年代，为适应热成形新工艺、新装备的需要，开发出具有良好性能的高热强性热作模具钢，部分牌号已列入 GB/T 1299—2014，如 012Al、HM1、RM2，其他一些未列入 GB/T 1299—2014 中的高热强性热作模具钢的化学成分见表 8.95。

表 8.95 一些高热强性热作模具钢的化学成分[91,93] (单位：%)

牌号	C	Si	Mn	Cr	W	Mo	V	其他
25Cr3Mo3VNb	0.20～0.28	≤0.6	≤0.35	2.7～3.2	—	2.6～3.2	0.6～0.8	0.06～0.15Nb
3Cr3Mo3VNb[113]	0.24～0.33	≤0.6	≤0.35	2.6～3.2	—	2.7～3.2	0.6～0.8	0.06～0.15Nb
Y10	0.36～0.42	1.0～1.5	0.7～1.5	4.5～5.5	—	1.8～2.2	0.8～1.2	<0.05Al

续表

牌号	C	Si	Mn	Cr	W	Mo	V	其他
Y4	0.36～042	0.25～0.50	0.9～1.3	2.2～2.7	—	2.0～2.5	0.9～1.3	0.04～0.10Nb
TM	0.35～0.44	0.20～0.40	0.90～1.20	2.40～2.80	1.0～1.3	1.80～2.20	1.0～1.3	—
CG-2	0.55～0.64	≤0.4	≤0.4	3.8～4.3	0.9～1.3	2.8～3.3	0.9～1.3	1.8～2.2Ni
5Cr4Mo2W2SiV	0.45～0.55	0.80～1.10	≤0.50	3.70～4.30	1.80～2.20	1.80～2.20	1.20～1.30	—
HD[75]	0.35～0.45	≤0.35	≤0.40	2.50～3.00	—	1.80～2.20	1.0～1.4	1.0Ni、0.15Nb

注:Y4 钢中加入 0.002%～0.006%B;HD 钢中可加入 0.0005%～0.0035%B。

部分国外使用的高热强性热作模具钢的化学成分见表 8.96。

表 8.96　部分国外使用的高热强性热作模具钢的化学成分　(单位:%)

钢号	C	Si	Mn	Cr	W	Mo	V	其　他
H10(美)	0.35～0.45	0.80～1.20	0.25～0.70	3.00～3.75	—	2.00～3.00	0.25～0.75	—
H11(美)	0.33～0.43	0.80～1.20	0.20～0.50	4.75～5.50	—	1.10～1.60	0.30～0.60	—
H12(美)	0.30～0.40	0.80～1.20	0.20～0.50	4.75～5.50	1.00～1.70	1.25～1.75	0.20～0.50	—
H13(美)	0.32～0.45	0.80～1.20	0.20～0.50	4.75～5.50	—	1.10～1.75	0.80～1.20	—
H19(美)	0.32～0.45	0.20～0.50	0.20～0.50	4.00～4.75	3.75～4.50	0.30～0.55	1.75～2.20	4.00～4.50Co
H21(美)	0.26～0.36	0.15～0.50	0.15～0.40	3.00～3.75	8.50～10.0	—	0.30～0.60	—
H26(美)	0.45～0.55	0.15～0.40	0.15～0.40	3.75～4.50	17.25～19.0	—	0.75～1.25	—
H42(美)	0.55～0.70	0.20～0.40	0.15～0.40	3.75～4.50	5.50～6.75	4.50～5.50	1.75～2.20	—
4X2B5MΦ(俄)	0.30～0.40	0.10～0.40	0.10～0.45	2.20～3.00	4.50～5.50	0.60～0.90	0.60～0.90	—
5X3B3MΦC(ДИ-23)(俄)	0.45～0.52	0.50～0.80	0.20～0.50	2.50～3.20	3.00～3.60	0.80～1.10	1.50～1.80	0.05～0.15Nb
SKD5(日)	0.25～0.35	0.10～0.40	0.15～0.45	2.50～3.20	8.50～9.50	—	0.30～0.50	—

续表

钢号	C	Si	Mn	Cr	W	Mo	V	其他
SKD6(日)	0.32～0.42	0.80～1.20	≤0.50	4.50～5.50	—	1.00～1.50	0.30～0.50	—
SKD61(日)	0.35～0.42	0.80～1.20	0.25～0.50	4.80～5.50	—	1.00～1.50	0.80～1.15	—
SKD62(日)	0.32～0.42	0.80～1.20	0.20～0.50	4.75～5.50	1.00～1.60	1.00～1.60	0.20～0.50	—
SKD7(日)	0.28～0.35	0.10～0.40	0.15～0.45	2.70～3.20	—	2.50～3.00	0.40～0.70	—
X32CrMoV3-3(德)	0.28～0.35	0.10～0.40	0.15～0.45	2.70～3.20	—	2.50～3.00	0.40～0.70	—
X38CrMoV5-3(德)	0.35～0.40	0.30～0.50	0.30～0.50	4.80～5.20	—	2.70～3.20	0.40～0.70	—
X32CrMoCoV5-3-3(德)	0.28～0.35	0.10～0.40	0.15～0.45	2.70～3.20	—	2.60～3.00	0.40～0.70	2.50～2.30Co
QRO80M(瑞典)	0.40	0.30	0.75	2.6	—	2.0	1.2	0.005B
QRO90M(瑞典)	0.38	0.30	0.75	2.6	—	2.25	0.9	—
DIEVAR(瑞典)	0.35	0.2	0.5	5.0		2.3	0.6	
HOTVAR(瑞典)	0.55	1.0	0.75	2.6	—	2.25	0.85	—

注：美国钢号根据 ASTM A6821(2004 再确认)，俄罗斯钢号根据 ГОСТ 5950(2000)，日本钢号根据 JIS G4404(2006)，德国钢号根据 DIN EN ISO 4957(2001)，瑞典钢号为 ASSAB 钢厂和 Uddeholm 钢厂牌号。

高钨热作模具钢于 20 世纪 20 年代即开始用于生产，是最早用于制造模具的热作模具钢。30 年代中期，随着铝合金压铸工艺的迅速发展，需要一种有较好耐热性、抗热疲劳性能和抵抗液态铝合金冲蚀的新型模具钢。美国开发出了系列中合金铬系热作模具钢，如 H13、H11、H12。第二次世界大战期间，钨资源紧张，随之出现了一系列以钼代钨的钼系和钨-钼系热作模具钢。

8.5.3.1 钨系热作模具钢

含钨较高的钢的主要特点是具有高的热稳定性。3Cr2W8V 是应用最早的一种热作模具钢。我国在 GB/T 1299—2014 中列入的钨系热作模具钢只有 3Cr2W8V 一个钢号。

在 3Cr2W8V 钢中，铬的加入是为了获得足够的淬透性，使模具有较好的抗氧化和抗蚀性，提高淬火钢的硬度和增加耐磨性。铬含量大于 4%会使回火稳定性下降。

在含 0.3%C 和 3%Cr 钢中添加钨可以显著地提高淬火钢的回火稳定性，使二次硬化峰值移至更高温度，并能提高模具的耐磨性，但钨含量从 8%提高到

12%,对改善钢在640～620℃时的热稳定性和耐磨性作用不大,却增加了碳化物析出量,使韧性与抗热疲劳的能力降低,裂纹敏感性增大,只能用于不受动载荷,不受急剧冷却的镶块模具,所以钨含量在8%左右是适当的。

碳含量降低,易出现高温铁素体,不能保证必要的强度,选择0.3%～0.4%C和8%～10%W的配合是较为适当的,进一步提高碳含量将使钢的韧性和塑性剧烈下降。

钒的加入(0.2%～0.5%)能改善钢的耐磨性,提高钢的热稳定性,但含量接近1%时效果不显著,所以一般控制在0.50%左右。

在3Cr2W8V钢的基础上添加钴,可使钢的高温硬度提高、导热性改善和在20～700℃区间的热膨胀系数减小,并使钢的高温强度、韧性和抗热疲劳性能大大提高,同时减少热处理淬火变形,提高模具的使用寿命。

这类钢中含钨最高者达18%,如H26实际上是一种低碳的高速钢。为了避免在高温加热时会出现铁素体相,碳含量也要相应地提高。这类钢耐磨性好,但韧性差。如果在这类钢中以钼代钨,如同在高速钢中,可以得到一系列含钼较高的钢,如H42,不过由于含钼较高的钢易脱碳,晶粒长大倾向较大,故使用较少。

3Cr2W8V钢中合金元素的含量均为W18Cr4V钢的一半,只是碳含量较低,在某些性能上与高速钢有相似之处。和高速钢一样,由于热传导系数低,锻造时必须进行较长时间的均匀加热。由于碳含量比高速钢低,锻造性能比高速钢要好。3Cr2W8V钢的始锻温度为1080～1120℃,终锻温度为900～850℃,锻后先在空气中较快地冷却到Ac_1以下(约700℃),随后缓冷(砂或炉冷)。

3Cr2W8V钢的退火工艺为830～850℃保温3～4h后,以不大于40℃/h的速率炉冷至不大于400℃出炉空冷,也可以采用700～720℃等温退火,保温3～4h,退火后的硬度不大于241HB。退火状态的组织为铁素体基体上分布着M_6C、$M_{23}C_6$型碳化物。钒含量为0.16%时,未发现独立的VC,钒可能溶于M_6C型碳化物中[21]。3Cr2W8V钢为过共析钢,由于成分的偏析,会出现少量共晶碳化物。3Cr2W8V钢在退火状态含有9%～12%的碳化物,铬碳化物的含量约在3%以下。相分析表明,在退火状态下铁素体的钨含量近2%,铬含量约为2.3%,几乎有88%的铬固溶于α-Fe中。

停锻温度过高或锻后冷却缓慢,二次碳化物会从奥氏体中析出形成网络。球化退火前须先正火以消除网状碳化物,然后再进行球化退火。球化温度偏高,也会出现二次碳化物网。模坯长时间在870～880℃保温,钢中的M_6C型碳化物会转变为WC而稳定化,在以后加热时不溶于奥氏体,损害钢的性能。

对3Cr2W8V钢的原材料和改锻退火后的毛坯不要求检查共晶碳化物不均匀性,但应检查其碳化物的分布。碳化物网不得大于2级,不应出现严重的碳化物链,即碳化物呈链状分布。

3Cr2W8V钢的淬透性比较高，截面尺寸在25mm以下时可以空冷。图8.132、图8.133分别为3Cr2W8V钢的过冷奥氏体等温转变曲线和连续冷却转变曲线。由图可知，3Cr2W8V钢的奥氏体在珠光体区域的稳定性比在贝氏体区域为高，在

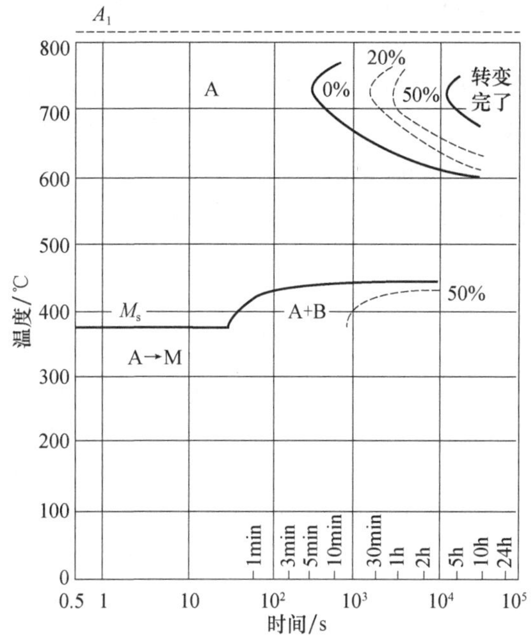

图8.132　3Cr2W8V钢的过冷奥氏体等温转变曲线[129]

成分：0.30%C、2.3%Cr、8.78%W、0.34%V，奥氏体化：1120℃

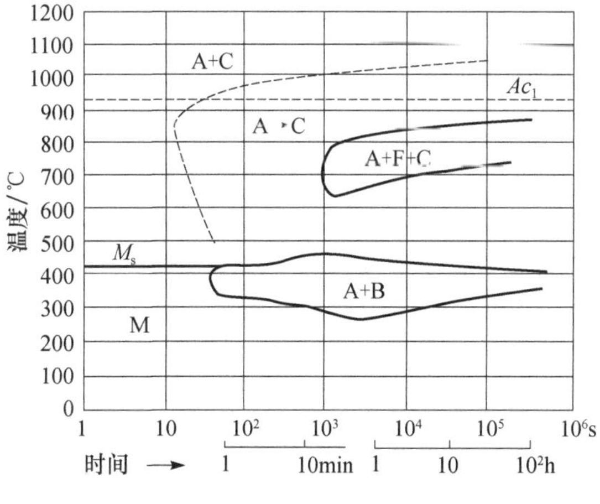

图8.133　3Cr2W8V钢的连续冷却转变曲线[129]

成分：0.28%C、2.57%Cr、8.88%W、0.35V，奥氏体化：1120℃

500～600℃时过冷奥氏体相当稳定,有利于采用分级淬火以减少模具变形。从奥氏体连续冷却转变曲线可以看出,截面较大的模具空气冷却时,先析出过共析碳化物(图 8.133 未示出),然后在贝氏体区域内进行部分转变,最后发生马氏体转变。由于中温转变将残留较多的残余奥氏体,淬火状态的硬度稍低,在随后回火时,由于残余奥氏体转变,硬度将显著增高。此外,在缓慢冷却时,有碳化物沿晶界析出,从而降低了钢的韧性。因此,对于一些在重载荷条件下工作的,变形要求不太严格的大截面淬火模具,热处理时不适宜于空冷,而宜于采用油冷。一般尺寸的模具油淬时,其组织为马氏体和过剩碳化物。

3Cr2W8V 钢加热时,随着加热温度的升高,M_6C 及 $M_{23}C_6$ 型碳化物陆续溶入奥氏体,当加热至 1200℃以上淬火时基本上全部溶解。加热过程中奥氏体合金成分的变化见图 8.134。加热时随着碳化物的溶解,奥氏体晶粒逐渐长大。由于 3Cr2W8V 钢钨、钒含量的出厂允许范围比较宽(7.5%～9.0%W,0.2%～0.5%V),以致在淬火加热时,其晶粒长大和降低韧性的敏感性也不同,因此可以提高一些钨含量接近上限(8%～9%)时的淬火温度。在低于 1150℃温度淬火,晶粒长大不严重,当淬火温度高于 1175℃时,出现粗大的马氏体针状组织。奥氏体化温度越高,抗回火稳定性越好。如图 8.135 所示,3Cr2W8V 钢经 1100℃和 1150℃淬火后,于 600℃回火 2h,其硬度分别为 51.5HRC 和 52.3HRC(使其原始硬度处于同一个水

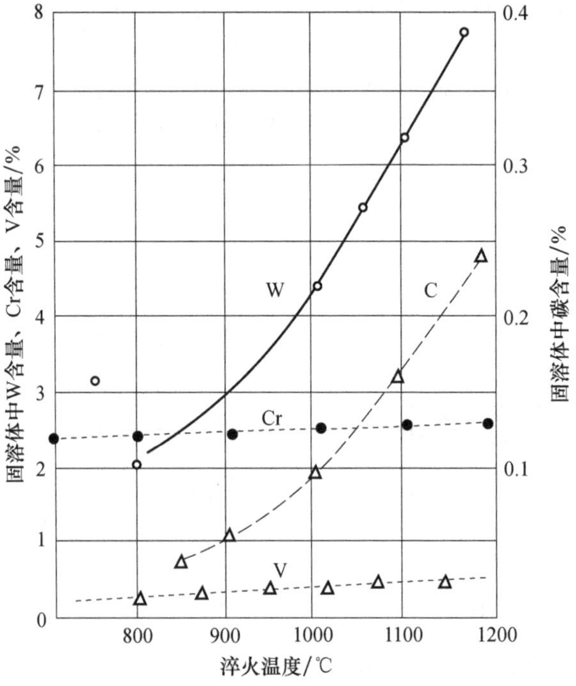

图 8.134　3Cr2W8V 钢淬火加热过程中奥氏体的合金成分变化

平上)，再于600℃进行长时间回火，高温淬火的硬度比低温淬火的高。在回火25h以后，硬度值的差距变大，这说明高温淬火后的回火抗力比低温淬火为好。

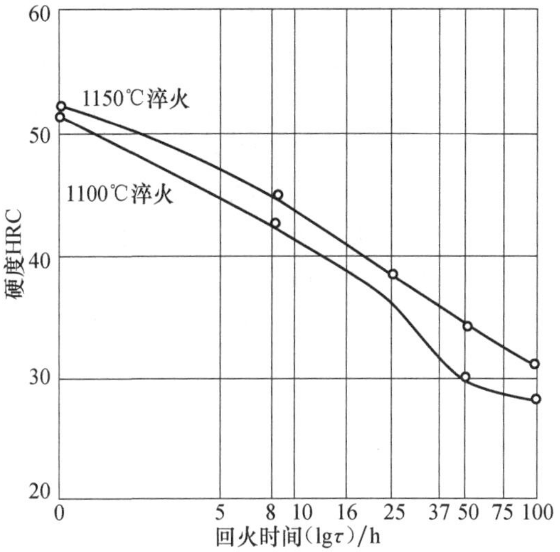

图8.135 3Cr2W8V钢在不同淬火温度下的抗回火稳定性(600℃)[15]

3Cr2W8V钢不同温度淬火和不同温度回火后的硬度值见表8.97。可以看出，3Cr2W8V钢在550℃左右回火，由于马氏体中析出弥散的合金碳化物W_2C、VC，引起析出硬化。回火温度提高到650℃之后，加快了析出过程，引起马氏体的急剧分解和已析出碳化物的聚集长大，使硬度很快下降。回火温度达到700℃以上，W_2C转变为M_6C型碳化物。

表8.97 3Cr2W8V钢不同温度淬火和回火后的硬度[140]

淬火温度/℃	淬火后硬度HRC	回火后硬度HRC					
		500℃	550℃	600℃	625℃	650℃	700℃
1050	49	46	47	43	40	36	27
1075	50	47	48	44	41	37	30
1100	52	48	49	45	42	40	32
1150	53	49	53	50	47	45	34
1250	57	—	54	52	—	49	40

注：钢中含8.6%W、0.44%V。

3Cr2W8V钢淬火加热温度通常选择两个温度区域：常规淬火和高温淬火。

常规淬火一般在1050～1100℃加热奥氏体化，油冷淬火或分级淬火。温度接近下限时，晶粒度为10～11级，油冷淬火后的组织为隐针和细针马氏体、残余奥氏体及未溶碳化物，未溶碳化物较多，颗粒也较大。此时钢的冲击韧度较高，热强性较差。采用上限温度加热，晶粒度为9～10级，油冷淬火后的组织为细针马氏体、残余奥氏体及未溶碳化物,未溶碳化物较细,数量仍较多,钢的韧性和热强性都较好。一般大型模具及锻模宜采用此温区加热淬火。

高温淬火常取1140~1150℃加热奥氏体化,油冷淬火后的硬度可达55HRC,组织为针状马氏体、残余奥氏体及未溶碳化物,残余奥氏体的体积分数为7.6%~9.5%。淬火加热温度的提高,使马氏体合金化程度也增加,钢的热强性高,但韧性较差。这种工艺一般用于铜合金和铝合金挤压模、压铸模等受冲击力不太大而要求高热强性的模具。模具的工作温度越高,采用高温淬火的效果越明显。如果钢中的钨和钒含量接近上限时,淬火加热温度可以提高到1180℃。选用高温淬火工艺时应注意防止冷却过程中碳化物的析出,采用450~540℃盐浴分级冷却,可以防止大中型模具中心部位析出二次碳化物而导致的脆化。

3Cr2W8V钢不同温度淬火-回火后的强度和硬度以同一规律变化,但3Cr2W8V钢在回火过程中在650℃处出现冲击韧度的谷值,如图8.136所示,其塑性指标ψ也出现谷值[140]。

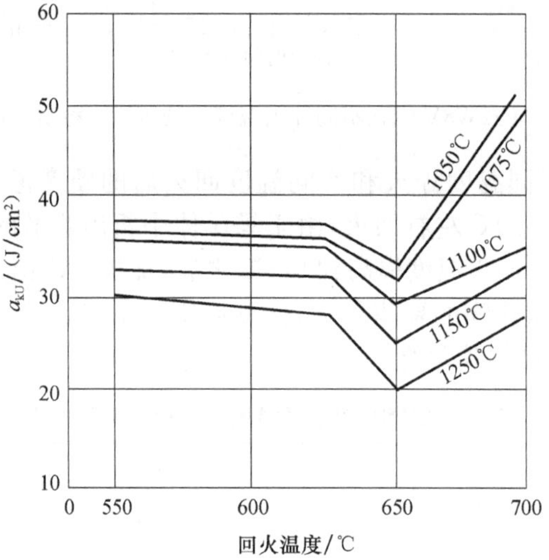

图8.136 3Cr2W8V钢淬火-回火后的冲击韧度值[140]

如果不是根据相同的回火温度,而是根据相同的硬度来比较冲击韧度,更为合理。表8.98为3Cr2W8V钢回火后硬度为45HRC时,淬火温度对钢的性能的影响。当淬火温度提高到1100℃时,对冲击韧性降低的影响很小。此时,奥氏体晶粒保持在9~11级(随钨含量变化)。当淬火加热温度提高到1150℃以后,奥氏体晶粒开始剧烈长大,冲击韧度显著地降低,塑性变差,但σ_s/σ_b比值仍能维持较高数值,受晶粒度的影响较小,即在单位压力很大时,仍能很好地保持模具的形状,但经受不起较大的冲击载荷。上述试验结果表明,对于承受动载荷较小的模具,钨含量接近上限的钢,淬火温度提高到1140~1150℃是适当的。而对于大型模具和尺寸较小但在动载荷下工作的模具,淬火温度可以选择在1100℃左右。

表 8.98　3Cr2W8V 钢回火后硬度为 45HRC 时，淬火温度对钢的性能的影响[140]

淬火温度/℃	回火温度/℃	a_{kU}/(J/cm^2)	ψ/%	δ/%	σ_s/σ_b
1050	570	38	33	3.3	0.95
1075	590	36	26	3.1	0.96
1100	600	35	17	3.0	0.97
1150	650	25	5	2.8	0.95
1250	670	23	5	1.8	—

抗热疲劳能力是这类模具钢的一个重要性能。模具的抗热疲劳性能与淬火加热温度之间存在着矛盾的影响因素。随着淬火温度的提高，奥氏体晶粒长大，相应地降低了钢的冲击韧性，使钢的抗热疲劳性能降低。另外，随着淬火温度的提高，合金碳化物的进一步溶解，奥氏体的钨含量增加，提高了淬火钢的红硬性，使钢在高温时组织稳定性和力学性能改善，这又能使热疲劳性能得到提高。

含钨高的这类钢导热性差，抗急冷急热的能力不如含铬较高的钢。

断裂韧性是考虑到材料中有裂纹存在的状况下进行试验的。断裂韧度 K_{IC} 的大小反映了材料在低应力条件下脆断时对裂纹的敏感性，这可能与模具中的开裂和冷热疲劳性能有一定的联系。

经不同温度淬火后，3Cr2W8V 钢的断裂韧度与回火温度的关系见图 8.137，断裂韧度在 640℃附近也出现谷值。图 8.138 为 3Cr2W8V 钢的断裂韧度与回火后硬度的关系，可以看出，K_{IC} 对硬度是很敏感的。硬度值在 40HRC 以下，K_{IC} 值迅速升高。根据生产试验报道，3Cr2W8V 钢制轴承套圈成形凹模处理后的硬度高

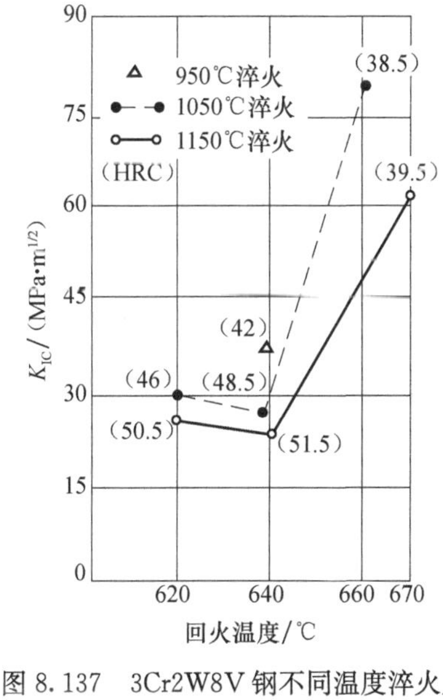

图 8.137　3Cr2W8V 钢不同温度淬火后断裂韧度与回火温度的关系[141]

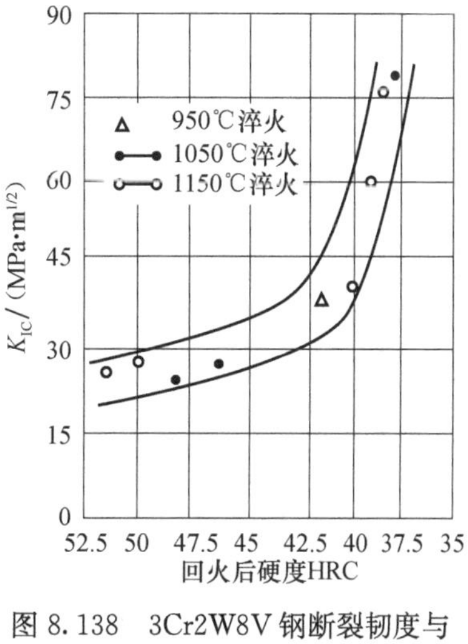

图 8.138　3Cr2W8V 钢断裂韧度与回火后硬度的关系[141]

于 40HRC 时,容易发生早期脆断,如低于 40HRC,则以热疲劳为主,模具寿命提高了 2 倍[141]。

3Cr2W8V 钢回火温度选择时,应在不影响模具抗脆断能力及抗热疲劳能力的前提下,尽可能提高模具的硬度,这需要根据模具的具体失效形式来确定具体的回火温度,回火次数以两次为宜。虽然 3Cr2W8V 钢在 640~650℃附近出现冲击韧度和断裂韧度下降的现象,但这种现象是否对模具的断裂抗力产生实际的影响,须由实践来说明,不应以此认为在此温度区间回火是不合理的。

3Cr2W8V 钢有比较高的热稳定性,其工作温度可达到 650℃,20 世纪 70 年代以前曾是我国主要使用的高热强性热作模具钢。但该钢合金度高,塑韧性较差,其截面尺寸对钢的韧性影响甚大,直径从 70mm 增大到约 150mm 时,韧性要下降 50%。3Cr2W8V 钢的铬含量较低,高温抗氧化和抗熔融金属的冲蚀性能要比铬系热作模具钢低 1/2 左右。由于上述原因,3Cr2W8V 钢在世界上已很少应用。我国自 20 世纪 60 年代开始使用铬系热作模具钢,1977 年将 4Cr5MoSiV1(H13)列入 GB/T 1299—77 之后,一些原来采用 3Cr2W8V 钢的模具,当型腔温度不高于 600℃时,已逐步被 4Cr5MoSiV1(H13)钢取代,而型腔温度高于 600℃时,则用铬-钼系热作模具钢代替。

8.5.3.2 铬系热作模具钢

这类钢含大约 5%Cr,并加入数量不多的其他元素(Mo、W、Si、V)。GB/T 1299—2014 中列入了 4Cr5MoSiV(H11)、4Cr5MoSiV1(H13)、4Cr5W2SiV(ЭИ958),这三种钢均属铬系热作模具钢,其中 H11、H13 是美国标准中的钢号,ЭИ958 是苏联使用的钢号。这类钢含铬较高,因而有较高的淬透性,加入 1%Mo 时,淬透性更高,故尺寸很大的模具淬火时也可以空淬。图 8.139 为 4Cr5MoSiV1(H13)钢的过冷奥氏体等温转变曲线。图 8.140 为 4Cr5MoSiV1(H13)钢的过冷奥氏体连续转变曲线,图中显示了 50mm、100mm、200mm 直径圆棒油淬时中心部位的冷却曲线。

这类钢的特点是:

(1) 具有良好的综合力学性能。这类钢从室温到 600℃都能保持较高的强度和韧性,不但是性能良好的热作模具钢,也是很好的超高强度钢和热强钢。

(2) 抗热疲劳性能良好,适合于制作温度频繁急剧变化的热作模具,如压铸模和用水冷却的热挤压模具。

(3) 比较好的高温性能,其热稳定性、高温硬度虽略逊于钨系热作模具钢,但其高温韧性则优于钨-钼系热作模具钢。

(4) 在中温下具有良好的抗氧化性和耐液态金属冲蚀性能,可以满足铝合金压铸模具的要求。

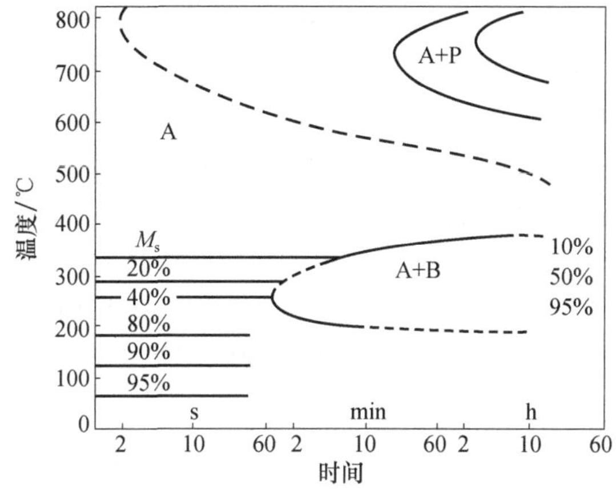

图 8.139　4Cr5MoSiV1 钢的过冷奥氏体等温转变曲线[1]

钢的成分：0.40%C、1.05%Si、5.0%Cr、1.35%Mo、1.10%V，奥氏体化温度：1010℃

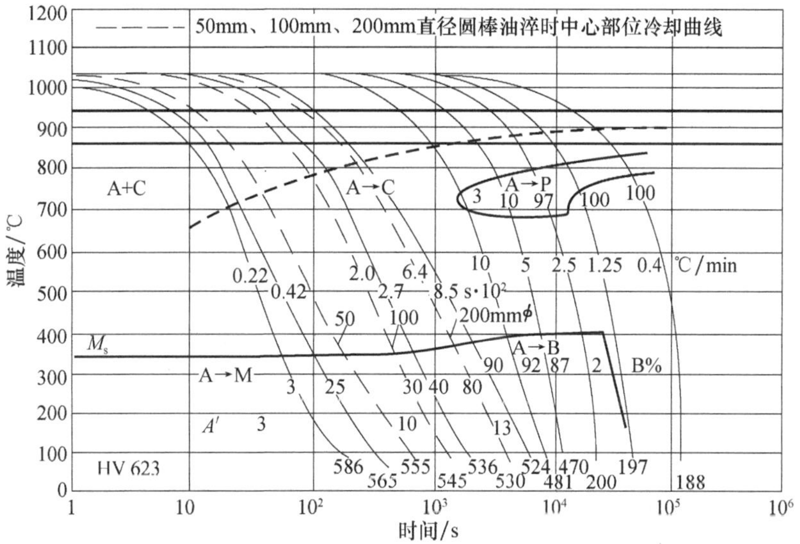

图 8.140　H13(4Cr5MoSiV1)钢的过冷奥氏体连续转变曲线[142]

Thyssen 钢厂资料，钢的化学成分：0.40%C、5.30%Cr、1.40%Mo、1.00%Si、1.00%V，

奥氏体化：1020℃×15min；A'为残余奥氏体量

由于铬系热作模具钢的上述优点，加之生产成本较低，工艺性较好，其应用范围不断扩大，现已成为我国主要的热作模具钢钢种。

这类钢碳含量不高，易于锻造和轧制。含钼的钢脱碳敏感性较强，应尽量缩短在高温下停留的时间，预热温度为 700～800℃，始锻温度为 1070～1150℃，终锻温度为 900～850℃。由于这类钢的淬透性好，锻后应注意缓冷，并及时退火。4Cr5MoSiV1、4Cr5MoSiV、4Cr5W2SiV 钢的退火温度分别为 880～900℃、860～890℃、850～880℃,退火温度下的保温时间为 25mm/h,退火后以不大于 25℃/h 的冷却速率冷至 500℃后空冷,退火后的硬度为 207～229HBS,退火组织为珠光体和 6%～12%的合金碳化物。为了减少模具的淬火变形,模具粗加工后建议在 650～750℃下进行消除应力退火。

根据 GB/T 1299—2014,对生产厂提供的热作模具钢未将非金属夹杂物及其显微组织作为规定的检验项目。根据生产实践,这类模具钢的非金属夹杂物含量和分布、球化组织质量、碳化物偏析和二次碳化物网等均对钢的性能和使用寿命有很大的影响。

生产实践表明,提高 H13 钢的纯净度是增加模具使用寿命的有效措施,所以国外优质 H13 钢的硫含量控制在 0.005%～0.008%。电渣重熔钢可以达到这一水平。

这类钢属于过共析钢,与 3Cr2W8V 钢相似,在碳及合金元素的偏析严重时,也会出现少量共晶碳化物及其他形式碳化不均匀缺陷:碳化物液析、碳化物带状组织和碳化物网状组织,其形成原因与高碳铬轴承钢相同。这些缺陷的存在均会促使模具早期失效。

对这类钢不单独检查共晶碳化物,因其含量低,形成原因与碳化物液析相似,评定时,宜按照 GB/T 18254—2002《高碳铬轴承钢》相应的级别图进行评定。其他的碳化物不均匀缺陷均可参照该标准评定。这类碳化物不均匀性原则上都可以通过热加工措施和高温长期扩散退火消除。

有资料显示,一般工艺生产的 H13 钢,经淬火后,其微观偏析度:Cr 为 1.28、Mo 为 1.80,显微组织中呈严重的碳化物带状组织。当采用精炼、反复镦拔和高温扩散退火等综合措施后,经淬火后的 H13 钢的微观偏析度:Cr 为 1.08、Mo 为 1.19。在其显微组织中,碳化物分布均匀,碳化物液析和带状碳化物均消失。钢的力学性能的方向性也显著改善。

H13 钢中的碳化物大部分是 $M_{23}C_6$ 型碳化物,还有少量的 M_6C 和 MC 型碳化物。加热至 1050～1080℃时,$M_{23}C_6$ 型碳化物急剧溶解,加热到 1100℃时,基本溶解完毕,从 1070℃加热开始,奥氏体晶粒将明显长大。几种铬系热作模具钢的常用淬火加热温度和淬火硬度见表 8.99。

表 8.99　几种铬系热作模具钢的常用淬火温度及淬火硬度[40,95]

钢号	Ac_1/℃	Ac_3/℃	淬火温度/℃	淬火介质	淬火硬度 HRC	M_s/℃
4Cr5MoSiV1	860	915	1020～1050	空气、油	56～58	340
4Cr5MoSiV	853	912	1000～1030	空气、油	53～55	310
4Cr5W2VSi	800	875	1030～1050	空气、油	53～56	265

注:小尺寸模具采用淬火温度下限,大型模具采用淬火温度上限,盐浴加热采用下限温度。

这类钢淬火加热时为防止模具表面的氧化脱碳，最好采用可控气氛加热炉、真空热处理炉或盐浴炉。在盐浴炉加热时，为减少变形，应在盐浴中进行一次(850℃)或两次(650℃、850℃)预热。在淬火温度下应进行较长时间的保温，以使合金碳化物溶入奥氏体组织中。由于钢的淬透性好，一般采用空冷或油冷淬火。

对于较大截面的锻件，当停锻温度过高而锻后的冷速又较慢时，可能沿奥氏体晶界析出大量的链状碳化物，用一般的退火和淬火工艺无法消除。对出现这种组织的模具，在淬火之前应在高于淬火温度50℃左右加热和随后快速冷却，以消除链状碳化物，然后再进行淬火处理。

这类钢中都含有一定数量的钒，不易过热，按正常温度淬火后，可得到细晶粒组织，一般为8～10级，其组织为细针马氏体、未溶碳化物和残余奥氏体。对于要求以热硬性为主的模具，可以采用较表8.99所列更高的温度淬火，如H13钢可采用1050～1080℃加热，此时晶粒度可达到7～8级。

用这类钢制作的模具在淬火时应尽快地冷却到450～500℃，以避免从过冷奥氏体中析出碳化物，并在此温度保温，使整个截面温度一致后在油中冷却，可以得到较高的冲击韧性。

要求高韧性而需经高温回火的模具，应先淬火尽量得到马氏体组织。如果在淬火组织中存在贝氏体，主要是上贝氏体，在高温回火时，将沿着条状α相晶界析出碳化物，并聚集长大成串，而α相内较细小的碳化物不断溶解，使钢的强度迅速下降，冲击韧性降低，出现贝氏体脆性。为了避免出现贝氏体脆性，应将淬火组织中的贝氏体量限制在15%以下[95]。

由图8.140可见，4Cr5MoSiV1钢经1020℃加热，保温15min，然后在2～3min冷却到室温，即可出现25%贝氏体。如果在1070℃保温20min，在20min冷却到室温，不会出现贝氏体，如果以较慢的速率冷却到室温，可出现30%贝氏体(图8.141)。

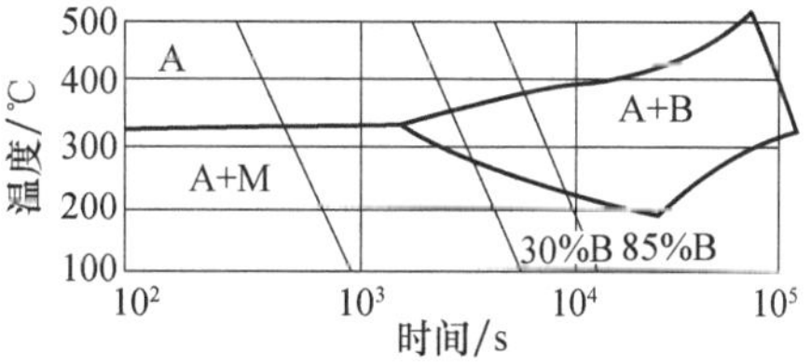

图8.141　4Cr5MoSiV1钢的淬火冷却规范及贝氏体数量[100]

1070℃加热20min

以上数据表明，若采用1020℃保温15min油淬的热处理规范，仅直径小于50mm的模具才能保证不出现贝氏体，若采用1070℃保温20min油淬的热处理规范，则直径在200mm以内的模具可保证不出现贝氏体。

这类钢在回火时均有M_2C、MC型碳化物的析出，产生二次硬化，二次硬化峰范围在500～550℃，回火时残余奥氏体的转变对二次硬化也有一定的贡献。

铬系热作模具钢根据模具的工作条件一般要求硬度为40～50HRC。制造冲击载荷较重的模具时，为了提高其冲击韧性和断裂韧性，常采用的下限硬度值40～

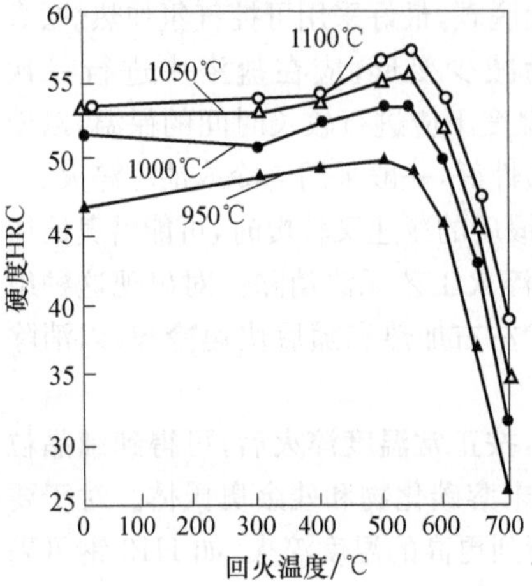

图 8.142　4Cr5MoSiV1 钢不同温度淬火后回火温度与硬度的关系[91]

钢的成分:0.40%C、5.10%Cr、1.40%Mo、0.80%V,油中淬火

图中温度为淬火温度

42HRC。对于磨损较严重的重载模具,则采用上限硬度值 48～52HRC。为了使一次回火过程中残余奥氏体转变产生的马氏体充分回火,一般采用二次或三次回火。

4Cr5MoSiV1(H13)钢在不同温度淬火后,回火温度与硬度的关系见图 8.142。随着淬火温度的升高,二次硬化现象更为显著,回火温度进一步提高。随着碳化物的聚集长大,硬度迅速下降。

表 8.100 为三种铬系热作模具钢的回火温度与回火硬度的关系及其热稳定性对比。4Cr5MoSiV1 钢在三种铬系热作模具钢中抗回火稳定性最高,4Cr5W2SiV 钢与其相近,4Cr5MoSiV 钢较差,这是由于 4Cr5MoSiV1 钢的钒含量较高,回火时会析出更多的 MC 型碳化物,增强了钢的二次硬化程度。

表 8.100　三种铬系热作模具钢的回火温度与回火硬度的关系对比[95]

钢号	淬火温度/℃	油淬后硬度 HRC	达到下列硬度的回火温度/℃		达到 40HRC 的热稳定性/℃
			48～50HRC	44～46HRC	
4Cr5MoSiV1	1020～1040	53～55	560～580	610～620	630
4Cr5MoSiV	1000～1020	50～52	540～560	580～590	600
4Cr5W2VSi	1030～1050	53～56	560～580	600～620	630

注:钢的热稳定性表示该钢经热处理后在该温度下保持 4h 后,仍能保持 40HRC 的硬度。

图 8.143 和图 8.144 分别为 4Cr5MoSiV1 钢淬火后其冲击韧度和断裂韧度与

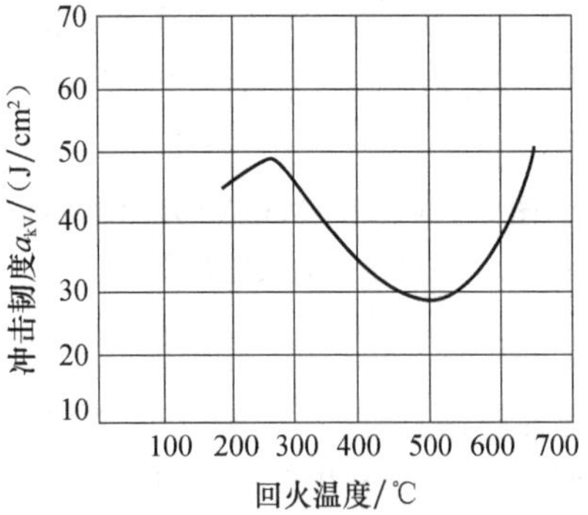

图 8.143　4Cr5MoSiV1 钢的冲击韧度[100]

奥氏体化温度:1020℃

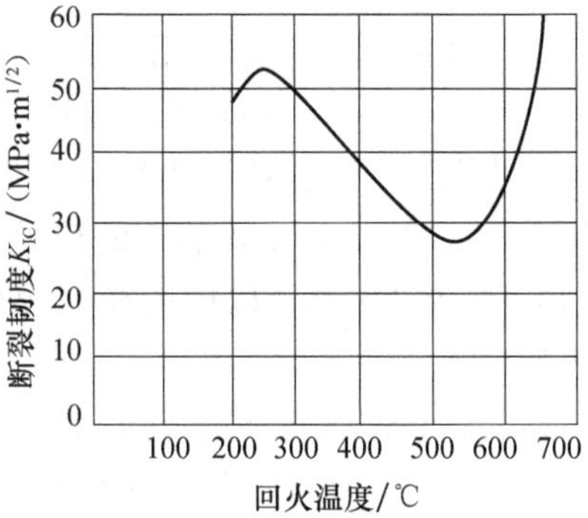

图 8.144　4Cr5MoSiV1 钢的断裂韧度[100]

奥氏体化温度:1020℃

回火温度的关系，铬系热作模具钢总的来说有较高的冲击韧性。铬系热作模具钢的冲击韧度值随回火温度的变化有很大的波动。4Cr5MoSiV1钢的冲击韧度随回火温度的升高，冲击韧度迅速上升，至250℃时可超过40J/cm²，继续升高温度，其值显著下降，直到二次硬化峰出现的温度。这可能与大量碳化物的析出和残余奥氏体的转变有关，再提高回火温度，随着钢的硬度迅速下降，冲击韧度急剧升高。断裂韧度随回火温度的变化与冲击韧度相同。铬系热作模具钢一般均采用高于二次硬化峰的温度回火。

表8.101为三种铬系热作模具钢热处理后的室温力学性能。三种钢均具有良好的综合力学性能，其中4Cr5MoSiV钢的塑性韧性稍高，而4Cr5MoSiV1钢和4Cr5W2Si钢的强度和硬度略高。

表8.101 铬系热作模具钢热处理后的室温力学性能[91]

钢号	热处理工艺	HRC	σ_b/MPa	σ_s/MPa	δ/%	ψ/%	a_{kV}/(J/cm²)
4Cr5MoSiV1	1000～1040油淬，580～600℃回火	48～50	1600～1800	1400～1500	9～12	45～50	40～50
4Cr5MoSiV	980～1030油淬，580～600℃回火	48～50	1600～1800	1400～1500	12～14	50～52	58～62
4Cr5W2VSi	1060～1080油淬，580～620℃回火	48～52	1700～1900	1600～1700	12～15	40～50	45～55

铬系热作模具钢在600℃以下，具有较高的高温硬度、高温强度和高的冲击韧性。这些钢在600℃温度下的高温力学性能见表8.102。

表8.102 铬系热作模具钢在600℃时的高温力学性能[91]

钢号	σ_b/MPa	δ/%	ψ/%	a_{kV}/(J/cm²)
4Cr5MoSiV1	1100～1200	12	48～50	55～65
4Cr5MoSiV	950～1050	12	50～53	60～70
4Cr5W2VSi	1050～1100	11	42～45	50～60

铬系热作模具钢由于具有良好的综合力学性能、比较高的热稳定性和抗热疲劳性能，以及较好的抗熔蚀金属冲蚀性能，已成为应用广泛的热作模具钢，其中的4Cr5MoSiV1(H13)钢应用量最大。这类钢可用于中小型热锻模、铝及铜合金的压铸模、铜及钢的热挤压模、高速锤锻模及冲头等，有比较高的使用寿命。

铬系热作模具钢的化学成分范围在20世纪30年代即基本定型，但多年来生产企业仍持续在工艺技术和质量控制上进行深入的研究和改进，使钢的性能不断提高，以满足不同类型模具日益提高的各种要求。

为了进一步提高模具的耐磨性能，可对这类钢制作的模具进行氮化、硫氮共渗等表面强化工艺，能有效地改善模具表面的耐磨性和减磨性能，提高模具的使用寿命[93,143]。

8.5.3.3　铬-钼系和铬-钨-钼系热作模具钢

4Cr3Mo3SiV 钢在 1985 年已列入我国国家标准,这种钢是在国外应用较早的一种铬-钼系热作模具钢。例如,美国的 H10 钢,其性能介于钨系和铬系之间,其韧性低于铬系而高于钨系,抗回火稳定性及热稳定性高于铬系而低于钨系。

4Cr3Mo3SiV 钢有比较高的淬透性,其过冷奥氏体转变曲线与 4Cr5MoSiV1 钢相似,热加工性能良好,锻后应注意缓冷。

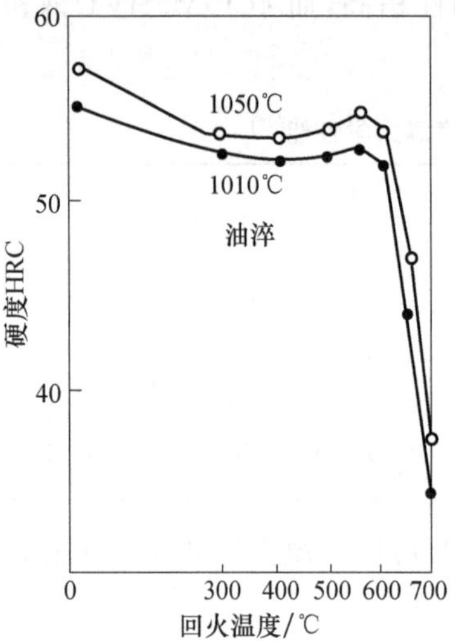

图 8.145　4Cr3Mo3SiV 钢的回火硬度关系曲线[91]

钢的成分:0.35%C、3.00%Cr、3.00%Mo、0.50%V

4Cr3Mo3SiV 钢适宜的淬火温度为 1010～1050℃,可在油或空气中淬火,淬火后的硬度为 52～56HRC。图 8.145 为 4Cr3Mo3SiV 钢淬火后的回火硬度关系曲线,回火温度为 540～650℃或更高,视要求的硬度而定。

4Cr3Mo3SiV 钢有较高的韧性和抗热疲劳性能,适于制造工作温度较高且受冲击载荷的模具和在工作过程中不断采用水冷降温的模具,如高速精锻机模具、热镦锻模具、热挤压模、热挤压机的芯棒等,较 3Cr2W8V 钢制模具寿命有显著提高。

4Cr3Mo3SiV 钢可用于制作铜合金压铸模,有较好的使用效果。铜合金液通常温度为 880～960℃。铜合金熔点高,导热性好,型腔工作时升温快,温度高,可达 700℃以上,然后又很快降温,热疲劳裂纹、金属熔蚀、热变形、塌陷等是模具的主要失效形式。4Cr3Mo3SiV 钢用于铜合金压铸模时,为了改善热稳定性,模具处理后的硬度为 30～40HRC。这类钢用于压铸模具时,为了防止表面黏附被压铸的金属,并改善其耐冲蚀性能,常采用表面氮化等处理工艺。

铬系热作模具钢在模具工作温度不高于 600℃情况下可取代钨系热作模具钢,而钨系的 3Cr2W8V 钢可在工作温度不高于 650℃下保持 40HRC 的硬度。由于热成形工艺的不断发展和生产效率不断提高,对热作模具钢的性能也提出了更高的要求。例如,热镦锻向更高速度发展,热挤压工艺应用的范围不断扩大,不但要挤压铝、铜、钢等,还要挤压叶片、高温合金、难熔金属等,采用精锻等工艺。随着这些新工艺的发展,热作模具钢的工作温度不断提高,作用力不断增大,工作时受到的冲击磨损日益严重,这就要求所用的热作模具钢有更高的高温强度和热稳定性，以及良好的冲击韧性、耐热疲劳性、耐磨性和抗氧化能力。常用的钨系和铬系热作模具钢及4Cr3Mo3SiV钢已不能满足这些要求，国内外都开发出一些具有更高性能的热作模具钢。这些模具钢大体可分为以下几类：

(1) 以4Cr3Mo3SiV钢为基础，适当调整其所含元素含量，属于这类钢的牌号有4Cr5Mo2V、3Cr3Mo3V、4Cr5Mo3V、3Cr3Mo3VCo3(这四个牌号钢已列入GB/T 1299—2014)或加入少量Nb、Al，如25Cr3Mo3VNb(HM3)、3Cr3Mo3VNb、4Cr5Mo2SiMnVAl(Y10)、4Cr2Mo2MnVNb(Y4)等钢。

(2) 在铬系热作模具钢的基础上，通过复合加入钼、钨等元素，如4Cr5MoWVSi(H12)、5Cr5WMoSi(A8)、3Cr3Mo3W2V(HM1)、4Х2В5МФ、5Х3В3МФС(ДИ23)、4Cr3Mo2WVMn(TM)等钢。

(3) 低碳高速钢或在高速钢基体的基础上添加一些合金元素，前者如H26、H42等钢，后者如5Cr4W5Mo2V(RM2)、5Cr4Mo3SiMnVAl(012Al)、6Cr4Mo3Ni2WV(CG-2)、5Cr4Mo2W2SiV等钢，后者有时称之为基体钢。

(4) 通过优化合金元素配比，在合金元素总量不高的情况下，使钢具有比较高的高温性能和冷热疲劳性能，如QRO80M、4Cr3Mo2VMn(QRO90M)、4Cr3Mo2NiVNb(HD)等钢。

4Cr5Mo2V钢的化学成分与瑞典近年开发的一种DIEVAR钢相近，是4Cr5MoSiV1的改进型钢，具有良好的淬透性、韧性、热强性和抗热疲劳性能和热处理变形小等特点，适宜制作铝、铜合金的压铸模、穿孔用的工具、芯棒[144,145]。该钢锻后采用880℃奥氏体化等温退火，以≤30℃/h的冷却速率冷至500℃后出炉空冷，硬度为200HB。4Cr5Mo2V钢适宜的淬火温度为1030℃，宜采用真空炉或可控气氛炉加热，在油中淬火后的硬度57.7HRC，在同样条件下H13钢淬火后的硬度为58.1HRC，两者相近。为了避免一次回火过程中残余奥氏体转变为马氏体引起的脆性，一般采用两次回火。图8.146为4Cr5Mo2V钢和H13钢1030℃淬火后，在不同温度下回火两次(每次1.5h)对钢的硬度和冲击吸收功的影响。经600℃回火两次后，硬度均为47HRC，但4Cr5Mo2V钢的冲击功吸收功比H13高出33%。

H13、H11钢在国际上曾是制作铝合金压铸模使用最多的钢种，其最主要的失效形式是热疲劳磨损和龟裂。因此，压铸模用钢的开发也着重于提高其耐热疲劳性和韧性，进行不断改良。图8.147是H13钢在淬火加回火后硬度为47HRC时，合金元素对其热疲劳性能(抗龟裂性)的影响。试验方法如下：将尺寸为ϕ15mm×5mm的圆板状小试样高频加热至700℃后水冷，并如此反复加热进行1000次后，在1/2厚度的断面上测量所有裂纹的深度和条数，然后计算出平均裂纹深度而得出的结果。可以看出，Si和Mn的含量越低及Mo的含量越高，其热疲劳裂纹深度越浅，即抗热疲劳性能越好。适当调整Cr和V的含量也有助于改善钢的抗热疲劳性能。在此基础上，开发出一些Cr-Mo系的具有良好抗热疲劳性能和高韧性的热作模具钢。

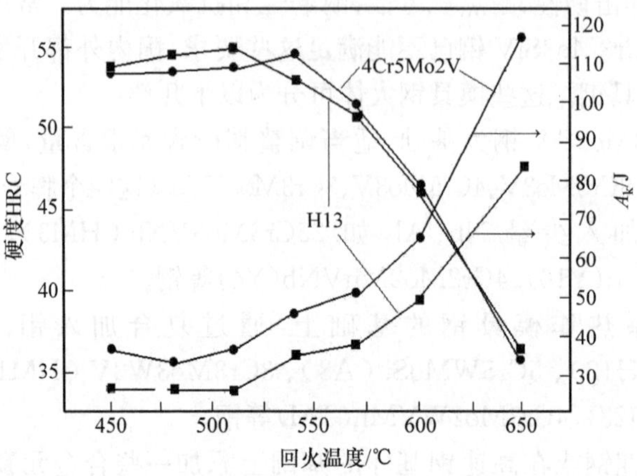

图 8.146　不同回火温度下两次回火(每次 1.5h)对 4Cr5Mo2V 钢和 H13 钢的硬度和冲击吸收功的影响[144,145]

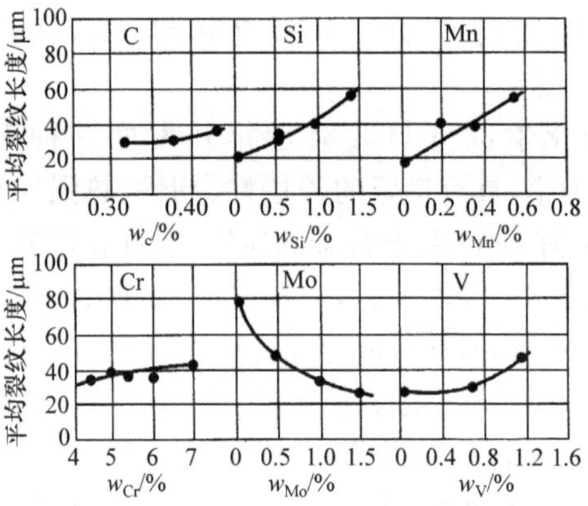

图 8.147　合金元素对 H13(SKD61)抗龟裂性的影响[146,147]

3Cr3Mo3V 钢是国际上广泛应用的一种热作模具钢,具有较高的热强性和韧性,良好的抗回火稳定性和抗热疲劳性能,适宜制作压铸模、热挤压模和镦锻模。3Cr3Mo3V 钢的退火温度 820～870℃,缓冷,硬度≤235HB;淬火温度 1000～1050℃,空冷,经 600℃和 650℃回火后的硬度分别为 47HRC 和 42HRC。

4Cr5Mo3V 钢较 3Cr3Mo3V 钢有更高的淬透性,与 H13 钢对比,在硬度相同的条件下,其抗热疲劳的性能要好得多。4Cr5Mo3V 钢适于制作热挤压模、温锻模和压铸模等。4Cr5Mo3V 钢的退火温度 800～840℃,缓冷,硬度不大于 229HB;淬火温度 1030～1050℃,空冷,经 600℃和 650℃回火后的硬度分别为 52HRC 和 46HRC。

3Cr3Mo3VCo3 钢加入了 Co,因而具有更高的高温强度和回火文稳定性,以及更好的抗热疲劳性能，适宜制作对性能要求更高的热挤压模、温锻模和压铸模具。3Cr3Mo3VCo3 钢的退火温度 820～870℃，缓冷，硬度不大于 235HB；淬火温度 1000～1050℃，空冷或油冷，回火温度为 530～650℃。

25Cr3Mo3VNb 钢参照 H10 钢的成分，在降低碳含量的基础上加入少量铌，使钢具有更高的抗回火稳定性、热强性和韧性。该钢的适宜淬火温度 1080℃，淬火后的硬度为 50HRC 左右，晶粒度 10 级；回火温度为 560～630℃，2 次，具体视对模具硬度的要求而定，在 560℃回火 2 次后的硬度为 50HRC。HM3 钢的高温强度高，在高于 600℃时，其强度高于 4Cr5W2VSi 钢。HM3 钢用于热锻成形凹模、连杆辊锻模、小型机锻模都有良好应用，使用寿命高于 3Cr2W8V 和 4Cr5W2VSi 钢[93]。

3Cr3Mo3VNb 钢是我国航空工业在 20 世纪 70 年代，为适应航空喷气发动机需要大量难变形合金钢、高温合金锻件及精密锻件而开发的。这种钢的热加工工艺性能良好。3Cr3Mo3VNb 钢的淬火加热温度为 1060～1090℃，冷却可采用直接油冷、盐浴分级或盐浴等温后再油冷或空冷；淬火后均经两次回火，回火温度由所需硬度决定；当需要硬度为 47～52HRC 时，采用 570～600℃回火；当需要硬度为 42～47HRC 时，采用 600～630℃回火。第二次回火温度较第一次回火温度低 30℃，以保持第一次回火后所得的硬度，两次回火均采用油冷。

表 8.103 为 3Cr3Mo3VNb 和 4Cr5W2VSi 钢的室温和高温力学性能对比，可见，当工作温度在 600℃以上时，3Cr3Mo3VNb 钢的强度优于 4Cr5W2VSi 钢。3Cr3Mo3VNb 钢的抗冷热疲劳性能也优于 4Cr5W2VSi 钢。表 8.104 为两种钢经最终热处理后，在 650℃箱式电炉内保持不同时间后空冷后的硬度，可见，3Cr3Mo3VNb 钢的抗 650℃回火稳定性较 4Cr5W2VSi 钢要好。

3Cr3Mo3VNb 钢制成的模具在不同类型锻压设备上对合金结构钢、不锈耐热钢和高温合金进行锻造，模具寿命较 4Cr5W2VSi 钢制作的模具平均寿命可提高一倍多[139]。

表 8.103 3Cr3Mo3VNb 和 4Cr5W2VSi 钢的室温和高温力学性能[148]

钢号	热处理工艺	HRC	试验温度/℃	σ_b/MPa	$\sigma_{0.2}$/MPa	δ/%	ψ/%
3Cr3Mo3VNb	1060℃油淬，610℃、580℃×1.5h 油冷，回火 2 次	46.2～47.0	20	1548	1418	6.9	61.4
			600	1042	811	8.2	64.9
			700	565	372	10.2	73.0
4Cr5W2VSi	1070℃油淬，590℃、550℃×1.5h 空冷，回火 2 次	52.0～52.2	20	1894	—	6.0	—
			600	1109	721	7.9	19.5
			700	365	192	19.3	—

表 8.104　3Cr3Mo3VNb 和 4Cr5W2VSi 钢的 650℃ 的热稳定性[148]

钢号	试样最终热处理制度	650℃保持不同时间后的硬度值 HRC					
		0min	20min	50min	2h10min	5h40min	9h10min
3Cr3Mo3VNb	1060℃油淬,600℃、570℃,2 次回火各 3h,油冷	49.6	49.2	47.3	44	39.3	36.8
4Cr5W2VSi	1070℃油淬,600℃、550℃,2 次回火各 1h,空冷	51.2	48.1	44	39	36.2	33.5

4Cr5Mo2MnSiV(Y10)钢是针对铝合金压铸模的特点而设计的,是在 H13 钢的基础上适当提高了锰、钼含量,并提高了硅含量的上限。铝合金压铸模的主要失效方式是热疲劳裂纹和铝液熔蚀。铝合金液的温度一般在 650～700℃。

Y10 钢中的铬含量较高,因而具有很好的淬透性。Y10 钢中的钼和钒分别以 M_6C 和 MC 型碳化物存在,对细化晶粒、提高热强性和回火稳定性有较大的作用。提高硅、锰含量可以提高基体强度。该钢制作的模具可以在低于 600℃的工作条件下长期使用。

Y10 钢的热加工性能良好,含有 5%Cr,因而与 H13 钢相似,在其显微组织中存在因偏析而出现的少量亚稳定的共晶碳化物和各种碳化物分布不均匀现象。Y10 钢的适宜淬火温度为 950～1050℃,一般取 1020℃,回火温度为 550～620℃,采用上限温度回火后的硬度为 42～45HRC,采用下限温度回火后的硬度为 50～51HRC。Y10 钢经上述热处理后的力学性能见表 8.105。Y10 钢热疲劳抗力和抗铝合金熔蚀性能亦优于 3Cr2W8V 钢。

Y10 钢已用于制作一些铝合金的压铸模,其使用寿命比 3Cr2W8V 钢有较大的提高。

4Cr2Mo2MnVNb(Y4)钢是针对铜合金压铸模而设计的一种压铸模钢。与 Y10 钢相比,Y4 钢中的铬、硅含量较低,可以改善碳化物的不均匀性,硼的加入是希望能补偿因铬和硅的减少而降低的淬透性和高温强度。少量铌的加入可形成难溶于奥氏体的 NbC,部分铌溶入 M_6C 和 MC 中,可增加其稳定性,因此能细化晶粒,降低过热敏感性和提高钢的热强性及热稳定性。

表 8.105　Y10 钢热处理后的力学性能[54]

试验温度/℃	σ_b/MPa	σ_s/MPa	δ/%	ψ/%	a_{kU}/(J/cm²)	K_{IC}/(MPa·m$^{1/2}$)
室温	1724	1563	5.4	20.9	15.6	58.4
300	1319	1122	10.8	48.2	31.3	—
600	803	716	27.7	78.3	48.7	—
650	527	470	26.8	87.3	52.1	—
700	274	224	41	95	60.5	—

注:试样经 1020℃加热淬火,595℃回火 2h。

Y4 钢的热加工性能良好，因铬含量较低，钢中很少出现亚稳定的共晶碳化物，退火球化组织为点状的珠光体。Y4 钢的淬透性优于 3Cr2W8V 钢，其适宜的淬火温度为 1050～1100℃，晶粒度为 10～10.5 级，淬火组织为马氏体、残余奥氏体和点状未溶碳化物。马氏体大部分是板条马氏体，板条间有少量残余奥氏体，局部有孪晶马氏体。Y4 钢的回火温度范围为 600～680℃，回火硬度为 49～52HRC。表 8.106 为Y4 钢经上述热处理后的力学性能，与 Y10 钢相比，其热强性明显较优，但其高温韧性及塑性则较低。

表 8.106　Y4 钢热处理后的力学性能[54]

试验温度/℃	σ_b/MPa	σ_s/MPa	δ/%	ψ/%	a_{kU}/(J/cm^2)	K_{IC}/(MPa · m$^{1/2}$)
室温	1455	1292	12.5	42.2	5.9	43.5
300	1494	1328	7.8	19	12.2	—
600	978	861	10	15.4	27.3	—
650	815	719	5.6	7.8	17.5	—
700	605	534	4.3	11.6	27.5	—

注：试样经 1100℃加热，油冷淬火，640℃回火 2h。

Y4 钢的热稳定性比较好，表 8.107 为 Y4 钢与其他一些热作模具钢在 700℃的热稳定性对比。Y4 钢的抗热疲劳性能也比 3Cr2W8V 钢好。

表 8.107　Y4 和其他一些热作模具钢 700℃的热稳定性[54]

钢种	700℃时的保持不同时间(h)后的硬度值 HRC							
	0	0.5	1	1.5	2	2.5	3	3.5
Y4(高温淬火)	50.5	47.3	44.1	42.2	40.9	39.7	38.7	38.3
Y4(低温淬火)	50	44.5	41.7	40.1	38.1	36.8	35.6	34.8
3Cr2W8V	50.5	44	40.5	38.8	37.2	36.4	34.5	34
HM1	48	42.5	39.9	38	37	36.2	34.8	34.2
012Al	48.5	43	40.5	38.3	37	36.5	36	35.5

Y4 钢已在锰黄铜、铝黄铜、铅黄铜的压铸模和热挤压模上得到应用，其使用性能优于 3Cr2W8V 钢。

新列入 GB/T 1299—2014 的 4Cr5MoWVSi 钢的化学成分与 H12 钢相同，是在 4Cr5MoSVi(H11)钢的基础上加入 1.25%～1.60%W，因而具有更高的热强性和回火稳定性。该钢的过冷奥氏体等温转变曲线与 H11 钢相似，但更为稳定。该钢可以空冷硬化，热处理变形小，具有更好的抵抗熔融铝的冲蚀作用，适宜制作铝合金压铸模、锻压模、热挤压模和穿孔芯棒等。

4Cr5MoWVSi(H12)钢的热处理工艺与 H11 相似，适宜的淬火温度为 995～1025℃，可以空冷淬火。图 8.148 为 H12 等四种钢奥氏体化温度对淬火后硬度的影响[1]。图 8.149 为 H12 钢经 1010℃淬火后，不同温度回火对钢的硬度的影响。

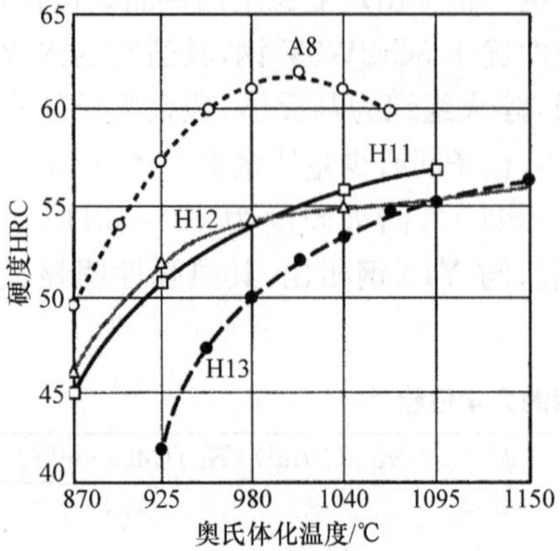

图 8.148　奥氏体化温度对 H12 等钢淬火后硬度的影响[1]

试样:ϕ25mm×75mm

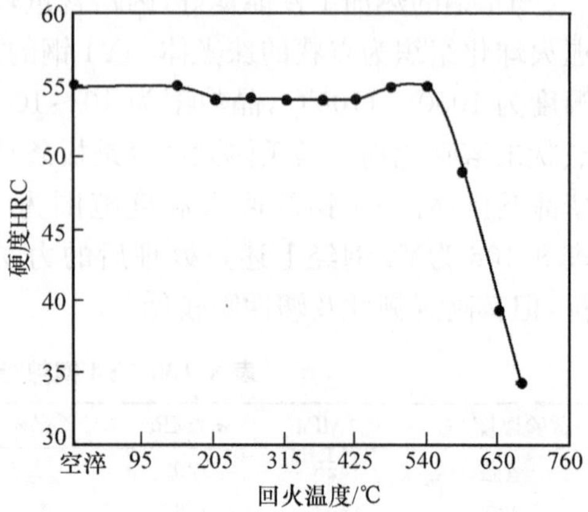

图 8.149　H12 钢淬火温度为 1010℃时,回火温度对硬度的影响[1]

5Cr5WMoSi 也是新列入 GB/T 1299—2014 的牌号,成分与美国的 A8 钢相同,是一种空冷硬化钢,主要用于制作耐冲击的冷作模具,将放在后面耐冲击工具用钢中介绍。

3Cr3Mo3W2V(HM1)钢是列入 GB/T 1299—2014 的钢号,该钢是在对比国外 3Cr3Mo3V 和 3Cr3Mo3Co3V 钢性能特点的基础上开发的无钴高强韧性热作模具钢。该钢也可以视为 3Cr2W8V 钢的改进,即以钼代替部分钨并提高钢中的硅、钒含量。

HM1 钢的热加工性能良好,但在某些生产条件下,也会出现链状分布的碳化物,这在大截面钢材(ϕ100mm 以上)中更为明显。这种碳化物分布不均匀状态如不同程度地保留在模具的使用状态中,会加剧模具的热裂倾向,降低模具使用寿命。HM1 钢中的碳化物形成元素较多,在正常淬火-回火组织中的碳化物为 $M_{23}C_6$、M_6C 和 MC 型碳化物。试验研究表明,锻后组织中出现的链状碳化物是在终锻后冷却速率缓慢时,由过饱和奥氏体晶粒边界析出的碳化物不断沿晶界聚集长大而呈条链状分布,碳化物为 M_6C 型。随着终锻后温度的降低和冷却速率的减慢,产生链状碳化物倾向不断增加。如果锻坯中出现较明显的链状碳化物,应采用正火处理,最佳正火工艺为(1130~1160℃)×1min/mm,使链状碳化物相 M_6C 充分溶解,然后以大于 15℃/min 的冷速空冷,可以得到较均匀的碳化物分布,再经过球化退火,为淬火组织做好准备[149]。其退火加热温度 870℃,等温温度 730℃,炉冷到 550℃以下出炉空冷,退火后硬度 207~225HBS。

HM1 钢在 1030~1120℃淬火,可以获得 52~55HRC 的硬度,其晶粒度仍能保持在 10 级以上,回火温度在 580~620℃,回火 2 次,每次 2h。HM1 钢的力学性能见表8.108，可见，HM1钢在使用温度为650℃时，仍能保持比3Cr2W8V钢高的强度，其热稳定性优于3Cr2W8V钢(表8.107)。

表8.108 HM1钢的热稳定性[93]

试验温度/℃	σ_b/MPa	σ_s/MPa	δ/%	ψ/%	a_{kU}/(J/cm²)	K_{IC}/(MPa·m$^{1/2}$)
20	1610	—	7.3	43.5	40	24
300	1396	1200	8.0	46.5	—	—
600	935	725	12.5	59.5	58	—
650	745	580	18.0	78.3	54	—
700	478	400	16.5	11.6	90	—

注：K_{IC}的数据获得的条件为1030℃淬火，回火温度600℃×2次，硬度为48HRC[83]。试样经1050℃加热，油冷淬火，600℃回火1.5h×2次。

3Cr3Mo3W2V(HM1)钢综合性能良好，用做轴承套圈毛坯热挤压凸模和凹模、辊锻模均取得显著效果，其使用寿命较3Cr2W8V钢可成倍提高，制作铝压铸模、挤压模、小型机锻模均有良好效果。

4Cr3Mo2WVMn(TM)钢是在H10钢成分的基础上，加入钨，适当提高锰、钒的含量，较3Cr2W8V钢有更高的回火稳定性和高温强度。TM钢的淬火温度为1050～1100℃，油冷，硬度不小于50HRC；回火温度为570～650℃，硬度为45～50HRC。该钢主要用于制造热挤压模具等，可以替代3Cr2W8V钢[150]。

5Cr4W5Mo2V(RM2)、5Cr4Mo3SiMnVA(012Al)、6Cr4Mo3Ni2WV(CG-2)、5Cr4Mo2W2SiV等钢都可以视为高速钢的基体钢，前两者已列入GB/T 1299—2014，这类钢中的碳含量均较高(≥0.5%)，并含有4%Cr。

5Cr4W5Mo2V钢具有较高的碳含量，合金元素含量为12%，具有较高的硬度、耐磨性及热稳定性。

5Cr4W5Mo2V钢的碳化物含量较高，锻造时应采取措施以改善碳化物分布的不均匀性，锻造加热温度为1170～1190℃，始锻温度为1120～1150℃，终锻温度不低于850℃，锻后在850～600℃区间应快冷，以避免形成网状碳化物，在600℃以下缓冷；退火加热温度为870℃，等温温度为730℃，炉冷到500℃以下出炉空冷，退火后的硬度一般不高于255HB。

5Cr4W5Mo2V钢的适宜淬火温度为1100～1140℃，可在油或空气中淬火，淬火后的硬度为59～61HRC。5Cr4W5Mo2V钢回火温度工艺为(600～630℃)×2h×2次，回火后的硬度为50～56HRC。5Cr4W5Mo2V钢1130℃淬火后，经650℃回火，硬度为47HRC，经700℃回火，硬度为40.5HRC。表8.109为5Cr4W5Mo2V钢热处理后的力学性能。

表 8.109 5Cr4W5Mo2V 钢热处理后的力学性能[93]

性能	试验温度/℃									
	20	300	350	400	450	500	550	600	650	700
σ_b/MPa	—	1700	1650	1620	1600	1500	1350	1150	900	—
a_{kU}/(J/cm^2)	15	22.6	—	20.5	—	21.9	22.5	25.9	23.6	43.3
硬度 HV	540	520	—	480	—	450	—	340	250	—

注:1130℃淬火,630℃回火 2 次。

5Cr4W5Mo2V 钢具有比 3Cr2W8V 钢更高的热强性、耐磨性和热稳定性,用于制作小型精锻模、平锻模、热挤压凸模、热切边模等模具,使用寿命普遍提高 2～3 倍。

5Cr4Mo3SiMnVAl(012Al)钢是一种冷热兼备的基体钢,加入适量的锰和硅,通过固溶强化,提高基体的强度,同时增加钢的淬透性。该钢还加入一定数量的铝以提高钢的冲击韧性及热加工塑性,但如果冶炼不当,会在钢中留下大量的铝的夹杂物,影响钢的冶金质量。

图 8.150 为 012Al 钢的过冷奥氏体等温转变曲线。该钢在不超过 1120℃温度下淬火,硬度可以达到 62HRC,晶粒度小于 9 级。

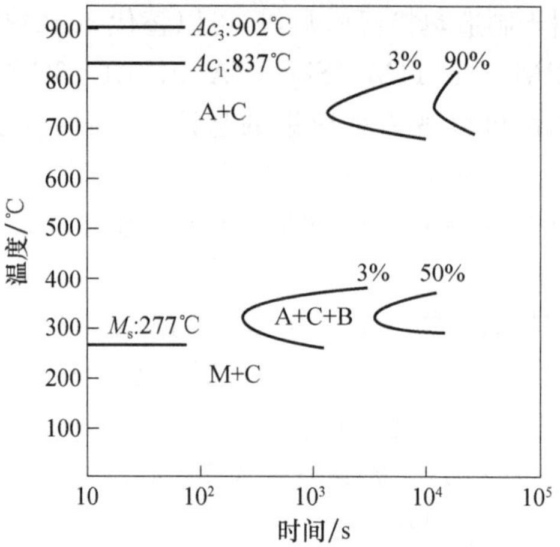

图 8.150 012Al 钢的过冷奥氏体等温转变曲线[54]

钢的成分:0.54%C、4.18%Cr、3.09%Mo、0.79%Si、0.86%Mn、1.14%V、0.4%Al,奥氏体化:1100℃×15min,晶粒度 8～9

012Al 钢的最终热处理工艺要根据模具的服役条件选择,淬火加热温度为 1090～1120℃,冷作模具选择下限温度加热,热作模具选择上限温度加热;冷却方式可以采用油冷,也可以采用分级冷却。

012Al 钢淬火-回火后的硬度及残余奥氏体量见表 8.110。由表可见,012Al

钢的二次硬化峰为510℃,硬度可达61HRC,600℃以上硬度明显下降。冷作模具的回火温度在510℃左右,回火两次,每次2h,回火后的硬度为60～62HRC。热作模具可在580～600℃回火两次,每次2h,回火后的硬度为52～54HRC。

表8.110 012Al钢淬火-回火后的硬度与残余奥氏体量[151]

回火温度/℃		0	200	350	450	510	540	580	620	650
1090℃淬火	硬度HRC	61	57.5	58	60	61	58.5	54	49.5	41
	残余奥氏体量/%	20.8	20	14	9	<2	<2	<2	<2	<2
1120℃淬火	硬度HRC	62	58	58	60	61.5	61	57	53	44.5
	残余奥氏体量/%	28	—	—	—	<2	<2	<2	<2	<2

由表8.111可以看出,012Al钢的抗弯强度及挠度均高于W18Cr4V钢,用该钢代替W18Cr4V钢制作模具时很少发生折断现象。

表8.112所示为012Al钢的热稳定性,并列入了3Cr2W8V钢的热稳定性数据。由表可见,012Al钢具有比较高的红硬性。一些试验表明,012Al钢热疲劳性能也比3Cr2W8V优越得多。

012Al钢在轴承套圈热挤压凸模及凹模、轴承穿孔凸模、军品壳体热挤压凸模等方面的应用寿命均可比3Cr2W8V钢提高数倍。

表8.111 012Al钢与W18CrV钢的力学性能对比[151]

钢号	热处理工艺		抗弯强度 σ_{bb}/MPa	挠度 f/mm	冲击韧度 a_k/(J/cm²)	抗压强度 σ_{bc}/MPa
	淬火温度/℃	回火工艺				
012Al	1090	510℃,2h,2次	4750	3.7	13	—
		580℃,2h,2次	5180	11.5	31	2745
		620℃,2h,2次	4880	20.0	34	2013
		650℃,2h,2次	3580	22.0	30	—
W18Cr4V	1180	200℃,2h,2次	2900	2.4	—	—
	1270	560℃,1.5h,4次	3100	2.4	—	—

注:抗弯强度试样尺寸为ϕ10mm×100mm,跨距80mm。

表8.112 012Al钢与3Cr2W8V钢的热稳定性对比[151]

钢号	热处理工艺		硬度HRC	在下列温度保温,降到40HRC所需时间/h		
	淬火温度/℃	回火工艺		640℃	660℃	680℃
012Al	1090	580℃,2h,2次	53	9	9	3
		620℃,2h,2次	48	7	6	3
	1120	560℃,2h,2次	57	>11	10	3.5
		620℃,2h,2次	50	10	9	4.5
3Cr2W8V	1130	640℃,2h,2次	45～46	6	3.5	1.5

6Cr4Mo3Ni2WV(CG-2)钢是在M2高速钢基体的基础上提高碳含量,适当增加Mo和降低W含量,并加入2%Ni而研制的一种热作模具钢。2%Ni的加入可提高基体的强度和韧性,但也使冷热加工性能变差。

CG-2钢的热变形抗力较大,热加工较困难,应控制好锻造工艺,适宜的锻造加热温度为1160～1120℃,开锻温度为1100～1050℃,终锻温度不小于950℃。CG-2钢中有一定数量的共晶碳化物,锻造时要求将锻坯反复镦拔三次以上,以保证碳化物均匀分布,锻后注意缓冷并及时退火。

由于2%Ni的加入,使过冷奥氏体珠光体转变区进一步推迟,分解时间较长,临界点Ac_1下降至737℃,球化退火较为困难,要严格控制退火工艺,退火时采用等温退火工艺,加热温度为810℃,等温温度为670℃,炉冷到400℃以下出炉,退火硬度220～240HBS。

CG-2钢的适宜淬火温度为1100～1130℃,油冷;回火温度630℃,回火2次,每次2h,回火硬度51～53HRC。CG-2钢亦可用做冷模具,回火温度为540℃,回火2次,硬度59～62HRC。

表8.113为CG-2钢与3Cr2W8V钢的室温及高温力学性能对比。

CG-2钢用于制作轴承套圈凸模及凹模,硬度50～53HRC,使用寿命比3Cr2W8V钢有比较大的提高,用于制作标准件及轴承滚子冷镦模等,比Cr12MoV钢模具的使用寿命也有明显提高。

表8.113　CG-2钢与3Cr2W8V钢的力学性能对比[152]

钢号	热处理工艺	室温硬度HRC	试验温度/℃	σ_b/MPa	δ/%	ψ/%	a_k/(J/cm^2)	高温硬度HV
CG-2	1120℃油淬,630℃回火,2h,2次	51～53	20	2000	3.0～7.5	13.5～22.5	21～32	—
			550	1400～1560	5～8	10～15	19	401～429
			600	1150～1350	11	34	20	279～317
			650	900～1120	9.5～12	22～32	25	187～230
			700	660～720	9～10	30～32	75	101～102
3Cr2W8V	1140℃油淬,620℃回火,2h,2次	49	20	1410	8.0	37.5	24.5	—
			550	1245	10.5	41.5	41.5	302
			600	1010	11.5	59.0	43.0	249
			650	910	16.0	54.0	58.5	154
			700	540	21.0	76.0	120.0	82

注:CG-2钢的室温断裂韧度K_{IC}为40.30MPa·m$^{1/2}$。

5Cr4W2Mo2SiV钢是在M2基体钢基础上,减少1%Mo,加入1%Si,并略提高V含量。该钢的热加工性能较好,加工温度范围较宽;退火加热温度880℃,保温3～4h,以不大于30℃/h的冷却速率冷至500℃以下,出炉空冷;等温退火时的温度为750～780℃，保温一定时间，炉冷至500℃以下，出炉空冷，退火后的硬度为197～241HB。

5Cr4W2Mo2SiV钢有较高淬透性，其过冷奥氏体等温转变曲线与H13钢相似(图8.139)。

5Cr4W2Mo2SiV钢的适宜淬火温度为1080～1120℃，油冷到150～200℃空冷。为防止模具开裂，可采用分级淬火，介质温度一般在540～580℃，保持20min后空冷，硬度为61～63HRC；回火温度在500℃时出现二次硬化峰。该钢油淬后在500℃和650℃两个温度区回火时，钢的冲击韧度出现低谷，回火温度一般取600～640℃，回火2次，回火后空冷，硬度为53～56HRC。

5Cr4W2Mo2SiV钢有较好的综合力学性能，适于制作热挤压模、精密锻模等，使用寿命高于3Cr2W8V钢。

高速钢具有高的高温硬度和耐磨性，但其韧性和抗热疲劳性能较低，只能用于少数不受冲击载荷，不采用强制冷却的模具。为了能满足一些高载荷和在更高温度下工作的模具要求，国外发展了一些适应热作模具要求的低碳高速钢，如H26、H42(表8.96)等，可以制造热挤压模、铜合金压铸模、切边模、热剪刀刀刃等。这类钢的合金含量高、价格贵，限制了其应用范围。

QRO 80M(4Cr3Mo2MnV1)钢是瑞典在20世纪80年代初研制成的一种热作模具钢，通过优化合金元素的配比，在合金元素总量不高的情况下，使钢具有比较高的高温性能和冷热疲劳性能[153]。不久又提出了QRO 80M的改进钢号QRO 90 Supreme，后者的性能更优异，成本更低。近期开发的HOTHAR，据称具有优良的抗高温磨损能力。

研制QRO 80M和QRO 90 Supreme钢的依据是认为H13钢中的铬含量太高，淬火后回火时，铬和碳可形成高铬的碳化物，阻碍具有更高抗回火软化能力的碳化钒形成，从而降低H13钢的高温热强性。在有较低铬含量并增加钼含量的QRO 80M和QRO 90 Supreme钢中，碳能充分地和钒、钼结合，使其回火时能析出更多稳定、细小弥散分布的MC和M_2C型碳化物，比H13钢具有更高的热强性，甚至略高于钨系的3Cr2W8V钢。当钢加热到(1050±10)℃时，新钢中的未溶碳化物较H13钢多，阻碍奥氏体晶粒的长大。钢中加入的微量硼易于聚集在晶界处，阻碍碳化物在晶界处析出，并使晶界原子扩散减慢，因而具有更细的晶粒度。新钢种具有很好热强性、韧性和热疲劳性，特别适合于制作既要耐高温，又需高韧性、高热疲劳性的热挤压模、热锻模、压铸模等[154,155]。

QRO 80M和QRO 90 Supreme钢可以与H13钢实施同样的热处理工艺，甚至同样的奥氏体化温度，因此用于改进H13钢的各种热处理新工艺也可以用于QRO 80M和QRO 90 Supreme钢。

表8.114为QRO 90 Supreme与H13的性能对比，可以认为，QRO 90 Supreme 钢与电渣重熔 H13 钢的常温力学性能相近,但高温强度高于 H13 钢。

表 8.114 QRO 90 Supreme 钢与 H13 钢的的力学性能对比[154]

钢号	热处理工艺	试验温度	硬度 HV	σ_b/MPa	$\sigma_{0.2}$/MPa	δ/%	ψ/%
QRO 90 Supreme	1050℃ 油淬,580℃×2h,回火 2 次	常温	576	1878	1604	7.3	43
H13		常温	560	1808	1549	8.2	45.9
QRO 90 Supreme	1050℃ 油淬,580℃×2h 回火,630℃×2h 回火	常温	526	1726	1564	4.3	39.1
		620℃	—	1076	940	9.0	58.3
H13		常温	512	1603	—	6.3	41.5
QRO 90 Supreme	1050℃ 油淬,580℃×2h 回火,680℃×2h 回火	常温	430	1296	1143	6.1	36.8
		620℃	—	733	647	10.6	68.9
H13		常温	366	1081	905	7.7	43.3

注:QRO 90 Supreme 由上钢五厂钢研所用真空感应炉冶炼,H13 为电渣重熔钢。

将三种热作模具钢 QRO 80M、H13 和 BH10A(3Cr3Mo3Co3V)按 Uddeholm 公司的试验方法和评级图,进行热疲劳试验和评定。试验结果表明,QRO 80M 钢热疲劳性能优于 BH10A 钢,而 BH10A 钢又优于 H13 钢[5]。

我国研制的 4Cr3Mo2NiVNb(HD)钢也表明,恰当的合金元素配比对改善钢的性能是十分重要的。HD 钢是在 QRO 80M 和 QRO 90 Supreme 成分的基础上加入了 1%Ni 和 0.15%Nb[156,157]。

HD 钢中的铬含量为 2.50%~3.00%,主要作用是提高淬透性和抗氧化性能。进一步提高铬含量时,将形成较多的 M_7C_3 型碳化物,容易造成碳化物的偏析,基体中高的铬含量不能提高其热强性,铬还会过多地置换 M_2C 型碳化物中的钼,降低其热稳定性。

HD 钢中的钼含量为 2%时,经淬火和高温回火后,基体中保留一定量的钼,这有利于提高基体的再结晶温度和保持较高的高温强度。钢中加入 1.2%V 是适宜的,钒含量增加至 2%时,在正常淬火温度下,发现钢中未溶的 MC 型碳化物体积分数增加,颗粒比较粗大,淬火时难于溶入奥氏体,从而减少回火时析出的碳化物数量。

HD 钢在退火状态的碳化物有 MC、$M_{23}C_6$、M_6C、M_3C、M_2C,总量为 4.29%。加热至 1130℃ 淬火后,仅剩 MC、M_6C 两种,而以 MC 为主,未溶碳化物量为 1.44%。回火温度超过 560℃以后,析出 Mo_2C 和 VC。在析出前期,Mo_2C 对强度的贡献较大,但长大速率较快,560℃回火时,丝状 Mo_2C 的长度为 10nm,700℃回火后其长度已达 200~300nm。在较高温度回火时,VC 贡献较大,650℃回火后片状的 VC 析出物直径为 15nm 左右,700℃时其直径长大到约 20nm。在 700℃回火后,发现有 $M_{23}C_6$,700℃回火后的碳化物量为 3.72%。

HD 钢中加入了 1%Ni。镍能细化奥氏体的晶粒,这是由于镍提高了钢的晶粒长大激活能。加入1%Ni可以提高钢的室温、高温塑性及室温的断裂韧性。镍在钢中推迟珠光体开始转变时间，强烈降低珠光体的转变速率，含镍超过1%后，将明显影响钢的退火软化工艺。

在HD钢中加入1.5%Mn，使退火软化困难，并降低钢的塑性、断裂韧性和热疲劳性能[158]。

铌在钢中可形成稳定的碳化物NbC，对奥氏体晶粒的长大有明显的阻碍作用，在一定范围内加入量越多，作用越明显。铌含量越高，未溶NbC越多，平均颗粒越大。因此，铌的加入量不宜超过0.25%，保持在0.08%～0.15%为宜。

在HD钢的正常淬火温度范围内，加入0.0005%～0.0035%B，对奥氏体晶粒长大略有促进作用。硼较显著地推迟珠光体转变，但能加速贝氏体的转变。硼略增加HD钢的热稳定性。硼能提高HD钢的室温强度和高温强度，而对其室温韧性和断裂韧性没有很大的影响。因此，在HD钢中加入微量硼是有益的。

HD钢的热加工性能良好，退火工艺为加热至850℃保温3h，缓冷至720℃保温5h。退火组织为粒状珠光体，硬度为197～217HB。

HD钢具有高的淬透性，其过冷奥氏体等温转变曲线如图8.151所示。HD钢的适宜淬火温度为1130～1160℃，适宜的回火温度为620～670℃，回火2次，具体温度的选择视工作条件的要求而定。表8.115为HD钢淬火-回火(2次)后的硬度，并与3Cr2W8V钢对比。可见，HD钢回火稳定性高于3Cr2W8V钢。

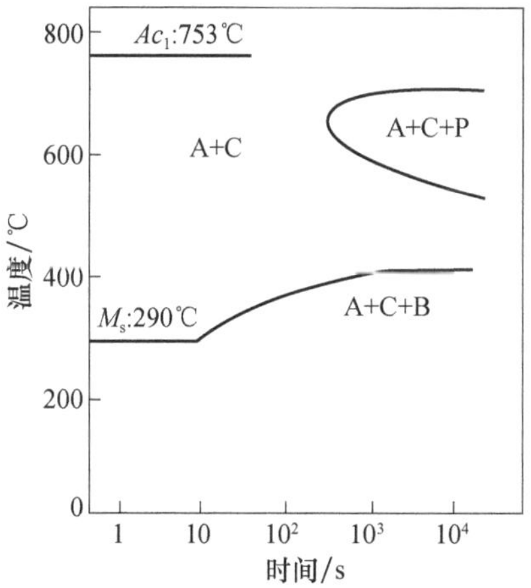

图8.151 HD钢过冷奥氏体等温转变曲线[157]

钢的成分：0.41%C、2.64%Cr、2.21%Mo、1.02%Ni、1.28%V、0.26%Nb，奥氏体化：1130℃×3min

表 8.115 HD 钢淬火-回火后的硬度[157]

钢号	淬火温度/℃	回火温度/℃							
		100	400	530	560	590	620	650	700
HD	1130(晶粒度 10 级)	54.5	52.0	53.5	54.0	53.8	51.2	47.0	41.0
HD	1160(晶粒度 8～9 级)	55.5	51.4	53.4	54.3	54.3	51.3	48.2	41.3
3Cr2W8V	1130	52.0	51.0	52.3	51.5	51.8	50.0	46.0	34.0

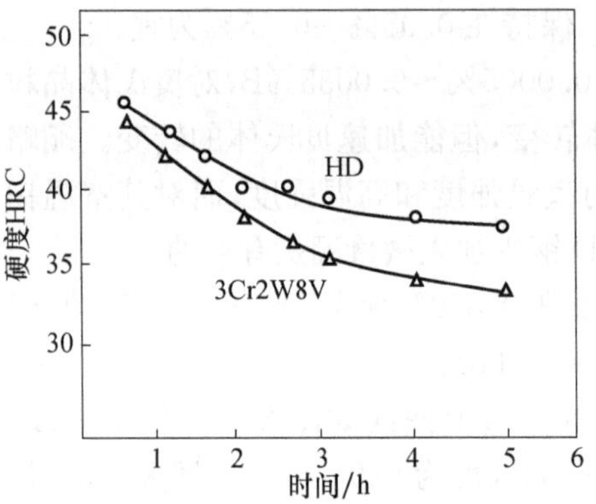

图 8.152 HD 钢和 3Cr2W8V 钢 700℃保持时间与硬度的关系[157]

HD 钢与 3Cr2W8V 钢经 1130℃油淬后,590℃回火 2 次,再在 700℃下保持不同的时间,冷至室温后测硬度,结果如图 8.152 所示。可见,HD 钢的热稳定性明显优于 3Cr2W8V 钢,随着时间的延长,硬度的差值增大。HD 钢具有较 3Cr2W8V 钢更高的稳定性,是由于回火时析出大量稳定的 MC 型碳化物,铌的加入可以延缓其聚集。HD 钢在高温回火时基体中含有一定数量的钼,延缓了基体的再结晶过程。

表 8.116 为 HD 钢与 3Cr2W8V 钢的室温力学性能对比,700℃回火后 HD 钢的屈服强度比 3Cr2W8V 钢高出 22%,冲击韧度高出 24%。

表 8.116 HD 钢和 3Cr2W8V 钢室温力学性能对比[156]

钢号	回火温度/℃	HRC	σ_b/MPa	$\sigma_{0.2}$/MPa	δ/%	ψ/%	a_{kU}/(J/cm^2)	K_{IC}/(MPa · m$^{1/2}$)
HD	590	53.8	1926	1796	7.0	36.0	32.7	30.7
3Cr2W8V	590	51.8	1900	1787	10.5	41.2	31.8	—
HD	650	47.0	1727	1600	8.54	32.5	38.0	45.5
3Cr2W8V	650	46.0	1568	1434	10.5	41.9	31.9	—
HD	700	41.0	1340	1141	12.2	45.7	47.0	—
3Cr2W8V	700	34.0	1125	933	13.7	42.0	38.0	—

表 8.117 列出了 HD 钢和 3Cr2W8V 钢的高温力学性能,可以看出,HD 钢在所有试验温度下的高温强度和塑韧性均优于 3Cr2W8V 钢。热疲劳试验与热磨损试验亦显示 HD 钢优于 3Cr2W8V 钢[157]。

表 8.117 HD 钢和 3Cr2W8V 钢的高温力学性能对比[159]

钢号	热处理工艺	试验温度/℃	硬度	σ_b/MPa	σ_s/MPa	δ/%	ψ/%	A_{kV}/J	K_{IC} /(MPa·$m^{1/2}$)
3Cr2W8V	1130℃油淬，650℃×2h，655℃×2h	室温	42～43HRC	1347	1172	10.13	27.9	11.3	42
		300	390HV	1198	1009	10.4	22.5	21.0	—
		600	332HV	696	616	12.5	21.4	28.4	—
		650	304HV	533	471	11.0	17.1	27.5	—
		700	268HV	356	293	36.7	83.9	27.5	—
HD	1130℃油淬，670℃×2h，670℃×2h	室温	42～44HRC	1408	1228	12.8	47.6	14.7	54
		300	401HV	1265	1093	18	49.6	26.9	—
		600	337HV	868	806	14.6	48.2	29.1	—
		650	325HV	650	578	14.4	43	31.0	—
		700	306HV	556	494	16.4	48.2	31.0	—

注：两种钢均为电弧炉冶炼。HD 钢中加入了 0.0022%B。

HD 钢是一种可在 700℃工作的热作模具钢，具有优良的综合性能。HD 钢用于制作铜合金的热挤压模、铜管的穿孔针、高强度螺栓镦锻模、轴承套圈的精锻模等，代替原用的 3Cr2W8V 钢，模具寿命有成倍的提高。

8.5.4 奥氏体型热作模具钢

前述的三类热作模具钢都是马氏体型钢，其使用温度不超过 700℃，但是有些热作模具，如耐热合金、高温合金等高热强性材料的热挤压成形模具，以及钛合金在 800～900℃下进行超塑性蠕变成形使用的模具，其工作温度往往达到 700℃或更高，黑色金属压铸模型腔温度可高达 1000℃。因此要求模具在高温下不仅有高的强度、硬度和耐磨性，而且要有较高的抗氧化和抗腐蚀性能。为适应这些需要，国内外采用铬镍奥氏体耐热钢、镍基高温合金、钼基和钨基合金等[95,100]，这些材料价格均比较昂贵。国内外还开发出一些 Cr-Mn 或 Cr-Mn-Ni 系奥氏体型热作模具钢，这些奥氏体型热作模具钢除应尽量满足使用要求外，还应考虑其工艺性和经济性。

这类 Cr-Mn 或 Cr-Mn-Ni 系奥氏体型热作模具钢中均含有一定数量的碳、锰、镍、氮等奥氏体形成元素，使钢能形成稳定的奥氏体组织。加入适当数量的钒，经固溶处理后在时效过程中析出大量弥散分布的 MC 型碳化物，可以显著提高钢的强度和硬度。加入一定数量的铬以改善钢的抗氧化和抗腐蚀能力。加入钨、钼等元素可以提高钢的高温强度和热稳定性。这类钢可在模具工作温度范围为 700～800℃时保持较好的工作性能，在一定条件下使用时，取得了良好的使用效果。

表 8.118 列出了 5Mn15Cr8Ni5Mo3V2（5Mn15）、7Mn10Cr8Ni10Mo3V2（7Mn10）、6Mn13Cr8Mo2V2（6Mn13）和 5Mn8Cr8Ni10W2Mo2V2Nb（5Mn8Nb）

四种 Cr-Mn 和 Cr-Mn-Ni 系奥氏体型热作模具钢的化学成分。

表 8.118　四种奥氏体型热作模具钢的化学成分[91,160~162]　(单位:%)

牌号	C	Si	Mn	Cr	Ni	W	Mo	V
5Mn15Cr8Ni5Mo3V2	0.45~0.55	≤1.00	14.5~16.0	7.5~8.5	4.5~5.5	—	2.5~3.0	1.5~2.0
7Mn10Cr8Ni10Mo3V2	0.65~0.75	≤0.80	9.0~11.0	7.5~8.5	9.0~11.0	—	2.5~3.0	1.5~2.0
6Mn13Cr8Mo2V2	0.40~0.70	≤1.10	10.0~15.0	5.0~10.0	—	—	1.0~3.0	1.0~2.0
5Mn8Cr8Ni10W2Mo2V2Nb	0.50~0.58	≤0.40	8.0~9.0	7.5~8.5	9.5~10.5	1.5~2.5	1.5~2.5	1.8~2.2

注:6Mn13Cr8Mo2V2 钢中加入微量元素,5Mn8Cr8Ni10W2Mo2V2Nb 钢中加入 0.2%~0.3%Nb。

这类钢中的碳、锰含量都比较高,切削加工时加工硬化现象严重。为改善其切削加工性能,可采用高温退火处理,通过在 860~880℃保温 4~8h,炉冷,退火后钢的硬度保持在 30HRC 左右,可以显著改善其切削加工性能。这是由于在该温度下长时间保温,使钢中固溶的碳大量析出,形成合金碳化物,并随保温时间的延长,不断聚集长大而使硬度降低。而大量沿晶析出的碳化物也使钢的韧性下降,从而改善了钢的切削加工性能。钢中存在 MC 和 $M_{23}C_6$ 两种碳化物。

这种钢的最终热处理是固溶处理和时效。表 8.119 为四种奥氏体型热作模具钢的热处理工艺及其力学性能,并与 3Cr2W8V 钢进行对比。

表 8.119　四种奥氏体型热作模具钢和 3Cr2W8V 钢的室温力学性能对比[156]

钢号	热处理工艺	HRC	σ_b/MPa	δ/%	ψ/%	a_{kU}/(J/cm²)
5Mn15	1180℃固溶+700℃×4h,时效	45.6	1384	15.3	32.8	35
7Mn10	1150℃固溶+700℃×6h,时效	44.5	1310	8.8	27.1	20
6Mn13Cr8Mo2V2	1150℃固溶+700℃×6h,时效	45	1447	11.0	25.0	38
5Mn8Nb	1150℃固溶+700℃×6h,时效	44	1250	9	30	24
3Cr2W8V	1100℃固溶+580℃×4h,时效	49	1650	9	37.0	28

奥氏体型热作模具钢采用高温固溶处理,温度一般为 1050~1200℃,保温 30~60min,然后快速冷却,固溶处理后的硬度一般为 20HRC。通过固溶处理可以把大部分合金碳化物固溶到奥氏体基体中,固溶温度越高,保温时间越长,碳化物溶解得越多,固溶处理后的硬度越低。固溶处理后的组织为奥氏体和残留的碳化物,主要是 MC 型碳化物。

Cr-Mn 和 Cr-Mn-Ni 系奥氏体型热作模具钢经高温固溶处理后,于 700℃左右进行时效处理。时效处理后,在奥氏体基体上析出大量弥散度高的合金碳化物,主要是 MC 型碳化物，从而显著提高了钢的硬度、强度和耐磨性。这类钢具有高的抗回火稳定性，经过 800℃时效处理，5Mn15 钢的硬度仍能保持在 42HRC 左右。图 8.153 为 5Mn15 和 7Mn10 钢与 3Cr2W8V 钢的高温强度比较。图 8.154 为 5Mn8Nb 钢的高温力学性能。这类钢在 800℃时的高温抗拉强度在 500MPa 以上，远高于 3Cr2W8V 钢。

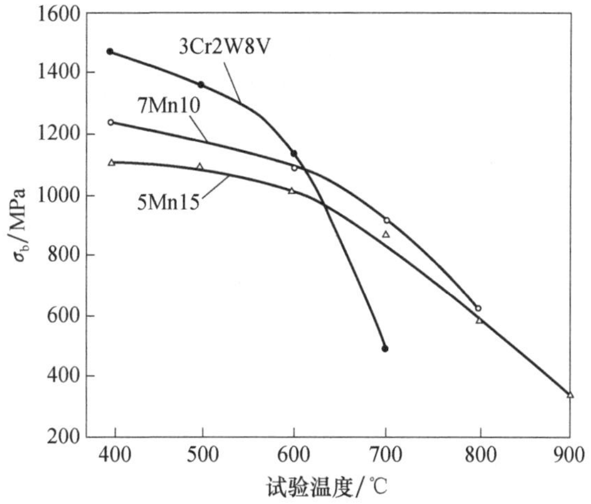

图 8.153　两种 Cr-Mn-Ni 奥氏体钢与 3Cr2W8V 钢的高温强度比较[91]

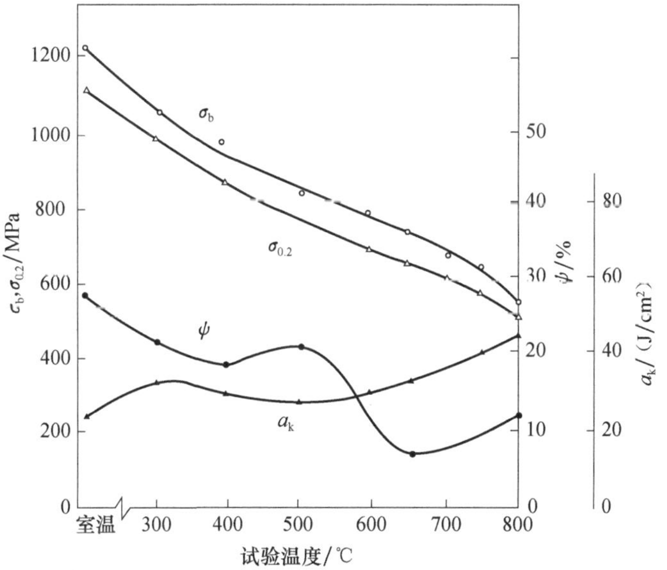

图 8.154　5Mn8Nb 钢的高温力学性能[163]

有学者研究了5Mn8Nb钢Mn/Ni配比对热处理后钢的性能的影响后发现，当Mn/Ni增加时，抗拉强度升高，塑性和韧性下降，Mn/Ni为14/8时，强度高达1340MPa，但塑韧性太低。这是由于Mn含量增加时，促进沿晶析出$M_{23}C_6$型碳化物，使钢易于沿晶断裂。

在5Mn8Nb中加入了0.25%Nb，提高了加热时晶粒迅速长大的温度。Nb与碳的亲和力大于V。MC型碳化物的稳定性将随其中Nb含量的增加而升高，其体积分数也随钢中Nb含量的增加而提高，因此含Nb钢在相同条件下，晶界上有较多未溶碳化物阻碍晶粒长大，加入适量的Nb可以明显提高钢的高温塑性。Nb含量过高，会使颗粒大的MC型碳化物增多，降低钢的强塑性。

Cr-Mn和Cr-Mn-Ni系奥氏体型热作模具钢适于制造工作温度达700～800℃的高温高载荷热作模具，如不锈钢、高温合金、铜镍合金等难变形材料的热挤压模等，寿命比马氏体型热作模具钢有很大的提高。但这类热作模具钢存在膨胀系数大、热导率低等问题，钢的抗热疲劳性较差，急冷急热时，易产生热疲劳裂纹，固溶时效处理后，常会沿晶界析出大量碳化物，促使裂纹的产生和发展，限制了其应用范围。因此，这类钢适宜制作在高温工作时不承受温度急剧变化的模具。

许多高合金Cr-Ni奥氏体耐热钢和高温合金具有比较高的高温塑性和韧性，可以克服上述Cr-Mn和Cr-Mn-Ni奥氏体钢的抗热疲劳性能较差的缺点，是一类优质的热成形模具材料。在GB/T 1299—2014中列入了三个可用做热作模具钢的牌号，即Cr-Ni奥氏体耐热钢2Cr25Ni20Si2、铁基高温合金Ni25Cr15Ti2MoMn(GH2132)和镍基高温合金Ni53Cr19Mo3TiNb(In718合金)。此外，铁基高温合金GH2135也是一种使用效果比较好的热模具材料。这些牌号的化学成分列入表8.120中。

表8.120 Cr-Ni系奥氏体型热作模具钢和镍基合金模具材料的化学成分 (单位:%)

牌号	C	Si	Mn	Cr	Ni	Mo	V	Al	其他
2Cr25Ni20Si2 (16Cr25Ni20Si2)	≤0.25	1.50～2.50	≤1.50	24.00～27.00	18.00～21.00	—	—	—	P、S含量见表8.5
Ni25Cr15Ti2MoMn (GH2132)	≤0.08	≤1.00	≤2.00	13.50～17.00	22.00～26.00	1.00～1.50	0.10～0.50	≤0.40	1.80～2.50Ti 0.001～0.010B ≤0.030P、≤0.020S
Ni53Cr19Mo3TiNb (GH4169或In718合金)	≤0.08	≤0.35	≤0.35	17.00～21.00	50.00～55.00	2.80～3.30	1.0～2.0	0.20～0.80	4.75～5.50(Ta+Nb) 0.65～1.15Ti ≤1.00Co、≤0.006B ≤0.015P、≤0.015S
GH2135	≤0.06	≤0.50	≤0.4	14.00～16.00	33.00～36.00	1.70～2.20	1.7～2.2W	2.0～2.8	2.1～2.5Ti ≤0.015B、≤0.03Ce ≤0.02P、≤0.02S

2Cr5Ni20Si2，按新的牌号表示方法应为16Cr25Ni20Si2，是一种高铬镍奥氏体耐热钢，含有2%的Si和高的铬含量，因此具有优异的抗高温氧化能力，连续使用的最高温度为1150℃，间歇使用的最高温为1050～1100℃。2Cr5Ni20Si2钢典型的热处理制度与力学性能见表10.38，其高温力学性能见表10.41。2Cr5Ni20Si2钢适宜用于制造玻璃模具[93]。

Ni25Cr15Ti2MoMn(GH2132)是一种沉淀硬化型铁基高温合金。该合金的标准热处理制度和组织见表10.68和10.69。该合金的特点是高温耐磨性好、高温抗变形能力强、高温抗氧化能力优良、无缺口敏感性、热疲劳性能优良，适宜制作650℃以下长期工作的高温承力部件和热作模具，如热挤压模、内筒等。

Ni53Cr19Mo3TiNb(GH4169)是一种沉淀硬化型镍基高温合金。该合金的标准热处理制度为980～1000℃固溶，水或空冷，720℃＋620℃时效，空冷，其组织见表10.73。该合金的长期工作温度为650℃，适宜制作600℃以上使用的热锻模、冲头、热挤压模、压铸模等。

GH2135也是一种沉淀硬化型铁基高温合金，未列入GB/T 1299—2014，该合金用于制作热成形模具取得良好的效果。GH2135合金的室温抗拉强度低于常用的热作模具钢，如3Cr2W8V、5CrNiMo等，但试验温度约在200℃以上，GH2135合金的抗拉强度便超过5CrNiMo钢，约在530℃以上超过了3Cr2W8V钢，而且温度越高，它们之间的差别越悬殊。GH2135合金的屈服强度随温度的升高反而升高，直至700℃以上才降低，这一特点，在高温合金中是少有的。GH2135合金与3Cr2W8V和5CrNiMo钢高温拉伸性能和高温硬度的对比分别见图8.155和图8.156[164]。GH2135合金在850℃以下硬度保持在同一水平，850℃以后才开始缓慢降低。

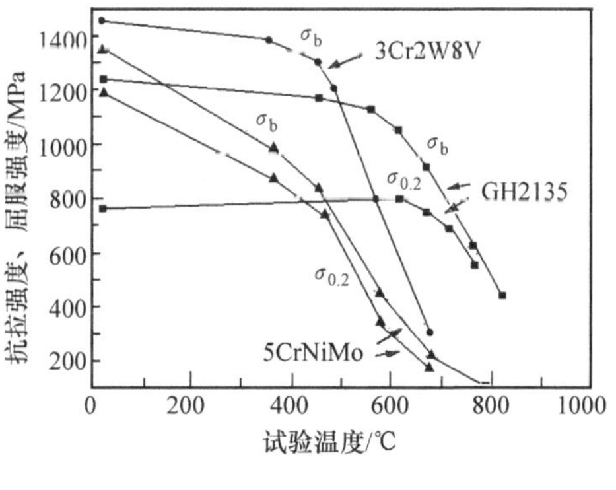

图8.155 GH2135合金与3Cr2W8V和5CrNiMo钢高温拉伸性能的对比[164]

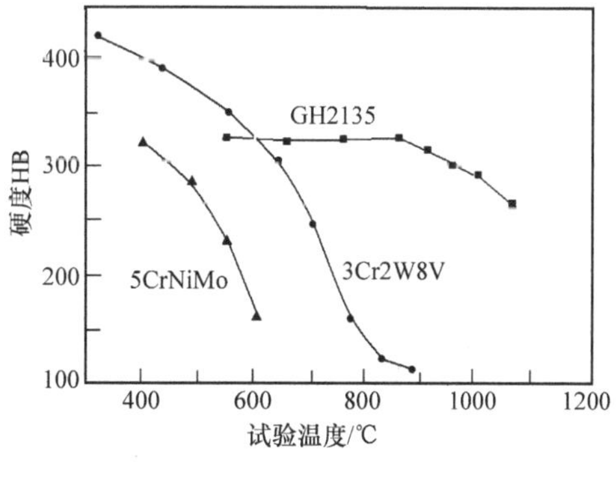

图8.156 GH2135合金与3Cr2W8V和5CrNiMo钢高温硬度的比较[164]

GH2135 合金热处理工艺如下:先进行固溶处理(1080℃,8h,空冷)获得过饱和固溶体,再经 830℃,8h(空冷)中间时效,在晶界沉淀出链状碳化钛,强化晶界,消除缺口敏感性,同时在晶内析出较粗大的 γ' 相[Ni3(Al,Ti)]。最后在 650℃或 700℃(16h)最终时效,在晶内普遍析出细小而弥散的 γ' 相,使合金得到最大强化。

图 8.157 为 GH2135 合金与 3Cr2W8V 和 5CrNiMo 钢在不同温度下冲击韧度的对比。可以看出,GH2135 合金从室温至 850℃冲击韧度都保持在较高水平,而 3Cr2W8V 和 5CrNiMo 钢在 600℃以上高温,虽然其冲击韧度高,但其强度已降至不能应用的程度。

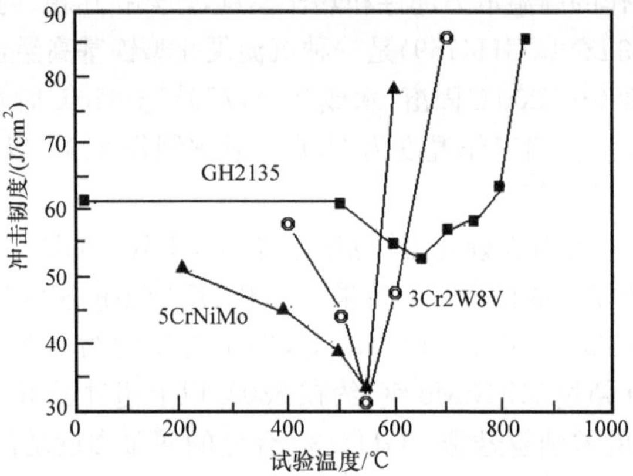

图 8.157 GH2135 合金与 3Cr2W8V 和 5CrNiMo 钢高温冲击韧度的对比[164]

GH2135 合金在较高温度下具有高的强度和韧性及良好的抗氧化性能,因而其抗冷热疲劳性能良好,其使用温度可达 700℃。该合金用于热挤压钢壳的冲头,使用寿命比 3Cr2W8V 钢高 10 倍以上,还可以提高产品质量[164]。

8.6 塑料模具钢

塑料成形用模具的需求自 20 世纪 80 年代以来迅速增加,目前其产值已超过冷作模具和热作模具。由于塑料制品品种日益增多、用途不断扩大,制品向精密化、大型化、复杂化发展,成型生产向高速化发展,模具工作条件也趋于复杂,因而对模具用钢提出了很高的要求。有些国家已制定了塑料模具钢专用标准。

塑料制品成型模具按塑料品种的不同,可分为两大类:

(1) 热固性塑料压模(胶木模)。此类模具用于压制各种胶木粉,一般含大量固体填充剂,多以粉末直接放入压模,热压成型。工作温度一般为 200～250℃,受力大,易磨损、易侵蚀。

(2) 热塑性塑料注射模。此类模具用于聚甲醛、聚乙烯、尼龙等各种热塑性塑料，通常不含固体填料，以软化状态注入型腔。模具工作时受热、受磨损，但不严重。部分品种含有氯及氟，在压制时放出腐蚀性气体，侵蚀型腔表面。当含有玻璃纤维填料时，对型腔的磨损加剧。

塑料模具因工作条件和使用的模具材料不同，其失效形式也有很大的差异。塑料模具主要的失效形式有：模具型腔表面粗糙度的恶化；模具型腔因磨损而尺寸超差；由于塑料中存在氯、氟等元素，受热分解析出 HCl、HF 等强侵蚀性气体而侵蚀模具表面，加剧模具的磨损失效；因受力过大，或模具型腔的硬化层过薄，发生局部的塑性变形，严重时会发生断裂。

8.6.1 塑料模具钢的性能要求和分类

对于模具用钢的性能要求也因模具的使用要求不同而有不同的要求，其主要要求如下(通常应满足其中的若干条要求)：

(1) 切削加工性能。除极少数模具采用压制成形外，一般均系切削加工成形，模具钢应具有好的切削加工性。对大型、复杂和精密模具，切削加工性能更为重要，因为在模具成本构成中，占比例最大的是切削加工、抛光等工序。热塑性注射模用钢一般均由供应厂提供预硬模块，一般硬度控制在 30～35HRC，用一般工具尚可加工，加工后不再热处理。为改善其加工性能，可在钢中加入易切削元素。

(2) 抛光性能或镜面加工性能。压制透明塑料的模具，要求产品表面光滑，其抛光性特别重要。模具的粗糙度要求要比塑料制品的粗糙度细一些，一般为 $R_a0.8 \sim 0.025\mu m$。对要求很高透明度的塑料制品，其模具成型面应具有镜面般的光泽，镜面粗糙度在 $R_a0.1\mu m$ 以下。影响模具镜面加工性能的因素主要是钢的冶金质量、硬度、显微组织和镜面加工技术。钢中的夹杂物，特别是易脱落的氧化物，以及气泡是镜面抛光和研磨时形成针眼和孔洞的主要原因。过高的硬度对镜面抛光有好的影响。显微组织的不均匀性也影响钢的抛光性能。

(3) 力学性能应满足使用要求。模具应有足够的强度以防压陷；应有一定的韧性，使薄边、尖角等应力集中处在频繁受到机械冲击和热冲击时不出现裂纹；热处理后的硬度和组织要有足够的耐磨性；要有一定的热稳定性，在使用温度下，模具的硬度不降低。

(4) 良好的热处理工艺性能。模具热处理工艺应简便易行，淬透性应满足模具尺寸要求，热处理变形要小。

(5) 在加工的塑料有强烈腐蚀性时，模具材料应具有耐蚀性能，或者在型腔表面采用涂层技术。

(6) 花纹图案光蚀性能。有些塑料制品为了美化表面而增添花纹图案，要求模具用钢具有良好的图案光蚀性能，其对材质的要求与镜面加工性能对材质的要求相似。

此外,塑料模具钢还要求有良好的焊补性能,当型腔受损时,可通过局部堆焊来补救。

塑料模具钢的加工制作成本高,占总成本的 75%左右,其他如材料费占 10%左右,热处理费占 10%左右,装配费占 5%左右。因此,在制作模具时应优先选用性能优良和加工工艺性能好的钢种[83]。

常用的塑料模具用钢大致可分为以下几类:①非合金型塑料模具钢;②渗碳型塑料模具钢;③整体淬硬型塑料模具钢;④预硬型塑料模具钢;⑤易切削预硬型塑料模具钢;⑥时效硬化型塑料模具钢;⑦耐腐蚀型塑料模具钢;⑧冷压加工成型用塑料模具钢。

我国过去没有专用的塑料模具钢,在 GB 1299—85 中引入了 3Cr2Mo(相当于 P20),后来在 GB/T 1299—2000 中又引入了 3Cr2MnNiMo(相当于 718)。后来制定的 GB/T 1299—2014 中将塑料模具用钢的牌号扩充至 21 个,其中非合金型 3 个、预硬型 3 个、易切削预硬型 3 个、时效硬化型 4 个、耐腐蚀型 8 个,已趋于完备。

GB/T 1299—2014 中列入了 3 个非合金型塑料模具钢 SM45、SM50 和 SM55,钢号的前缀“SM”为“塑膜”汉语拼音的第一个字母的大写,两位阿拉伯数字表示碳含量,以万分之几计。钢中 Si 含量 0.17%~0.37%、Mn 含量 0.50%~0.80%,S、P 及残余元素含量见表 8.5。

这类钢属于中碳钢,价格便宜、加工性能好,调质处理后具有较好的综合力学性能,常用于制作形状简单的小型塑料膜或精度要求不高、使用寿命不需要很长的塑料模具。推荐的热处理制度为(850±10)℃油淬,根据硬度要求和模具尺寸,选择回火温度和时间,硬度一般控制在 25~36HRC。

对于形状简单的小型热固性塑料模具,由于要求较高的耐磨性,一般采用 T7~T12 等非合金工具钢制造。

采用渗碳钢制作的模具经表面渗碳后,其表面具有高的耐磨性,而心部保持高的韧性,不会发生早期磨损和脆断失效,其不足之处是热处理工艺较复杂。我国采用的渗碳型塑料模具钢主要有 10、20、20Cr、12CrNi3、20CrMnTi、20Cr2Ni4 等钢。钢种的选用主要根据对其淬透性的要求和力学性能的要求。对这类钢的渗碳工艺要求:压制含有矿物填料的塑料时,渗碳层厚度为 1.3~1.5mm,压制软性塑料取 0.8~1.2mm,有些模具有尖齿、薄边,则取 0.2~0.6mm。

用于压制热固性塑料、复合强化塑料,如尼龙强化或玻璃纤维强化塑料之类产品所用模具,以及生产批量很大,要求模具使用寿命很长的塑料模具,一般选用高淬透性,可以整体淬硬的冷作模具钢和热作模具钢制造。这些钢通过最终热处理,可保证模具在使用状态具有高硬度、高耐磨性和长的使用寿命。国内外使用的模具钢号大体相近。我国常用的冷作模具钢为 9Mn2V、CrWMn、9CrWMn、Cr12、Cr12MoV 等,热作模具钢为 5CrMnMo、5CrNiMo、4Cr5MoSiV、4Cr5MoSiV1 等。

冷作模具钢的淬硬层深、抗压强度高，但韧性较低。热作模具钢的韧性较好、回火稳定性高，还可以进行渗氮，进一步提高了模具表面的耐磨性，更适合于制造要求高温固化的塑料成型模具。当模具截面尺寸小于150mm时，空冷淬火即可以获得较高的硬度，变形小，适宜制作复杂、精密塑料模具。

上述各类模具用钢的化学成分、热处理工艺、组织及性能见以前有关章节和有关著作[91,140]。

8.6.2　预硬型塑料模具钢

预硬型塑料模具钢一般含碳0.3%～0.5%，并加入适量的Cr、Mn、Ni、Mo、V等元素。这类钢一般在钢厂经过充分锻打后制成模块，预先热处理至要求的硬度后，供使用单位制模。模具成型后，不需要再进行最终热处理就可以直接使用，避免由于热处理引起的模具变形和裂纹问题，这种钢材也称为预硬钢。预硬钢最适于制作大、中型精密塑料模具，预硬化处理通常是调质处理，调质后要求在整个截面上硬度保持均匀一致。

在1950年以前，美国已有专用于制作塑料模具的专用钢P20，其成分为：0.30%C、0.30%Si、0.30%Mn、0.75%Cr、0.25%Mo。这种钢由电炉冶炼，在预硬态下使用，预硬硬度为220～300HB。之后为适应制作大截面模具的的需要，不断提高钢中的碳及合金元素的含量，使钢的淬透性和预硬硬度进一步提高至265～325HB。为改善切削加工性，还可在钢中加入0.1%S(P20+S)，这类钢属于中等淬透性的钢。为了制作更大截面的塑料模具，开发出加镍的预硬型塑料模具钢，镍的加入还提高了钢的抗回火稳定性和强韧性。以后世界许多国家仿制和研制这类预硬型塑料模具钢，开发出相应的牌号，并不断提高钢的冶金质量，采用炉外精炼和真空处理等技术生产塑料模具专用钢，如瑞典的718钢(P20+Ni)等。

GB/T 1299—2014中列入了3个预硬型塑料模具钢和3个易切削预硬型塑料模具钢，表8.121列出了部分国内外开发和使用的预硬型和易切削预硬型塑料模具钢的化学成分。

表8.121　部分国内外开发和使用的预硬型和易切削预硬型塑料模具钢的化学成分[91,92]

(单位：%)

钢号	C	Si	Mn	Cr	Mo	Ni	V	其他
3Cr2Mo	0.28～0.40	0.20～0.80	0.60～1.00	1.40～2.00	0.30～0.55	—	—	P、S含量见表8.5
3Cr2MnNiMo	0.32～0.40	0.20～0.40	1.10～1.50	1.70～2.00	0.25～0.40	0.85～1.15		P、S含量见表8.5
2CrNiMoMnV	0.20～0.30	≤0.30	1.40～1.60	1.25～1.45	0.45～0.60	0.80～1.20	0.10～0.20	≤0.025P ≤0.015S

续表

钢号	C	Si	Mn	Cr	Mo	Ni	V	其他
4Cr2Mn1MoS	0.35～0.45	0.30～0.50	1.40～1.60	1.80～2.00	0.15～0.25	—	—	≤0.030P 0.05～0.10S
5NiSCa[165]	0.50～0.60	<0.45	0.80～1.20	0.80～1.20	0.30～0.60	0.80～1.20	0.15～0.30	≤0.030P 0.06～0.15S 0.002～0.008Ca
8Cr2S[166]	0.75～0.85	≤0.40	1.30～1.70	2.30～2.60	0.50～0.80	0.70～1.10W	0.10～0.25	≤0.030P 0.08～0.15S
P20BSCa	0.40	0.50	1.40	1.40	0.20	—	0.10	≤0.030P 0.06～0.15S 0.002～0.008Ca 0.002B
P20(美)	0.28～0.40	0.20～0.80	0.60～1.00	1.40～2.00	0.30～0.55	—	—	—
6F5(美)	0.50～0.60	≤0.35	0.70～1.00	1.00～1.40	0.25～0.50	1.70～2.00	0.10～0.30	—
718(瑞典)	0.38	0.3	1.4	2.0	0.2	1.0	—	—
618T	0.26	0.1	1.45	1.25	0.6	1.05	0.12	0.002S
HOLDAX(瑞典)	0.33	0.40	1.50	1.90	0.20	—	—	0.07S
SCM440(日)	0.37～0.44	0.15～0.35	0.55～0.90	0.85～1.25	0.15～0.35	≤0.25	—	—
PDS3(日)	0.45	—	—	1.1	0.25	—	—	—
40CrMnMo7(德) (2311)	0.35～0.45	0.15～0.35	1.10～1.50	1.70～2.00	0.15～0.25	—	—	—
55NiCrMoV6(德) (2713)	0.50～0.60	0.15～0.35	0.50～0.70	0.60～0.80	0.20～0.30	1.45～1.75	0.07～0.12	—
40CrMnNiMo8-6-4(德) (2738)	0.35～0.45	0.20～0.40	1.30～1.60	1.80～2.10	0.15～0.25	0.90～1.20	—	—
40CrMnMo7+Ca(德)	0.40	0.30	1.50	1.90	0.20	—	—	0.002Ca
40CrMnMoS8-6(德) (2312)	0.35～0.45	0.30～0.50	1.40～1.60	1.80～2.00	0.15～0.25	—	—	≤0.030P 0.05～0.10S
XPM(德)	0.23～0.29	≤0.40	1.40～1.70	1.20～1.80	0.30～0.70	0.90～1.20	添加其他元素	≤0.015P ≤0.020S

注:前面6个为列入GB/T 1299—2014的牌号。

8.6.2.1　预硬型塑料模具钢及预硬处理

3Cr2Mo 钢与美国 AISI 钢号 P20 相当，是一种要求纯洁度比较高的合金结构钢，在国际上得到广泛的使用。钢液经炉外精炼或电渣重熔，可使 P、S 含量不大于 0.01%，要求钢中的 $Al_2O_3 \cdot SiO_2$ 类型的硬质点夹杂很少，切削时阻力小，可以调质到较高的硬度，仍能保持良好的机械加工性能，抛光后可获得较低的表面粗糙度。

淬透性是预硬钢的一个重要的性能指标。图 8.158 为 3Cr2Mo 钢的过冷奥氏体连续冷却曲线。预硬钢模坯在机械加工前进行调质处理。3Cr2Mo 钢的淬火加热温度为 840～860℃，油冷淬火后的硬度为 50～54HRC，组织与一般合金结构钢的淬火组织相同，为板条马氏体和片状马氏体的混合物，残余奥氏体量很少。回火温度为 600～650℃，回火后的硬度为 28～36HRC，组织为回火索氏体。3Cr2Mo 钢调质到 30HRC 以上硬度，再进行机械加工，然后进行抛磨，可达到粗糙度 R_a0.05～0.10μm 的镜面光亮度的要求。3Cr2Mo 钢经渗氮后再抛光，表面粗糙度 R_a 可以降低到 0.03μm 左右。3Cr2Mo 钢适合制造中型和较大型精密塑料模具。

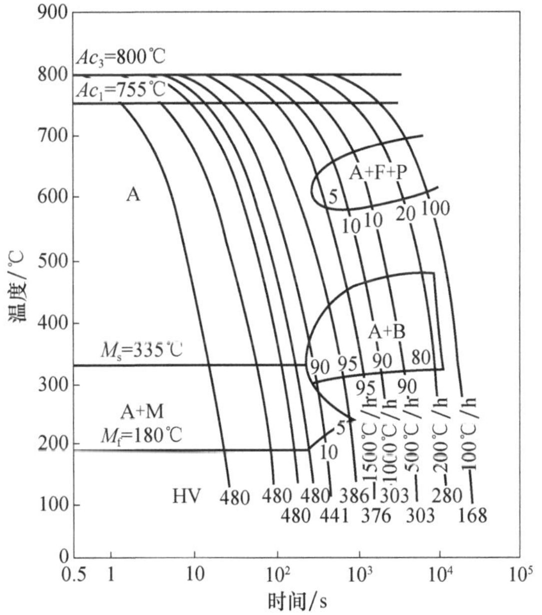

图 8.158　3Cr2Mo 钢的过冷奥氏体连续冷却曲线[91]

成分：0.35%C、0.49%Si、0.81%Mn、1.75%Cr、0.41%Mo，奥氏体化：850℃×5min

随着塑料制品日益向大型、复杂、精密发展，大型塑料模具的最大尺寸已超过 600mm。3Cr2MnNiMo(P20+Ni)钢是在 3Cr2Mo 钢的基础上加入镍并提高锰含量,因而具有更高的淬透性,可满足大型、特大型塑料模具的需要。图 8.159 为 3Cr2MnNiMo 钢的过冷奥氏体等温转变曲线。由于钢的成分范围较宽及试验条件的不同,文献中关于 3Cr2MnNiMo 钢的 Ac_1 和 Ac_3 的温度与图 8.159 所示有较大的差异。

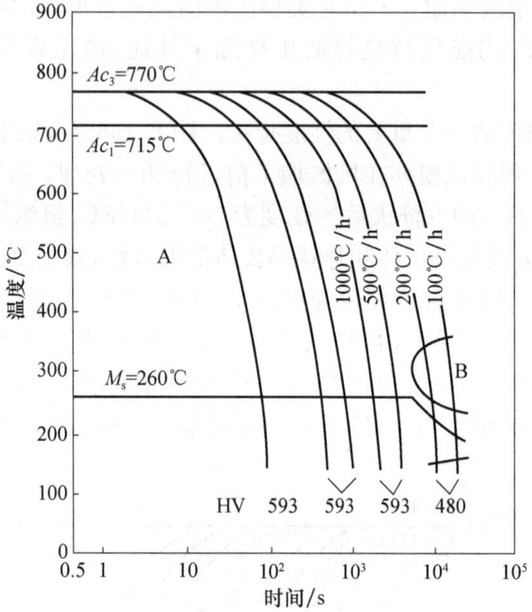

图 8.159　3Cr2NiMnMo 钢的奥氏体连续冷却曲线[40]

成分:0.39%C、0.56%Si、1.32%Mn、1.94%Cr、1.00%Ni、0.35%Mo,奥氏体化:880℃×5min

3Cr2MnNiMo 钢在纯洁度方面有高的要求,生产均采用炉外精炼和真空除气技术。3Cr2MnNiMo 钢锻后采用等温或连续退火处理,奥氏体化温度一般为(840±10)℃,等温温度选择(700±10)℃。该钢易出现白点,有时需在 680℃进行去氢退火。

3Cr2MnNiMo 钢的适宜淬火温度为 850～880℃,可采用油冷或空冷,淬火后的硬度不小于 50HRC,大模块的淬火组织一般在表层为马氏体及少量残余奥氏体,心部主要是贝氏体。常用的回火温度为 580～650℃,回火后的硬度为 28～36HRC,组织为回火索氏体。

对大截面预硬塑料模具钢性能的一个重要要求是预硬后整个截面上硬度均匀一致。国外一些品质高的大截面预硬塑料模具钢要求同一截面的硬度差值不大于 3HRC。对于大型模块采用油作为淬火介质很难达到上述要求,因为油的冷却能力有限且污染环境,而采用水作为淬火介质,则容易产生淬火裂纹。

我国学者借助计算机数值模拟,对不同尺寸 718(3Cr2MnNiMo)钢大型模块采用水淬工艺的可能性进行了探讨，提出了两种淬火工艺，可避免一般油淬或水淬引起的问题[167]。

第一种淬火工艺方案：预冷-水淬-自回火-水淬工艺。模块在淬入水中之前先在空气中预冷，然后淬入水中一段时间，从水中取出，在空气中自回火处理，再次淬入水中一段时间，最后出水，空冷至室温。在2450mm×1300mm×430mm尺寸的模块上进行生产试验，淬火处理后，整个大模块从表面到心部的组织为马氏体和贝氏体，淬火过程中不发生影响硬度分布的铁素体和珠光体相变。预冷处理大大降低了整个模块的蓄热，自回火大大减小了所生成的马氏体的脆性，避免了出现淬火裂纹的可能。

第二种淬火工艺方案：将奥氏体化温度提高到较高的温度，如880～930℃，然后直接在空气中冷却至室温。模拟结果表明，在整个淬火过程中，模块表面与心部的温差很小。在2450mm×1300mm×430mm尺寸的模块上进行生产试验，淬火过程中模块表面与心部都得到100%贝氏体组织，硬度均匀。由于空冷速率缓慢，可避免产生淬火裂纹。

我国生产厂对尺寸为810mm×1320mm×2540mm的718钢大模块进行了水冷复合淬火试验，即先利用风冷对大模块进行预冷，然后喷水冷却，以很快的冷却速率使表面降到M_s点以下，然后利用风冷和雾冷慢速冷却。当表面温度回升至500℃左右时，表面已形成的马氏体得到自回火。重复这一过程，直至心部冷却到贝氏体点以下。根据这种钢的连续冷却曲线(图8.159)，淬火马氏体的硬度比贝氏体高100HV以上，但经600℃高温回火，两者的硬度趋于一致，其组织均为粒状碳化物分布于铁素体基体，只是两者的铁素体基体宽窄不同，在同一截面上的硬度范围为33.4～36.6HRC，硬度差不大于3.2HRC[168]。为便于实现以水为介质的大模块复合冷却技术，已设计出对应的生产设备及控制工艺，已成功地应用于工业生产[169]。

为了提高的模具的耐磨损性能和抗变形能力，预硬模块的硬度可以提高至340～380HB(36.3～40.3HRC)，如瑞典的718HH钢。高的模具硬度可以提高模具寿命，还可以改善模具的抛光性能，但模具材质必须有良好的组织均匀性和高的纯净度。

P20和718钢是国内外应用最广泛的预硬型塑料模具钢。此外，一些热作模具钢，如4Cr5MoSiV1(H13)、5CrNiMo等也可用做预硬型塑料模具钢。

2CrNiMoMnV是新纳入GB/T 1299—2014的一种预硬型塑料模具钢，是3Cr2MnNiMo钢的改进型，其淬透性高、硬度均匀，并具有良好的抛光性能、电火花加工性能和图案蚀刻性能。该钢的适宜淬火温度为850～930℃，油冷或空冷，淬火后的硬度应不小于48HRC，回火温度视要求的预硬硬度而定，预硬硬度为30～38HRC。该钢适用于渗氮处理。2CrNiMoMnV钢用于制造大中型镜面塑料模具。

718 钢是瑞典 ASSAB 钢厂开发的预硬型塑料模具钢,可用于制作大型塑料模具,预硬硬度为 290～330HB(31～35HRC)。近年塑料模具钢对预硬硬度的要求进一步提高,为适应这种要求,该钢厂可提供预硬硬度为 340～380HB(36～41HRC)的 718HH 预硬模块。

618T 是近年 ASSAB 钢厂开发的用于制作大型模块(截面尺寸超过 1000mm)的预硬型塑料模具钢,具有很高的淬透性和高的纯洁度。该钢的预硬硬度为 310～355HB(33～38HRC)。在截面尺寸为 1150mm、表面硬度为 35HRC 的模块 1/2 半径处取样测试力学性能:$R_{p0.2}=920$MPa、$R_m=1100$MPa、$A_5=12\%$、$Z=30\%$、$KV=20$J。该钢适用于制造高表面质量要求的非常大型的模具。

XPM 是德国 Groditz 钢厂的产品,一般经电弧炉＋精炼＋真空脱气制成,也可提供经电渣重熔的产品(XPM ESR),后者有更高的纯洁度。合金成分的合理配置(表 8.121)使该钢具有高的淬透性、韧性、焊接性能和机械加工性能。

XPM 钢的锻造温度为 1050～800℃,软化退火的等温温度为 710～740℃。图 8.160 为XPM 钢的过冷奥氏体连续转变曲线,适宜的淬火温度为 870～920℃,油淬。该钢供货的厚度可达 1000mm,组织主要是细小的贝氏体组织,在整个截面上可保持均匀的硬度,适合做大截面塑料模具。回火温度范围为 540～650℃,视要求的硬度确定回火温度,预硬硬度可以是 32～36HRC 或者是 38～42HRC。图 8.161 为 XPM 钢经 880℃淬火后的回火温度与硬度的关系曲线。该钢可施以氮化,适合表面镀铬处理。

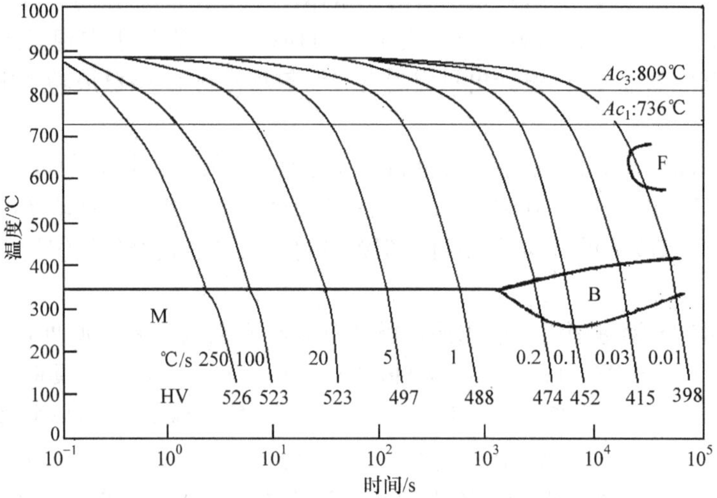

图 8.160　XPM 钢的过冷奥氏体连续冷却转变曲线[170]

奥氏体化温度 880℃,5min

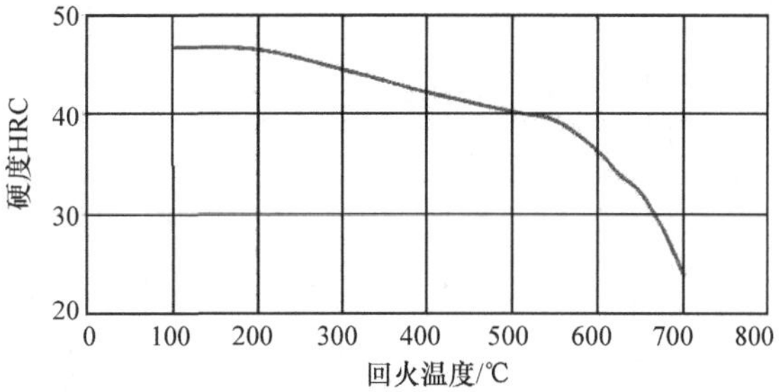

图 8.161 XPM钢880℃油淬后硬度与回火温度的关系曲线[170]
试样尺寸:直径25mm、长度50mm

XPM钢适于制作对模具表面有高的或极高要求的塑料模具,如车头大灯、汽车前保险杠和汽车仪表盘模具等大型部件、电视机及复印机外壳等[170]。

8.6.2.2 易切削预硬型塑料模具钢

预硬钢的使用硬度范围在30~42HRC,尤其在高硬度区间(36~42HRC),可切削性能较差。为了减少机加工工时,降低模具生产成本,国内外都发展了一些易切削预硬型塑料模具钢,主要是加入硫[171],如德国的40CrMnMoS8-6(表8.121)。硫系易切削钢在低、中速切削条件下具有良好的切削加工性,但热变形后沿变形方向伸长的MnS增加了钢的各向异性,显著降低了钢的横向塑性和韧性。在截面增大时,硫化物的偏析也比较严重,因此德国开发了经钙处理的塑料模具钢,即在热作模具钢40CrMnMo7中加入0.002%Ca(表8.121),其力学性能、表面质量及各向同性方面优于含硫钢,但其切削加工性不如含硫钢[172]。我国于20世纪80年代开发出一些硫系和硫-钙复合系等易切削塑料模具钢(表8.121)。

在GB/T 1299—2014中新纳入的4Cr2Mn1MoS钢是一种硫系易切削预硬型塑料模具钢,成分与德国的40CrMnMoS8-6钢相同,有较高的淬透性,图8.162为4CrMnMoS8 6钢的过冷奥氏体连续冷却转变曲线。此类钢的热加工温为1050~850℃,退回温度为710~730℃,退火后的硬度≤230HB。

4CrMnMoS8-6钢的适宜淬火温度为870~890℃,淬火介质为油、盐浴或真空,淬火后的组织主要为细的贝氏体组织。回火温度为580~680℃,预硬硬度为30~36HRC或按用户要求。图8.163为4CrMnMoS8-6钢经880℃油中淬火后,钢的硬度与回火温度的关系。4CrMnMoS8-6钢可以直接加工,具有良好的机加工性能和抛光性能,用做厚度不大于400mm的塑胶注塑模、吹塑模具、热塑性塑胶的挤压模具等[173]。

瑞典ASSAB开发的HOLDAX也是这一类型的钢,只是碳含量稍低,预硬硬度290~330HB,具有良好的加工性能。

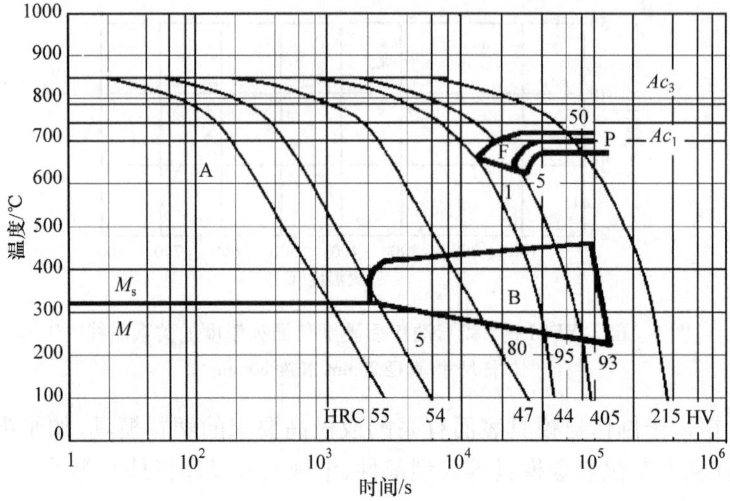

图 8.162　4CrMnMoS8-6 钢的过冷奥氏体连续冷却转变曲线[173]
奥氏体化温度 880℃

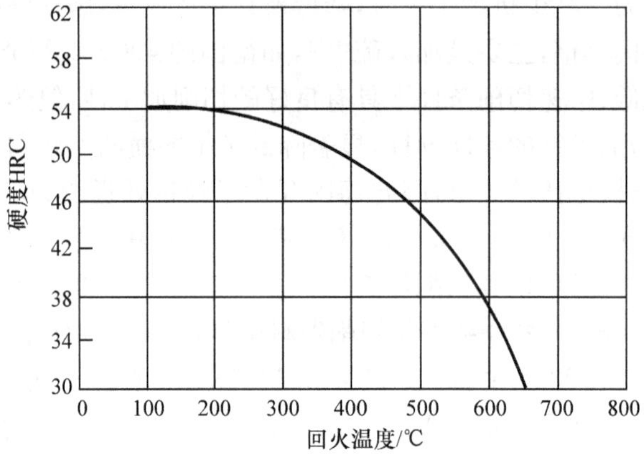

图 8.163　4CrMnMoS8-6 钢 880℃油淬后硬度随回火温度的变化[173]

8Cr2MnWMoVS(简称 8Cr2S)钢是适应制作精密塑料模和薄板无间隙精密冲裁模的需要而研制的。该钢既能用做预硬钢制作精密塑料注塑模、压胶模、吹塑模等,可在硬度为 40～45HRC 时顺利地进行各种切削加工,又具有空冷淬硬、硬度高(HRC>60)、强度高、热处理变形小等特点,可做薄板精密件的冲裁模使用。8Cr2S 钢的成分设计是以具有空冷淬透、微变形、易切削等性能为依据,采用少量多元合金化的原则[166]。该钢已纳入 GB/T 1299—2014。

8Cr2S 钢碳含量为 0.75%～0.85%,保证在正常温度淬火后,基体碳含量不低于 0.5%,淬火后的硬度在 60HRC 以上。铬、锰的加入可以得到比较高的淬透性和淬火后的微变形，铬的加入量可以提高 Ac_1 点，有利于钢的退火软化。适量强碳化物元素钨、钼、钒的加入可以细化晶粒，淬火时未溶的碳化物增加钢的耐磨性。钨、钼可以抑制回火脆性。硫作为易切削元素的加入量为 0.08%～0.15%。

8Cr2S 钢中不含有一次共晶碳化物，合金碳化物颗粒细小，分布均匀，热变形抗力小，热加工性能较好，锻造加热温度为 1100～1150℃，始锻温度为 1060℃，终锻温度不低于 900℃，锻后必须缓冷。等温球化工艺为 790～810℃保温 2h，炉冷至(700±10)℃保温 6～8h，炉冷至 550℃出炉空冷，硬度为 207～229HB。退火组织为细粒状珠光体，碳化物分布细小均匀。切削加工时可比一般工具钢缩短加工工时 1/3 以上。

8Cr2S 钢具有比较高的淬透性，图 8.164 为 8Cr2S 钢的过冷奥氏体等温转变曲线。ϕ100mm 的 8Cr2S 钢经 880℃加热后空冷，整个截面的硬度达到 61.5～62HRC。

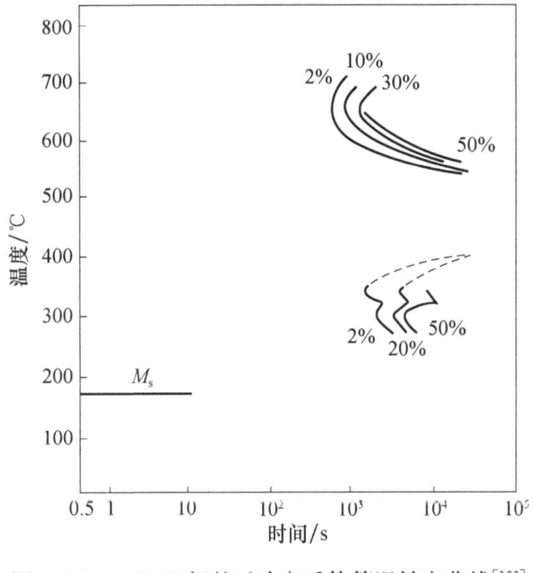

图 8.164　8Cr2S 钢的过冷奥氏体等温转变曲线[166]

钢的成分：0.79%C、2.35%Cr、1.39%Mn、0.75%W、0.66%Mo、0.21%V、0.098%S，

奥氏体化：870℃×15min

8Cr2S 钢热处理工艺简便。根据模具的需要可以采用两种工艺[166]：

(1) 当作为预硬钢使用时，加热温度为 860～880℃，按 2min/mm 保温，空冷淬火，550～620℃回火 2h，硬度为 39～50HRC。该钢在硬度为 40～46HRC 时，可用高速钢或硬质合金加工，其加工性能相当于调质硬度 30HRC 的碳钢或退火硬度为 200HB 的 T10A 钢。该钢镜面抛光性好，最高表面粗糙度为 R_a 0.1μm。为提高预硬钢的耐磨性，可进行氮化，氮化层 0.20～0.30mm，表面硬度可达 1000～1100HV，也可以进行气体软氮化[174]。

(2) 要求高硬度、高强度,用做薄板精密冲裁模时,加热温度一般选用 880~900℃加热,空冷淬火,回火温度为 200~250℃,硬度为 58~62HRC,热处理后变形较小,热处理后的变形量比 Cr12MoV 钢小得多。

8Cr2S 热处理工艺简单,表 8.122 为 8Cr2S 钢热处理后的力学性能。该钢以 MnS 作为易切削相,在锻轧后具有较大的方向性,在使用该钢时,应尽可能使模具的最大受力方向与钢材的纵向吻合。

表 8.122 8Cr2S 钢 880℃ 空冷淬火、不同温度回火后的力学性能[166]

性能	回火温度/℃										
	室温	200	250	300	400	500	550	600	620	630	650
硬度 HRC	63.2	60.4	58.5	57.5	55.0	53.7	51.1	47.1	46.6	44.2	36.7
抗弯强度 σ_{bb}/MPa	—	3130	—	—	—	—	3000	2850	2900	2475	—
挠度 f/mm	—	4.0	—	—	—	—	9.5	13.8	15.5	13.3	
冲击韧度 a_k(纵向)/(J/cm^2)	—	38	37	42.7	—	49.2	62.0	69.8	75	—	—

注:冲击韧度采用 C 型缺口试样。

8Cr2S 钢做预硬钢使用时可以在预硬至 46~48HRC 进行精加工,还可以氮化进一步提高模具的耐磨性,用于制作塑料模、胶木模、陶瓷模,代替 9Mn2V、12CrNi3 钢,取得良好的效果。该钢用于制作印刷线路板冲裁模,硬度为 40~42HRC,有上千个细孔,可以保证模具的高精度和高寿命。

8Cr2S 钢经空冷淬火和低温回火后,硬度为 58~61HRC,可用于制作精密冲裁模,使用寿命较 CrWMn、C12MoV 钢有成倍提高。

我国还开发了一种 S-Ca 复合易切削系预硬型塑料模具钢 5CrNiMnMoVSCa(简称 5NiSCa),其化学成分见表 8.121,已纳入 GB/T 1299—2014。这种模具钢实际上是在大截面热锻模具钢 5CrNiMnMoV 的基础上采用 S-Ca 复合易切削系而研制成的,以 5CrNiMnMoV 钢为基础可以保证高的淬透性,预硬(调质)后具有良好的综合力学性能,采用 S-Ca 复合系可以克服单一硫系的等向性能差、切削加工性能不够理想等不足之处。关于 S-Ca 易切削系的易切削机理在第 4 章 4.9.4 节已进行了阐述,S、Ca 适宜的加入量分别为 0.06%~0.15%S、0.002%~0.008%Ca,为获得较好的变性效果,Ca/S 控制在 0.07~0.16 为宜[175]。

由于微量钙对硫化物的变性作用,硫化物的形态从条状变成纺锤状,对改善钢的等向性能起到了明显的作用。微量钙对氧化物的变性作用使原来高硬、高熔点的氧化物 Al_2O_3 和 SiO_2 等变为 $2CaO \cdot Al_2O_3 \cdot SiO_2$ 复合共晶低熔点氧化物,使硬度从原来的 1800HV 降到 900HV 左右,减轻了对刀具的磨粒磨损,这种复合共晶氧化物在切削过程中,是一种易切削相,可在后刀面形成保护膜,有利于提高刀具寿命。表 8.123 为加入 S、S-Ca 对 5CrNiMnMoV 钢等向性能和切削性能的影响。可见，微量钙对硫化物的变性作用对改善钢等向性能十分明显，微量钙对硫化物和氧化物的综合作用使 5NiSCa 钢在不同切削速率条件下的切削性能均优于单一硫系的钢。5NiSCa 钢有良好的磨抛性能，在硬度为 39HRC 时，易抛光，抛光后的表面粗糙度为 R_a0.049μm，可达镜面，在使用中保持光洁度的能力强。

表 8.123 5CrNiMnMoV 钢中加入 S 和 S-Ca 对等向性能和切削性能力学性能[165]

钢号	a_{kU}(纵向)/(J/cm²)	a_{kU}(横向)/(J/cm²)	a_{kU}(横向)/a_{kU}(纵向)	第一次端车		第二次端车	
				r/min	相对磨损	r/min	相对磨损
5CrNiMnMoV	80.4	43.1	0.54	—	—	—	—
5CrNiMnMoVS	65.7	6.9	0.11	160	100	315	100
5CrNiMoMoViSCa	70.3	29.3	0.42	160	71	315	44

注：等向性能试验时，预硬硬度为 35HRC，5CrNiMnMoVSCa 钢中含 0.0057%Ca 和 0.075%S，Ca/S=0.076；切削试验时，预硬硬度为 40HRC，刀具材料 YT15，干切削，试样尺寸 ϕ200mm。

5NiSCa 钢用电炉冶炼，硫通过高硫铁矿石加入，喷入适量 Ca-Si 粉，采用中性渣系稳定硫、钙含量，并使其在大截面上分布均匀。5NiSCa 的热加工性能良好，锻造加热温度为 1100℃，始锻温度为 1070～1100℃，终锻温度为 850℃，锻后缓冷。5NiSCa 钢球化退火时的加热温度为 770℃，保温 3h，等温温度为 660℃，保温 6h，炉冷至 550℃出炉空冷。退火后的硬度不大于 241HRC，退火组织为铁素体基体和总量约为 9.1%的颗粒状的碳化物，碳化物类型为 $M_{23}C_6$、M_3C 和 MC。

5NiSCa 钢具有比较良好的淬透性，图 8.165 和图 8.166 分别为 5NiSCa 钢的过冷奥氏体的等温和连续转变曲线，试验用钢的化学成分：0.57%C、0.88%Cr、1.24%Ni、1.20%Mn、0.59%Mo、0.28%V、0.075%S、0.0053%Ca。

用全自动相变仪模拟不同截面模具心部油冷的冷却速率，结果如表 8.124 所示。上述结果表明，5NiSCa 钢即使模具尺寸达到 ϕ500mm，心部的硬度仍达到 47.5HRC。在截面不大于 ϕ300mm 时，整个截面均为板条马氏体和孪晶马氏体的混合组织、少量未溶碳化物及残余奥氏体。5NiSCa 钢的淬透性可以满足大、中、小型精密模具的要求。

表 8.124 5NiSCa 钢的淬透性结果[176]

淬透性	模具尺寸/mm					
	ϕ50	ϕ100	ϕ200	ϕ300	ϕ400	ϕ500
心部硬度 HRC	62.5	61.5	57.5	55.0	51.0	47.7
组织	M+C	M+C	M+C	M+C	M+C+$B_下$	M+C+$B_下$

注：M—马氏体，C—碳化物，$B_下$—下贝氏体。淬火组织中有少量残余奥氏体。880℃加热，油冷。

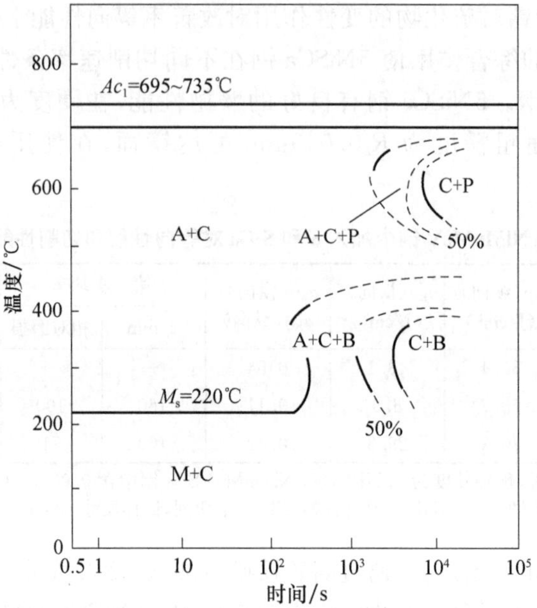

图 8.165　5NiSCa 钢过冷奥体等温转变曲线[176]

奥氏体化:880℃×10min,晶粒度 11 级

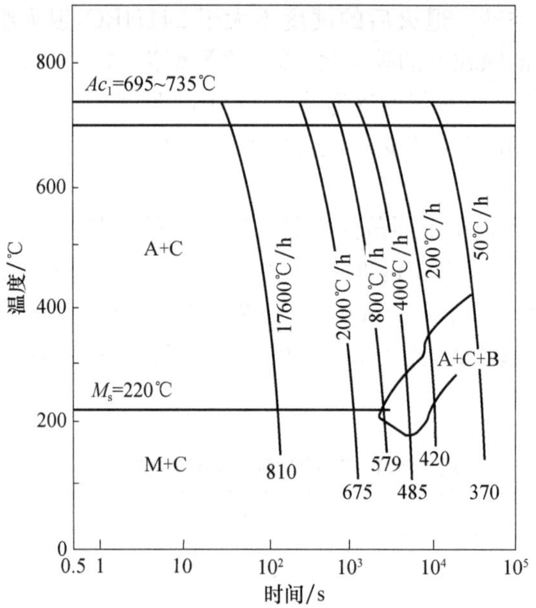

图 8.166　5NiSCa 钢过冷奥氏体连续冷却转变曲线[176]

奥氏体化:880℃×10min,晶粒度 11 级

5NiSCa钢适宜淬火温度为880～900℃，可在575～650℃回火，淬火-回火后的力学性能见表8.125。该钢具有良好的综合力学性能，其韧性比较高。5NiSCa钢除具有优异的切削性能和良好的磨抛性能外，其图案蚀刻性能优于P20钢，焊补性能也比较好[165]。

表8.125 5NiSCa钢淬火-回火后的力学性能[176]

淬火温度/℃	回火温度/℃	硬度 HRC	σ_b/MPa	$\sigma_{0.2}$/MPa	δ/%	ψ/%	a_{kU}/(J/cm^2)
880（油冷）	575	45.5	1391	1324	8.1	37.0	37.2
	525	39	1274	1241	8.8	42.1	46.1
	650	36	1046	1008	9.0	45.3	56.8
900（油冷）	575	47	1431	1364	7.9	39.6	42.1
	525	41.5	1292	1252	8.3	41.7	49
	650	37	1085	1061	10.5	47.0	66.6

注：冲击韧度为纵向值。

5NiSCa钢应用范围较宽，可用于大、中、小型各类注塑模、橡胶模、胶木模、印刷线路板凸凹模、精密成型模等，可提高模具的精度和使用寿命[165,177,178]。

为了能降低大型注塑模模具钢的价格，节约制造成本，国内曾研制过P20BSCa钢，即在P20钢成分的基础上加入微量硼以提高其淬透性，加入少量钒，并采用S-Ca复合易切削系。

P20BSCa钢中的碳含量取P20钢碳含量的上限，铬、锰含量与之相当，少量钼的加入是为了减少回火脆性，微量硼的加入主要是提高淬透性，少量钒的加入可以生成VC阻止加热时晶粒的长大。在有铬、锰的条件下，部分VC在加热时易于溶入奥氏体，可以增加淬透性。淬透性模拟试验的结果见表8.126。检查模拟ϕ600mm模块的心部组织，其马氏体组织含量在50%以上，表明直径为ϕ600mm的模块是可以淬透的。经高温回火的硬度可以满足一般预硬塑料模具用钢的要求。P20BSCa具有优良的可切削性。

表8.126 P20BSCa钢不同直径模块模拟淬火（油冷）-回火后心部的硬度（HRC）[179]

淬火-回火工艺	模拟直径/mm				
	200	300	400	500	600
880℃淬火	41.5	40.0	38.5	38.0	40.0
650℃回火	35.0	35.5	36.5	36.0	33.5

将工业生产的P20BSCa和718钢锻成试件，进行力学性能和切削性能（车削）对比。试件经860℃淬火处理，调整回火温度使其硬度均为30HRC。试验用钢的性能见表8.127。切削试验表明，在相同预硬硬度条件下，P20BSCa钢具有较小的切削阻力，刀具升温低，切屑短，磨损较小。即使P20BSCa钢的预硬硬度为35HRC，切削时的刀具磨损量仍小于718钢预硬硬度为30HRC时的磨损量。

表 8.127 P20BSCa 和 718 钢在预硬硬度为 30HRC 时的力学性能[180]

牌号	σ_b/MPa	σ_s/MPa	δ/%	ψ/%	a_{kU}/(J/cm²)
P20BSCa	918	886	15.4	55.9	53.3
718	868	785	21.9	63.6	176.0

8.6.2.3 非调质预硬塑料模具钢

国内外广泛使用的预硬型塑料模具钢,其预硬处理均采用调质工艺。对于大型模具,其调质工艺,特别是淬火工序,复杂费时且消耗大量能源。为了节约能源、降低成本、缩短生产周期,国内开展了非调质预硬型塑料模具钢的研究与开发。表 8.128 为国内外研制的一些非调质预硬型塑料模具钢的化学成分。

表 8.128 国内外研制的一些非调质预硬型塑料模具钢的化学成分 (单位:%)

钢号	C	Si	Mn	Cr	Mo	V	Nb	其他
FT	0.18～0.24	<0.30	1.80～2.20	0.90～1.20	0.02～0.06Ti	0.08～0.12	—	0.06～0.10S、0.005～0.01Ca
B20	0.20～0.28	0.10～0.60	2.1～2.5	—	0.20～0.50	0.05～0.20	—	0.01～0.025S、0.0005～0.01Ca
B30M	0.05～0.19	0.10～0.60	1.0～1.65	1.0～1.70	0.15～0.50	0.04～0.20	—	0.10～0.50Ni、0.0005～0.0050B
SWFT	0.14～0.28	0.2～0.8	1.5～2.5	0.8～1.2	0.20～0.50	0.04～0.20	—	≤0.0050B
SDP1	0.30	0.24	1.94	1.43	0.39	—	0.032	0.011P 0.003S
Nimax(瑞典)	0.1	0.3	2.5	3.0	0.3	—	—	1.0Ni

注:FT 钢中含 0.02%～0.08%RE。B20 钢中含 0.0005%～0.0050%B、0.008%～0.02%N、Ti/N=3～4(中国,99127011.8[P])。B30M 钢中含≤0.01%S、≤0.02%P、≤0.01%N、0.005%～0.025%Ti(专利公开号:CN1727512,2006)。

20 世纪 90 年代初,我国研制出一种 Mn-Si-B 系空冷易切削贝氏体塑料模具钢,牌号为 Y82。该钢采用中碳(0.3%～0.45%)成分,以 Mn、Si、B 合金化,空冷后可以在较大截面上获得贝氏体和马氏体的复相组织。ϕ120mm 的圆棒加热至 870℃空冷后,沿整个截面的硬度均在 52HRC 以上,并具有良好的综合力学性能。Y82 钢需经回火后使用。该钢采用 S-Ca 复合易切削系,在回火至 40HRC 作为预硬状态时,仍具有良好的切削性能和表面抛光性能。Y82 钢已用于电器、轻工等行业塑料、橡胶等制品的模具,有良好的使用效果[181]。

FT 钢是一种非调质预硬型塑料模具钢。该钢轧制成 ϕ100mm 的棒材在空冷的条件下具有贝氏体和铁素体的复相组织，其上弥散分布有(Ti,V)(C,N)，硬度可达到33～38HRC。采用复合加入Ca-RE，可显著改善因添加硫产生的各向异性，提高横向冲击韧性。该钢无须回火就能具有良好的综合力学性能：$\sigma_b>1000$MPa，a_{kU}（纵向）>45J/cm^2。该钢具有良好的切削加工性能和磨抛性能[182,183]。

宝钢于20世纪90年代末开发出系列非调质塑料模具钢[184]，其中，B20、B20H钢应用于模架，属于铁素体-珠光体型非调质钢，硬度分别为20～23HRC和24～27HRC，适用于厚度不大于500mm的截面；而B30M、B30H钢，应用于型腔，属于贝氏体非调质钢，硬度分别为28～32HRC和33～37HRC，适用于厚度不大于500mm的截面，硬度沿截面分布均匀，用于代替P20钢，这类钢均具有比较好的切削性能和焊补性能。

上述钢中的碳含量均较低，可以减少火焰气割敏感性，但不能太低，否则不利于贝氏体组织的获得，钢的硬度将得不到保证。锰、钼、硼的加入有利于在相当大的截面上获得贝氏体组织。适量的钒有利于在锻轧后从铁素体中析出碳氮化物，以提高钢的强度和硬度，钒含量大于0.20%时将严重降低钢的塑性和韧性。钛的加入用于固定氮，以保证能充分发挥硼的有效作用，同时形成的TiN，可以阻碍均热过程中奥氏体晶粒的长大。钢中有适量的硫和磷可以改善切削性能，但含量不宜超过0.05%，否则会产生严重偏析，影响钢的均质性，因此硫、磷含量均不大于0.05%。钙的加入使钢中的氧化物和硫化物同时变性，有利于改善钢的切削加工性能。

合理的合金化可以保证B30钢在冷速范围为0.02～1.0℃/s均可以得到粒状贝氏体组织，冷却速率0.02℃/s相当于厚度500mm大模块心部的冷却速率，0.5℃/s相当于其表面的冷却速率。这表明，厚度为500mm的模块从表面到心部都可以得到均匀分布的贝氏体，硬度分布也均匀，这已在工业生产中得到证实。

SWFT钢是一种大截面非调质预硬型塑料模具钢，其成分设计的目标是可以应用在厚度400mm以上的模块，用于代替P20＋Ni之类的钢，预硬硬度范围在36～42HRC。

图8.167为SWFT钢的过冷奥氏体连续冷却转变曲线，可以看出，该钢的先共析铁素体相变与718钢相似，显著被推迟。由于硼、钼对贝氏体转变的影响较小，SWFT钢中不含能推迟贝氏体相变的镍，能推迟贝氏体相变的碳元素的含量也少于718钢，因而SWFT钢有很宽阔的贝氏体相变区域，具有良好的贝氏体淬透性，在0.015～0.3/s的冷却速率范围内贝氏体开始转变温度几乎相同，显示出该温度范围内的转变曲线具有平坦的顶部。当冷却速率大于0.5℃/s时，贝氏体开始转变温度下降。对比718钢的贝氏体转变曲线，其贝氏体转变区域显著右移。当冷却速率大于0.05℃/s时，出现马氏体和贝氏体的混合组织。冷却速率在

0.4℃/s 以上时,组织全部为马氏体。

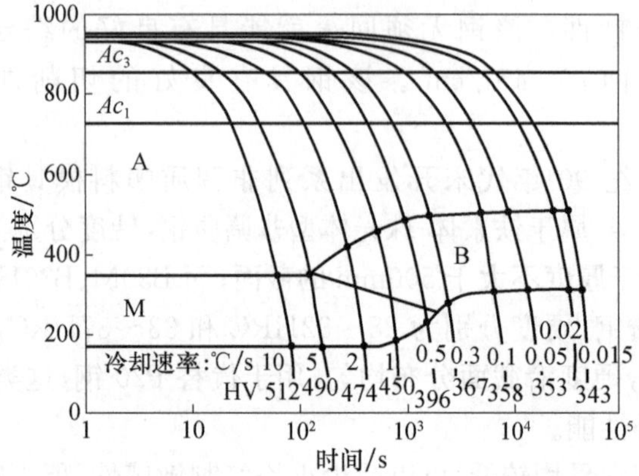

图 8.167 SWFT 钢的过冷奥氏体连续转变曲线[185]

成分:0.24%C、0.31%Si、1.04%Cr、1.95%Mn、0.41%Mo、0.11%V、0.0022%B,奥氏体化:950℃×5min

SWFT 钢所含各种元素的匹配,保证能获得宽而平坦的贝氏体转变区间,钢中不含易切削元素。

检查 SWFT 钢厚度为 300mm 和 600mm 的模块锻后空冷条件下的组织,其表面和心部所获得的组织主要为板条状的贝氏体铁素体和少量 M/A 岛,贝氏体铁素体板条间有残余奥氏体或碳化物。表层的贝氏体铁素体板条较窄,M/A 岛也较小,预硬化范围为 36~42HRC,硬度波动范围在±1.5HRC 内,残余奥氏体量为 10%~12%。

在随后进行回火时,回火温度升至 500℃,SWFT 钢的硬度几乎不变,其屈服强度随回火温度的升高而不断提高,约在 350℃时达到峰值,然后缓慢下降。SWFT 钢的冲击韧性随回火温度的升高而提高,350℃附近达到峰值,回火温度在 400~500℃时出现冲击韧性的谷值,450℃为最低,随后又开始升高。这些变化主要由残余奥氏体转变所导致。因此,SWFT 钢在空冷后应进行 350℃回火。

切削试验表明,采用硬质合金刀具,在相同切削条件下,SWFT 钢比 718 钢显示出较好的切削加工性能。主要原因是 SWFT 钢不含镍,而 718 钢中含有约 1%Ni,提高钢的韧性,降低导热系数,使切削加工时变形功较大,车屑不易剥落,切削热不易散发,使得硬质合金刀具温升较快,车屑较多地缠绕在试棒上,最终降低了试棒表面的光洁度。SWFT 钢的力学性能、磨抛性能、焊补性能均能达到调质预硬型塑料模具钢的要求[185,186]。

当 SWFT 钢中的 Mn 含量处于低限时,其先共析铁素体析出的冷却速率为 0.05℃/s。当冷却速率小于 0.05℃/s 时,将有块状先共析铁素体析出,然后进行贝氏体转变,生成粒状贝氏体。块状铁素体的出现,加大了表面与心部的硬度差,不利于截面硬度的均匀性。对于直径大于600mm的坯料，心部避免铁素体析出的临界冷却速率应不小于0.03℃/s，因此SWFT钢的淬透性尚不能满足截面尺寸大于600mm模块的需求[187]。

为了能满足汽车工业用于前、后保险杠和仪表盘等大型部件制造需要大截面(截面尺寸大于700mm)注塑模模块的需求，在SWFT钢的基础上，相继开发出非调质贝氏体模具钢SDP1，其化学成分见表8.128，其性能可以满足使用要求[187]。

在SDP1钢中保持较低的C含量和较高的Mn、Cr含量，有利于锻件冷却时生成贝氏体组织。Si可以提高过冷奥氏体在中温转变区的稳定性，因此，适当降低Si含量有助于在更大冷却速率范围内获得贝氏体组织，减小大模块截面上的硬度梯度，使整个大截面能获得较为均匀的硬度，Si含量限制在0.1%～0.3%。Mo固溶于基体可以推迟铁素体和珠光体转变，有利于获得贝氏体组织，但其含量大于0.5%时会形成碳化物，影响其作用的发挥。Nb在钢中可以形成稳定的NbC，提高晶粒粗化的温度，当Nb溶入奥氏体中时可以提高钢的淬透性，推迟先共析铁素体的析出，并可提高钢的回火稳定性，钢中较高的Mn、Cr含量可以促进NbC在奥氏体中的溶解，故钢中加入0.02%～0.04%Nb。

测出的SDP1钢的CCT曲线表明，该钢的块状铁素体的相变被强烈推迟，其临界冷却速率为0.015℃/s，贝氏体转变具有较宽的温度范围。当冷却速率介于0.015～0.1℃/s时，均可以得到贝氏体，当冷却速率大于0.1℃/s时，将出现马氏体。截面尺寸为860mm×1300mm的模块锻后采用风冷+空冷的方式冷却至60～80℃，然后经500～550℃回火处理，炉冷至250℃左右出炉空冷至室温。该模块从表层到心部的组织均为贝氏体，心部的组织较粗大。各部位硬度范围为33.5～38.2HRC，同一截面上的硬度波动在±1.5HRC之内。大模块的力学性能表面要优于心部，从表面到心部逐渐下降，抗拉强度的变化范围：纵向为1035～988MPa，横向为1007～963MPa；伸长率的变化范围：纵向为4.8%～3.8%，横向为3.7%～3.0%；断面收缩率的变化范围：纵向为6.3%～5.0%，横向为4.7%～4.0%；冲击功A_{kU}的变化范围为19.7～11.6J，横向为16.3～9.0J。钢中仍存在2%～7%的残余奥氏体[188,189]。

Nimax是瑞典ASSAB公司近年开发的一种非调质预硬型塑料模具钢，其化学成分见表8.128，其碳含量是这类钢中最低的[190,191]。Nimax钢锭经锻造成523mm×263mm坯料后由1000～800℃冷却至室温，其表面至心部的硬度均匀一致，达到39HRC，同一横截面的硬度差值不超过2HRC，不需淬火和回火。

Nimax钢锻坯心部存在较为粗大的原始奥氏体晶粒，导致最终的显微组织粗大。经测试，Nimax钢的M_s和B_s温度分别约为380℃和400℃。锻坯空冷后，表层和心部的组织主要是贝氏体，心部组织较表层为粗。贝氏体包括上贝氏体、下贝氏体，其间还分布着粒状贝氏体，特别是心部。经过扫描图像分析，在贝氏体组织中还分布着一些自回火马氏体,表层自回火马氏体量约为10%,心部约为5%。在贝氏体和自回火马氏体中存在细小的 M_3C 型渗碳体。在显微组织中还存在约7%的残余奥氏体,Nimax 钢碳含量低,因而具有良好的加工性能和良好的抛光性能,以及优异的焊接性能,不需预热及后续处理。Nimax 钢还具有好的综合力学性能,试样取自 596mm×296mm 板料的中心部位,硬度为 370HB(40HRC),横截面取样,其力学性能如下:$R_{p0.2}$=785MPa、R_m=1265MPa、A_5=11%、Z=47%、KV=20J(20℃)。当 Nimax 钢受高温环境的影响导致硬度降低时,可加热至 850℃,保持一定时间,在循环空气中冷却,可以恢复原始状态。图 8.168 为回火温度对 Nimax 钢硬度的影响。Nimax 钢可在预硬状态下施加离子氮化以提高表面硬度,增加耐磨性,步骤如下:粗加工→450~480℃消除应力退火→磨削→480℃离子氮化(10h)。

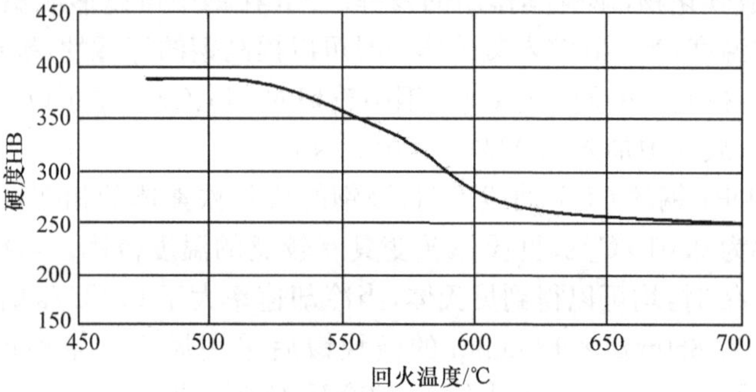

图 8.168 回火温度对 Nimax 钢硬度的影响[191]

回火时间 2h

Nimax 钢用于制作不同类型的塑料模具,如不同类型的容器、汽车用的大型内部零件、反射镜等。

8.6.3 时效硬化型塑料模具钢

时效硬化型塑料模具钢是在固溶处理后变软的,硬度一般为 28~34HRC,可进行切削加工,待机加工后再进行时效处理,可获得高的综合力学性能,而时效处理后的变形极小,时效后还可进行表面氮化,适于制造复杂、精密、高寿命的塑料模具。这类钢一般具有好的焊接性能。

时效硬化钢分为两个类型:马氏体时效钢和低镍时效钢。马氏体时效钢的成分性能已在第三分册 6.7.5 节论述过。马氏体时效钢价格昂贵,我国极少用于制作模具,也由于这个原因,国外很早即发展了低镍时效钢。表 8.129 为国内外开发和使用的一些时效硬化型塑料模具钢的化学成分。表中所列钢号除 00Ni18Co8MoTiAl 属于马氏体时效钢外,其他钢号均为低镍时效钢。

表 8.129 部分国内外使用的时效硬化型塑料模具钢的化学成分[91,93] (单位:%)

钢号	C	Si	Mn	Cr	Ni	Mo	Al	P	S	其他
2CrNi3MoAl (25CrNi3MoAl)	0.20~0.30	0.20~0.50	0.50~0.80	1.20~1.80	3.00~4.00	0.20~0.40	1.0~1.6	见表8.5	见表8.5	—
1Ni3MnCuMoAl (10Ni3MnCuAl)	0.10~0.20	≤0.45	1.40~2.00	—	2.90~3.40	0.20~0.50	0.70~1.20	≤0.030	≤0.015	0.80~1.20Cu
06Ni6CrMoVTiAl (06Ni)	≤0.06	≤0.50	≤0.5	1.3~1.6	5.50~6.50	0.90~1.20	0.50~0.90	见表8.5	见表8.5	0.90~1.30Ti 0.08~0.16V
00Ni18Co8Mo5TiAl	≤0.03	≤0.10	≤0.15	≤0.60	17.5~18.5	4.50~5.00	0.05~0.15	≤0.010	≤0.010	8.50~10.0Co 0.80~1.10Ti
P21(美)	0.18~0.22	0.20~0.40	0.20~0.40	≤0.50	3.90~4.25	—	1.05~1.25	—	—	0.15~0.25V
N3M(日)	0.24~0.28	0.20~0.40	0.50~0.80	1.20~1.60	3.25~3.75	0.25	1.10~1.40	—	—	—
NAK55(日)	0.10~0.20	≤0.30	1.55	—	3.25	0.20~0.40	0.90~1.20	—	0.1%	0.90~1.10Cu
NAK80(日)	0.11	≤0.30	1.5~1.60	—	3.00	0.35	0.95	—	—	1.0Cu
HPM1(日)	0.10~0.20	≤0.30	1.0	0.90~1.20	2.5~3.5	—	—	—	0.10~0.15	1.7~2.0Cu 0.006Se

注:前面 4 个是新列入 GB/T 1299—2014 的钢号。

P21 钢是美国在 20 世纪 60 年代已开始使用的一种低镍时效硬化型塑料模具钢,并沿用至今。P21 钢的主要合金化元素是镍和铝,这种钢的热处理工艺过程如图 8.169 所示。该钢经 870~900℃奥氏体化(固溶处理),淬火硬化,然后经 680℃的高温回火(亦称二次固溶处理),硬度降低到适于切削加工的程度(30HRC),精加工后进行时效处理。由于一种镍-铝金属间化合物的析出硬化作用,时效钢的硬度增至工作硬度(46HRC)。P21 钢可以在时效时进行氮化,可获得 0.15~0.20mm 的氮化层,硬度接近 70HRC[1]。P21 钢硬度处理到 36~39HRC 时,其力学性能:$\sigma_b=1230$MPa、$\sigma_{0.2}=1134$MPa、$\delta_5=16\%$、$\psi=40\%$。

2CrNi3MoAl(25CrNi3MoAl)钢是一种时效硬化钢,其成分与 N3M 相似,专用于制作精密塑料模具[192,193]。该钢的合金元素含量可以保证具有比较高的淬透性,适用于较大的截面,加入适量的铝可以抑制长时间时效时的回火脆性。2CrNi3MoAl 钢已列入 GB/T 1299—2014。

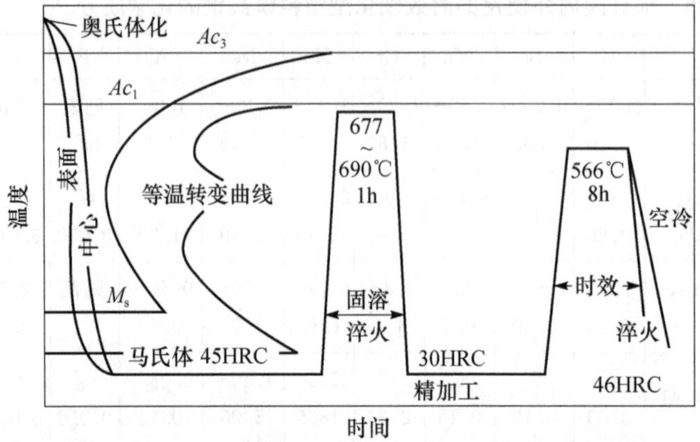

图 8.169　P21 镍-铝时效硬化钢的热处理工艺曲线[1]

2CrNi3MoAl 钢的热处理工艺路线与图 8.169 所示相同,经高温加热固溶淬火后可得到板条马氏体组织。淬火温度超过 920℃后,淬火硬度下降,这主要是由于马氏体板条间残余奥氏体增多所致,但经高温回火和时效处理后,残余奥氏体已不存在。所以时效后的强度与硬度主要取决于时效工艺,和淬火工艺关系不大。淬火温度的升高使马氏体晶粒和马氏体板条粗化,导致塑韧性下降。淬火温度以 880～920℃为宜,空冷或水冷淬火,淬火后的硬度为 48～50HRC。

2CrNi3MoAl 钢高温回火的目的是得到 26HRC 以下的硬度,以利于切削加工,同时得到综合性能良好的基体组织。由于钢中含 3.5%Ni,回火时板条马氏体组织稳定性高,只有在 680℃左右较长时间回火,回火马氏体的再结晶才能基本上完成,碳化物 M_3C 才能充分析出。680℃回火 2h 后,硬度降至 30HRC,回火 6h 后,硬度降至 23HRC,有利于钢的切削加工。高温回火后硬度的降低对以后的时效硬化几乎没有影响,但显著提高钢的韧塑性。

时效处理是 2CrNi3MoAl 钢的最终热处理工序。图 8.170 为 2CrNi3MoAl 钢在不同温度时效 2h 的硬度变化。硬度曲线的变化表明,该钢的时效温度范围为 400～630℃,540℃左右为硬化峰。在 520～540℃的时效速率最快,时效 6h 可达峰值 40HRC 左右。该钢在 520～540℃时效 60h 后,硬度仍保持峰值不变。图 8.171 为 2CrNi3MoAl 钢经淬火和高温回火,再经时效(8h)后,时效温度与力学性能的关系。

通过 TEM 观察,2CrNi3MoAl 钢的时效脱溶相为超细球状粒子,晶界处脱溶相的粒度为 7～9nm,晶内脱溶相的粒度为 4～6nm。脱溶相为超点阵有序相 NiAl,与基体 α-Fe 有相同的点阵结构,两者的位向关系为

$$\{100\}_\alpha \,/\!/\, \{100\}_{NiAl},\quad \langle 100\rangle_\alpha \,/\!/\, \langle 100\rangle_{NiAl}$$

经精确测定,α 基体的点阵常数 $a_\alpha = 2.871$Å,与已知的有序相 NiAl(β')的点阵常

数 $a_{NiAl}=2.887Å$ 相近，两者之间的错配度仅为 0.56%。这也表明，NiAl 相将以共格形式脱溶。图 8.171 所示的时效硬化温度范围亦即 NiAl 相的脱溶温度范围，硬化效应最佳温度为 540℃，亦即 NiAl 相脱溶速率最快、数量最多的温度。随温度上升，硬度下降，但其原因不是脱溶相的聚合长大，而是温度上升，NiAl 相重新回溶到基体中。如将试样继续加热至 650～680℃，使其软化，重新在 540℃时效，可以反复多次，每次时效都能恢复到第一次的时效硬度，这可以说明 NiAl 的回溶现象。时效后的组织为索氏体基体上分布着高度弥散的 NiAl 相粒子。

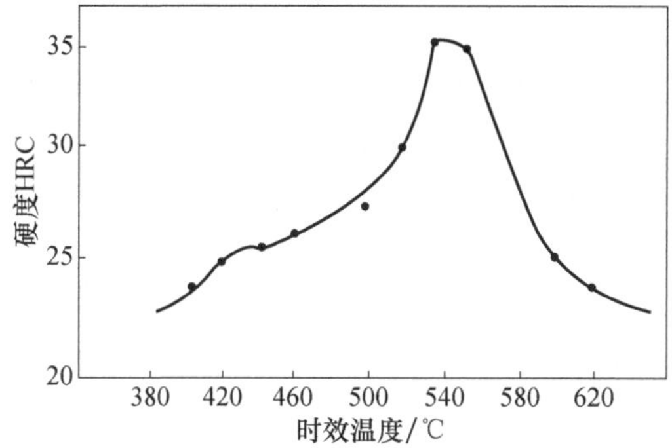

图 8.170 2CrNi3MoAl 钢时效温度与硬度的关系[192]

时效时间 2h

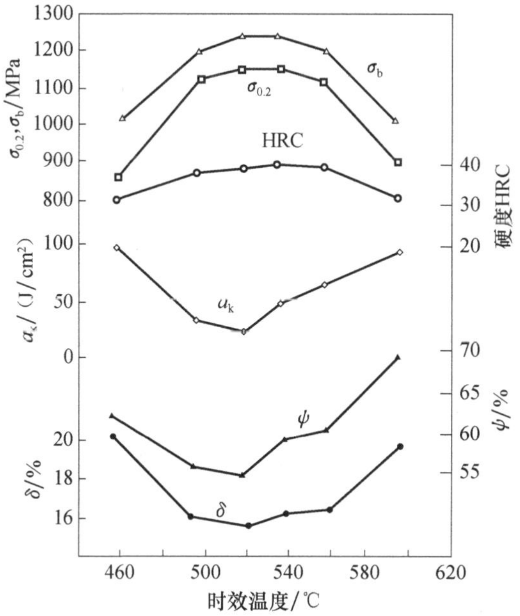

图 8.171 2CrNi3MoAl 钢时效温度与力学性能的关系[192]

可以计算出因时效脱溶引起的变形率在万分之几的数量级。实测亦表明,时效处理引起的变形率在0.05%以下。对于高精度塑料模具,高温回火后对模具进行粗加工或半精加工,再经650℃保温1h,消除加工后的残留内应力,然后再进行精加工,此后再时效。经此处理后时效引起的变形率可以控制在0.02%以下。

2CrNi3MoAl钢的最佳热处理工艺为:(880~920℃)×1h,空冷或水冷淬火,680℃×6h回火(水冷或空冷),(540±10)℃×(6~8h)时效(空冷)。钢的力学性能:σ_b=1260~1280MPa、$\sigma_{0.2}$=1150~1170MPa、ψ=58%~59%、δ=16.5%~17.0%、a_k=52~55J/cm^2、HRC=38~42。

2CrNi3MoAl钢也是一种很好的氮化钢,氮化温度与其最佳时效温度范围相当,故可实现时效与氮化联合进行的工艺。

2CrNi3MoAl钢制作精密塑料模具可达高精密级,镜面研磨性好,表面粗糙度达R_a0.025μm,表面光刻浸蚀性好,花纹清晰均匀。

2CrNi3MoAl钢已用于制作各类高精密塑料模具,取得良好的效果。

表8.129中的NAK55和NAK80钢是日本大同制钢开发的产品。其中,NAK55钢是一种含硫易切削析出硬化钢,除时效时析出镍-铝相强化外,还加入1%Cu作为析出强化相。该钢加热至850℃以上进行固溶处理冷却至室温,然后进行时效处理至40HRC,即可作为预硬钢供货。该钢加入0.1%S作为易切削元素,其被切削性能好于硬度为30HRC的42CrMo钢。模具厂可以直接切削加工和磨抛制成模具,不需要再作热处理。该钢适用于生产精密、透明产品的塑胶模具。

NAK80与NAK55钢不同之处是不加入硫,降低了碳含量,预硬后的硬度为36~45HRC。该钢用做高级透明塑料专用的析出硬化型预硬型模具钢。这类钢为获得高的冶金质量一般采用真空冶炼或电炉冶炼后再经电渣重熔。我国有一些生产厂生产成分与NAK80相近似的钢[194]。

1Ni3MnCuMoAl(10Ni3MnCuAl)钢,简称PMS,是我国生产的一种沉淀硬化型模具钢[195],其化学成分与NAK55钢相近,该钢已纳入GB/T 1299—2014。该钢的碳含量仅为0.1%,以镍、铝和铜作为产生沉淀硬化的元素加入,为确保有较高的淬透性和可以获得低碳板条马氏体的基体组织,添加了适量的锰、钼,为改善钢的切削加工性能,可加入0.1%S[93]。

PMS钢先经870℃×1h固溶处理,再经不同温度时效处理后,其屈服强度和伸长率的变化如图8.172所示。可以看出,该钢的屈服强度随时效温度的升高而明显增大,490~510℃达到峰值,时效温度继续升高,强度下降。时效处理后的显微组织为板条马氏体及沉淀析出的细小强化相,析出相为Al_3Ni型金属化合物[195]和ε-Cu相。650℃过时效时的析出相金属间化合物颗粒尺寸增大到25~30nm,导致过时效状态的屈服强度下降[195]。

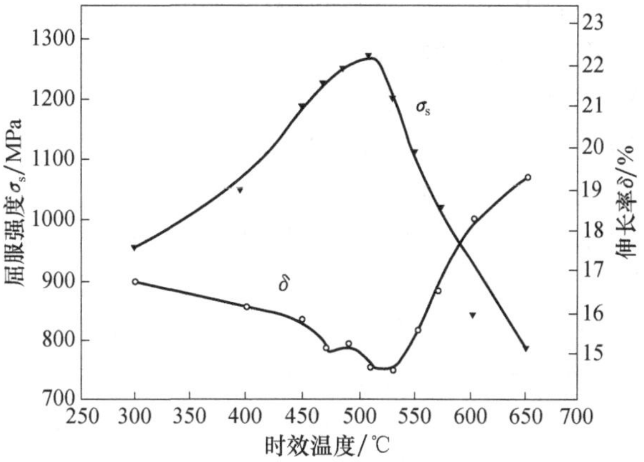

图 8.172 时效温度对 1Ni3MnCuMoAl 钢力学性能的影响[195]

PMS 钢在 870℃固溶空冷的条件下，ϕ150mm 圆钢心部可以淬硬，得到均匀一致的板条状马氏体基体组织，条间有残余奥氏体，硬度为 30～32HRC。固溶温度和冷却方式对组织有影响，固溶温度过低，如 820℃，淬火后会出现未溶铁素体，但 870℃固溶，在冷却缓慢时，也会出现板条马氏体与粒状贝氏体的混合组织。粒状贝氏体的硬度为 33HRC 左右。该钢在不含硫时，固溶处理后进行机械加工。

时效处理后得到弥散分布的析出相。经 490～510℃时效，时效时间一般为 4h。马氏体和粒状贝氏体时效后的硬度都在 40～43HRC，且不随时效时间的延长而变化。

PMS 钢经 840～850℃加热保温空冷固溶处理，再经 510℃及 530℃时效处理后的力学性能见表 8.130[93]。PMS 钢是含铝钢，适宜于氮化。

表 8.130 PMS 钢经固溶处理及不同温度回火后的力学性能[93]

钢种	时效温度/℃	硬度 HRC	σ_b/MPa	σ_s/MPa	δ_5/%	ψ/%	a_k/(J/cm^2)
PMS(含S)	510	42.5	1304	1189	16	49.2	14.7～17.0
	530	41.4	1293	1195	15	52.7	20.6
PMS(低S)	510	42.7	1332	1265	14.7	47.8	21.6
	530	41.8	1253	1192	14.6	55.7	21.6

注：含硫钢中的硫含量为 0.04%～0.15%，低硫钢中的硫含量不大于 0.01%。

PMS 钢抛光后，模具表面粗糙度达到 R_a0.050～0.057μm，有良好的镜面性能[195]，加入适当硫元素时可使钢的切削性能明显提高，可在时效后进行切削加工。该钢适于制作高精度塑料模具、透明塑料用模具等。

PMS 钢可进行高温回火软化。由于 PMS 钢含有较多的 Mn、Ni，临界点 Ac_1 点较低，为 675℃(低硫时)，高温回火软化温度为 650℃，硬度下降为 25HRC 左右,适于高精度型腔的冷挤压成形。再经时效处理仍可获得较高的强度和硬度,接近 40HRC,即具有可逆回火时效特性。

06Ni6CrMoVTiAl(简称 06Ni)钢是我国研制的一种低镍马氏体时效钢,该钢碳含量低,固溶淬火后得到低碳马氏体,时效时通过来自低碳马氏体基体中析出金属间化合物而产生硬化。该钢已纳入 GB/T 1299—2014。

06Ni 钢在机械加工前必须经固溶处理,以降低硬度便于加工。固溶温度为 800～850℃,在箱式炉中加热及保温,保温时间 2～2.5min/mm,然后在油、水或空气中冷却到室温。固溶处理后的冷却方式对时效处理后的硬度有一定的影响。820℃固溶后空冷的硬度为 26～28HRC,油冷后为 24～25HRC,水冷后为 22～23HRC。固溶后冷却速率越快,硬度越低,但时效后硬度却会越高。这是因为固溶后快速冷却,硬化相来不及析出,只能在时效处理时析出。

模具经机械加工后,再进行时效处理,达到所需要的性能。时效温度为(520±10)℃,保温 6～8h。时效处理一般在有保护气氛的箱式炉中进行。时效过程中由于析出 NiAl 或 NiTi 等而得到强化,其后的硬度为 42～45HRC[100]。

06Ni 钢的突出优点是热处理变形小,其处理后的变形量为 0.01%～0.03%。固溶处理后的硬度为 20～28HRC,可进行切削加工,抛光性能好。固溶处理和时效处理后有良好的综合力学性能(室温):$\sigma_b=1478$MPa、$\sigma_{0.2}=1422$MPa、$\psi=37.2\%$、$\delta=9.3\%$、$a_{kU}=34J/cm^2$、HRC=42～45[93]。

06Ni 钢在仪表、电器、轻工、航空航天等工业部门制作高精度塑料模具,收到很好的效果。

00Ni18Co8Mo5TiAl 是新纳入 GB/T 1299—2014 的一种 18Ni 马氏体时效钢。这类钢的特性在第三分册 6.7.5 节中已有介绍。虽然马氏体时效钢价格高昂,但由于其性价比高,而日益广泛地引入模具钢制造。模具行业与宇航工业不同,对冶金质量的要求可以适当降低,这也有利于该类钢的扩大应用。

00Ni18Co8Mo5TiAl 是我国研制的一种马氏体时效钢,牌号为 TM210A(表 6.63)。该钢的均质化处理温度:1200～1220℃,保温时间为 8～15h,视钢锭尺寸而定,细化晶粒热处理制度:950℃×1h,水冷+900℃×1h。

00Ni18Co8Mo5TiAl 钢的临界点温度如下:$Ac_1=620$℃、$Ac_3=745$℃、$M_s=245$℃、$M_f=80$℃。固溶处理:820～860℃×1h,空冷,时效处理:510℃×3h,空冷。固溶处理后的硬度约为 30HRC,便于加工。时效后的硬度为 57～60HRC。该钢经热处理后的性能见表 6.63。该钢具有高的强韧性、低硬化指数、良好的成形性和焊接性能,适宜制作长寿命的精密塑料模具及铝合金压铸模等。

8.6.4 耐蚀塑料模具钢

在生产以化学性腐蚀塑料(如聚氯乙烯、氟塑料、阻燃塑料等)为原料的塑料制品时，这类塑料在熔融状态下，会分解出氯化氢、氟化氢、二氧化硫等气体，模具必须具有防腐蚀性能，虽可采用镀铬或镀镍的方法防腐，但沟槽很难得到均匀的镀层，容易开裂或剥落。另外，由于不能始终保持尖锐棱角的完全闭合，成型的塑料部件往往会形成较厚的毛边。因此，这类模具大都采用含铬 13%或更高的耐蚀钢制造。耐蚀型塑料模具钢还要求一定的硬度、强度和耐磨性，以及较好的工艺性能。

国内外使用最多的是中碳或高碳的高铬马氏体不锈钢。我国在制定 GB/T 1299—2014 时，纳入了 8 个牌号。表 8.131 为国内外使用的一些耐蚀塑料模具钢的化学成分。

表 8.131　国内外使用的一些耐蚀塑料模具钢的化学成分　（单位：%）

钢号	C	Si	Mn	P	S	Cr	Mo	Ni	V
4Cr13	0.35～0.45	≤0.60	≤0.80	见表 8.5	见表 8.5	12.00～14.00	—	≤0.60	—
2Cr13	0.16～0.25	≤1.00	≤1.00	见表 8.5	见表 8.5	12.00～14.00	—	≤0.60	—
4Cr13NiVSi	0.35～0.45	0.90～1.20	0.40～0.70	≤0.010	≤0.003	13.00～14.00		0.15～0.30	0.25～0.35
2Cr17Ni2	0.12～0.22	≤1.00	≤1.50	见表 8.5	见表 8.5	15.00～17.00	—	1.50～2.50	—
3Cr17Mo	0.33～0.45	≤1.00	≤1.50	见表 8.5	见表 8.5	15.50～17.50	0.80～1.30	≤1.00	—
3Cr17NiMoV	0.32～0.40	0.30～0.60	0.60～0.80	≤0.025	≤0.005	16.00～18.00	1.00～1.30	0.60～1.00	0.15～0.35
9Cr18	0.90～1.00	≤0.80	≤0.80	见表 8.5	见表 8.5	17.00～19.00	—	≤0.60	—
9Cr18MoV	0.85～0.95	≤0.80	≤0.80	见表 8.5	见表 8.5	17.00～19.00	1.00～1.30	≤0.60	0.07～0.12
Stavax(S-136)（瑞典）	0.38	0.9	0.5	—	≤0.003	13.6	—	—	0.3
Mirrax40（瑞典）	0.21	0.9	0.45	—	≤0.003	13.5	0.2	0.6	0.25+N
Polmax（瑞典）	0.38	0.9	0.5	—	—	13.6	—	—	0.3
Royalloy（瑞典）	0.05	0.4	1.2	—	—	12.6	—	0.12	+易切削元素

续表

钢号	C	Si	Mn	P	S	Cr	Mo	Ni	V
Corrax(瑞典)	0.03	0.3	0.3	—	—	12.0	1.4	9.2	1.2Al
420FSe(美)	0.30～0.40	≤1.00	≤1.25	≤0.06	≤0.06	12.00～14.00	—	—	Se≥0.15
431(美)	≤0.20	≤1.00	≤1.00	≤0.040	≤0.040	15.0～17.00	—	1.25～2.50	—
X36CrMo16 2316(德)	0.33～0.45	≤1.00	≤1.50	0.030	0.030	15.50～17.50	0.80～1.30	≤1.00	—
X89CrMoV18-1 3549(德)	0.85～0.95	≤1.00	≤1.00	0.040	0.015	17.00～19.00	0.90～1.30	—	0.07～0.12
M300(奥地利)	0.33～0.43	≤1.00	≤1.00	—	—	15.0～17.0	1.00～1.30	≤1.00	—
M310(奥地利)	0.38	0.76	0.36	0.026	0.002	14.20	0.60	0.25	0.19

注:前面 8 个是新列入 GB/T 1299—2014 的钢号。M300 和 M310 是奥地利百禄(Böhler)钢厂的产品。

4Cr13(根据 GB/T 20878—2007《不锈钢和耐热钢　牌号及化学成分》中的不锈钢牌号表示方法,应为 40Cr13,本节中仍以 4Cr13 表示)属于中碳高铬型耐蚀钢,国际上广泛应用,在热处理后能获得较高的硬度和强度,可用于制造有一定耐蚀性能的塑料模具,如加工有腐蚀性的 PVC、乙酸盐类等注塑原料的塑料模具,或必须在潮湿环境下工作及存放的模具。

4Cr13 为过共析钢,临界点 Ac_1≈820℃,可采用温度范围 750～800℃进行高温回火 2～6h,处理后的硬度为 170～200HB,退火后的组织由富铬铁素体加 $(Fe,Cr)_{23}C_6$ 组成。

应注意,4Cr13 钢在退火组织中不应存在呈网状分布的碳化物,碳化物网在淬火加热时难于完全溶解,使钢的冲击韧性下降。应从原材料方面进行控制,即在锻轧后的组织中不得存在网状碳化物。

4Cr13 钢经过粗加工后必须进行去应力退火,加热至 650℃均热 2h,缓冷至 500℃,然后出炉空冷。

由于 4Cr13 钢为中碳并含有较高的铬,因而具有较高的淬透性,可用于制作尺寸较大的模具。对于小型塑料模具可以空冷淬火,尺寸较大的模具多采用油淬。4Cr13 钢退火组织中碳化物含量较多,即使在 1060～1100℃奥氏体化,碳化物也不能完全溶解,一般采用较高的淬火温度,以提高马氏体的硬度和耐蚀性能。该钢适宜的淬火温度为 1050℃,在获得较高硬度的同时,具有较高的冲击韧性。淬火温度高于 1100℃时,由于钢中存在较多的残余奥氏体,硬度反而下降。

4Cr13钢通常在两种状态下使用：当要求高硬度和高耐蚀性能时，可在温度范围200～350℃回火；要求强度、塑性和冲击韧性有最佳配合而耐蚀性又较高时，则采用650～750℃回火，一般不采用在400～600℃回火。图8.173为4Cr13钢在不同温度回火后的耐蚀率与回火温度的关系。低温回火时钢中仅析出少量碳化物，并消除了部分内应力，大量铬仍保留在固溶体中，钢的耐蚀性高。在中温区域回火时，由于析出大量的$(Fe,Cr)_3C$和$(Cr,Fe)_7C_3$，在碳化物周围存在贫铬区，在腐蚀介质中形成许多微电池，富铬碳化物为阴极，其周围的贫铬固溶体为阳极，因而引起电化学腐蚀，使钢的耐蚀性能显著降低，同时钢的冲击韧性也降低。在更高温度回火时，碳化物转变为$(Cr,Fe)_{23}C_6$，由于铬的扩散，贫铬区消失，钢的耐蚀性能又有所提高。

4Cr13钢淬火加热至1000～1050℃后油淬时的硬度为52～55HRC，回火温度为200～300℃时，回火后硬度为50～53HRC。4Cr13钢加热至1050℃空冷，650℃×3h回火后的室温力学性能：$\sigma_b=1125MPa$、$\sigma_{0.2}=905MPa$、$\psi=32\%$、$\delta=11\%$、$a_{kU}=10J/cm^2$、HRC=28[121]。

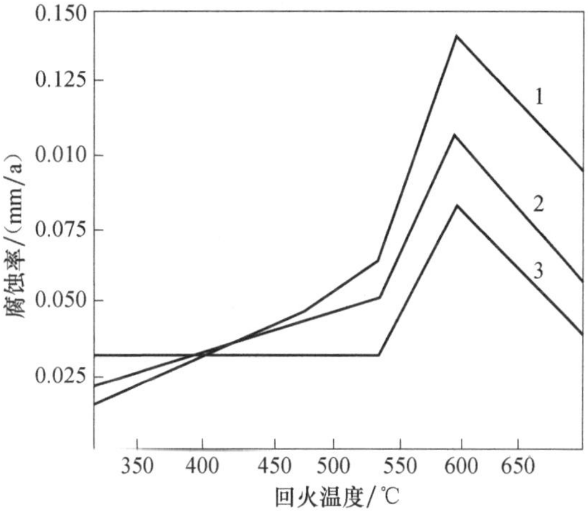

图8.173 回火温度对4Cr13钢腐蚀率的影响[196]

成分：0.37%C、14.5%Cr，海水喷雾500h，22℃

1—1149℃油淬；2—1038℃油淬；3—927℃油淬

2Cr13(根据GB/T 20878—2007中的不锈钢牌号表示方法，应为20Cr13，本节中仍以2Cr13表示)钢为亚共析钢，具有较高的韧性和冷变形性能，机械加工性能良好，具有优良的耐腐蚀性能，但耐磨性不如4Cr13钢。2Cr13钢加热淬火温度为1000～1050℃，油冷或水冷，硬度为45～47HRC，200～300℃回火后的硬度下降1～2HRC。回火温度为660～670℃，空冷后的硬度为20～23HRC。

4Cr13NiVSi是国内外常用的一种马氏体不锈钢，有的文献称为4Cr13V，用做耐蚀预硬型钢[197]。该钢退火后的硬度应不大于 235HBW,适宜的淬火温度为 1000～1030℃,油淬,硬度应不小于 50HRC,该钢的预硬硬度为 30～36HRC。4Cr13NiVSi 钢经电渣重熔冶炼,因此钢的洁净度高,退火组织主要为铁素体＋颗粒状的碳化物 $M_{23}C_6$,淬火回火组织为回火马氏体＋碳化物。

S-136(Stavax)钢的化学成分中未标明镍含量,实物分析表明含有不大于 0.30%的镍[198,199],所以实际上 S-136 的化学成分与 4Cr13NiVSi 相同。S-136 钢经过电渣重熔冶炼,保持了成分的均匀性和高的洁净度,具有良好的抛光性能和图案蚀刻性能。

图 8.174 为 S-136 钢的过冷奥氏体连续冷却转变曲线。S-136 钢是一种过共析钢,含碳化物形成元素量高,凝固过程中容易形成大尺寸网状或共晶碳化物,特别是在心部,应在热加工时充分破碎,否则在成形后的模块中可能出现链状碳化物。

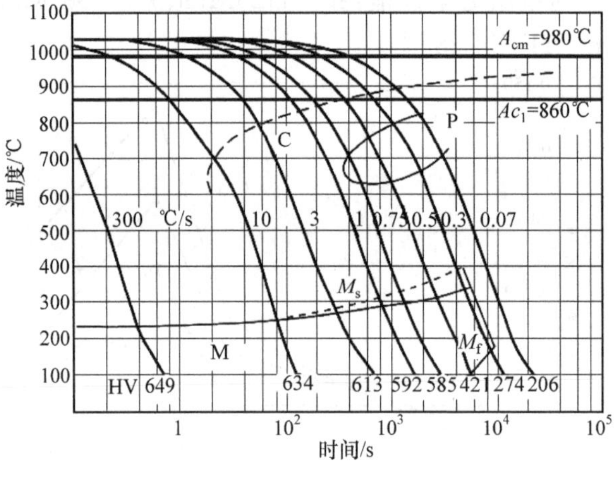

图 8.174 S-136 钢的过冷奥氏体连续冷却曲线[198]

奥氏体化温度:1030℃,保温时间:30min

S-136 钢的退火软化工艺:加热至 890℃,保温,以 20℃/h 的冷却速率冷至 850℃,再以 10℃/h 的冷却速率冷至 700℃,空冷,硬度约为 200HB。经过粗加工后应进行去应力退火,工艺为:加热至 600℃,2h,炉冷至 500℃,空冷。

S-136 钢的淬火时,先经 600～650℃预热,淬火温度范围为 1000～1050℃,晶粒度可保持 9 级,一般采用 1020～1030℃。淬火时应快速冷却,但应避免引起过高的应力和变形,可采用 80℃热油、真空压力淬火等,冷至 50℃左右时,应立即回火。图 8.175 为 S-136 钢不同淬火温度后,回火温度对钢的硬度和残余奥氏体量的影响。回火至少两次,适宜的回火温度为 250℃,此时钢的韧性、硬度与耐蚀性得到最佳的配合。考虑到淬火和回火时模具尺寸的伸缩,在加工时应留有充足的余量。该钢作为预硬钢使用时，又名 S136H，出厂硬度为 30～36HRC，可直接供用户使用。预硬化热处理工艺为 1030℃淬火＋580℃回火两次，此时的碳化物量少，大量的铬仍保持在固溶体中，钢的耐蚀性仍比较高。

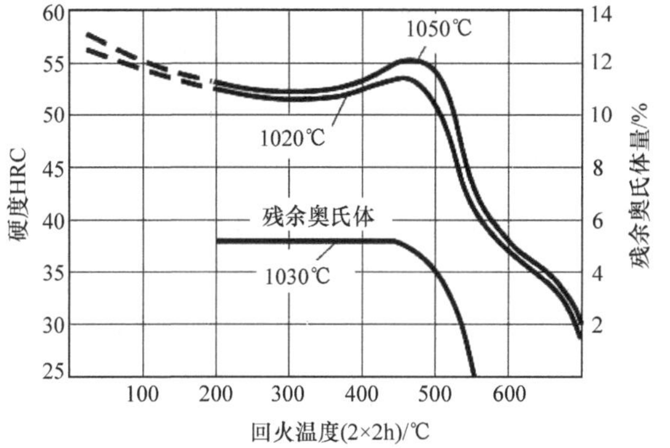

图 8.175　S-136 钢不同温度(见图中数字)淬火后，回火温度对钢的硬度和残余奥氏体量的影响[198]

S-136 钢由于耐腐蚀，适用于使用 PVC 等带腐蚀性塑料或必须在潮湿环境工作的模具；由于耐磨性好，适用于磨耗较大的或要求模具有较长工作时间的模具；由于高抛光性，适合生产光学产品，如照相机、太阳眼镜、化学仪器等所用的塑胶制品等。

Mirrax40 是 2Cr13 的改进型，是一种经过电渣重熔的预硬型耐蚀塑料模具钢，供货时的预硬硬度为 40HRC，钢的洁净度高，具有高的抛光性能和良好的机械加工性能。综合合金化的结果，使该钢具有比较高的淬透性，在大截面上可获得均匀的硬度，还具有好的塑性和韧性[198]。

Mirrax40 钢模块尺寸为 508×306mm、预硬硬度为 360HB(39HRC)时，其力学性能如下：$R_{p0.2}$＝1020MPa、R_m＝1150MPa、A_5＝13％、Z＝35％、$R_{c0.2}$＝1100MPa。

Mirrax40 钢以预硬状态供货，当要求有更高的硬度时可以重新处理。首先进行软化处理，在有保护的情况下，加热至 780℃，保温直至热透，以 10℃/h 速率冷至 600℃，空冷。经过粗加工后，加热至 550℃，热透后保温 2h，空冷。重新淬火：预热至 500～600℃，加热至 1020℃，热透后保温 30min，然后淬火冷却(真空加热炉中高压气淬、80℃热油、高速气冷)，冷至 50～70℃后立即回火，回火温度视要求的硬度而定，至少应回火两次，保温 2h，最低回火温度为 250℃。图 8.176 为 Mirrax40 钢 1020℃淬火后回火温度与钢的硬度的关系曲线。

Mirrax40 钢适合用于制作表面光洁度要求很高的和透明塑料用的模具，以及有腐蚀性塑料用的模具，模具使用寿命长，维修费用低。

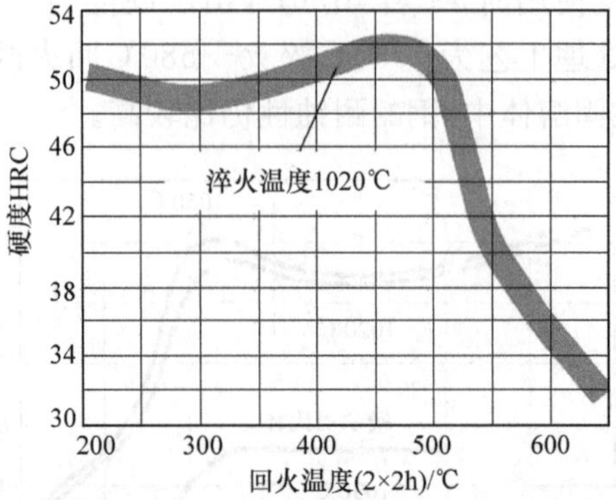

图 8.176　Mirrax40 钢回火温度与钢的硬度的关系曲线[198]

Polmax 钢的化学成分与 S-136 和 4Cr13NiVSi 等钢相似,并无特别之处,其热处理工艺亦相似。该钢主要特点是采用双真空冶炼(ESR+VAR),其成分偏析和夹杂物含量降至极低,保证具有极好的微观组织的均匀性和特别优良的抛光性能。该钢用于对表面光洁度要求极高的塑料模具,如镜片用模具、生成 CD 和 DVD 的模具、医用制品用模具等[198]。

Royalloy 是一种低碳的 Cr13 型易切削耐蚀预硬型塑料模具钢,预硬硬度 290~330HB(31~36HRC)。该钢加入了易切削元素,具有良好的切削加工性能,可用于制作型腔比较复杂的耐蚀模具,以及对抛光性不是很高的模具[198]。我国亦有类似的牌号,如 Y12Cr13(表 9.2),有类似的用途。美国的 420FSe 亦是类似的一种 Cr13 型易切削耐蚀预硬型塑料模具钢,只是碳含量稍高。

Corrax 是列于表 8.131 中唯一的沉淀硬化型耐蚀塑料模具钢,其化学成分与我国 04Cr13Ni8Mo2Al 钢(表 9.16)和美国的 PH13-8Mo 钢(表 9.55)相近(略有差异)。该钢固溶处理的温度为 850℃,热透后保持 30min,空冷,硬度约为 34HRC,并以固溶状态供货。Corrax 钢不能进行去应力退火,因为在退火温度范围会发生时效强化。如果要求产品具有更高的硬度,可以进行时效处理。

图 8.177 为 Corrax 钢固溶处理后时效温度和时间对钢的硬度的影响,时效结束后空冷至室温。时效至相同硬度时,高温时效较低温时效有更好的韧性。当模具的工作温度超过 200℃时,该钢不宜在固溶状态下使用。该钢具有良好的耐蚀性,可在大的截面上获得均匀一致的性能,可用于制作各类注塑模、挤压模等。

2Cr17Ni2、3Cr17Mo 和 3Cr17NiMoV 三种钢均含有约 17%的 Cr,可以提高钢氧化性介质中的耐蚀性。

2Cr17Ni2(按 GB/T 20878—2007,为 17Cr16Ni2)钢与过去常用的 1Cr17Ni2(或 14Cr17Ni2)钢相比,增加了碳含量,略减少了铬含量,可以减少钢中的铁素体含量,改善了钢的热加工性能,提高了钢的韧性,可参考第五分册 9.3.3 节。

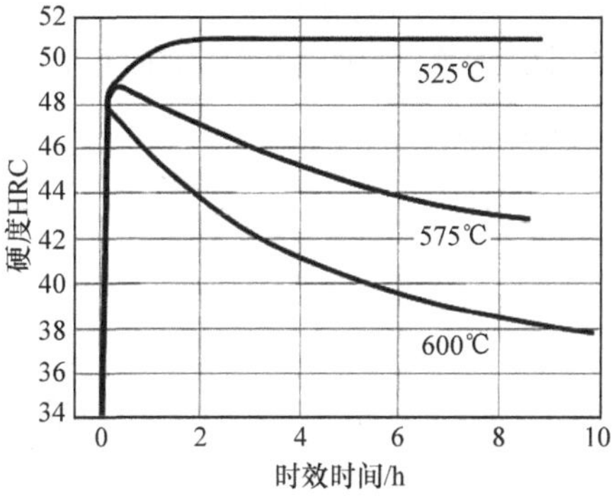

图 8.177 固溶处理的 Corrax 钢经不同温度时效，其硬度与时效时间的关系曲线[198]

2Cr17Ni2 钢的化学成分与美国的 431 型不锈钢相近。

2Cr17Ni2 钢的淬火温度为 1000～1050℃，油冷，硬度不小于 40HRC。该钢不采用 350～550℃温度区间(脆性区)回火。该钢可在 275～350℃回火，基体的组织是回火马氏体，具有高的硬度；550～700℃高温回火后的组织是索氏体，有较好的强韧性配合，耐蚀性也高，用做预硬钢时，根据需要的硬度确定回火温度。该钢常用的预硬化硬度为 28～32HRC(270～300HB)。该钢适宜制作耐腐蚀塑料模具，用做玻璃模具时具有良好的抗氧化性能。

3Cr17Mo 钢(或 3Cr17NiMo)是一种马氏体不锈钢，其化学成分与德国的 X36CrMo162316 钢和奥地利的 M300 钢相同。3Cr17Mo 钢适宜的淬火温度为 1000～1040℃，油淬后的硬度不低于 46HRC。淬火组织主要是马氏体，还有少量的铁素体和未溶碳化物，铁素体为多边形，含量约 10%，碳化物呈颗粒状，以 $M_{23}C_6$ 型为主。从综合性能考虑，回火温度以 550～650℃为宜。3Cr17Mo 钢可按预硬状态供货，预硬化硬度为 33～38HRC。3Cr17Mo 钢具有优良的强韧性和耐蚀性，适于制作要求高精度、高耐磨，要求耐蚀的塑料模具和压制透明的塑料制品模具[200,201]。

3Cr17NiMoV 也是一种 Cr17 型耐腐蚀预硬化型塑料模具钢，预硬硬度为 33～38HRC，用途与 3Cr17Mo 钢相同。3Cr17NiMoV 钢在淬火温度不高于 1020℃时，大量碳化物未完全溶于基体中，晶粒较细，为 10.5 级，组织为马氏体+少量的多边形铁素体，其上分布着颗粒状的碳化物 $M_{23}C_6$，马氏体呈板条状，局部有马氏体孪晶。淬火温度超过 1060℃时，晶粒开始长大。推荐的淬火温度为 1000～1040℃，油中淬火，硬度不小 50HRC。

图 8.178 为 3Cr17NiMoV 钢经 1040℃加热，保温 15min，油淬后经不同温度回火后的硬度，经 260～300℃回火时，钢的强韧性配合比较好，有高的强度和硬度和良好的耐蚀性，组织为回火马氏体+少量铁素体及残留的一次碳化物；还可在

550～600℃进行高温回火,组织是回火索氏体,并有二次碳化物析出,钢的强度及硬度下降,但塑性和韧性得到改善,耐蚀性较好,此时可作为预硬化钢[202]。

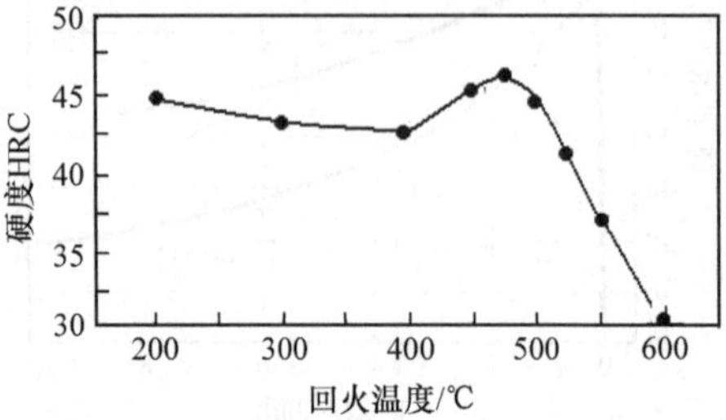

图 8.178 3Cr17NiMoV 钢经 1040℃加热,保温 15min,油淬淬火后不同温度回火后的硬度[202]

9Cr18 和 9Cr18MoV 都是高碳 Cr18 型的耐磨耐蚀不锈钢,属于马氏体不锈钢。9Cr18 钢在大气、水及某些酸类和盐类的水溶液有优良的不锈耐蚀性,适于制作要求耐蚀、高强度和耐磨损的零部件,如轴、杆类、弹簧、紧固件等。9Cr18MoV 钢的基本性能和用途与 9Cr18 钢相近,但热强性和抗回火稳定性更好,适宜制作承受摩擦并在腐蚀介质中工作的零件。

9Cr18 钢的化学成分与高碳铬不锈轴承钢 G95Cr18(旧牌号 9Cr18,见表 7.45)相同,可参考第三分册 7.2.8 节。

9Cr18MoV 钢的化学成分与高碳铬不锈轴承钢 G102Cr18Mo(旧牌号 9Cr18Mo,见表 7.45)略有差异,与德国的 X89CrMoV18-1(3549)钢相同。该钢的热加工温度为 1100～800℃,退火温度为 820～860℃,退火后的硬度不大于 269HB;淬火温度为 1050～1075℃,油冷,淬火后的硬度大小于 55HRC;回火温度为 100～200℃,硬度为 59～58HRC。

8.6.5 冷挤压成型用塑料模具钢

冷挤压成型是将一个淬硬钢的挤压原模(它是制品的精确复制品)压入软的模具坯料,使之成形为模具的型腔。这种制模方法具有生产效率高、模具精度高、表面光洁度好等优点,尤其是对要求重复制造的、型腔复杂的模具,优点更明显。由于这种成型方法的特点,它仅适用于一些形状特殊的塑料模具。挤压成型用的原模要求有高的抗压强度,能保持良好的光洁度,可以根据需要选择某些淬硬工具钢制造。

对冷挤压成型用塑料模具钢的要求是:

(1) 退火状态的塑性高,变形抗力低。一般要求 HB≤150,δ≥35%。复杂型腔较深,要求 HB≤130,δ≥45%。

(2) 淬火后的变形抗力高。在这类钢中可加入能提高淬透性而固溶强化效果又小的合金元素，铬是比较理想的，硅含量应尽量低。这类钢在挤压成型后均进行渗碳，然后淬火和回火，表面硬度达到58～62HRC。

我国常用工业纯铁、20、20Cr、12CrNi3等钢制作冷挤压成型模具，其冷挤压性能见表8.132。工业纯铁或低碳钢的硬度比较低，虽能满足冷挤压成型时的低变形抗力要求，成型后经渗碳、淬火-回火也能形成高硬度的表层，但因淬透性差，模具心部性能无法改善，强度低，从心部至表面缺乏合适的硬度过渡层，模具使用时高硬度的表面易于塌陷或剥落。

表8.132 冷挤压成型塑料模具用钢[100]

钢号	冷挤压性能		淬硬能力	硬化后变形能力	说明
	软化退火后硬度HB	性能评价			
工业纯铁	82～100	优	低	低	冷挤压性能好、心部强度低，适用于小型或复杂型腔模具
20	≤131	高	低	低	适用于冷挤压简单型腔模具
20Cr	≤140	高	中	中	适用于型腔复杂模具
12CrNi3A	≤163	中	中	高	适用于浅型腔复杂模具
40Cr	≤163	中	中	高	心部强度优于20Cr
Cr2(GCr15)	≤179	低	优	优	适用于浅型腔、工作比压高的塑料模

注：工业纯铁碳含量不超过0.04%。

有些国家有冷挤压成型塑料模具钢系列或专用钢号，我国也研制了冷挤压成型塑料模具专用钢LJ，这类钢的化学成分及软化退火后的硬度见表8.133。

表8.133 冷挤压成型专用塑料模具钢的化学成分及软化退火后硬度[19,203]

钢号	化学成分/%							退火后硬度HB
	C	Si	Mn	Cr	Ni	Mo	V	
P1(美国)	≤0.10	0.10～0.40	0.10～0.30	—	—	—	0.10	81～100
P2(美国)	≤0.10	0.10～0.40	0.10～0.40	0.75～1.25	0.10～0.50	0.15～0.40	—	103～123
P3(美国)	≤0.10	≤0.40	0.20～0.60	0.40～0.75	1.00～1.50	—	—	109～137
P4(美国)	0.12	0.10～0.40	0.20～0.60	4.00～5.25	—	0.40～1.00	—	116～128
P5(美国)	0.06～0.10	0.10～0.40	0.20～0.60	5.00～2.50	≤0.35	—	—	105～110
P6(美国)	0.05～0.15	0.10～0.40	0.35～0.70	1.25～1.75	3.25～3.75	—	—	207
8616(瑞典)	0.05	0.15	0.10	3.90	—	0.50	—	95～110
LJ(中国)	≤0.08	<0.3	<0.2	3.6～4.2	0.3～0.7	0.2～0.6	0.08～0.15	87～105

LJ钢经常规退火后，硬度可降至100HB左右，具有很好的冷挤压成型能力。

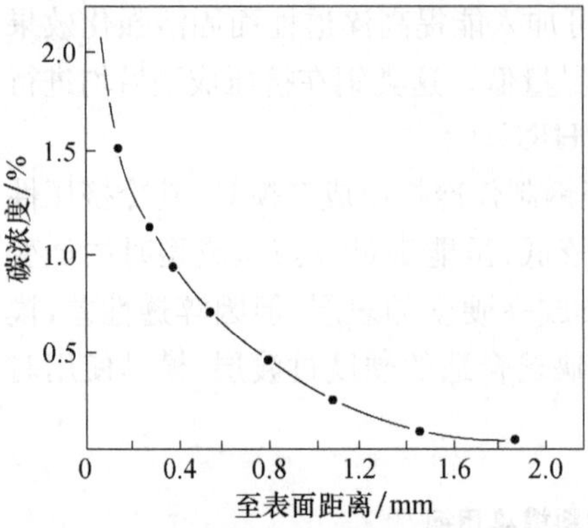

图 8.179　渗层碳浓度分布(925℃×6h)[203]

该钢的临界点:Ac_1=780℃,Ac_3=850℃。

采用 925℃×6h 固体渗碳后的渗碳层碳浓度分布曲线如图 8.179 所示。

LJ 钢中有较多的碳化物形成元素,在渗碳温度下形成了大量的合金碳化物,因而使碳浓度降低,促使更多的活性碳原子被钢表面吸收,又使表面碳浓度增加,实现了高浓度渗碳,表面碳浓度可达 1.5%以上。这加大了渗层的碳浓度梯度,提高了渗碳速率。LJ 钢经 925℃×6h 固体渗碳,渗层达 1.6mm。渗碳后再经 850℃加热油冷淬火和 200℃×2h 回火,可获得高的强度和硬度,硬度为 61～62HRC,抗弯强度 σ_{bb} 约为 1120MPa。淬火温度选择 850℃是为了兼顾高碳渗层和低碳心部两方面强化的要求而确定的。

LJ 钢渗碳、淬火和低温回火后的表层组织为大量的碳化物分布在高硬度的回火马氏体和残余奥氏体的基体上,碳化物的形态为粒状或短棒状,具有高的耐磨性。过渡层为板条马氏体和贝氏体的混合组织,增加了模具渗层的承载能力和表层与心部的结合强度,使模具在使用过程中不易塌陷和剥落。ϕ28mm 试棒的心部硬度高于 28HRC。

生产应用表明,使用 LJ 钢制作精密复杂塑料零件的冷挤压成型模具,耐磨性好,使用寿命高。

8.6.6　我国塑料模具钢的行业标准

生产模具的厂家众多,需要模具钢的品种和规格也多,如圆钢、扁钢、厚板、模块等,常常需要精加工过的或预硬过的制品,用户只需进行最后加工,可以缩短制模周期,显著减少模具材料的消耗。我国较长时间无塑料模具用钢专用标准,在 GB/T 1299—2000《合金工具钢》只纳入了 3Cr2Mo、3Cr2MnNiMo 两个钢号。为适应模具行业生产发展的需要,我国于 1997 年制定了模具钢生产的行业标准:YB/T 094—1997《塑料模具用扁钢》,YB/T 107—1997《塑料模具用热轧厚钢板》,YB/T 129—1997《塑料模具钢模块技术条件》。在这些标准中,牌号中均冠以的"SM"代表塑料模具中"塑模"两字汉语拼音首位字母。

YB/T 094—1997 适用于厚度为 25～105mm,宽度为 170～410mm 的塑料模具用热轧或锻制的扁钢,包括非合金塑料模具钢和合金塑料模具钢两类。这些钢的化学成分应符合表 8.134 的规定。

表 8.134 塑料模具用扁钢的化学成分(YB/T 094—1997) (单位:%)

钢号	C	Si	Mn	Cr	Ni	Mo	V	Al
SM45	0.42～0.48	0.17～0.37	0.50～0.80	—	—	—	—	—
SM50	0.47～0.53	0.17～0.37	0.50～0.80	—	—	—	—	—
SM55	0.52～0.58	0.17～0.37	0.50～0.80	—	—	—	—	—
SM1CrNi3	0.05～0.15	0.10～0.40	0.35～0.75	1.25～1.75	3.25～3.75	—	—	—
SM3Cr2Mo	0.28～0.40	0.20～0.80	0.50～1.00	1.40～2.00	—	0.30～0.55	—	—
SM3Cr2NiMo	0.32～0.42	0.20～0.80	1.00～1.50	1.40～2.00	0.80～1.20	0.30～0.55	—	—
SM2CrNi3MoAl1S	0.20～0.30	0.20～0.50	0.50～0.80	1.2～1.8	3.0～4.0	0.20～0.40	—	1.0～1.6
SM4Cr5MoSiV	0.33～0.43	0.80～1.25	0.20～0.60	4.75～5.50	—	1.10～1.60	0.30～0.60	—
SM4Cr5MoSiV1	0.32～0.45	0.80～1.25	0.20～0.60	4.75～5.50	—	1.10～1.75	0.80～1.25	—
SMCr12Mo1V1	1.40～1.60	0.10～0.60	0.10～0.60	11.00～13.00	—	0.70～1.20	0.50～1.10	—
SM2Cr13	0.16～0.25	≤1.00	≤1.00	12.00～14.00	≤0.60	—	—	—
SM3Cr17Mo	0.28～0.35	≤0.80	≤1.00	16.00～18.00	≤0.60	0.75～1.25	—	—
SM4Cr13	0.35～0.45	≤0.60	≤0.80	12.00～14.00	≤0.60	—	—	—

注:各钢 P 含量不大于 0.030%。SM2CrNi3MoAl1S 钢即表 8.117 中的 25CrNi3MoAl 钢,但加入 0.100%S,其余各钢 S 含量不大于 0.030%。SM3Cr2NiMo 钢的化学成分与 GB/T 1299—2000 中的 3Cr2MnNiMo 钢稍有不同。

表 8.134 中的 SM45、SM50 和 SM55 为非合金塑料模具钢,以热轧状态交货,其余为合金塑料模具钢,以退火状态交货,但根据需方要求,经供需双方协议,SM3Cr2Mo、SM3Cr2NiMo、SM2Cr13 钢可供应预硬化状态钢材。交货状态的钢材硬度值和试样淬火、回火硬度值应符合表 8.135 的规定。

表 8.135 塑料模具用扁钢交货状态硬度值和淬火、回火硬度值(YB/T 094—1997)

钢号	退火硬度 HB	淬火-回火制度及淬火-回火后硬度值			
		淬火	回火	HRC	HB
SM45	一般以热轧状态交货,布氏硬度 HB 为 155～215				
SM50	一般以热轧状态交货,布氏硬度 HB 为 165～225				
SM55	一般以热轧状态交货,布氏硬度 HB 为 170～230				

续表

钢号	退火硬度 HB	淬火-回火制度及淬火-回火后硬度值			
		淬火	回火	HRC	HB
SM1CrNi3	≤212	渗碳钢不做淬火-回火硬度试验			
SM3Cr2Mo	≤235	850～880℃油冷	550～600℃空冷	≥30	—
SM3Cr2NiMo	≤250	850～880℃油冷	550～600℃空冷	≥32	—
SM2CrNi3MoAl1S	≤235	850～900℃油冷	510～530℃空冷(时效 8～10h)	≥40	—
SM4Cr5MoSiV	≤235	1000～1200℃空冷	540～560℃空冷,回火两次	≥53	—
SM4Cr5MoSiV1	≤235	1000～1200℃空冷	540～560℃空冷,回火两次	≥53	—
SMCr12Mo1V1	≤255	1000～1200℃空冷	190～210℃空冷	≥59	—
SM2Cr13	≤223	920～980℃油冷	600～750℃空冷	—	≥192
SM3Cr17Mo	≤223	1000～1050℃油冷	200～300℃空冷	≥43	—
SM4Cr13	≤201	1050～1100℃油冷	200～300℃空冷	≥50	—

对扁钢应进行低倍组织检查,试片上不得有肉眼可见的各种缺陷,酸浸低倍组织的一般疏松、中心疏松和偏析应不大于 2.5 级。

用热处理毛坯制成试样测出钢材纵向力学性能,其性能值应符合表 8.136 的规定。以预硬状态交货的钢材不再进行热处理,其性能指标由供需双方协议。

表 8.136 塑料模具扁钢的力学性能要求(YB/T 094—1997)

牌号	推荐的热处理制度	σ_b/MPa	σ_s/MPa	δ_5/%	ψ/%	A_{kU}/J
		不小于				
SM45	820～870℃空冷	600	355	16	40	—
SM50	810～860℃空冷	630	375	14	40	—
SM55	800～850℃空冷	645	380	13	35	—
SM3Cr2Mo	850～880℃油冷＋550～650℃空冷	960	800	10	35	40
SM3Cr2NiMo	850～880℃油冷＋550～650℃空冷	980	800	10	35	45
SM2Cr13	920～980℃油冷＋600～750℃水冷	635	440	20	50	63

钢材的 A、B、C、D 类非金属夹杂物的粗系和细系最高级别均不得超过 2.5 级。含硫钢非金属夹杂物的合格级别由供需双方协商。此外,还应检查钢的脱碳层、淬透性,对 SMC12Mo1V1 钢还需检查其共晶碳化物不均匀度。

YB/T 107—1997 适用于厚度为 20～240mm,宽度为 1000～2400mm,长度为 2600～9000mm 的塑料模具钢。

该标准包括 5 个非合金钢和 2 个合金钢钢号。5 个非合金钢钢号为 SM45、SM48、SM50、SM53、SM55。各钢号中允许 S 含量不大于 0.035%,SM48 钢碳含量为 0.45%～0.51%,SM53 钢的碳含量为 0.50%～0.56%,其余化学成分含量与表 8.134 中的非合金塑料模具钢相同。2 个合金塑料模具钢的化学成分与表

8.134 中的相同钢号基本一样。厚钢板以热轧、热轧缓冷或退火状态交货，其交货硬度和力学性能应符合表 8.137 的规定。

表 8.137 塑料模具用热轧厚钢板的交货硬度及力学性能要求（YB/T 107—1997）

牌号	交货状态硬度 HB	推荐的热处理制度	σ_b/MPa	σ_s/MPa	δ_5/%	a_{kU}/(J/cm^2)
			不小于			
SM45	155～210	850℃油冷+560℃空冷	600	355	16	35(常温，纵向)
SM48	160～215		610	365	14	
SM50	165～220		630	375	14	
SM53	170～225		640	380	13	
SM55	175～230		610	385	13	
SM3Cr2Mo	≤230		960	660	15	45(常温，纵向)
SM3Cr2NiMo	≤250		980	680	15	

酸浸低倍组织的要求：一般疏松、中心疏松和偏析各不大于 3 级。

YB/T 129—1997 适用于塑料模具钢模块，其尺寸范围为：长度 500～2000mm，宽度 250～1200mm，高度 200～800mm。规定的模块钢号有 5 个：SM45、SM50、SM55、SM3Cr2Mo 和 SM3Cr2NiMo，其化学成分见表 8.134，当不以 Ni、Cr 为合金元素时，其含量均不超过 0.25%，各钢的 Cu 含量均不超过 0.25%。

用电炉和炉外精炼冶炼的钢锭生产的模块，锻造比应不小于 4。模块应以退火状态、预硬状态、粗加工状态交货。退火状态交货的模块，布氏硬度值由供需双方协商确定。如有需要，可检查钢的低倍组织和非金属夹杂物，其检查方法及合格级别的规定见该标准。塑料模具钢钢块根据需要应进行超声波检验确定其质量等级。

我国 2014 年修订的 GB/T 1299—2014 中将塑料模具用钢的牌号由 2 个扩充至 21 个，将大部分塑料模具钢行业标准中的牌号纳入，但上述行业标准仍有参考价值。

8.7 其他工模具用钢

8.7.1 量具用钢

1) 对量具用钢的要求

量具的任务是计量尺寸，因而要求有精确而稳定的尺寸。机械制造业中，大量使用卡尺、千分尺、块规、塞规、样板等，统称为量具。量具用钢一般须具备下列条件：

(1) 高的耐磨性。量具不能因使用时的磨损而发生尺寸的改变,因此,量具应具有高的表面硬度(58～64HRC),块规和许多过共析钢制的量规要求的硬度范围为 63～65HRC。

(2) 高的表面光洁度。对于块规,为了彼此能很好地紧密接触和附着,要求有高的硬度,钢材纯洁而且组织致密。表面存在发纹、孔隙和大块非金属夹杂物时,在研磨和抛光加工后都会成为锈蚀的起点,妨碍块规的紧密接触。对于重要的量具,应使用真空熔炼的量具钢来制造。

(3) 尺寸要稳定。量具热处理后因自然时效而发生的尺寸变化要小。这种变化随室温停留时间的增加和室温的波动会在很长的时间内进行。热处理后引起时效的原因是:马氏体的继续分解,引起其正方性的降低,使体积缩小;残余奥氏体逐渐转变为马氏体,使尺寸增大;残余应力通过塑性变形进行重新分布也会引起尺寸的改变。对于精密的量具,尺寸的稳定性是很重要的。

此外,还要求量具用钢的热膨胀系数要适当,具有一定的淬透性,淬火时变形要小;有时还要求有较高的耐腐蚀性。

2) 量具常用钢种

国内外使用的量具用钢大致相同,可以分为以下几类:

(1) 非合金及低合金工具钢。用于制作一般等级的量具,使用的非合金工具钢有 T8A、T10A、T12A 等。非合金工具钢淬透性低,当直径或厚度稍大时须水淬,引起的变形大,故仅适用于尺寸小、形状简单、精度较低的样板、塞规等容易精加工的量具。

最常使用的是一些低合金工具钢,GB 1299—2014 规定的量具、刃具用合金工具钢的化学成分,以及退火、淬火后的硬度见表 8.10,使用较多的有 Cr2、9SiCr 钢,以及高碳铬轴承钢 GCr15、GCr15SiMn、9Mn2V 等。这些钢由于加入合金元素后提高了淬透性,淬火时可以采用较缓和的冷却方式,淬火后残余奥氏体稍多,因此变形较小。加入合金元素也提高了耐磨性。铬、锰等元素能使残余奥氏体稳定,所以自然时效引起的变形也小。GCr15 钢的化学成分和 Cr2 钢相似,但 GCr15 钢在非金属夹杂和碳化物偏析的控制上比较严格,所以 GCr15 钢的碳化物不均匀性较 Cr2 钢为低。此外,这种钢退火时获得的球状珠光体组织较好,正确热处理后,耐磨性和尺寸稳定性好。因此,我国精度要求高、尺寸要求稳定的量具,如块规、螺纹塞头、千分尺螺杆及其他量具的测头等多用 GCr15 钢制作,GCr15SiMn 钢则用于尺寸较大的量具。9Mn2V 钢的特点是热处理后的变形较小。

(2) 氮化用钢。用 38CrMoAlA 钢制造花键环规类形状复杂的量具,调质之后可以进行精加工以消除变形,氮化之后只需进行研磨。这样处理的量具尺寸稳定性很好、耐磨性高,并且在潮湿空气中可以防腐蚀。

(3) 不锈钢。为了使量具有好的抗腐蚀能力,可以使用不锈钢 4Cr13 和

9Cr18。4Cr13钢1000～1050℃淬火后的硬度为55～58HRC,低温回火(150～175℃)后的硬度为54～56HRC,故耐磨性较差。9Cr18钢1050～1075℃淬火后可以得到60HRC的硬度,150～200℃回火后硬度为57～59HRC,淬火后进行冷处理时的硬度可达60～62HRC。

(4) 高合金工具钢。高铬钢Cr12MoV、Cr12的耐磨性高,适用于做使用频繁的量具或块规等基准量具。这类钢的淬透性很高,热处理变形小,量具尺寸大时也能得到均匀的淬火硬度,可用于制造形状复杂和尺寸大的量具(直径大于100mm)。这类钢的主要缺点是尺寸大时碳化物分布不均匀,抛光操作不易。由于残余奥氏体量大,为了减少自然时效引起的尺寸变化,须施以略微复杂的热处理。

(5) 使用低碳钢(15、20、15Cr、20Cr)渗碳和中碳钢(55、65)高频表面淬火。渗碳钢多用于制造形状简单的自用量具,如卡板、卡规、光滑基规等。渗碳层深度根据量具的厚度一般在0.3～1.0mm的范围内。量具厚度在3～5mm时,渗碳层深度大致为0.3～0.5mm,量具厚度在5～10mm时为0.5～0.8mm,量具厚度在10～15mm时为0.6～0.9mm,量具厚度在15mm以上时为0.8～1.0mm。

20及20Cr钢渗碳后在790～800℃淬火,并在150～160℃回火2～3h,因淬火层薄,这样的时间已足够。中碳钢45等钢先进行调质,再进行高频表面淬火,其热处理变形较整体淬火为小,制作中硬度量具零件。

3) 量具用钢的热处理

非合金及低合金工具钢的热加工、退火工艺与一般过共析低合金工具钢相同(表8.12)。如果退火组织中有网状碳化物,应采取消除网状碳化物的处理。

为改善机加工粗糙度、消除机加工应力、减少热处理变形并得到均匀而稍高的硬度,可用调质作为预备热处理。

在淬火加热时要防止脱碳,应在盐浴、真空炉、可控气氛炉中加热。淬火温度和冷却条件的变化都会影响自然时效对尺寸变化的影响。在量具的淬火中,其淬火加热温度以取下限为宜,即在保证淬火硬度的前提下,尽量降低淬火加热温度,以减少时效因素。淬火冷却一般采用油冷、水溶性淬火介质,温度以保持在室温为宜。一般不采用分级或等温淬火,避免因残余奥氏体增多对尺寸稳定性有不利影响。

量具在淬火后要进行冷处理。冷处理的好处是:①对于含碳不很高的钢(1.0%～1.1%C),冷处理后可提高硬度0.5～1.5HRC;②可以削弱处理工艺不稳定的影响;③减少残余奥氏体量和由此引起的尺寸不稳定因素。淬火后应不迟于15～20min即进行冷处理。冷处理的温度采用−70～−80℃已满足要求。

不进行冷处理的量具淬火后应立即进行回火。回火以在热浴(硝盐或热油)中进行为宜,热浴回火保温时间应不少于1h,截面尺寸在50mm以上者需2～4h,有时将回火与稳定化合并进行则需更长时间。

表 8.138 为一些量具用钢的调质工艺、淬火-回火工艺及淬火-回火后的硬度。

表 8.138 量具用钢的调质处理、淬火-回火工艺及淬火-回火后的硬度[204]

钢号	调质处理			淬火			回火	
	淬火温度/℃	冷却	回火温度/℃	温度/℃	常用冷却介质	HRC	温度/℃	HRC
GCr15	840～870	油	700～720	830～860	油、硝盐、碱浴	62～66	130～170	62～65
GCr15SiMn	830～860	油	700～720	820～850	油、硝盐、碱浴	62～66	130～170	62～65
CrWMn	830～860	油	700～720	820～850	油、硝盐、碱浴	62～66	130～170	62～65
9Mn2V	—	—	—	780～810	油、硝盐、碱浴	≥62	130～170	≥60
T8A	—	—	—	750～780	水、硝盐、碱浴	62～65	130～150	≥62
T10A	780～810	油或水	690～710	760～790	水、硝盐、碱浴	62～65	130～160	≥62
T12A	790～820	油或水	690～710	760～790	水、硝盐、碱浴	62～65	130～160	≥62
9Cr18MoV	—	—	—	1050～1070	油	>55	200～300 550～580	53～58 43～46

注:调质处理回火后炉冷至不大于 500℃出炉。

对精度要求特别高的量具,在淬火-回火后尚需进行时效处理。因为量具钢在淬火和低温回火后,钢中残余应力、马氏体中碳含量和残余奥氏体量依然存在,在以后使用过程中仍会引起尺寸变化。例如,在 $l=100$mm、$d=10$mm 的 GCr15 钢圆柱体试样中,1%残余奥氏体转变为马氏体,长度增加 3.5μm,超过了高精度量具所允许的范围。时效温度一般为 120～130℃,温度过低,残余应力不易消除,马氏体和残余奥氏体的稳定化不足;温度过高,钢的硬度下降,影响使用性能。时效时间则根据量具的精度要求而定,变化在几小时至几十小时。

8.7.2 耐冲击工具用钢

在工作中受振动较大的工具如风铲、风凿、加工较厚钢板的剪切工具及一些冷模具(如切边用模、冲孔模等),要求有较高的韧性,这些钢的碳含量大都在 0.7%以下,一般在 0.4%～0.6%。

在非合金工具钢中用做这种用途的主要是 T7(T7A)和 T8(T8A)。例如,风动工具(凿子、冲子)、一些钳工工具(錾、型锤、穿孔器等)常用 T7、T8 钢,钣金工用剪刀、小锤常用 T7 钢制造,在热处理时要保证工作部分有足够的硬度而敲击部分硬度要低,以便有足够高的韧性。

在 GB/T 1299—2014 中列入了 6 种耐冲击用合金工具钢,其中 6CrW2SiV 是新列入的钢号,我国还开发了一些新的耐冲击用工具钢,这些钢的化学成分见表 8.139。

表 8.139 耐冲击合金工具钢的化学成分(GB/T 1299—2014)

钢号	C	Si	Mn	Cr	W	Mo	V	Ni
4CrW2Si	0.35～0.45	0.80～1.10	≤0.40	1.00～1.30	2.00～2.50	—	—	—
5CrW2Si	0.45～0.55	0.50～0.80	≤0.40	1.00～1.30	2.00～2.50	—	—	—
6CrW2Si	0.55～0.65	0.50～0.80	≤0.40	1.00～1.30	2.20～2.50	—	—	—
6CrMnSi2Mo1V	0.50～0.65	1.75～2.25	0.60～1.00	0.10～0.50	—	0.20～1.35	0.15～0.35	—
5Cr3Mn1SiMo1V	0.45～0.55	0.20～1.00	0.20～0.90	3.00～3.50	—	1.30～1.80	≤0.35	—
6CrW2SiV	0.55～0.65	0.70～1.00	0.15～0.45	0.90～1.20	1.70～2.20	—	0.10～0.20	
DS	0.59	0.65	0.85	1.15	0.50	0.1～0.4	0.1～0.3	0.85

注：6CrMnSi2Mo1V 和 5Cir3Mn1SiMo1V 这两种钢与美国标准 ASTM A681(2004 再确认)中的 S5 和 S7 钢相同。DS(6CrMnSiWMoNiV)钢不是标准中的钢号[205]。

耐冲击工具钢中最常使用的合金元素是硅和铬，因为这些元素能提高回火稳定性，并推迟第一种回火脆性，特别是硅。因此，可以把回火温度提高至 280℃或更高，从而得到较高的韧性。这些元素还较显著地提高了钢的强度并增加耐磨性。钨、钼可以阻止晶粒长大，进一步增加耐磨性，这些元素都能增加淬透性。钨、钼还削弱第二种回火脆性，淬火后可以在 430～470℃温度区间回火，以得到更高的韧性。钢中加入少量的钒是为了细化晶粒、提高韧性，硅、铬、钼等元素都有助于提高钢的淬透性。这些钢在组织上属于亚共析或者共析钢。

表 8.140 为耐冲击合金工具钢交货状态硬度和试样淬火硬度。

表 8.140 耐冲击合金工具钢交货状态硬度和试样淬火硬度(GB/T 1299—2014)

钢号	交货状态硬度	试样淬火		
	HBW10/3000	淬火工艺	冷却剂	HRC
4CrW2Si	179--217	860～900℃	油	≥53
5CrW2Si	207～255	860～900℃	油	≥55
6CrW2Si	229～285	860～900℃	油	≥57
6CrMnSi2Mo1V	≤229	(667±15)℃预热，885℃(盐浴)或(900±6)℃(炉控气氛)加热，保温 5～15min 油冷，204℃回火		≥58
5Cr3Mn1SiMo1V	≤223	(667±15)℃预热，941℃(盐浴)或(900±6)℃(炉控气氛)加热，保温 5～15min 油冷，204℃回火		≥56
6CrW2SiV	≤225	870～910℃	油	≥58

注：保温时间指试样达到加热温度后保持的时间。6CrMnSi2Mo1V 和 5Cir3Mn1SiMo1V 这两种钢的试样在盐浴中保持时间为 5min，在炉控气氛中保持时间为 5～15min。

这类钢硅含量较高,有的还含有一定数量的钼,因此在淬火加热时应注意防止脱碳和氧化。

铬钨硅钢 4CrW2Si、5CrW2Si、6CrW2Si 几乎各国都广泛使用,具有强韧性高、耐磨性优良、对等温淬火适应性好等优点。国外对此类钢大都加入了 0.2%V,以降低过热敏感性。

这类钢的可锻性良好,其适宜的淬火温度见表 8.140。这三种钢的推荐的回火工艺:①200~250℃,加热介质为油或熔融硝盐,空冷,硬度为 53~58HRC;②430~470℃,加热介质为空气炉或硝盐,空冷,硬度为 45~50HRC,此时可做热作工具使用。315~425℃为回火脆性区间。

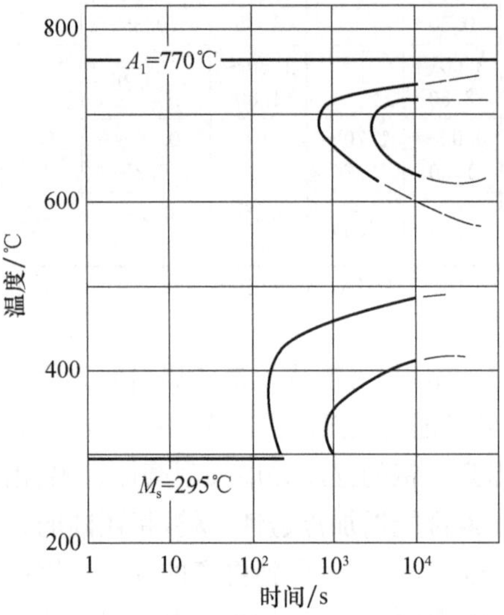

图 8.180 5CrW2Si 钢的过冷奥氏体等温转变曲线[15]

成分:0.52%C、0.80%Si、0.33%Mn、1.17%Cr、0.16%Ni、2.25%W,奥氏体化温度:900℃

图 8.180 为 5CrW2Si 钢的过冷奥氏体等温转变曲线,4CrW2Si 及 6CrW2Si 钢的过冷奥氏体等温转变曲线与之相似,但其稳定性稍低于 5CrW2Si 钢。

碳含量处于上限的 6CrW2Si 钢,淬硬性、耐磨性、抗压性能均居于前列,但韧性较差,大、中截面钢材有出现带状碳化物偏析倾向。4CrW2Si 钢碳含量低、强韧性高、淬硬性较差。5CrW2Si 钢的综合力学性能较好,应用最为广泛。

4CrW2Si 钢可做风动工具,也可以做一些受热不很高的热镦锻模。5CrW2Si、6CrW2Si 钢可做剪刀片、风动工具、冲头,还可以做冷冲模及一些木工工具。我国目前剪切钢板或型材的冷、热剪大都采用 5CrW2Si 钢。至于做大尺寸热钢坯的剪刀片,5CrW2Si 钢显得高温强度不够。

6CrMnSi2Mo1V(S5)钢具有高屈服强度、高疲劳极限和优良的塑性,用来制造冲击工具、模具等。

5Cr3Mn1SiMo1V(S7)钢有比较高的淬透性,还有好的耐冲击性能,图 8.181 为该钢的过冷奥氏体等温转变曲线。

S7 钢的热轧、热锻性能很好,是一种空冷淬硬钢,锻轧后需缓冷。S7 钢锻后退火工艺为加热至 810℃保温,760℃等温退火,硬度为 198HB,退火组织为均匀粒状珠光体。

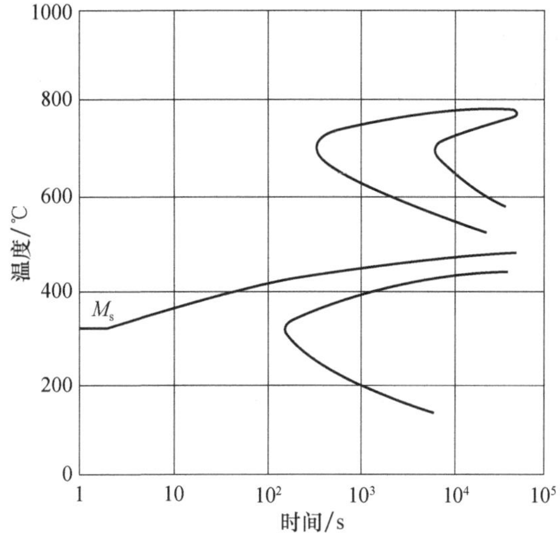

图 8.181 S7 钢的过冷奥氏体等温转变曲线[206]

奥氏体化温度:900℃,M_s=304℃

根据耐冲击用钢的使用性能要求,适宜推荐的热处理工艺为[207]:

(1) 调质处理。淬火加热温度为 930～950℃,空冷淬火,500～580℃回火,空冷,硬度(51±3)HRC。

(2) 淬火低温回火。淬火加热温度 930～950℃,空冷淬火,(200±20)℃回火,空冷,硬度(59±2)HRC。

在 300℃附近区域回火时有第一类回火脆性,应注意避开。

S7 钢适合于制作剪刀、凿子、冲头、镦锻模、铆接和风动工具等。

新纳入 GB/T 1299—2014 的 6CrW2SiV 钢引自 ISO 4957-1999《冷作合金工具钢》中的 60WCrV8 钢。6CrW2SiV 钢与 6CrW2Si 钢比较,W 含量略有减少,加入了约 0.15%V,可以细化晶粒,加热至 955℃,仍可保持细的晶粒,从而改善钢的工艺性能和组织的均匀性。6CrW2SiV 钢具有良好的耐冲击和耐磨损的性能,同时具有良好的抗疲劳性能和尺寸稳定性,适宜于制作刀片、冷成型工具、精密冲裁模及热冲孔工具等。

6CrW2SiV 钢适宜淬火温度为 870～910℃,油淬,淬火后的硬度不低于 58HRC。常用的回火温度为 180～300℃,200℃回火后的硬度为 58HRC,300℃回火后的硬度为 56HRC。

6CrMnSiWMoNiV(DS)是我国开发的一种高韧性、耐冲击的冷作模具钢。DS 钢的碳含量为 0.60%,采用多元少量合金化方案。以钼代替部分钨,使该钢钨当量减少约 1%,从而减少了碳化物总量和碳化物分布的不均匀性。为韧化基体,该钢加入了少量的镍和钒,有助于提高耐磨性和阻止加热时晶粒的长大。该钢加入少量的锰,可以提高耐磨性,铬、硅的含量与6CrW2Si钢相同[205]。

DS钢的热加工性能良好,始锻温度为1060～1080℃,终锻温度不超过840℃,锻后应缓冷或立即退火,以防止产生裂纹,因为该钢有较高的空淬硬化能力。图8.182为DS钢的过冷奥氏体等温转变曲线。

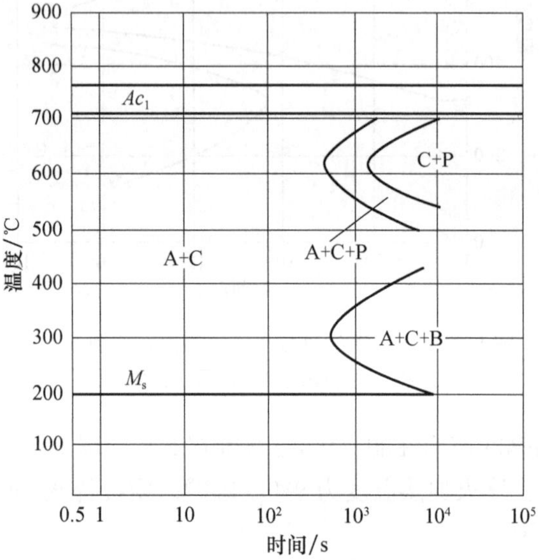

图8.182　DS钢的过冷奥氏体等温转变曲线[208]

奥氏体化:880℃×15min,晶粒度:11级

DS钢锻后退火工艺为(760～780℃)×2h加热,以30℃/h的速率降温,(660～680℃)×(4～6h)等温,炉冷至550℃出炉空冷,硬度为220～240HB,可获得良好的球化组织。

DS钢有比较高的淬透性,ϕ80mm×60mm试棒在900℃加热油淬后,整个截面硬度可达61～62HRC,空淬后截面的硬度在60HRC以上。DS钢900℃加热淬火组织为板条马氏体和针状马氏体的混合组织,其中板条马氏体较多,隐针马氏体较少,板条间有残余奥氏体,有利于韧化基体。淬火温度范围在870～930℃时,残余奥氏体量为7.5%～8.0%,晶粒度可以保持在10～11级。油淬后的硬度为63～65HRC。DS钢的最佳淬火温度范围为870～930℃。

DS钢的回火工艺可根据模具的技术要求,选择如下两种:200℃左右×2h,其硬度为58～60HRC,韧度和耐磨性较为理想;350℃左右×2h,其硬度为54～56HRC,韧度更高。但用中温回火时,最后补充一次200℃低温回火效果更好[209]。

表8.141为DS钢与几种冷作模具钢的力学性能对比。

表 8.141 DS 钢与几种冷作模具钢的力学性能对比[205]

牌号	推荐的热处理制度	HRC	σ_{bb}/MPa	K_{IC}/(MPa·$m^{1/2}$)	$\sigma_{0.2c}$/MPa	a_k/(J/cm^2)
DS	900℃淬火+200℃回火	59.5	4502	24.1	2430	209
	900℃淬火+230℃回火	59	4694	20.5	2358	273
	900℃淬火+350℃回火	55.5	4449	24.8	2331	224
	900℃淬火+400℃回火	54.5	4367	29.3	2030	190
6CrW2Si	900℃淬火+200℃回火	58.5	4466	19.1	2526	125
CrWMn		61.0	3777	—	2668	77
C12MoV		61.0	2580	—	2687	44

注:抗弯试样尺寸 ϕ10mm×120mm,抗压试样尺寸 ϕ5mm×10mm,冲击韧度试样为 C 型缺口。

DS 钢用于制作剪刃、冲压、冷挤、冷镦、冲孔等高韧度、耐冲击冷作模具,代替 6CrW2Si、5CrMnMo、9SiCr、CrWMn、Cr12MoV 等钢,可获得高的使用寿命。

8.7.3 高耐磨热作模具钢

8Cr3 钢很早即作为热作模具钢列入国家标准 GB 1299—77,使用至今。8Cr3 钢的化学成分及交货状态和试样淬火硬度值见表 8.142。

表 8.142 8Cr3 钢的化学成分、交货状态硬度值和试样淬火工艺(GB/T 1299—2014)

化学成分/%				交货状态硬度	试样淬火		
C	Si	Mn	Cr	HBW10/3000	温度/℃	冷却剂	HRC
0.75~0.85	≤0.40	≤0.40	3.20~3.80	207~255	850~880	油	不检查

注:钢中 S、P 含量的规定与冶炼方法有关:电弧炉钢的 P、S 含量不大于 0.030%;电弧炉+真空脱气钢的 P、S 含量不大于 0.025%;残余元素 Cu、Ni 的含量均不大于 0.25%。

8Cr3 钢是在非合金工具钢 T8 中添加一定量的铬(3.20%~3.80%)。由于铬的存在,此钢有较好的淬透性和一定的室温、高温强度,且能形成细小均匀分布的碳化物。

8Cr3 钢的始锻温度为 1180℃,终锻温度为 820℃,锻后在 700℃以上快冷,以避免析出网状碳化物,在 700℃以下缓冷,以避免产生过大的内应力而开裂。

8Cr3 钢的退火加热温度为 790~810℃,保持 2~6h,以不大于 30℃/h 速率冷至 600℃以下空冷,退火组织为珠光体+碳化物。该钢适宜的淬火温度为 850~880℃,油中淬火,硬度大于或等于 55HRC;推荐的回火温度为 480~520℃,回火后的硬度为 41~46HRC[15]。

8Cr3 钢主要用于制作工作温度不太高,但要求高耐磨性的切边、弯曲、平锻等热作模具。

8.7.4 无磁模具钢

在 GB/T 1299—2014 中列入了一种无磁模具钢 7Mn15Cr2Al3V2WMo，其化学成分及试样淬火工艺见表 8.143。

表 8.143 7Mn15Cr2Al3V2WMo 钢的化学成分和试样淬火工艺(GB/T 1299—2014)

化学成分/%								试样淬火		
C	Si	Mn	Cr	W	Mo	V	Al	温度/℃	冷却剂	HRC
0.65～0.75	≤0.80	14.50～16.50	2.00～2.50	0.50～0.80	0.50～0.80	1.50～2.00	2.30～3.30	1170～1190 固溶，650～700 时效	水，空	≥45

注：钢中 S、P 含量的规定与冶炼方法有关：电弧炉钢的 P、S 含量不大于 0.030%；电弧炉＋真空脱气钢的 P、S 含量不大于 0.025%；残余元素 Cu、Ni 的含量均不大于 0.25%。

随着电子工业和通信技术的迅速发展，铁氧体磁性元件的需求量日益增加，因而生产磁性元件所用的无磁模具的消耗量也不断增加。无磁模具用钢要求在强磁场中不被磁化，便于脱模，因此应具有稳定的奥氏体组织，其磁导率 μ 值小于 1.01，并具有较高的硬度和耐磨性。国内外曾采用奥氏体不锈钢、铸造高锰钢等制造，性能欠佳，不能满足生产的需要。

7Mn15Cr2Al3V2WMo 钢是国内开发的一种无磁模具钢，是一种高锰-钒系无磁钢，钢中的锰可以提高奥氏体组织的稳定性。碳既能提高奥氏体组织的稳定性，又能强化组织，在时效处理过程中与钒结合成高硬度的弥散 MC 型碳化物，有效地提高钢的硬度和耐磨性。加入铝是为了提高无磁钢的切削加工性能[91,210]。

7Mn15Cr2Al3V2WMo 钢是一种高合金奥氏体钢，导热性差，锻造时应缓慢加热，加热温度为 1150～1170℃，终锻温度大于或等于 900℃，锻后空冷，锻态硬度为 35HRC 左右。

为便于切削加工，推荐采用过时效高温退火处理，即在 880℃左右保温 3～6h，炉冷，使碳化物在奥氏体中析出聚集长大，退火后的硬度为 28～30HRC。

无磁钢 7Mn15Cr2Al3V2WMo 的固溶处理温度为 1170～1180℃，固溶处理后的组织为奥氏体组织＋少量未完全固溶的合金碳化物，固溶处理时应注意防止氧化脱碳现象。该钢固溶处理后的硬度为 20～22HRC，其他力学性能指标：σ_b＝720～820MPa、δ＝60%～61%、ψ＝61.5%～62.5%、a_{kU}＝230～240J/cm^2。

固溶处理后需要时效处理，时效处理后钢的硬度、强度、耐磨性急剧提高，时效温度一般为 650～700℃，达到时效硬化峰值的时间随时效温度而变化。700℃时效时保温 2h 即可达到时效硬化的峰值，650℃时效时，则需要保温 10h 左右，时效后的硬度一般可达到 48HRC 左右。这种硬度保证了模具的高耐磨性，使用寿命显著提高。经1170℃固溶、650℃时效15h后该钢力学性能：σ_b=1470MPa、σ_s=1225MPa、δ=10%～12%、ψ=30%～31%、a_{kU}=39J/cm^2[91,209]。

8.7.5 钎具用钢

钎具用钢或称钎钢(rock drill steel)是指专门制造钎具用的钢材，它主要包括四大类：钎杆(drill rod)、钎头或称钻头(bit)、连接套筒(coupling)与钎尾(shank adopter)。

钎具的主要用途是与凿岩机械配套，在岩石或岩土钻爆法施工中钻凿爆破炮孔。在工作时钎具要传输凿岩机械输出的冲击功率，承受凿岩机2600～3000次/min的高频冲击和扭转力矩，以冲击应力波形式传递85～750J以上的冲击能量；同时，在钻凿炮孔过程中，凿岩钎具内水孔要输送压力为0.3～0.4MPa的矿水以保证除尘和排出岩粉；钎具外表面还要和岩石面产生强烈磨蚀。

钎具中用量最大的是钎杆，钎杆用于连接钎头和凿岩的机具。在我国钎具生产用钢中，钎杆用钢量约占80%以上。钎杆可分为实心钎杆和空心钎杆，现代使用的钎杆基本上全为中空钎杆，常称之为中空钢(hollow drill steel)。矿山井巷工程一般使用的钎杆为六角形中空钢和圆形中空钢。国内外的中空钢基本上是以正六角形和圆形两种截面为主。

我国制定了GB 1301—87《凿岩钎杆用中空钢》，1994年进行了修改，现已被GB/T 1301—2008代替。该标准规定了凿岩机用中空钢分类、规格和代号。中空钢按外形分为六角形(H)和圆形(R)(在GB/T 1301—94中，六角形以B表示，圆形以D表示)。六角形中空钢的规格以对边距离(mm)表示，有6种：H19、H22、H25、H28、H32、H35；圆形中空钢以直径(mm)表示，有4种：R32、R39、R46、R52，其中R39和R46各有两种不同的芯孔直径。中空钢的供货长度为6～7m。H22和H25两种六角钎杆(俗称小钎杆)使用量最大。

钎杆质量的好坏取决于钢种的选择、热处理、制钎工艺、钎杆的结构设计等。经过多年实践，我国已形成了有特色的钎杆用钢系列。表8.144为GB/T 1301—2008《凿岩钎杆用中空钢》列入的凿岩钎杆用中空钢的牌号及其化学成分。钎杆一般在热轧状态下使用，以热轧状态交货的中空钢的硬度亦列入表8.144。在GB/T 1301—94中列入了3个牌号：ZKT8、ZK55SiMMo和ZK35SiMnMoV。在制定GB/T 1301—2008时，删除了ZKT8(成分相当于非合金工具钢的T8)，保留了ZK55SiMnMo和ZK35SiMnMoV两个牌号，但加严了对杂质元素P和S的控制，增加了4个牌号。

表 8.144 凿岩钎杆用中空钢的牌号、化学成分及钢材热轧后的硬度(GB/T 1301—2008)

牌号	化学成分/%									热轧后的硬度 HRC
	C	Si	Mn	Cr	Mo	Ni	V	P	S	
ZK95CrMo	0.90~1.00	0.15~0.40	0.15~0.40	0.80~1.20	0.15~0.30		—	≤0.025	≤0.025	34~44
ZK55SiMnMo	0.50~0.60	1.10~1.40	0.60~0.90	—	0.40~0.55	—	—	≤0.025	≤0.025	26~44
ZK40SiMniCrNiMo	0.36~0.45	1.30~1.60	0.60~1.20	0.60~0.90	0.20~0.40	0.40~0.70	—	≤0.025	≤0.025	26~44
ZK35SiMnMoV	0.29~0.41	0.60~0.90	1.30~1.60	—	0.40~0.60	—	0.07~0.15	≤0.025	≤0.025	26~44
ZG23CrNi3Mo	0.19~0.27	0.15~0.40	0.50~0.80	1.15~1.45	0.15~0.40	2.70~3.10	—	≤0.025	≤0.025	26~44
ZK22SiMnCrNi2Mo	0.18~0.26	1.30~1.70	1.20~1.50	0.15~0.40	0.20~0.45	1.65~2.00	—	≤0.025	≤0.025	26~44

注:ZK 表示凿岩钎杆用中空钢。各钢中的 Cu 含量均不大于 0.25%。

对凿岩钎杆用中空钢的脱碳层有比较严格的要求,需方如有要求,可进行低倍组织检验,评定级别由供需双方协商确定。

中空钢的使用已有近百年的历史,其生产工艺方法不断发展。现在制造量最大的是钻孔法、铸管法和热穿孔-热轧法[211]。

钻孔法的坯料可采用连铸坯,根据轧制规格的不同,选用不同的坯料规格进行钻孔,芯孔尺寸根据轧制规格的大小而定,然后装入高锰钢芯。钢坯加热后经过粗轧进入连轧机组轧制成不同规格的中空钢,中空钢轧后的冷却控制十分重要,冷却速率要适当和均匀,使硬度均匀并达到控制的范围(30~44HRC),减轻弯曲程度,避免校直而造成内部组织损伤,抽出高锰钢芯,然后剪切和校直。

钻孔法中使用的高锰钢在空冷状态下必须是单相组织。它具有高的强度、好的塑性、大的热膨胀系数,冷却过程中芯材和外皮自然分离,拉拔时,全长均匀伸延,不产生颈缩,易于从本体钢中抽出。用过的高锰芯材钢可返回冶炼,重复使用。

铸管法是将壁厚为 3.0~4.5mm 的合金钢管在铸锭前牢固地放在钢锭模中央铸成中空钢锭,然后插入高锰钢芯棒,加热轧制,抽出芯棒,校直精整,得到中空钢。铸管法在我国使用较多,常使用 40MnMoV 合金钢管做内衬管,可以强化中空钢的内壁。铸管法生产效率高,但钢锭细长、截面小,易出现冶金缺陷。

热穿孔-热轧法是把中空钎钢看做一种外径比内径大 3~3.6 倍的厚壁无缝钢管,采用类似无缝钢管的制造方法生产中空钢。这种生产工艺可以采用实心钢锭,解决了铸管法不易解决的缩孔、非金属夹杂物及钢锭表面质量问题。钢材几何形状规整、芯孔圆正，其缺点是在穿孔和减径过程中易产生内裂或折叠，对其使用极为不利。

钢钎有成品钢钎和锻制钢钎，成品钢钎是按一定的长度锻制好后直安装上钎头凿眼；锻制钢钎是根据需要将六角形中空钢剪切，再用锻钎机锻制钎尾、钎肩和钎锥，然后装上钎头凿眼。

就钎杆与钎头的连接方式而言，可分为锥体连接钎杆和螺纹连接钎杆。此外，硬质合金整体钎杆也日益获得应用。

锥体连接钎杆的整体结构包括钎尾、钎柄、钎肩、钎体和钎锥。图 8.183 为锥体连接钎杆与钎头组成的钎具。钎尾是指钎柄尾部 30mm 左右的端部。该端部在凿岩过程中，其端面与凿岩机活塞端面相接触，承受凿岩机活塞的冲击，将凿岩机冲击功传递给钎杆，要求该部位强韧耐磨，端面平整，具有高的疲劳强度。钎柄长度为 108mm 或 159mm，在凿岩过程中直接与凿岩机六方套筒连接配合。钎肩在凿岩过程中将钎杆固定在凿岩机上。钎体是指钎肩前 50mm 至钎锥后 50mm 的部位，该部位在制钎过程中未做加工处理。钎锥用于与钎头的锥孔结构连接。在锥体连接钎杆的制造过程中，要经过以下的工艺：钎尾、钎柄感应加热后的扩孔定径，感应加热后锻造钎肩，钎锥的成型加工（锻造或机加工），钎尾的端部淬火和回火，钎杆整体表面抛丸强化处理和整体防腐处理。

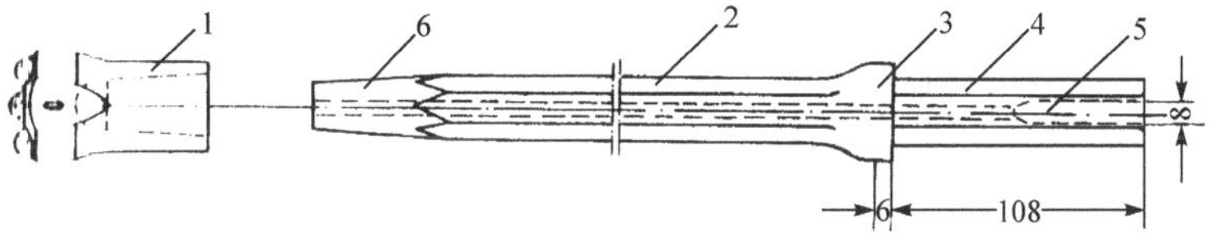

图 8.183 锥体连接钎杆与钎头组成的钎具（单位：mm）[211]

1—钎头；2—钎杆；3—钎肩；4—钎柄；5—钎尾水孔；6—钎锥

钎尾的端部淬火和回火：钎柄尾部 30mm 左右的端部要淬硬，回火后的硬度为 50～55HRC。硬度太低，端面在工作时会因塑性变形而出现堆顶，硬度太高，会发生钎尾端面破裂（炸顶）。

螺纹连接钎杆是一端或两端带有连接螺纹的中空圆形或中空六角形杆件。螺纹连接钎杆一端通过连接套筒与钎尾和凿岩机进行连接，另一端采用螺纹或者锥体结构形式与钎头进行连接。图 8.184 为螺纹连接钎杆与钎头和钎尾组成的钎具。螺纹连接钎杆可以单支与钎尾、钎头连接凿岩，也可以多支通过连接套筒相连再通过连接套筒与钎尾、钎头连接凿岩。由于螺纹配套钎具有适用范围广、钻进速率快、冲击能量传递损失小、凿岩效率高等优点，易于实现机械化凿岩等优越性，其在整个钎具产品制造和使用中所占比例已越来越大。

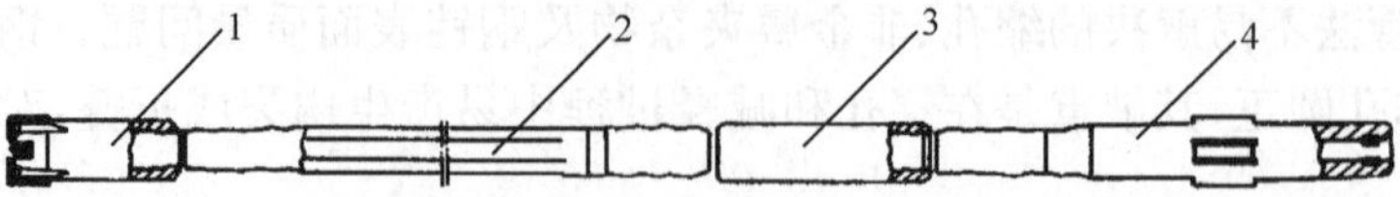

图 8.184　螺纹连接钎杆与钎头和钎尾组成的钎具[211]

1—钎头;2—螺纹连接钎杆;3—连接套筒;4—钎尾

螺纹连接钎杆的主要失效形式是螺纹部位的疲劳断裂,其螺纹失效机理是微动磨损和冲击磨损。因此,要求螺纹表面有高的耐磨性和韧性,有高的疲劳强度和低的缺口敏感性;在高的冲击频率下,阴阳螺纹之间往往产生高温,螺纹部位应有一定的抗高温软化的能力。为满足上述要求,在选择螺纹连接钎杆用钢时,还要考虑其热处理和强化工艺。螺纹钎杆用钢可分为 3 类:渗碳热处理类(20CrNi3Mo、25CrNi3Mo、22SiMnCrNi2Mo 等)、感应热处理类(38CrNi3Mo、40SiMnCrMoV 等)和常规热处理类(35SiMnMoV 等)。国外大部分使用前两类,而且渗碳热处理类比例大、质量高、寿命长,感应热处理类比例小。常规热处理类工艺简单,质量和寿命较低,国外很少采用。

螺纹连接钎杆的有多种用途、多种结构,品种和规格甚多。在螺纹连接钎杆的制造过程中,要经过以下的工艺:螺纹部加热,锻造镦粗,镦粗部软化退火,螺纹加工,对螺纹和杆体部位进行热处理,表面强化处理和防腐处理。

钎尾是钎杆的一部分,也可制成独立的钎尾或尾杆,便于装卸。钎尾亦有多种形式的结构。独立的钎尾通过连接套筒与螺纹连接钎杆连接。钎尾硬度要适当,过软钎尾寿命短,过硬则活塞易受伤,一般钎尾硬度应略低于活塞硬度,淬火硬度以 38～45HRC 为宜。独立的钎尾主要用 35SiMnMoV 或 22SiMnCrNi2Mo 两种钢制造,后者的使用寿命有明显提高。

钎头是直接破碎岩体的部位,用于在各种坚固性岩石中,通过刃、齿的冲击转动破碎岩石,形成不同直径的岩孔。钎头与岩石直接接触,必须承受高转速与压力的冲击,很容易在高强度的工作中失效,钎头磨损变形是常见的情况,其中也包括了合金脱落或者塑性变形、断裂等。钎头必须从结构和材质上配合,适应不同工况的需求,最大限度地延长钎头应用寿命与凿岩效果。

钎头采用强韧性好的合金钢制作钎头壳体,并将高耐磨性的硬质合金刀片或球齿通过热嵌、钎焊、冷压等方式固定在钎头壳体上。这种硬质合金钎头可分为片状系列和球齿系列,前者又可按钎刃数目与排列方式不同,细分为一字型、三刃型、十字型和 X 型。片状钎头一般都是用钎焊的方法将硬质合金固定在钎头壳体上。国内外常采用的壳体用钢为 35SiMnMoV、40MnMoV、24SiMnCrNi2Mo、45CrNiMoV、Q45NiCr1Mo1V、30Cr2Ni4Mo 等。

一字型钎头适用于轻型凿岩机钻凿硬度不高的岩层,便于修磨。十字型、X 型钎头适用具有较大冲击功凿岩机的条件下,钻凿裂缝性岩层和磨蚀性强的岩层,抗径向磨蚀能力强。球齿型钎头在具有较大冲击功凿岩机的条件下，比片状镶块钎头适用性强，凿岩速率和寿命高，凿出的孔型较圆。

连接套筒在螺纹连接钎杆中用于连接钎尾与钎杆，或连接钎杆与钎杆，保证凿岩机功率传递到钎头进行钻凿岩面。它通过内螺纹将钎尾与钎杆的外螺纹紧固相接，保证凿岩机功率的有效传递。对连接套筒的性能要求是：高的强度与韧性的良好配合，保证连接套筒的紧固性且不易胀裂；高的耐磨性；高的疲劳强度、低的缺口敏感性与裂纹扩展速率；良好的加工性能。连接套筒是磨损件，从经济性和便于更换出发，往往使连接套筒的综合性能指标略低于钎尾和钎杆的综合性能指标或与之相匹配。根据国内外的生产和使用情况，连接套筒用钢也分为3类：渗碳热处理类、感应热处理类和常规热处理类。国外使用前两类钢种多，国内使用后一类钢种多。渗碳热处理类用钢有：20CrNi3Mo、30CrNi4Mo、22SiMnCrNi2Mo等。感应热处理类用钢有：30CrNi4Mo、25Cr3Mo、38SiCrV等，采用内表面淬火工艺。常规热处理类用钢有：40Cr、35CrMo、30SiMnMoV、40SiMnCrNiMo等。采用淬火后，进行中高温回火工艺或等温淬火工艺[210]。

20世纪40年代，硬质合金进入钻爆工程，由于其耐磨性高，制成小直径($R\leqslant$ 50mm)钎杆的头部，寿命大大高于钎杆杆体的寿命。于是，分体式硬质合金活钎头和钎杆逐步取代了碳素中空钢整体钎杆。随着中空钢钢种、冶炼和制钎工艺技术的进步，钎杆凿岩寿命普遍提高，已可与钎头寿命平衡。而且，硬质合金整体钎杆制造成本低、作业条件好、使用寿命长，于是小直径硬质合金整体钎杆越来越多地获得应用，并在许多场合取代了小直径活钎头钎杆。

表8.145为国内外制作钎具常用钢种的化学成分。

表8.145　国内外钎具常用钢种的化学成分[40,210]

牌号	相当于我国牌号	化学成分/%									主要用途
		C	Si	Mn	Cr	Mo	Ni	V	P	S	
19HS20(瑞典)		0.90～1.05	0.25～0.45	0.20～0.45	0.80～1.20	0.15～0.30	—	—	≤0.035	≤0.035	锥体连接钎杆、整体钎杆
CY3(日本)	95CrMo	0.90～1.10	0.15～0.35	0.25～0.45	1.20～1.50	0.20～0.30	≤0.20	—	≤0.03	≤0.03	锥体连接钎杆、整体钎杆
LWS2(德国)		1.10	0.20	0.30	1.20	0.30	—	—	≤0.025	≤0.025	锥体连接钎杆、整体钎杆
Z708(瑞典)	40SiMn-CrNiMo	0.41	1.50	0.87	0.70	0.20	0.45	—	≤0.025	≤0.025	锥体连接钎杆、整体纤杆
LWS1(德国)	38CrSiV	0.38	1.50	0.40	1.50	—	—	0.10	≤0.025	≤0.025	小钎杆

续表

牌号	相当于我国牌号	化学成分/%									主要用途
		C	Si	Mn	Cr	Mo	Ni	V	P	S	
55Si2(苏联)	55Si2Mn	0.58	1.66	0.73	0.10	0.12	—	—	0.032	0.009	锥体连接钎杆、整体钎杆
4HSL64(瑞典)	20Cr-Ni3Mo	0.15~0.25	0.15~0.35	0.25~0.35	1.15~1.45	0.20~0.30	2.45~2.95		≤0.035	≤0.035	螺纹连接钎杆
5XHSL23(瑞典)	25Cr3Mo	0.25	0.27	0.50	3.20	0.50	—	—	≤0.025	≤0.025	螺纹连接钎杆
SKC31(日本)	18MnCr-Ni3Mo	0.12~0.25	0.15~0.35	0.60~1.20	1.20~1.80	0.40~0.70	2.80~3.20	—	≤0.03	≤0.03	小钎杆、螺纹连接钎杆
SKC24(日本)	38Cr-Ni3Mo	0.33~0.43	0.15~0.35	0.30~1.0	0.30~0.70	0.15~0.40	2.50~3.50	—	≤0.03	≤0.03	螺纹连接钎杆
24SiMnNi2-CrMo(FF710系列,瑞典)	22SiMn-CrNi2Mo	0.21~0.26	1.30~1.70	1.20~1.50	0.25~0.30	0.30~0.40	1.65~2.00	—	≤0.025	≤0.025	钎头壳体
27SiMnNi2-CrMo(FF710系列,瑞典)	—	0.24~0.30	1.30~1.70	1.20~1.50	0.25~0.30	0.30~0.40	1.65~2.00	—	≤0.025	≤0.025	钎头壳体
40MnMoV(中国)	—	0.35~0.44	0.50~0.80	1.40~1.80	—	0.40~0.60	—	0.07~0.15	≤0.030	≤0.030	内衬管、钎头壳体
35CrMoV(中国)	—	0.30~0.37	0.17~0.37	0.40~0.70	1.0~1.3	0.20~0.30	—	0.10~0.20	≤0.035	≤0.035	钎头壳体
45CrNiMoV(中国)	—	0.42~0.49	0.17~0.37	0.50~0.80	0.80~1.10	0.20~0.30	1.30~1.90	0.10~0.20	≤0.030	≤0.030	钎头壳体
Q45NiCr1-Mo1V(中国)	—	0.42~0.48	0.15~0.30	0.60~0.90	0.90~1.20	0.90~1.10	0.40~0.70	0.05~0.15	≤0.025	≤0.025	钎头壳体

注:表 8.144 已列入的我国中空钢牌号,本表未再列入。

95CrMo 中空钢在世界各国广泛应用。该钢的化学成分相当于在高碳铬轴承钢 GCr15 中加入 0.15%~0.30%Mo。在轧制状态或经 850~870℃正火后,该钢的组织为索氏体-屈氏体,具有良好的综合力学性能,可获得适合于钎杆凿岩所要求的硬度。试验钢的成分为 0.95%C、0.24%Mn、0.24%Si、1.24%Cr、0.27%Mo,其热轧状态下的力学性能:R_m=1323MPa、A=9%、Z=25.5%、A_k=7.04J、σ_{-1}=353MPa、HRC=36~48。用 95CrMo 钢制造钎杆可采用热轧后空冷或简单易行的正火热处理工艺。

95CrMo 钢的缺点是锻造性能较差，在锻造时应严格控制加热温度。此外，该钢的缺口敏感性较大，如钎杆表面存在折叠、凹坑等缺陷，易引起早期破断。因此，在整个制钎过程中须精心操作。该钢主要用做锥体连接钎杆和硬质合金整体钎杆[40]。

55SiMnMo 是我国在 20 世纪 70 年代开发的一种用做钎杆的贝氏体钢。这种贝氏体钢的特点是强度和韧性配合较好，有高的疲劳强度和较低的缺口敏感度。这类钢还具有较强的消振性能。根据文献，贝氏体钢的消振性为 22%，而珠光体钢仅为 9%左右。消振能力强，有利于降低钻凿过程中钎杆载荷谱上高值应力频率，从而延长钎杆的凿岩寿命[210]。

55SiMnMo 钢的成分与弹簧钢相似，合金元素的作用亦相同。Mo 的加入，可以抑制奥氏体向珠光体转变，有利于在较宽的冷却速率范围内获得贝氏体组织，部分 Mo 固溶于基体可以提高钢的回火稳定性。该钢的过冷奥氏体等温转变曲线如图 8.185 所示。

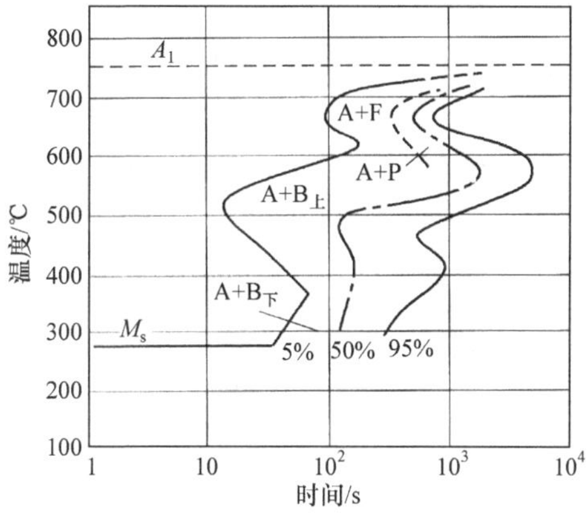

图 8.185 55SiMnMo 钢的过冷奥氏体等温转变曲线[211]

成分：0.58%C、1.30%Si、0.71%Mn、0.50%Mo，奥氏体化温度：870℃

55SiMnMo 钢的锻造温度范围为 1100～850℃，锻后空冷或风冷。55SiMnMo 钢热轧后的力学性能：R_m = 1235MPa、$R_{p0.2}$ = 634MPa、A_5 = 17.5%、Z = 20%，870℃正火后 a_k = 37J/cm^2。

为便于切削加工，55SiMnMo 钢的软化退火温度为 680℃，空冷，硬度不大于 25HRC。该钢的正火温度为 840～880℃，空冷或风冷，硬度为 30～40HRC。该钢的淬火温度为 860～880℃，油冷，硬度不小于 55HRC，回火温度为 320～340℃时，回火后的硬度为 50～54HRC。

55SiMnMo 钢制作的钎杆在热轧空冷的情况下得到的组织较为复杂，过去认为是由粒状或板条状贝氏体为主和富碳残余奥氏体组成。进一步的研究表明，

55SiMnMo 钢热轧空冷后的组织由两部分组织混合组成,一部分属于无碳化物上贝氏体,在铁素体条之间有大量的富碳奥氏体,形貌为板条状和粒状,另一部分是块状复合结构,以马氏体为主,其次是下贝氏体,或者只有马氏体。前者是在 550～300℃范围内形成,后者在更低的温度形成。前者的硬度在 26HRC 左右,韧性有余,而强度不足;块状复合结构的硬度在 50HRC 左右,强度比较高,而韧性不足。当控制两者之间的比例为 3∶1,硬度达到 35～36HRC 时,55SiMnMo 钢制成的小钎杆在使用时可以获得高的寿命。我国学者的研究表明,富碳奥氏体的存在,无论是条状或块状,对疲劳裂纹的扩展都有良好的抑制作用[212]。

在轧后或正火后连续空冷所获得混合组织中,块状复合结构所占比例是可以控制的,最主要是控制冷却速率,其次是奥氏体化温度和时间。空冷速率大,块状复合结构比例大;随着奥氏体化温度的增加或保温时间的增加,钢的成分均匀化,块状复合结构量减少[213]。

用 55SiMnMo 钢制作的六角形中空小钎杆的凿岩寿命达到国外先进水平,在我国已获得广泛的使用。

35SiMnMoV 也属于贝氏体钢,强度和韧性配合较好,有较强的消振性能和较低的缺口敏感性。35SiMnMoV 钢的过冷奥氏体等温转变曲线与 55SiMnMo 钢的过冷奥氏体等温转变曲线比较,整体略向左移,M_s点较高(385℃),主要是碳含量较低,但仍有较高的淬透性。尺寸为 ϕ40mm×70mm 的圆棒,经 900℃保温 1h 正火后,测截面硬度,几乎可以完全淬透,在正火状态下能保证钎杆径向的力学性能均匀一致。35SiMnMoV 钢适宜的正火温度为 880～900℃。35SiMnMoV 钢可用做六角形中空小钎杆,经正火处理,有较好的凿岩效果。35SiMnMoV 钢适宜的淬火温度为 860～880℃,回火稳定性良好。35SiMnMoV 钢一直用做小钎杆的钎头用钢,有很高的寿命。35SiMnMoV 钢还用于制作独立的钎尾,此时应进行渗碳处理[40]。

40SiMnCrNiMo 是 20 世纪 60 年代瑞典开发的一种空冷硬化钢,牌号为 Z708,已列入 GB/T 1301—2008。该钢在热轧状态下,具有马氏体或贝氏体组织,平均硬度值为 44～45HRC,具有很好的韧性和抗冲击能力。该钢的正火温度为 880～900℃,经 860℃油中淬火和 200℃回火后,钢的力学性能:R_m=1875MPa、$R_{p0.2}$=1520MPa、A_5=13%、Z=30%、a_{kV}=38J/cm^2,是一种低合金超高强度钢[40]。

40SiMniCrNiMo 钢适合于制作 H28 以下锥体连接钎杆或螺纹连接钎杆、硬质合金整体钎杆等。40SiMniCrNiMo 钢也是一种很好的钎头壳体用钢,在将钎头壳体与硬质合金钎焊时,采用感应加热至 860℃左右后空冷,壳体硬度不低于 40～42HRC。配合熔点 670～680℃的银基焊料,可以很好地降低焊接应力,使钎头壳体具有良好的刚度、韧性和耐磨性[210]。

55Si2Mn 钢的强度、弹性极限均比较高，苏联曾大量用于制作小钎杆用钢。该钢轧制较困难，脱碳倾向较大。

40MnMoV 是我国研制出的一种钎杆用钢，属于贝氏体超高强度钢。该钢用做钎杆时凿岩寿命不十分理想，以后主要用做铸管法生产 55SiMnMo 中空钢的内衬管。该钢的淬透性高于 55SiMnMo 钢，在连续空冷时，内层的硬度比外层还要高，可起到内壁强化的作用，减少内疲劳的发生。40MnMoV 钢经 880℃正火和 200℃回火 1h 后的力学性能：$R_m=1929$MPa、$R_{p0.2}=1573$MPa、$A=9.5\%$、$Z=40\%$、$a_k=60.8$J/cm^2、HRC=53.3。

40MnMoV 钢还用做钎头壳体，在感应加热钎焊后，空冷或控制风冷，可得到下贝氏体和马氏体为主的复合组织，硬度在 35～55HRC 内调节，具有良好的强度和韧性配合。40MnMoV 钢是一种适合于感应钎焊固片、固齿工艺的较好钎头用钢。

23CrNi3Mo 钢广泛用于制作钎头和钎尾。该钢经热处理后有比较高的强度和韧性，可以满足使用要求。该钢通过完全退火或 680℃高温回火，可以获得不大于 25HRC 的硬度，便于加工。该钢的淬火温度范围较宽，可以在 820～920℃选择，回火温度为 180～200℃。

表 8.145 中列出的 24SiMnNi2CrMo 钢与 ZK22SiMnCrNi2Mo 钢的化学成分基本一致，是一种低合金超高强度钢。该钢经 920℃×30min 正火后的力学性能：$R_m=1700$MPa、$R_{p0.2}=1305$MPa、$A_5=13\%$、$Z=41.6\%$、$a_{kV}=32.5$J/cm^2、HRC=48、$K_{IC}=110$MPa·m$^{1/2}$。该钢具有低的缺口敏感性。

24SiMnNi2CrMo 是钎头壳体专用钢种，有很好的淬透性，正火后可以得到硬而韧的低碳马氏体，硬度为 45～48HRC。这种钢的正火温度与所用银基焊料的焊接温度相配合，可以得到坚韧的壳体和良好的焊缝。

该钢也适合于尺寸在 35mm 以下热轧圆形或六角形中空钢材，适合于空冷硬化及气体渗碳。该钢还用做热过盈固齿钎头、钎尾杆等。

24SiMnNi2CrMo 与 27SiMnCrNi2Mo 是瑞典 FF710 系列钢种，后者的碳含量为 0.24%～0.30%。

38CrNi3Mo 钢是日本用于小钎杆和高频淬火的螺纹连接钎杆的钢种。该钢有高的强韧性和很高的空冷淬硬性，为保证小钎杆的杆体硬度为 400HB 和钎尾硬度为 50HRC，将碳含量提高到 0.33%～0.43%。该钢有回火脆性倾向。

38CrNi3Mo 钢的退火温度为 810～830℃，退火后的硬度不大于 279HB，淬火温度为 820～840℃，油冷后硬度不小于 56HRC，回火温度为 500～600℃，视需要而定。该钢直径为 25mm 的试样经(820～840℃)×60min 油淬，500～530℃回火水冷后的力学性能：$R_m=1080$MPa、$R_{p0.2}=990$MPa、$A_5=16\%$、$Z=67.3\%$、$a_k=150.9$J/cm^2[40]。

35CrMoV 钢是一种合金结构钢,有比较高的强度,可用于制作长期在 500～520℃工作的汽轮机叶轮等重要部件(表 10.27)。该钢亦可用来制作焊片小钎头壳体,配以合理的焊接工艺,使用效果比较好。

45CrNiMoV 是一种高性能的合金结构钢,调质后的力学性能见表 6.27,其性能和应用见第三分册 6.4.4 节。该钢可用于制作使用热嵌固齿工艺的钎头壳体,瑞典将该钢称作钎头 1 号。

Q45NiCr1Mo1V 钢与 45CrNiMoV 钢的成分对比,增加了铬,特别是钼的含量,减少了镍含量,因而提高了钢的奥氏体化温度,提高了抗回火稳定性,降低了钢的回火脆性。Q45NiCr1Mo1V 钢有较好的淬透性,截面在 25mm 以下的部件加热至 880℃以上,在静止的空气中冷却,即可淬硬。该钢的正火温度为 900～920℃,淬火温度为 880℃,油中冷却,经高温回火后,有很好的强韧性配合,获得的索氏体组织具有良好的抗硫化氢、二氧化碳、氯离子等的应力腐蚀疲劳性能。

Q45NiCr1Mo1V 钢主要用于制造凿岩用钎头壳体,具有二次硬化效应,在 600℃温度以下中温区回火,硬度约为 47HRC,具有相当高的强度与韧性的配合,钎头壳体耐磨、保径好。该钢适合于制作钎头壳体与硬质合金柱齿热过盈固齿,也适用于钎头过盈固齿工艺及钎头焊片工艺[40]。

参 考 文 献

[1] Roberts G A, Hamaker J C, Johnson A R. Tool Steels[M]. 3rd Ed. Russell: American Society for Metals, 1962; Roberts G A, Krauss G, Kennedy R. Tool Steels[M]. 5th Ed. Russell: American Society for Metals, 1998.

[2] Геллер Ю А. Инструментальные стали[M]. Москва: Металлургия, 1961, 1983.

[3] 施占华,肖钟义,姜小波,等. 热作模具钢的模拟热磨损试验方法的探讨[C]. 安徽工学院学报:全国模具材料特种性能评定研究专辑,1988,7(2):119.

[4] 贵阳轴承厂技术科,贵州工学院金相教研组. 轴承环热挤压模具及其损坏实物照片集[R]. 1976 年 11 月.

[5] Norstrom L A, Svensson M, Ohrberg N. Thermal-fatigue behaviour of hot-work tool steels [J]. Metals Technology, 1981, 8(10): 376.

[6] 李熙章,施占华,汤继跃,等. 评定模具钢热疲劳性能的 Uddeholm 法[C]. 安徽工学院学报:全国模具材料特种性能评定研究专辑,1988,7(2):101.

[7] Меськин В С. Основы легирования стали[M]. Москва: Металлургиздат, 1959.

[8] Whittenberger E J, Burt R R, Carney D J. Hardenability factors for hypereutectoid low-alloy steel[J]. Journal of Metals, 1956, 8(8): 1008.

[9] Малинкина Е И. Дефекты стали, обраруживаемые в процессе изговления инструмента [C]//Методика и практика металлографческого исследования инструмен-тальной стали. Сборник, Машгиз, 1961, 79: 224.

[10] 上海市仪表电讯工业局热处理专业组. 淬火工件磨削裂纹之探讨[R]. 1964.

[11] 李惠友. 第8章 工具的热处理[M]//中国机械工程学会热处理专业分会《热处理手册》编委会. 热处理手册第2卷. 3版. 北京:机械工业出版社,2001.
[12] 钢铁研究院,机械科学院. 合金钢手册(下册)[M]. 1964(内部资料).
[13] 薄鑫涛,郭海祥,袁凤松. 实用热处理手册[M]. 上海:上海科学技术出版社,2009.
[14] 第一机械工业部上海材料所,上海工具厂. 工具钢金相图谱[M]. 北京:机械工业出版社,1979.
[15] 冶金部《合金钢钢种手册》编写组. 合金钢钢种手册 第三册 合金工具钢 高速工具钢[M]. 北京:冶金工业出版社,1983.
[16] Геллер Ю А. Металловедение и термическая обраротка[M]. Сборник:Машгиз,1955.
[17] Черный Ю О,Ковако В С,Доценко Г А. МиТОМ[J]. 1976,(5):22.
[18] 邓玉昆,陈景榕,王世章. 高速工具钢[M]. 北京:冶金工业出版社,2002.
[19] 林慧国,瞿志豪,茅益明. 袖珍世界钢号手册[M]. 4版. 北京:机械工业出版社,2009.
[20] Murakami T,Hatta A. Sci Rep. Tohoku Univ[R]. Honda Anniversary Volume,1936:882.
[21] Kuo K. Journal of the Iron and Steel Institute[J]. 1954,176:433;1955,181(2):128;1955,181(3):218.
[22] Fredriksson H,Hillert M,Nica M. The decomposition of the M_2C carbide in high speed steel[J]. Scandinavian Journal of Metallurgy,1979,8(3):115.
[23] McHargue C J,Hammond J P,Crouse C S. Transactions of ASM[J]. 1954,26:716.
[24] 罗迪,邢国华,李文成,等. M2 高速钢中的 M_2C 碳化物[J]. 材料科学进展,1990,4(3):232.
[25] Steven G,Nehrenberg A E,Philip V. High-performance high-speed steels by design[J]. Transactions of ASM,1964,57:925.
[26] Fischmeister H F,Reidl R,Karagoz S. Solidification of high speed tool steels[J]. Metallurgical Transactions A,1989,20A(10):2133.
[27] 钢铁研究总院,河北省冶金研究所,大连钢厂,等. 平衡碳差值对高质量通用高速钢W9Mo3Cr4V组织和性能的影响[M]. 特钢文集(高速钢专辑四),1981,(3):48.
[28] 陈景榕. 超硬高速钢的平衡碳问题[J]. 北京钢铁学院学报,1981,(1):40.
[29] 石功奇,周守则,丁培道. 高速钢铸态碳化物的研究[J]. 兵器材料与工程,1991,(3):1.
[30] Barkalow R H,Kraft R W,Goldetein J I. Solidification of M2 high speed steel[J]. Metallurgical and Materials Transactions B,1972,3:919.
[31] 丁培道,周守则. 高速钢中MC型初生碳化物评述[J]. 重庆大学学报,1984,(4):131.
[32] Hoyle G. High Speed Steels[M]. London:Butterworth,1987.
[33] 潘复生,周守则,丁培道. 硅在高速钢中的使用原则及含硅高速钢的发展[J]. 钢铁,1996,31(9):75.
[34] 潘复生,周守则,丁培道,等. 硅对高速钢力学性能的影响[J]. 钢铁,1990,25(5):38.
[35] Kheirandish S. Effect of Ti and Nb on the formation of carbides and the mechanical properties in as-cast AISI-M7 high-speed steel[J]. ISIJ International,2001,41(12):1502.
[36] Keown S R,Kudlelka E,Heisterkamp F. Replacement of vanadium by niobium in S6-5-2 high speed tool steels[J]. Metals Technology,1980,7(1):50.
[37] 成都工具研究所,上海交通大学. 含铝超硬高速钢[J]. 机械工程材料,1977,1(2):1.

[38] 徐祖耀.铝在高速钢中的作用[J].机械工程材料,1993,17(2):4.
[39] 陈景榕,马世才.超硬高速钢 W12Mo3Cr4V3N 的组织和性能[J].北京钢铁学院学报,1982,(增刊2):1.
[40] 干勇,田志凌,董瀚,等.中国材料工程大典 第3卷 钢铁材料工程(下)[M].北京:化学工业出版社,2006.
[41] 杨桂应,石德珂,王秀苓,等.金相图谱[M].西安:陕西科学技术出版社,1988.
[42] Kayser F, Cohen M. Carbides in high speed steel—their nature and quantity[J]. Metal Progress, 1952, 61(6): 79.
[43] 徐效谦,阴绍芬.特殊钢钢丝[M].北京:冶金工业出版社,2005.
[44] Blickwede D J, Cohen M. Isolation of carbides from high speed steels[J]. Journal of Metals, 1949, 1: 578.
[45] Leckie-Ewing P. A study of the microhardness the major carbides in some high-speed steels[J]. Transactions of ASM, 1952, 44: 348.
[46] 赵步青.高速钢刀具淬火后的金相检验[J].金属热处理,2010,35(6):122.
[47] 上海人民出版社.金属材料缺陷金相图谱[M].上海:上海人民出版社,1975.
[48] Rose A, Rademacher J, van Wyk M. Effect of austenitizing conditions on the transformation characteristics of high speed steels[J]. Stahl und Eisen, 1959, 79: 1243.
[49] Payson P. The Metallurgy of Tool Steels[M]. New York: John Wiley & Sons, 1962.
[50] Gorden M P, Cohen M, Rose R S. The kinetics of austenite decomposition in high speed steel[J]. Transactions of ASM, 1943, 31: 161.
[51] 赵步青.国内外高速钢刀具盐浴热处理工艺[J].金属热处理,2011,36(3):125.
[52] Baek C K, Nehrenberg A E. Iron Age[J]. 1947, 4: 18.
[53] Gordon M P, Cohen M. Transformation of retained austenite in high speed steel at subatmospheric temperature[J]. Transactions of ASM, 1952, 30: 579.
[54] 蔡美良,丁惠麟,孟沪龙.新编工模具钢金相热处理[M].北京:机械工业出版社,1998.
[55] Kuo K(郭可信). Carbide precipitation, secondary hardening, and red hardness of high speed steel[J]. Journal of the Iron and Steel Institute, 1953, 174: 223.
[56] Gorden M P, Cohen M, Rose R S. Effect of the quenching bath temperature on the tempering of high speed steel[J]. Transactions of ASM, 1944, 33: 411.
[57] 郭耕三.高速钢及其热处理[M].北京:机械工业出版社,1985.
[58] 大连钢厂,北京钢铁研究总院.特殊用途超硬型高速钢 W12Mo3Cr4V3Co5Si[R].1973.
[59] 赵燕,周友恒,王世章.低合金高性能高速钢的耐磨性[J].钢铁研究学报,1992,4(4):43.
[60] 潘复生,周守则,丁培道.低合金高速钢 W3Mo2Cr4VSi 的组织和性能[J].材料科学进展,1990,4(4):297.
[61] 赵燕,戴建明,王瑞,等.一种新型的低合金高性能高速钢[J].钢铁,1994,29(7):65.
[62] 吴立志.我国高速钢的发展和几点建议(上篇)[R].河北冶金科技股份有限公司,2010.
[63] 吴元昌.粉末冶金高速钢生产工艺的发展[J].粉末冶金工业,2007,17(2):30.
[64] 吴元昌.近年国外粉末冶金工具钢的发展[J].粉末冶金工业,2004,14(4):24.
[65] Grinder O. The HIP way to make cleaner, better steels[J]. Metal Powder Report, 2007, 62(9): 16.

[66] Bratt R W. Recent developments in crucible partical metallurgy tool steels[J]. Metal Powder Report,1983,38(9):475.

[67] 王丽仙,葛昌纯,郭双全,等. 粉末冶金高速钢的发展[J]. 材料导报,2010,24(专辑15):459.

[68] 吴元昌. Crucible公司的粉末冶金工具钢[J]. 工具技术,1995,29(1):33.

[69] 河冶科技股份有限公司. 粉末冶金高速钢-产品概述[OL]. http://www.hss-cn.com/detail.php? id=5. [2017-09-01].

[70] 深圳市兆恒特钢有限公司. 美国CPM粉末高速钢中国代理商产品[OL]. http://simonmao.51pla.com. [2017-09-13].

[71] 历鑫洋,车红艳,林同伟,等. 热处理对粉末冶金高速钢组织和性能的影响[J]. 金属热处理,2016,41(6):147.

[72] 李荣德,刘敬福. 喷射成形技术国内外发展与应用概况[J]. 铸造,2009,58(8):797.

[73] 张济山,熊柏青,崔华. 喷射成形快速凝固技术:原理与应用[M]. 北京:科学出版社,2008.

[74] 陈志刚,陈振华,陈鼎. 喷射沉积及其制品的后续致密化研究[J]. 材料导报,2009,22(5):92.

[75] 汪杰,魏宽,徐铁,等. 喷射成型技术在高速钢中的应用[J]. 热加工工艺,2015,44(10):48.

[76] 崔成松,章靖国. 喷射成形快速凝固技术制备高性能钢铁材料的研究进展(二):喷射成形钢铁材料研究进展[J]. 上海金属,2012,34(3):39.

[77] 颜飞,徐洲,史海生,等. 喷射成型技术在钢铁材料中的应用[J]. 材料导报,2007,21(3):90.

[78] 史海生,颜飞,樊俊飞,等. 喷射成型技术在高合金工模具钢中的应用[J]. 粉末冶金材料科学与工程,2008,13(3):165.

[79] 袁华,李周,许文勇,等. 喷射成型高速钢的组织和性能 [J]. 工具技术,2012,46(9):34.

[80] 袁华,李周,许文勇,等. 喷射成型2060高速钢的组织和性能[J]. 粉末冶金材料科学与工程,2015,20(5):771.

[81] 河冶科技股份有限公司. 喷射成形高速钢-产品概述[OL]. http://www.hss-cn.com/detail.php? id=9. [2017-12-10].

[82] Lu L, Hou L G, Zhang J X, et al. Improved the microstructures and properties of M3:2 high-speed steel by spray forming and niobium alloying[J]. Materials Characterization, 2016,117:1.

[83] 上海工具厂. 刀具热处理[M]. 上海:上海人民出版社,1971.

[84] 潘健生,胡明娟. 热处理工艺学[M]. 北京:高等教育出版社,2009.

[85] 程绍涌,刘世华. 真空渗碳齿轮滚刀[J]. 机械工程师,1995,(2):31.

[86] 戚正风,王传雅. 少无莱氏体高合金工具钢[J]. 材料热处理学报,2001,22(1):31.

[87] 戚正风,王传雅,孙明仁. 无莱氏体高速钢2W-3Mo-4Cr-6V[J]. 特殊钢,1996,17(3):11.

[88] 赤松胜也. 金型の蒸着处理—CVDとPVD[J]. 热处理(日),1987,(4):96.

[89] 吹野晋策. 表面热处理、特殊热处理[J]. 特殊钢(日),1985:(12):21.

[90] 华中工学院金相教研组. 合金钢及其热处理中册[M]. 武汉:华中工学院,1976

[91] 徐进,姜先畬,陈再枝,等. 模具钢[J]. 北京:冶金工业出版社,1998.
[92] 崔崑. 国内外模具用钢发展概况[J]. 金属热处理,2007,32(1):1.
[93] 王家瑛. 模具材料与使用寿命[M]. 北京:机械工业出版社,2000.
[94] 佐藤忠熊,相沢力. 模具材料及其热处理(日)[M]. 叶心得,译. 北京:机械工业出版社,1982.
[95] Позняк Л А,Скрынченко Ю М,Тишаев С И. Штамповые стали[M]. Москва:Металлургия,1980.
[96] 孙培桢,潘小泉,赵建生,等. 新型高强韧性低合金冷作模具钢 6CrNiMnSiMoV 的研制及应用[J]. 钢铁,1990,25(11):47.
[97] 黄光辉,曹念荪,孙培桢,等. 高强韧低合金冷作模具钢 6CrNiMnSiMoV 的强韧化特性[J]. 材料研究学报,1994,8(1):29.
[98] 文翠娥,孙培桢,谢长生,等. 残余奥氏体对 GD 钢等温处理强韧性的影响[J]. 热加工工艺,1992,(3):16.
[99] Bungardt K,Kunze E,Horn E. Investigation of the structure of the iron-chhromium-carbon system[J]. Archiv fur das Eisenhwn,1958,29:193.
[100] 冯晓曾,李士玮,武维扬,等. 模具用钢和热处理[M]. 北京:机械工业出版社,1982.
[101] 方钟惠. 逐步进入我国模具钢市场的 D2 钢[J]. 特殊钢,1993,14(5):41.
[102] Payson P,Klein J. The hardening of tool steels[J]. Transactions of ASM,1943,31:218.
[103] 华中工学院工模具钢科研组. 高耐磨冷模具钢 120Cr4W2MoV 的试验小结//提高模具寿命经验汇编[M]. 北京:机械工业出版社,1974:54.
[104] 华中工学院工模具钢科研组. 冷模具钢的低温淬火[J]. 湖北机械,1982,(2):15.
[105] Matsuda Y,Sakanato Y,Namiki K,等. 冷作模具钢的高韧性及高硬度钢的开发[C]//许珞萍,Norström L Å. 第五届环太平洋国际模具钢会议论文集. 上海,PRICTS,1998:21.
[106] 阿部源隆,等. 高硬度、高韧性冷作工具钢 QCM8 的开发[J]. 日本金属学会会报,1989,25(5):438(译文见:国外低合金钢、合金钢 2,1986,冶金部钢铁研究总院:135).
[107] 孙秀华,汝亚彬,刘宝石. 新型冷作模具钢 Cr8 的开发[J]. 机械工程材料,2008,32(增刊1):42.
[108] 胡镇华,张同俊,陈敏,等. 新型 GM 耐磨冷作模具钢的特性与应用[J]. 金属热处理,1991,(1):17.
[109] 李国安,胡镇华,余应福. GM 钢在高强度螺栓滚丝轮上的应用[J]. 模具工业,1993,(10):60.
[110] 胡寒光. 重载滚丝轮的使用寿命研究和改进措施[D]. 武汉:华中理工大学,2000.
[111] 孙祖予,张嘉立,金志坚,等. 耐磨冷变形工模具钢 Cr8Mo2WV3Si 的二次硬化组织及其耐磨性的研究[J]. 金属热处理学报,1989,10(2):32.
[112] 张嘉立. 高耐磨冷作模具钢 ER5 的特性及应用效果[J]. 钢铁,1999,34(增刊):1086.
[113] 戴玉梅,马永庆,张占平,等. 热处理对工模具钢 5Cr8MoVSi 钢组织和硬度的影响[J]. 特殊钢,2003,24(6):25.
[114] Post C B. Air-hardening tool and die steels[J]. Iron Age,1947,(Nov 24):63.
[115] 华中工学院工模具钢科研组. 空冷微变形冷模具钢[J]. 华工科技,1974,(4):40.
[116] 华中工学院工模具钢科研组. 冷挤压模具钢 65Cr4W3Mo2VNb 的试验研究[J]. 华中工

学院学报,1975,3(2):34.
[117] Mayer A M. Matrix grades offer strength and toughness[J]. Metal Progress,1970,97(4):86.
[118] 崔崑,胡镇华,赵菊华. 高强韧性 65Cr4W3Mo2VNb 基体钢[J]. 华中工学院学报,1980,8(1):137.
[119] Huang G H,Cao N S,Cui K. A TEM study on the nature of strengthening and toughening in a matrix steel 65Cr4W3Mo2VNb[C]. Proceedings of ICM-5,Beijing,1987:365.
[120] Cui K,Hu Z H,Zhao J H. Microstructure,mechanical properties and heattreatment of new matrix steel 65Cr4W3Mo2VNb with high strength and high toughness[J]. Journal of Heat Treating,1980,1(4):37.
[121] 赵昌盛. 模具材料及热处理手册[M]. 北京:机械工业出版社,2008.
[122] 株洲硬质合金厂. 钢结硬质合金[M]. 北京:冶金工业出版社,1982.
[123] 赵凤霞. DT 钢结硬质合金冷作工模 T 具的技术开发与应用[C]. 中国电子学会北京热处理学组模具新材料应用推广研讨会论文,1992:104.
[124] 杨瑞成. 模具材料 DT-40 钢结硬质合金的工艺与性能[J]. 甘肃工业大学学报,1995,21(2):28.
[125] 范兴平,范维. 钢结硬质合金研究现状与发展趋势[J]. 铸造技术,2017,38(30):507.
[126] 周书助,兰登飞,鄢玲利,等. 钢结硬质合金的研究进展 [J]. 粉末冶金材料科学与工程,2015,20(5):661.
[127] 康大韬,叶国斌. 大型锻件材料及热处理[M]. 北京:龙门书局,1998.
[128] 项程云. 高硬冷轧辊的热处理[M]. 北京:机械工业出版社,1958.
[129] Попов А А,Попова Л Е. Изотермические и термокинетические диаграммы распада переохлажденного аустенита[M]. Издательство:Металлургия,1965.
[130] 姚向军,侯奂玮,薛国义,等. 4Cr2MoVNi 钢在车轴锻模上的应用[J]. 锻压机械,1998,(3):48.
[131] 潘艳春. 锤锻模 5CrNiMo 和 4Cr2MoVNi 综合性能研究[J]. 汽车工艺与材料,1999,(4):24.
[132] 许光华. 4Cr2MoVNi 钢在前盖、后档镶块锻模上的应用[J]. 机车车辆工艺,2001,(4):18.
[133] 华中工学院,第二汽车制造厂锻造厂,陕西重型机器厂,等. 高强韧性大截面热锻模具钢研究(综合科技攻关报告)[R]. 鉴定会资料,1986.
[134] 林颜盛,黄正安,许玉贤,等. 高强韧性大截面锤锻模具钢 45Cr2NiMoVSi 的研究[R];高强韧性大截面热锻模具钢 5Cr2NiMoVSi 的组织与性能[R]. 鉴定会资料,1986.
[135] 刘树德,林颜盛,黄正安,等. 评定热锻模钢力学性能的模拟冷却技术[C]. 安徽工学院学报:全国模具材料特种性能评定研究专辑,1988,7(2):235.
[136] 奥利利夫. 0.2-3Cr-W-Mo-V-Co 析出硬化型热间工具钢[J]. 铁と钢,1982,68(10):160.
[137] 陈敏,邱德卿,杜光华,等. 析出硬化型热作模具钢(PH)的研制[J]. 机械工程材料,1994,(3):29.
[138] 叶卫平,林颜盛,黄正安,等. 淬火冷却速度对 0.2C-3Cr-2Mo-V 析出硬化型热作模具钢强韧性的影响[J]. 兵器材料科学与工程,1987,(7):12.

[139] 刘润农,李玉花,白富真. 3Cr3Mo3VNb 钢的性能及热作模具钢的性能与模具寿命的关系[J]. 模具技术,1985,(5):60.
[140] Геллер Ю А,Голубина Е С. Кузнечно-штамповочное производство[J]. 1962,(8):1.
[141] 冯晓曾,王应楠. 3Cr2W8V 压力机凹模的强韧化处理[J]. 哈尔滨工业大学学报,1978,(2):197.
[142] 本溪钢铁公司第一炼钢厂,清华大学机械系金属材料教研组. 钢的过冷奥氏体转变曲线:第一图册[R]. 1978.
[143] 冯晓曾,王家瑛,何世禹. 提高模具寿命指南:选材及热处理[M]. 北京:机械工业出版社,1994.
[144] 周健,马党参,陈再枝,等. 4Cr5Mo2V 热作模具钢组织和性能的研究[J]. 特钢技术,2008,14(3):12.
[145] ASSAB. Uddeholm Dievar Technical Data Sheet[OL]. http://www.assab.com/en/welcome-to-assab.php. [2015-06-01].
[146] 须藤興一. 电気制钢[R]. 1989,60:367.
[147] 並亚邦夫. 模具材料性能与应用[R]. 2006.
[148] 熊国锋. 新型热作模具钢 3Cr3Mo3VNb[J]. 热加工工艺,1988,(3):36.
[149] 贾萍. 用锻后正火法改善 35Cr3Mo3W2V 模具钢的链状碳化物[J]. 金属热处理,1981,(2):33.
[150] 叶为德. 介绍一种高性能的新型热作模具钢[J]. 机械科学与技术,1986,(4):22.
[151] 贵阳钢铁厂. 新模具钢 012Al 研制工作总结[R]. 1980.
[152] 上海钢铁研究所. 基体钢专辑[R]. 上海钢研,1977.
[153] Norström L Å,Öhrberg N. Development of hot-work steel for high temperature application[J]. Metal Technology,1981,(1):22.
[154] 施雯,刘以宽. QRO 90 Supreme 热作模具钢的性能[J]. 金属热处理,1997,(1):25.
[155] 黄春峰. 国外新型热作模具钢及其热处理工艺[J]. 航空精密制造技术,2004,40(3):16.
[156] 崔崑,何向山,罗学心. 高性能热作模具钢[C]. 第一届国际模具技术会议,北京,2000:1.
[157] 何向山,罗学心,张翼飞,等. 热作模具钢 4Cr3Mo2NiVNb 的组织性能[C]. 中国机械工程学会材料学会第二届年会论文集,1990:297.
[158] 梁宏达,崔崑,何向山,等. Mn 对热作模具钢 4Cr3Mo2NiVNb 热疲劳性能的影响[J]. 金属热处理学报,1994,15(4):22.
[159] 陈蕴博. 热作模具钢的选择与应用[M]. 北京:国防工业出版社,1993.
[160] 张震亚,荣俊奎. 奥氏体热作模具钢的研究[J]. 钢铁研究总院学报,1985,5(1):47.
[161] 谢长生. 奥氏体热作工具钢的合金化及力学行为[D]. 武汉:华中工学院,1985.
[162] 何向山,谢长生,崔崑. 新型奥氏体热作模具钢[J]. 华中工学院学报,1985,13(1):145.
[163] 何向山. 奥氏体热作模具钢的性能与应用[J]. 兵器材料科学与工程,1985,(12):1.
[164] 郭建亭. 高温合金材料学(下册):高温合金材料与工程应用[M]. 北京:科学出版社,2010.
[165] 孙培桢,杜光华,乔学亮,等. 新型 S-Ca 复合系预硬型塑胶模具钢的研制及应用[J]. 钢

铁,1992,27(7):47.
[166] 叶月华,陈幼聪,孙培桢. 易切削精密模具钢 8Cr2MnWMoVS 的研制[J]. 金属热处理,1985,(2):3.
[167] 宋冬利,顾剑锋,胡明娟. 718 钢大模块淬火过程的数值模拟[J]. 材料科学与工艺,2005,13(4):394.
[168] 王勇围,郭强,康爱军. 718 预硬化塑料模具钢大型模块的组织和硬度分析[J]. 金属热处理,2010,35(8):88.
[169] 徐骏,张伟民,陈乃录,等. 塑料模具钢大模块的水冷复合间隙淬火技术[J]. 金属热处理,2006,31(10):76.
[170] 德国 Groditz 模具钢,XPM VICTORY ESR 热处理工艺性能参数[OL]. http://www.sh-jiebao.com/www.sh-jiebao.com/00600039. [2012-05-01].
[171] 徐进. 日本模具钢生产技术发展概况[J]. 特殊钢,1997,18(6):10.
[172] Becker H J, Haberling E, Otter P. Eigenschaften calcium behandelter kunststoff formen staehle[J]. Thyssen Edelstahl Techn Ber, 1989, 15 (2): 95.
[173] 百度文库. 1.2312 40CrMnMoS8-6[OL]. https://wenku.baidu.com. [2011-03-01].
[174] 王荣滨. 8Cr2MnWMoVS 精密塑料模具钢的复合强化处理研究[J]. 模具制造,2001,(1):48.
[175] 孙培桢,乔学亮,江来珠,等. 微量元素钙在预硬型塑料模具钢中的行为及作用[J]. 华中理工大学学报,1992,20(增刊):21.
[176] 江来珠. 硫钙复合系易切削塑料模具钢的研究[D]. 武汉:华中工学院,1987.
[177] 陈登云. 易切削高韧性塑料模具钢的研制和应用[J]. 宇航材料工艺,1986,(3):7.
[178] 蔡明珍. 易切削高韧性塑料模具钢 5NiSCa 在橡胶模上的应用[J]. 汽车科技,1988,(4):4.
[179] 赵建生,乔学亮,孙培桢,等. P20BSCa 大截面塑料模具钢淬透性的研究[J]. 金属热处理,1994,(7):3.
[180] 赵建生,乔学亮,孙培桢,等. 预硬型塑料模具钢 P20BSCa 的切削性能[J]. 机械工程材料,1996,20(1):36.
[181] 陈秀云,姜忠良,方鸿生. 预硬型贝氏体钢中合金元素的应用[J]. 清华大学学报(自然科学版),1999,39(10):8.
[182] 吴晓春,张杰,崔崑. 非调塑料模具钢的组织与性能[J]. 华中科技大学学报,1995,23(12):1.
[183] 吴晓春,崔崑. 非调塑料模具钢的机械加工性能[J]. 华中科技大学学报,1995,23(1):7.
[184] 江来珠,王习顺,王建会. 非调质贝氏体型大截面塑料模具钢的研究与开发[J]. 宝钢技术,1999,(6):22.
[185] 罗毅. 非调质塑料模具钢的设计与研究[D]. 上海:上海大学,2009.
[186] 罗毅,吴晓春,张洪奎. 大截面非调质预硬型塑料模具钢的组织与性能[J]. 金属热处理,2008,33(3):28.
[187] 周荃,张铮,吴晓春,等. 大截面尺寸 SDP1 贝氏体塑料模具钢的研制[J]. 机械工程材料,2011,35(增刊1):91.

[188] 左鹏鹏. 贝氏体预硬型塑料模具钢组织控制研究[D]. 上海:上海大学. 2012.

[189] 左鹏鹏,张铮,季文龙,等. 贝氏体预硬型塑料模具钢大模块硬度与组织分析[J]. 上海金属,2012,34(5):25.

[190] Hoseiny H, Kiement U, Sotskovszki P, et al. Comparaition of the microstructures in continuous-cooled and quench-tempered pre-hardened mould steels[J]. Materials and Design,2011,32:21.

[191] ASSAB. Tool Steels. Data sheet1[OL]. http://www. assab. com/en/welcome-to-assab. php. [2017-08-01].

[192] 叶月华,俞建伟,汪彤桂,等. 25CrNi3MoAl 钢的热处理工艺、组织与性能研究[C]. 中国机械工程学会热处理学会第四届年会论文集,1987:717.

[193] 俞建伟. 25CrNi3MoAl 钢的组织与性能[D]. 武汉:华中工学院,1986.

[194] 彭声通,陈晋阳. NAK80(或 10Ni3MnCuAl)厚板工艺研究[J]. 四川冶金,2004,(6):10.

[195] 李明,戎咏华. 沉淀硬化模具钢的研制及其发展[J]. 热处理,2000,(1):6.

[196] 肖纪美. 金属材料的腐蚀问题[M]. 北京:中国工业出版社,1962.

[197] 相黎阳,迟宏宵,马党参,等. 大截面 4Cr13V 耐蚀模具钢的组织和性能[J]. 钢铁,2015,50(7):93.

[198] ASSAB. Tool Steels. Data sheet2[OL]. http://www. assab. com/en/welcome-to-assab. php. [2017-08-30].

[199] 张先鸣. 国外耐腐蚀性塑料模具钢实物质量分析及探讨[J]. 模具制造,2016,(2):84.

[200] 刘健华,赵亮,马党参,等. 碳含量对 Cr17Mo 型耐蚀塑料模具钢组织和性能的影响[J]. 特殊钢,2006,27(4):22.

[201] 张蜀红. 新型模具材料 3Cr17NiMo 热处理性能研究[J]. 铸造技术,2009,30(8):1047.

[202] 赵亮,马党参,刘健华,等. 淬回火工艺对马氏体不锈钢 3Cr17Mo(实为 3Cr17NiMoV)组织和性能的影响[J]. 特殊钢,2006,27(2):58.

[203] 罗学心,何向山,崔崑. LJ 钢塑料模具强化工艺的研究[J]. 金属热处理,1991,(5):6.

[204] 雷仲眉. 第 4 章 量具的热处理[M]//中国机械工程学会热处理专业分会《热处理手册》编委会. 热处理手册第 2 卷. 4 版. 北京:机械工业出版社,2008.

[205] 陈钰秋,潘小泉,孙培桢. 高韧性冷作模具钢(DS 钢)的研究及应用[J]. 特殊钢,2000,21(4):28.

[206] 谢玉松. 耐冲击工具钢——S7[J]. 国外金属材料,1994,15(5):7.

[207] 陈建礼,王素霞,高维明. 耐冲击扁钢 S7 的工艺及性能研究[J]. 钢铁,2002,37(增刊):480.

[208] 吴一平,陈钰秋,何建宏,等. 高韧度耐冲击冷模具钢(DS 钢)的合金化及热处理[J]. 热加工工艺,1993,(2):39.

[209] 张震亚,魏果能,朱泉川,等. 无磁模具钢 7Mn15Cr2Al3V2WMo 的研究[J]. 钢铁研究总院学报,1982,2(1):55.

[210] 洪达灵,顾太和,徐曙光,等. 钎钢与钎具[M]. 北京:冶金工业出版社,2000.

[211] 黎炳雄,赵长有,肖上工,等. 钎具用钢手册[M]. 贵阳:贵阳钎钢研究所情报室,2000.

[212] 刘正义. 55SiMnMo 钎钢金属学原理[M]. 北京:冶金工业出版社,2017.